1 MONTH OF FREE READING

at

www.ForgottenBooks.com

By purchasing this book you are eligible for one month membership to ForgottenBooks.com, giving you unlimited access to our entire collection of over 1,000,000 titles via our web site and mobile apps.

To claim your free month visit:

www.forgottenbooks.com/free500718

* Offer is valid for 45 days from date of purchase. Terms and conditions apply.

ISBN 978-0-666-01297-5
PIBN 10500718

This book is a reproduction of an important historical work. Forgotten Books uses state-of-the-art technology to digitally reconstruct the work, preserving the original format whilst repairing imperfections present in the aged copy. In rare cases, an imperfection in the original, such as a blemish or missing page, may be replicated in our edition. We do, however, repair the vast majority of imperfections successfully; any imperfections that remain are intentionally left to preserve the state of such historical works.

Forgotten Books is a registered trademark of FB &c Ltd.
Copyright © 2018 FB &c Ltd.
FB &c Ltd, Dalton House, 60 Windsor Avenue, London, SW19 2RR.
Company number 08720141. Registered in England and Wales.

For support please visit www.forgottenbooks.com

DE' SIGNORI
ACCADEMICI GELATI
DI BOLOGNA

Distinte ne' seguenti Trattati.

Delle Giostre, e Tornei del Sig Senatore Berlingiero *Gessi*.
Dell'Armi delle Famiglie del Sig. Conte Gasparo *Bombaci*.
Dell'Imprese Accademiche del Sig Francesco *Carmeni*.
Della Filosofia Morale del Sig. Conte Alberto *Caprara*.
De gl' Interualli Musicali, Riflessioni del Sig Dott Gio: Battista *Sanuti Pellicani*.
Delle Cagioni Fisiche de gli effetti Simpatici del Sig. Cont' Ercolagostino *Berò*.
Dell'Idioma Natiuo, &c. del Sig. Giouanfrancesco *Bonomi*.
Della Tragedia del Sig Dott. Innocenzio Maria *Fiorauanti*.
Dell'Isopo di Salomone del Sig Dott Ouidio *Montalbani*,
Della Politica, e della Ragion di Stato del Sig Dott Alessandro *Barbieri*.
Delle Terme antiche, e Giuochi de' Romani del Sig. Dott Giouambattista *Capponi*.
Delle Sette de' Filosofi, e del Genio di Filosofare del Sig. Antonio Felice *Marsili*.
Della Musica del Sig. Girolamo *Desideri*.
Del Metter'in carta Opinioni Caualleresche del Sig Senat. Angelmichele *Guastauillani*
Della Sparizione d'alcune Stelle del Sig. Dott. Geminiano *Montanari*.

Colle loro Imprese anteposte a' Discorsi.

PVBBLICATE
SOTTO IL PRINCIPATO ACCADEMICO
DEL SIG. CO: VALERIO ZANI.

In BOLOGNA, Per li Manolessi. M.DC.LXXI.

Con licenza de Superiori.

Delle Giostre, e Tornei del Sig. Senatore Berlingiero Gessi.
Dell'Armi delle Famiglie del Sig. Con. Gasparo Bombacci.
Dell'Imprese Accademiche del Sig. Tancredi Carmeni.
Della Filosofia Morale del Sig. Conte Alberto Caprara.
De gl'Interualli Musicali, e Modulationi del Sig. Dott. Gio. Battista Sanuti Pellicani.
Delle Cagioni Fisiche de gli effetti Simpatici del Sig. Conte Ercolagostino Berò.
Dell'Idioma Natiuo, &c. del Sig. Giouanfrancesco Bonomi.
Della Tragedia del Sig. Dott. Innocentio Maria Fiorauanti.
Dell'Isopo di Salomone del Sig. Dott. Ouidio Montalbani.
Della Politica, e della Ragion di Stato del Sig. Dott. Alessandro Barbieri.
Delle Terme antiche, e Giuochi de' Romani del Sig. Dott. Giouambattista Capponi.
Delle Sette de' Filosofi, e del Genio di Filosofare del Sig. Antonio Felice Marsili.
Della Musica del Sig. Girolamo Desideri.
Del Mercurio contr' Opinioni Caualleresche del Sig. Senat. Angelmichele Guastauillani.
Della Spositione d'alcune Stelle del Sig. Dott. Geminiano Montanari.

Colle loro Imprese anteposte a' Discorsi.

PVBBLICATE
SOTTO IL PRINCIPATO ACCADEMICO
DEL SIG. CO. VALERIO ZANI.

In BOLOGNA, Per li Manolessi. M.DC.LXXI.
Con licenza de' Superiori.

INDICE DE' TRATTATI

Compresi nel seguente Volume.

Della

san-

Vidit

Vidit D. Ioſeph Cribellus ex Clericis Regularis Cong. S. Pauli, Pœnitent. in Metropolitana Bononien. pro Eminentiſsimo, ac Reuerendiſs. D. Hieronymo Boncompagno Archiep. Bonon. & Principe.

Vidit pro Reuerendiſs. P. Inquiſitore Bononiæ D. Vitalis Terra Rubea à Parma, Prior Caſinenſis S. T. D. Publicus Lector, & S. Officij Conſultor.

Imprimatur.

Fr. Marcellus Ghirardus de Diano Sac. Theol. Magiſter Vic. Gen. S. Officij Bononiæ.

A' LETTERATI DEL SECOLO

GIOVAMBATTISTA CAPPONI L'ANIMOSO,

Segretario dell' Accademia.

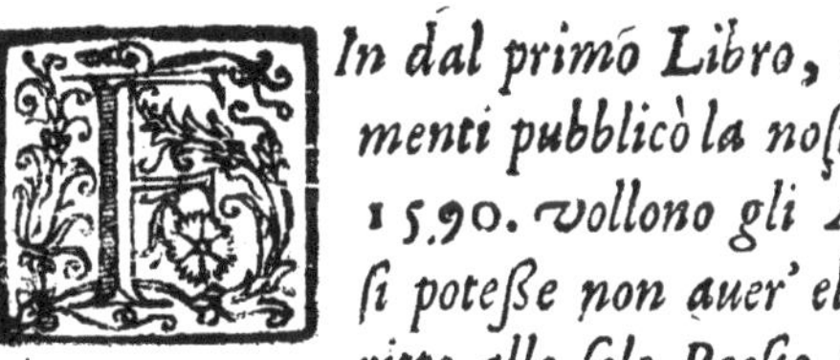

In dal primo Libro, che de' propi componimenti pubblicò la nostra Adunanza l'Anno 1590. vollono gli Accademici, che raccorsi potesse non auer' ella le sue fatiche indiritte alle sole Poesie, ed essercizij Retorici, ma esser si proposto fine più graue, e di maggiore vtilità al comune de gli Studiosi. Imperocchè il nostro Dottissimo Caliginoso, Melchiorre Zoppio *di memoria immortale*

(*in Casa cui da tre fratelli* Gessi *principalmente, cioè da* Berlingiero, *poscia grauissimo* Cardinal *di Santa Chiesa, detto lo* Stabile, *da* Cammillo *celeberimo Giureconsulto, e Senator prudentissimo di questa Patria, detto* l'Intento, *e da* Cesare, *che militando auuenturiere contro i Turchi, nel riconoscer la breccia di Strigonia gloriosamente morì, detto* l'Improuiso, *fù piantata la nostra* SELVA) *il nostro* Zoppio *dico, a quel picciol Volume congiunse vn* Trattato d' Amore, *da lui intitolato* Psafone, *nel quale tanto altamente di quel suauissimo affetto, e con tanta chiarezza filosofò, che molto ageuole si rese a ciascuno il conoscere nell'Accademia de'* GELATI *trattarsi ben talora le materie amorose per modo di* Ricreazione, *ma realmente affaticarsi gl' ingegni nell'attiua, e nella contemplatiua Filosofia. E se bene sett' anni appresso vn' altro* Libretto *pur* d'Amorose Poesie *da essa si mise in luce, forse perchè là corre il Mondo, oue piu versa il lusinghiero Parnaso delle dolcezze sue, non per tanto non intermisono gli Accademici in certi Congressi, che* Cene de'Saggi, *ad essemplo d'Ateneo, loro piacque di nominare, le Filosofiche applicazioni, come appare ancor' oggi da' frammenti di quattro di esse* Cene, *che raccolte dal medesimo* Caliginoso, *e capitate in mano di diuersi Accademici, mostrano vna profondissima erudizione Greca, Latina, e Toscana, e vn maneggio mirabile delle ragioni, e de' principij de gli Antichi Filosofanti, sia morali, sia naturali. Cagione, che per auuentura mosse successiuamente que' Principi, che pubblici Spettacoli vollono, che nel* Teatro *della nostra*

ER-

ERMATENA si celebrassono, posciachè de' Drammatici Poemi sempre i Tragici elessono, come quelli, da' quali (per esser i loro spettatori, di mente di Aristotele, i migliori, ne' quali col terribile, e col miserabile deuesi fare la purgazion degli affetti) si veniua per conseguenza à procurare il piu Filosofico fine, che ottener possa questa parte della Poesia. Il perchè e'l Tancredi *del* Ruggino so, *e la* Creusa, *e la* Medea, *e l'*Admeto, *e'l* Meandro *del gia detto* Caliginoso, *e l'*Atamante *del* Notturno *ne' Principati dello* Inequale, *dello* Irrigato, *del* Soaue, *del* Cupido, *e dell'*Intento, *e del* Ritardato *con vniuersale applauso rappresentaronsi. E quantunque il* Filarmindo, *fusse pur' anch' egli opera del* Rugginoso *sudetto, anzi presentato, e disaminato da' Censori, non giudicandosi forse, che gli affetti amorosi espressi in quella fauola auessono in sè quella morale grauità, ch' era innata all' Accademia, vollono anzi che darlo in iscena, che'l* terzo Libro *pubblicato il Carnouale del 1615. temperasse alquanto colle tenerezze d' amore la tragica seuerità del poco prima recitato* Tancredi. *Siccome la* Selua de' Mirti, *che con balli si rappresentò nel 1623. ebbe suggetto amoroso ben sì, ma graue insieme, auuengachè l'Ombre degli Elisi à danzarla fussono introdotte. E le pubbliche* Azioni Accademiche *in tanto numero replicate, anche in presenza di Dame, rade volte suggetto amoroso hanno sì puramente contenuto, che alcun grauissimo insegnamento morale seco vnito auuto non abbiano. Or di questo tanto da lontano richiamato principio è parto il* Volume, *che io ora vi presento, Virtuosissimi*

ſimi Signori; conciosſiacoſacchè dopò qualche più toſto quiete, che interrompimeto de gli eſſercizij Accademici, hà ſembrato, quaſi da terren ripoſato, douerſi da Noi al pubblico alcun frutto di maggior ſodezza, che non ſono, ancorche graui, le Meliche Poeſie (di cui pur troppo altro più copioſamente da' moderni trouatori non ſi produce, che morali Canzonette) e alcuna opera, che laſci nell'animo di chi vorrà leggerla qualche effetto più profitteuole, che il diletto, ò la merauiglia. Onde in proſeguimento dell'antichiſſimo noſtro coſtume, queſte Dommattiche Proſe, *che ſaranno la Prima Parte di tali Componimenti ſi fanno comparire in faccia del Mondo per teſtimonianza del non auer noi abuſato dell'ozio paſſato, e, in volontario ſcioperio rimanendo ſepolti, ceſſato tanto tempo dalle fatiche Accademiche. E perchè queſte ponno diſtenderſi larghiſſimamente per l'infinito campo delle Scienze, hanno gli Autori ſcelto quelle, che maggiormente han loro aggradito, poſciachè più facile, e più felicemente ſi tratta vna materia, che piaccia, e'l ſeguire l'inclinazione nell'opera dello ſcriuere è di ſtraordinaria importanza. Così hà ſembrato ragioneuole al noſtro* PRINCIPE IL SIG. CONTE VALERIO ZANI Il Ritardato, *alle cui premure, diligenze, e ſpeſe ſi deue aſcriuere la pubblicazione di queſto Libro; imperocchè ha egli impiegato tutta la ſua autorità con gli Accademici, tutta la ſollecitudine con gli Autori, e tutto il denaro con lo Stampatore, affinchè ſotto il di lui Principato appaiano ſtagionati i frutti della noſtra* SELVA, *che per eſſer prodotti vicino al* GELO, *ſaranno per auuentura più durabili, e più gioueuoli al comune, che non ſono ſtati i*

tre

tre Volumi Poetici *gia stampati*, *e che non saria forse riuscito quel grosso* Libro di Rime, *che si raccolse da me*, *che anche allora fui Segretario*, *ne' gloriosi Principati de' sempre celeberrimi Eroi*, *il Marchese* Virgilio Maluezzi, *e'l Marchese* Cornelio Maluasia, *Senatori amendue*, *e lumi chiarissimi non solo della nostra Adunanza*, *e Patria*, *ma di tutta la Repubblica de' Letterati*. *Al qual Libro*, *pronto per altro alla impressione*, *conuerrà ancora dar luogo a'* Ritratti, ed Elogi *di molti Accademici gia trapassati*, *che pure dal medesimo* SIG. PRINCIPE *si sono ragunati*, *e in tanto numero*, *che se ne farà vn giusto Volume*, *in cui oltre alle Opere stampate*, *o da stamparsi de gli stessi suggetti*, *s'aurà insieme copiosa notizia di tutti gli altri* Accademici Morti, *i cui Ritratti non auran potuto ricauarsi*, *e similmente delle loro fatiche impresse*, *ò scritte*, *che si ritrouano in essere*. *E forse ancora vi si potriano aggiungere de' viuenti oggidì i Nomi*, *l'Opere*, *e l'Imprese*. *Ora*, *per tornare onde partimmo*, *sembra espediente*, *Virtuosissimi Signori*, *il far noti alcuni sentimenti dell'Accademia nella edizione di questo Libro*. *E sia il primo*: *non douersi osseruare grado alcuno di precedenza per qualunque luogo*, *che tenga di cadauno il Discorso*, *perchè il tempo n'è stato il dispositore e quegli di loro*, *ch'è stato più sollecito in presentarlo*, *hà ottenuto il luogo anteriore a' più tardi*. *Ed ha portato per appunto il caso*, *che il più sollecito sia stato il* Sollecito *medesimo*, *il Signor Senatore* Berlingiero Gessi, *di cui da morte immatura è rimasta troppo deplorabilmente priua pur dianzi la nostra Adunanza*.

Così

Così il caso hà seruito al merito, dando il primo luogo al Discorso Delle Giostre, e Tornei, *di quel compitissimo* Caualiere, *la cui modestia senz'alcun dubbio ricusato l'aurebbe; e si godrà intanto questa scintilla immortale di quella splendidissima luce, che diffusa nelle di lui Opere tanto Poetiche, quanto Caualeresche, speriamo di godere in brieue fatta stampare da chi le possiede. Alla memoria però di lui essendo tenacissimamente obbligata la nostra Accademia, della quale e Principe due volte, e Censore quasi continuo egli fu, non cessarà giammai di contribuire quanto di gratitudine per lei si potrà; come con la pubblica sua assistenza a' di lui Funerali, e con l'Orazione auuta da mè per ordine di essa in quella occasione, parle d'auere sufficientemente mostrato. Secondariamente, sappiasi, che siccome l'Accademia non astringe alcuno de' suoi all'vso piu di questo, che di quel modo di scriuere in materia della lingua, pur che non si faccia errore essenziale nella Grammattica; così hà lasciato, che gli scrittori si sodisfacciano in questo, non le parendo ragioneuole, ou'ella non prescriue regole a' suoi Accademici, che altri voglia sforzar lei à riceuerle. Tanto piu, che Bologna si pregia di tragger l'origine da' Toscani, e d'essere stata loro Reggia di quà dall'Apennino; e di stima non così lieue nell'opera del sapere, che non possa alzar stendardo; ed auer seguito considerabile. Imperocchè (per tacere di quegli antichi Latini,* Gaio Rusticello *Oratore,* L. Pomponio *autor di quelle Commedie, che Attellane poscia si dissero, e* Rufo *amico delle Muse non meno, che di* Marziale) *abbondò ella nel tempo, che s'abbelliua dal Diuin*

Dante, *e dall'impareggiabil* Petrarca *la Toscana fauella, d'huomini chiarissimi, e per lingua, e stile pulitissimo celebrati dal medesimo* Dante *nel libro della Volgare Eloquenza: io fauello del* Massimo. Guido Guinizelli, *di* Guido Ghislieri, *di* Onesto, *di* Fabrizio, *di* Semprebene, *e d'altri Scrittori di quel buon Secolo, i cui componimenti con gli altri antichi Rimatori Toscani raccolti si leggono. E mi andrei facilmente immaginando, nel vedere in quel Libro alcuna Canzone del* Rè Enzio *figliuolo dell'Imperador Federigo, ch'egli in que' 22. anni, e piu, che nostro prigioniero dimorò, la Poesia, e la lingua, se non in tutto apparasse da' Bolognesi, almeno la coltiuasse, e la ripulisse, mentre à consolare l'amaritudine di sua rea fortuna se ne seruiua. Per vltimo; à ciascun Discorso si mette in fronte l'Impresa Accademica, sotto la quale, e col congiunto Nome ciaschedun di noi s'affatica nella nostra* Ermatena, *stile ab antico pratticato nelle Rime, e giustamente ancora della disposizion delle Leggi esteso alle Prose. Viuete felici.*

All

All'Ill.mo Sig. e Padron Colendiss.mo Il Sig. Co: Valerio Zani.

V. S. Illustrissima si deue in ogni maniera vbbidire; perche è Principe della nostra Accademia, e perche è mio Padrone; potrei esser condennato per reo di lesa Maestà, se ricusassi di dar essecutione a' suoi autoreuoli commandamenti. Eccole il Discorso, che già feci sopra le Giostre, e Tornei, ed altri simili essercitij caualereschi; fu composto ad istanza di Caualiere amico, non con pensiero, che douesse comparire in campo in giostra di Letterati. Non è degno di stampa (lo conosco) se non riceue ò da V. S. Illustriss., ò da' Signori Censori quella emenda meritata, che io di presente non posso darli, distratto da tediose occupationi. I fastidi, che dourebbero restar diuertiti dallo studio, spesse volte lo soprafanno, l'ingombrano, è l'opprimono, non che non ne restino sollevati, e consolati. Chi non hà animo più che costante, e robusto,

non regge all' incontro di certi infortunij, che quasi Lancia d'Astolfo atterrano anche gli armati, e passan su'l viuo con la loro fatalità. Gli studij cercano quiete di mente, e tranquillità di cuore, s'essercitano (come disse de' versi il Sulmonese) animo deducta sereno, *e (come l'Orator Romano affermò)* studia ex hilaritate proueniunt. *Non si và in Parnaso con le cure mordaci; scusarà V. S Illustrissima, e chiunque leggerà, se la forza dell' vbbidienza mi fà publicar quegli errori, che meriterebbero dall' autorità di lei esser più tosto sepolti, che posti in luce. Nondimeno tutto rimetto in sua mano per far conoscer, ch'io sono veramente*

Di V. S. Illustris.

Di Casali li 11. Luglio 1670.

Deuotiss. Seruitor Vero

Berlingiero Gessi.

TA-

TAVOLA

Delle materie del discorso delle Giostre, e Tornei.

IL

IL GIVOCO DE' CAVALIERI.

Discorso sopra le Giostre, ed i Tornei.

Del Sig. Senator Berlingiero Gessi.

Qui Ludo inductus belli simulacra ciebat.
Virg Æneid. lib. 5. vers. 674.

Ludimus effigiem Belli.
Vid. in Scacchcid.

NOn sempre gl'intelletti, ed i Corpi humani possono starsi essercitando in occupationi serie, e gravi. L'arco delle menti non può star' ognora teso, e pronto collo strale al ferire; nè il braccio degli Atleti hà forza sempre di rititar' ò respinger' altrui. Si rompe la corda di quella Cetra, che mai non s'allenta. L'humana natura non hà vanto d'in- I. *Introduttione.*

de-

defessa, non sà pretender la gloria d'infaticabile; anche gl'Atlanti si stancano taluolta, e gli Dei stessi non esercitano ogni momento la possanza maggiore della loro diuinità. Frà le cose terrene moto perpetuo non si concede, e la nostra vita mortale non può lungamente sostenere le fatiche, senza vicendeuole riposo. S'affannano legate à questo corpo ancora le parti più spiritose dell'anima; chi viue in terra partecipa di terreno, e le cose terrene non hanno in se durabilità. L'humano composto, che non sà prestar' allo spirito altri stromenti per operare, che gli organi, ed i membri del corpo, communica il più delle volte la debolezza, e la ruggine all'intrepida viuacità dell'anima, e le insegna à stācarsi; ed ancorche potesse la mente con atto continuo maneggiarsi vigorosa in esercitij di soda virtù, non corrispondono sempre gl'aiuti della fiacchezza mortale, nè sempre sono in punto l'occasioni, ed i tempi, che somministrino proportionata l'opportunità. Non sempre hà doue poter colpire la mano; nè sempre hà lena per maneggiar l'armi con egual vigore, e polso. Tien bisogno di riposo la virtù per poter dapoi risorger' altrettanto, e più animosa, quanto più forte. Si rauuiuano gli spiriti se si ricreano tal'hora. Fabricò la Diuina Bontà succedente la notte al giorno, per darne à diuedere, che alternatamente debbono seguir i ristori alle fatiche, le fatiche à i ristori; e per farne conoscere, che naturalmente con la quiete de' sensi, meritan d'esser' ancora quietati qualche volta gli animi, anche da quelle stesse occupationi, che son parti più degni della virtù.

Mà non i riposi tutti sono otiosi. La virtù sà riposarsi anche senza pregiudicio de' suoi vantaggi; e de' Virtuosi ancor la stessa quiete non è priua di moto virtuoso. I vitij non sono il sollevamento, mà la destrutione de gli spiriti più nobili, e generosi. Non ricreano, ma diminuiscono il vigore dell'animo quei trattenimenti, che vili, e neghittosi fan languir i corpi, non meno, che gl'intelletti. Il vitio è eccesso. qual giouamẽto posson recar gli eccessi? la virtù, che è mezzo frà l'estremità contrarie, e nemiche, tempera gli affetti, e co' gli affetti l'operationi de' saggi, e de prudenti. Sono de' Caualieri virtuosi le ricreationi composte di virtù; anche frà i giuochi hà la virtù suo luogo; Non tutti sono i giuochi impastati di vitij. *Arist. Etic*

II. *Dell'Imitatione.*

Quelli, che imitano le Virtuose occupationi sono specie di Virtù. Sempre l'imitatione apporta diletto, perche l'imitar' il vero, e naturale col finto, e falso è vn godere ingannando; e se l'imitatione sarà di opera Virtuosa, non sol l'inganno sarà diletteuole, mà lecito; nè lecito solamente, ma degno di lode, e meriteuole d'applauso singolare. *Mazzon. intr. nu. 72.*

Quindi è, che tanto dilettano somiglianti al vero le dipinte fiere, i Leoni feroci, le Tigri rabbiose. Quei Serpenti, che viui spauentano, imitati rallegrano. Fà la Virtù pittrice diletteuoli anche le più orribili, e tremende apparenze. Così veggiamo hauer i suoi giocosi trattenimenti anco gli studi più graui, e la Poesia perciò fù da grande Ingegno stimata giuoco, solleuamento, e riposo frà le applicationi più seuere, come quella, la quale tien per fine il diletto, ed il piacere, che è congiunto con la buona, e perfetta imitatione: Onde perciò descritti da Poeti gli orrori de' boschi, l'asprezze de' Monti, gli sconuolgimenti de' Mari, gli orrori delle tempeste, la terribilità de' fulmini, i contrasti, le battaglie, le morti non sanno che piacere, e dilettare. E quando ancora *Mazzon. intr. nu. 72. 73.*

Chiama gli habitator dell'ombre eterne
Il rauco suon della tartarea tromba;
Treman le spatiose atre Cauerne,
E l'aer cieco à quel romor rimbomba.

Tass. Cant. 4. St. 3.

Chi

Chi non gode di sì marauigliosa, e perfetta, ancor che spauenteuole, imitatione? si rallegra ciascuno (disse lo Stagirita) delle diligēti, & essatte imitationi. L'imitare par' à noi quasi vn nuouo creare, vn quasi vincer le cose create, vn farci simili al Creatore. E chi non ama di render se stesso, più che può mai, somigliante à chi lo creò?

Aristot. Poet.

III. *De Giuochi Teatrali, e Guerrieri.*

S'imitano le contese letterarie, e le dispute più sensate nell'Accademiche emulationi; e s'imitano le battaglie martiali, ed i guerrieri contrasti ne' giuochi teatrali, ne' Campi di Giostre, e di Tornei; questi sono i riposi de gli animi nobili, e Caualereschi. Quì gli applicati alle Virtù bellicose, non abbandonando gli essercitij à loro douuti per obligo di fortezza, il loro valore, e la fortezza loro mantengono impiegata in imagini di Combattimenti, in apparenze di cimenti reali, e coltiuano gli Allori, e le Palme d'honore, e di gloria, irrigandole (se non col sangue) co i sudori almeno. Danno, e riceuono colpi di lodeuoli, e faticose proue, se non di morte; e se gli applausi sono i veri premi de gli animi generosi, non si può dir senza grande acquisto quell'operatione, che à se trae ammiratori gli occhi di tutti i riguardanti, e celebratrici le lingue de' popoli intieri. Quindi ben chiaro appare, quanta lode meriti, e quanta ne riceua chi per riposo de gl'impieghi militari si và essercitando in questi simulacri di guerra, in questi abbattimenti giocosi. Nè per riposo solamente, e per ristoro de' grandi, e graui affari, si concede alla virile età così degno giuoco, così nobile trattenimento; mà principalmente alla più insigne Giouentù non sol si concede, mà si consiglia, per renderla vigorosa nelle forze, ed essercitata nell'armi. E' fatica inutile il far sudar l'ingegno per prouar cosa tanto euidente, quanta è l'vtilità, che viene alle Prouincie, à i Regni dal tener' impiegati i nobili Giouani nell'occupatione armigera de' giuochi Teatrali. *Ars*

Tasso nel Romeo Dial. del Giuoco f. 139.

bel-

bellandi, si non præluditur, cum necessaria fuerit non habetur; disse Cassiodoro. Ne conobbero gli antichi Romani, e ne prouarono il profitto, e perciò pratticauano di tener Maestri stipendiati dal publico Erario, perche fossero i nouelli soldati nelle Scuole, e Basiliche istrutti, ed essercitati nel maneggio dell'armi da quelli, che Isidoro, e Vergilio chiamano *Custodes* Giuuenale, Claudiano, e Plinio nominano *Magistros*, Tertulliano *Monitores*, Ammiano *Tribunos Armaturarum*, Vegetio, & altri dicono *Campi, & armorum doctores*, e *ductores*, ed i Greci in loro idioma gl'intitolauano ὁπλοδιδάσκαλοι, e παιδονόμοι. Gli hebbe per necessarij, non che per vtili il Diuino Platone, gli approuò il Discepolo di lui Aristotile, cōfermarono ciò l'vso, e gli essempi, che precedettero, e che dipoi seguirono; onde anche i figliuoli stessi de i Rè, e gli Eroi hebbero Istruttori, che nelle Virtù proprie di loro gli ammaestrarono; Achille hebbe Chirone, e secōdo altri Fenice; Alessandro Leonida; Filippo Nausitoo; Iulo Ascanio Epitide; gli Argonauti Ificlo, i figliuoli di Creso hebbero Adrasto; quelli di Temistocle Siccinio; e Cesare onorò con questo titolo, & vfficio alcuni de' Senatori Romani.

Cassiod. l. 1. Epist 40. Naud. de Stud lib. 1. n. 19 fol 20. Isidor. lib. 9. Virgil. lib. 5. Aeneid. Iuuen. Sat. 5. Claud. Plin. in Paneg ad Trai. Tert. Apolog. c. 30. Ammian. Veget. lib. 1. cap. 13. Naudeus de Stud. milit. lib. 1. art. 19. fol. 199. n. 1. Plat. de leg. Arist. 8. Polit. Clem. Alexandr. lib. 1. Pedag. c. 7. Valer. Flac. lib 1. Suet in Iul. cap. 26.

IV.

Della Ginnastica.

La Ginnastica, che fù così detta da gli ignudi, che da principio in quella si essercitauano, era l'Arte Maestra di queste occupationi cotanto gioueuoli, come Scienza, che conosce le facoltà tutte de gli Essercitij, e de' moti corporali, e di questa fù fatta diuisione in tre parti, l'vna Bellicosa, l'altra Atletica, la terza Medicinale, ò curatiua della salute; secondo i fini, ed intentioni à che ciascuna di esse era incaminata. Ma non possono però queste parti esser così fra loro diuise, che l'vna all'altra non serua, e gioui, quando moderatamente viene ciascuna di esse pratticata.

Merc. Art. Gymnast lib. 1 c 5. & 6. Galen lib. ad Thrasyb. Plat 3 Symp. Probl. 3. Naudeus. de Stud milit. lib 1 ar. 12. n 2. f 155.

La Bellica si considera, ò vera, ò simile al vero. Questa viua, e guerriera similitudine delle vere battaglie è la materia, di cui hò preso à meditar' alcune più particolari circostanze, come operatione degna sopra ogni altra di tener impiegati gli animi, e le forze de'Nobili, che aspirano all' acquisto delle virtù più robuste, & alla perfettione della vera Fortezza, e del più Maschio Valore.

E non per la sola qualità de gli Operanti, che son sempre germi della più fiorita Nobiltà, si rende riguardeuole, e singolare questo essercitio di pacifica guerra; mà per la conditione insieme de' circostanti, che sono primarij, e virtuosi Signori, belle, e gratiose Dame, grandi, e generosi Principi; e per la qualità della cosa operata, che è Martiale, e forte, e degna d'esser maneggiata da gli Eroi coronati; così parimente per gli arnesi, che sono istromenti di vere battaglie, armi proprie de' più valorosi, e coraggiosi guerrieri, apparenze insomma di reali combattimenti; nè men per la Circostanza de' luoghi, che sono sempre ò i Campi d'attēdati esserciti, ò le Piazze, ed i Teatri più insigni di famose Città: anzi che sono gli Anfiteatri animati, (per così dire) e fabricati di viue genti, e di Popoli intieri, che acclamano alle glorie de' concorrenti Campioni. Ma resta sopra tutto nobilissima questa operatione per l'origine sua, poiche tratta in parte da' Greci, in parte da' Troiani tanto amatori delle Virtù bellicose, fè tragitto ne' petti Romani auidi così del possesso di vn Mondo, come dell'acquisto d'vna gloria immortale.

V. *De' Giuochi, & esercitij de' Greci.*

S'essercitarono, non hà dubbio, i Greci Eroi nella Palestra giocosa, e nel Pancratio al correre, al lottare, al saltare, al gettar dardi, & al pugnar col cesto; e nell' Arcada Terra lungo il fiume Alfeo, come disse vn Poeta.

Plutarc. in 3. Symp. 2. prob. Cau. Guarin. nel Pastor Fido Prologo.

Questi rapido al corso,
E quegli al duro cesto
Fiero mostrossi, & a la lotta inuitto,

Chi

Chi lanciò Dardo, e chi ferì di Strale
Il destinato segno.

Si maneggiauano gli Atleti, or ne trattenimẽti Olimpici consacrati à Gioue, doue si coronauano i Vincitori di Oleastro: Or ne'Pitij dedicati ad Apollo, doue era premio il Lauro: Or ne gli Istmij istituiti à Nettuno, e s' inghirlandauano di Pino: Or finalmente ne i giuochi Nemei assegnati ad Ercole, in cui d'Apio era il serto, con che s'ornauano i Trionfanti. Risuonauano le mura della Greca Pisa, e d'Elide, e tutta l'Acaia rimbombaua a gli strepiti sonori delle Turbe, che applaudeuano a gli Agonisti vincenti. Ne mantenne la costumanza il Grande Alessandro quando (vinto Dario) ritiratosi in Babilonia volle, che i suoi Soldati anche in pace frà lor guerreggiassero, e con finta discordia li conseruò in vna vera, ed infaticabil fortezza. Che fosse quest'vso appresso i Macedoni chiaramente Liuio il dimostra là doue afferma, che *Mos erat lustrationis sacro peracto exercitum decurrere, & diuisas bifariam duas acies concurrere ad simulacrum pugnæ, regij iuuenes Duces eis ludicro Certamine dati.*

Aless. ab Aless.
Polidor. Virg. Pancirol. l. 1. cap. 60.
Pistofilo fol. 1.
Tit. Liu. lib. 40 fol. 334. & 335.

VI.
De Giuochi Troiani.

I Troiani anch'essi emulatori de'Greci non si lasciarono vincere in così degne intraprese, e fù da Iulo Ascanio l' vnico diletto d'Enea portata questa vsanza nelle Siciliane contrade allora quando per celebrar le memorie dell'Auo Anchise s'essercitò con la più nobile Giouentù di Frigia, non sò se per mantenimento, ò per essempio del valore; e dalla Sicilia co i medesimi passò in Alba, e d'Alba trapassò in Roma, che è Sole di tutta la terra. Così priuati questi del natiuo suolo diedero il nome della Patria loro à tali studij, e chiamauano Troia ciò, che haueua sembianza di fiera battaglia, e portando da vn'Ilio incenerito gli ardori di gloria nel feruore degli Spiriti loro, trapiantarono sul Latio vna Troia rina-

Cerda in Virgil. lib. 5. vers. 602.

rinaſcente, ed obligarono i Romani à conſeruar'eterno il nome, ed il coſtume di così peregrina memoria; Onde cantò l'Omero Latino.

Virg. Aeneid. lib. 5.

. . . . Hinc maxima porrò
Accepit Roma, & patrium ſeruauit honorem
Troiaque nunc pueri, Troianum dicitur agmen.

VII.

De' Giuochi, & Eſſercitij guerrieri de' Romani.

Nè ſolo a' fanciulli Patritij Romani paſsò così nobil', e degno trattenimento; mà rinouato dal Rè Tarquinio Priſco (per quanto ne fa fede il Biondo nella ſua Roma triõfante) giunſe ancora à tener'impiegati gli huomini adulti, e prouetti. Sudarono (dico) i Latini più forti ne' teatri, ne' Cerchi maſſimi, negli Hippodromi; ed alle lotte, che diſſero pugili; al corſo de' Caualli, e de' Carri or bigati, or trigati, or quadrigati, alle ſaltationi (che nominarono Pirriche dal Greco Pirro ucciſore di Priamo) aggiunſero le Caccie di fiere le più tremende, e ſpauentoſe, inuentarono le battaglie sù le Naui dette Naumachie, e da giuochi feſtoſi paſſarono alle ſanguinoſe proue de' Gladiatori crudeli, e contaminarono la letitia de gli ſpettacoli più giocondi con le più ſtrane, e terribili forme di morte. Queſti eſſercitij nobilitarono i Romani, non che con la preſenza, mà con l'opera iſteſſa, e con le perſone de' Caualieri, de' Senatori, delle Matrone, delle Veſtali, de' Sacerdoti, e de' medeſimi Imperadori. Queſte guerre priuate eſſercitate furono, non che in Roma da eſſi, mà in altre parti ancora portate, come da Scipione colà nella Spagna per celebrar', e conſolar l'eſſequie del Padre defonto. E non ſolamente nelle Città mà douunque in guerra fermauano, & attendauano il campo, s'impiegauano (per quel, che n'atteſtan Polibio, e Vegetio) in così nobili, ed vtili occupationi; e perciò à ſimilitudine di quelli narra il Taſſo, che ſotto Gieruſalemme.

Biõd. in Rom. Trionf. lib. 2. Panuin. Pancirol.

Lipſ. de Glad. lib. 2. cap. 3. & 4. Mercur. Gymnaſt. lib. 3. c. 4. fol. 144.

Piſtofil. fol. 2.

Polyb. lib. 1. cap. 11. Veget.

Taſs. cant. 5. St. 25.

Loco è nel campo aſſai capace, doue

S'adu-

S'aduna sempre vn bel drappello eletto,
E quiui insieme in torneamenti, e in lotte,
Rendon le membra vigorose, e dotte.

Ne' giuochi Circensi scherzaua la Nobiltà più feruida, e più vigorosa di Roma: e chi era preferito a gli altri, si chiamaua Principe della Giouentù; alle volte sotto due capi, come in tempo di Lucio Silla fù anteposto Marco Scauro (per testimonio di Plutarco) da vna parte, e dall'altra Catone in concorrenza di Sesto Pompeo; *Plutarc. in Cat.* 'A' tempi di Cesare furono rinouati come discendente d'Ascanio, e d'Enea; in quelli di Augusto, di Caio Caligola, di Claudio, e di Nerone s'andarono rauuiuando con apparati degni dell' Imperiale munificenza. *Panuin. Sueton.*

Così pratticauano di tenere essercitati i figliuoli Patritij per conseruatione della salute in pace, per giouamento, ed incaminamento alle fatiche della guerra, e per acquisto d'honor', e di gloria primo, e principale studio, ed intento degli Antichi Dominatori del Mondo.

Per l'Vniuerso intiero diffusero genij così lodabili, e nelle Colonie più celebri alzarono Teatri, e Terme, ed istituirono Spettacoli ora giocosi, ora funesti, ò per godere vn'affaticato riposo, o per auuezzar gli animi, e gli occhi à mirar senza terrore le stragi guerriere, e le più vere scene di Morte. *Lips. de Amphitheat. cap. 1.*

In questa Città di Bologna già Colonia antica de'Romani portò Valente (giusta il rapporto di Tacito) i più crudeli, e mortali trattenimenti. *Exin Bononiæ a Fabio Valente Gladiatorum spectaculum editur aduecto ex Vrbe cultu.* Ma più largamente, e più degnamente si sparse l'vso de' men sanguinosi abbattimenti, e quanto più s'auuanzò la pietà della Religion Christiana, tanto più si scemò l'horridezza de' mortiferi certami. Honorio Impera- *Corn. Tacit. Hist. lib. 2. c. 67. & 71.*

tore

tore honorò la nostra Fede, e Costantino il Grande costantemente la fauorì, la felicitò col proibire i Gladiatori, ed i giuochi, che più tosto seuere, ed infernali crudeltà poteuan chiamarsi. Ma contuttociò l'Italia Christiana non hebbe dipoi inuidia alle glorie dell'antica, & Idolatra, perche vide con molto suo profitto, ed applauso proseguire, ed auanzarsi il costume solamente dell'altre più amabili, e pacifiche battaglie de' priuati Caualieri, ed aprì cāpo largo, e ferace di palme alla Nobile, ed animosa Giouentù. Il numero è senza numero de' Principi, e de'Rè più famosi, che honorando l'arene col piede loro si segnalarono in così virtuose intraprese, e le autenticarono col proprio valore per impieghi nobili non solo, e degni, ma Regij, ed Eroici; il che fù comprouato dal Rè D. Alfonso figliuolo del Rè D. Ferdinando, e della Regina D. Costanza allora quando nell'istitutione nuoua de' Caualieri della Banda in Burgos, impose questi essercitij anche per legge. Han giusta ragione gl'istessi più potenti Monarchi di temere, che non resti nell'otio illanguidita la brauura, ed infiacchita la robustezza; Publican per nemica irreconciliabile la pigritia: non trouano i vitij maggior' alimento, che dall'otio: la negligēza è la vera nudrice de'mali costumi: quella ruggine, che vien portata negli animi dall'infingardaggine, non si laua, che con replicati sudori. Lo starsi pigro, e disoccupato è remora della Naue della Virtù.

Pistofilo lib. 1. l'anno 1378

Ma per inuestigare più distintamēte le maniere di questi Armeggiamēti, e le querele, che in quelli si cōtrouertono da'Caualieri, fissaremo l'occhio in essi come che materia sia non men diletteuole, che vtile, e necessaria; e tanto più necessaria, quanto più trascurata da gli scrittori; fra' quali molti ne tacciono affatto i Metodi, alcuni accennandone poco, quel poco ci presentano non senza

dar

dar molta occaſione di rifleſſo, e forſe anche d'emendà.

VIII. *Del Torneo.*

Comprende il nome di Torneo (largamente fauellando) qualſiuoglia operatione fatta con armi da Caualieri à piedi, ò pur à Caùallo, nella quale vadano, e tornino in forma, e ſembianza di vero combattimento; ma veramente per trattenimento, e giuoco, ò per mantenerſi eſſercitati in armi, ò finalmente per proua di valore. Preſe l'etimologia del ſuo nome il Torneo dalla parola greca Τόρνος, che quell'iſtromento denota, con cui girando ſi lauora alcuna coſa in tondo, così queſta occupatione caualereſca ſi denomina dal tornar, e ritornar, che fanno gli armati per dar nuoui colpi all'inimico, quaſi impatienti di vederlo vinto, & anſioſi di trionfarne come vincenti. Se non più toſto (pigliando il lor nome dalla loro origine) ſono queſti (come affermano graui Autori) chiamati Torneamenti, quaſi Troiamenti, dall'antica Troia, come ſi è veduto, fonte di tali operationi. Ma comunque ſi ſia, ſi eſsercitano queſti trà Nobili ſolamente, ma finti nemici con odij ſimulati per maggiormente creſcer l'affetto, e l'amore fra' Caualieri. Sono di più ſpecie; altri ſi fanno à piedi, altri ſi combattono à Cauallo: pare ad alcuni, che il combatter' à piedi ſia più degno di lode, come che non partecipa il Cauallo nel merito dell'operatione. Ma, benche l'oprar à piedi ſia degno di molta lode, non è però in conto alcuno meriteuole di minor appláuſo l'operatione à Cauallo, ch'anzi, come più laborioſa e difficile, e ricercando maggior robuſtezza, e prattica, nõ è propria, che de' Caualieri più eſperti, e prouetti. Il Tornear'à piedi hà gran vantaggio ſoura il gioſtrare à Cauallo, mentre quello facilmente ſi può éſsercitare ne' piccioli Cortili, e nelle mediocri Sale de' Palazzi priuati, ma queſto ſolamente nelle grandi Piazze, e ne' Teatri più larghi par che ſi faccia ammirare, come vide queſta noſtra Patria di Bolo-

Piſtofilo lib. 1 fol. 6.

Cerda in Virgil Aeneid. lib 5 fol 602. Aldronand. de Quadrup. Solidip. lib. 1. fol. 292.

Fauſto lib. 1. cap 30 f. 55. Vrrea par. 3 fol. 179.

gna

Del 1578. Del 1600. Del 1628.

gna in siti spatiosi il Castello d'Argio, la Montagna Circea, la Prigionia d'Amore in Delo, & altri simili Torneamenti misti dell'vna, e dell'altra forma. Pur tal volta non mancano Sale capaci, e grandi, doue si possan tali operationi rappresentare, come quì appresso noi la publica Sala, Opera di Bramante famoso Architetto, doue sopra grosse colonne, e pilastri alzata, hà dato à vedere nell'vno, e nell'altro modo essercitij bellissimi alla presenza di Principi, di Dame, e di Popolo numerosissimo, or nella Montagna fulminata, or ne'Furori di Venere; & allor ben dir si poteua, che correuano vincitori i Caualieri, ed i Caualli, non sotto, ma sopra gli Archi trionfali, come in alcune antiche medaglie di Nerone, e di Claudio si mirano. Sono dunque sommamente commendabili queste fatiche, massimamente se miste sono, come le preaccennate, e come vide già la Nobil Ferrara sotto Alfonso Secondo Duca Estense il Castello di Gorgoferusa, il Monte di Feronia, ed il Tempio d'Amore, con apparati degni d'hauer per ispettatori gli Dei del Cielo. Solamente à piedi alcune volte si son fatti i Tornei con applauso non ordinario, così vide Bologna l'Amore Dio della Vendetta, il Giano Guerriero, l'Amore vendicato, ed altri Abbattimenti. Se ne prefero forse gli essempi da mano guerriera insieme, ed Imperiale, che impugnaua non meno l'Armi, che gli Scettri, e si faceua temere, ed vbbidire, honoraua le Reggie, ed i Teatri, e maneggiaua altretanto il freno de'Popoli, che l'haste di Barriera, parlo di Carlo Quinto il Grande, il Magnanimo, il Valoroso, il qual si lasciò vedere in questo Palazzo publico armeggiare a piedi alla Sbarra con Picca, e Stocco contra D. Ferrando Gonzaga. Ricusino dunque, se sanno, i Caualieri d'impiegarsi in questi trattenimenti veramente Reali, e sdegnino, se ponno, di calcar sù l'arene le vestigia de'più famosi Monarchi; anche

Masini, & altre Istorie di Bologna.

Del 1628. Del 1639 26. Maggio.

Angeloni Ist. Augusta. Agostino, & Erizo Medaglie.

Del 1561. Del 1565.

Del 1632. Del 1636. Del 1653.

Vizani Istorie lib. 11. fol. 6. del 1533.

dalle

dalle Dame sono taluolta con leggiadra maniera essercitati, e le Nouelle Amazzoni forti, e modeste han ter-
minate le Barriere coi Balli, e gli armeggiamenti con le carole, come in Bologna si vide già nella Sala de' Signori Conti Bentiuogli. L'anno 1652.

IX. Della Bariera.

Si nomina questo Torneo à Piedi ancora Barriera, ò Barreare, ò combatter alla Sbarra. Barra, e Sbarra è quel tramezzo, ò impedimento, ò steccato, ò linea di Legno, o di tela, che stà framessa tra' Caualieri fino alla Cintu-
ra, perche non si feriscano, doue armati non sono; ben-
che taluolta, e frequentemente si opera senza sbarra, perche più libere, e sciolte compariscan le persone de' Caualieri, e l'operationi loro; oltre che più largo campo resta in fine, quando (seguito l'abbattimento) alla folla si viene di molti Caualieri insieme, e s'vniscon da poi per vscire dal campo concordi, e rappacificati. Pistofil. lib. 1. fol. 5.

X. De Caroselli.

Dell'operationi à Cauallo con armi, altre sono Caroselli, altre Giostre si dicono; sotto nome di Caroselli intendo io qualsiuoglia giuoco con palle, ò canne, ò dardi, ò zagaglie, che siano, gettate da' Caualieri l'vn contra l'altro à vicenda per colpirsi, e si fanno in varie for-
me, in vario numero, in varij habiti, per lo più à squadra contra squadra, à drapello contra drapello, e per appunto somiglian quel giuoco, che Troia si disse, doue gettan-
do s'incontrano, e trapassando ritornano con nuoue armi per ferirsi, e per fugarsi, e fuggendo colpiscono, e fe-
rendo fuggono, e col ripigliar il corso, ripiglian vigore, ed intenti non meno all'assalire, che al difendersi da gli assalti, col lanciare incalzano altrui, col ripararsi restano incalzati, ed improuisamente affrontando, anche improuisamente si sottraggono à gli affronti, non sò se più vinti, ò più vincitori, tutti in fine trionfanti riportano la palma, quando la mano si porgono per rappacificarsi, e dopo le finte nimicitie fanno comparir in campo più vere, e

più care le loro concordie. Ci descriue l'Eroico Poeta vn sì fatto giuoco dicendo

Virg. Aeneid. lib. 5. v. 553.

Incedunt Pueri pariterque ante ora parentum,
Frenatis lucent in equis, &c. e di poi

Vers. 579.

Olli discurrere pares, atque agmina terni
Diductis soluere choris, rursusque vocati
Conuertere vias, infestaque tela tulere,
Inde alios ineunt cursus, aliosque recursus
Aduersi spatijs, alternosque orbibus orbes
Impediunt, pugnæque cient simulacra sub armis,
Et nunc terga fugæ nudant, nunc spicula vertunt
Infensi, facta pariter nunc pace feruntur.

Anibal Caro Eneid.

Nobilmente tradotto dal Caro, là, doue fà veder', che

Già si metton in via, già nel cospetto
Vengon de' Padri i Pargoletti Eroi
Su' frenati destrier lucenti, e vaghi.

con ciò, che segue. Questo lieto trattenimento, che Carosselli si dice, il qual in Napoli, più che altroue, s'essercita mirabilmente, prende il suo nome (per quanto afferma il Caualier Sereno) da quelle Palle di Terra rotonde che à guisa di picciole pignatelle si gettan l'vn' l'altro i concorrenti, il che, quando à tempo, e con leggiadria sia fatto, diletta non poco i riguardanti, e gioua notabilmente à chi opera per farsi veloce, accorto, ed animoso. Il giuoco, che sotto questo si comprende, delle Canne, ò Dardi, o Zagaglie, come che proprio sia degli Spagnoli, forse fù tolto à i Mori Africani, che in questa guisa, e con tal'armi operando, singolarmente riescono. Tal volta ancora sù le nobili leze sono state pratticate somiglianti corse dalle Dame stesse per colpir l'imagini de' Vitij, e de' mostri, come in Torino si è veduto con vago, e Regio apparato.

Cau. Sereno tratt. 1. c. 4.

Birag. sopra la Gierus. conquistata c. 4. St. 38. fol. 39.

L'anno 1669. li 24 Genn

XI.

Delle Giostre in Generale.

L'altra operatione, che à Cauallo si essercita, communemente Giostra s'appella. La Giostra è vn correr con lancia à Cauallo per colpir alcuno oggetto ad imitatione del correr in guerra per ferir con lancia il vero inimico. E perche vaij sono gli oggetti, e son varij i modi del correr per ferire, ò colpire almeno, varie per ciò ancora sono le specie delle giostre.

Queste proue giocose, simulacri di vero cimento, ed imagini di battaglie, che i Greci dicono in loro Idioma σκιαμαχειαι, ò pure οπλομαχείαι, ed ancora ξιςικῶς, dall' haste, da Latini furon chiamate *Hastiludia* ò *Ludi hastici*, secondo Suetonio in Caligula, ò *Decursiones ludicræ*, o per fine *vmbratiles pugnæ*; ombre di guerra, ma ombre colme di raggi di Gloria, e risplendenti al par del Sole. I nostri Italiani le chiamarono Giostre, forse dal giusto trarre; ò giostra dissero, quasi gioco castrense, o gioco con haste; ò giostra quasi chiostra de gli steccati; quasi gioco strano; ò più tosto presero il nome dal greco ζῶςρα, che cingolo, ò cinto vuol in ferire, onde corruppero questo nome i Greci, e dall'vno, e dall'altro formarono la voce κινζυςρα, ò κιντζυςρα, meglio συντζύςρα con che la giostra nominarono, come Gregora Istorico afferma, il qual parlando d'Andronico Imp. ci descriue e la Giostra, ed il Torneo con queste parole *Andronicus Imperator nato filio Ioanne, duo certamina celebrauit Olympicorum imitatione, quorum alterum duelli speciem preseferens, Cintzustra dicitur. Diuiduntur secundum Tribus, Municipia, Curias deinde vtraque pars armatur, singuli contra singulos, qui volunt, & ab omni parte armis teguntur; Mox vtrique hastis veruto præfixo acceptis impetu concurrunt, & aly alios fortiter vrgent, qui equo altum deiecerit corolla ornatur. Alterum certamen Tornè appellatum sic se habet; diuiduntur, & hic secundum Tribus, Municipia, & Curias, & simul omnes armantur, ac inde duobus Principibus fortè delectis inter se concurrunt.. Post certaminis huius finem vtraque pars ducem suum secuta, atque inter cæteros*

Naudeus de de Stud. milit.

Theatr. lingua latina.

Suetonius in Calig.

Amalthea Onomastica Laur.

Nicef. Greg. Hist. lib. 10. cap 3.

Aldrou. de Quadrup. solid. lib. 1. cap. 1. f. 293.

teros eorum Imperator etiam subditi ordinem non deserens cum honorifica pompa, & ordine in suum diuersorium deducunt, vbi ille cuique vini craterem propinans, & dexteram porrigens domum redire iubet.

XII.

Delle Giostre alla Quintana, & al Saracino.

Delle Giostre alcune sono alla Quintana, altre al Rincõtro, e di queste al Rincontro altre sono con lizza, ò tenda, che Giostra chiusa si dice, altre senza tenda, che à campo aperto si nomina. Sotto nome di Quintana intendo di comprender il correr con lancia, ò hasta à qualsiuoglia cosa, che ferma stia, come per cagion d'essempio huomo armato, ò Moro Saracino, ò Buratto, ò pomo, ò guanto, ò all'Annello, che Sortice ancora vien detto da' Spagnuoli, come anche secondo alcuni l'annello, ò campanello, ò punteria Quintana è nominato.

Cau. Marin. Cant. 20. Stiglian. iui, Villan. e Sapricio iui. Crusca Vocab.

Hà l'origine sua questo nome di Quintana da quella via, che negli Alloggiamenti de' Romani, intersecando l'altre quattro, *Quintana Via* nominauano, doue nel palo armato s'essercitauano continuamente per mantener il vigore del braccio, e gli spiriti del cuore, & ad effetto di colpire, se non altro, l'otiosa, e neghittosa dappocaggine giurata nemica della Virtù. E perche non mancasse la commodità di questi armati pali, a ciascun soldato nouello era lecito piantar il suo, & alzarlo da terra sei piedi per quel, che Vegetio ne attesta; ce lo descriue il Satirico dicendo.

Veget lib 1. c. 11. & lib. 2. cap. 23. Polib. lib. 7. Mercurial. Art. Gymn. lib. 3. cap. 4. fol. 145. Veget. lib. 1. cap. 11. & lib. 2. cap. 23 Stewechius in Vegetium fol 30. Plato 7. de legibus Aristot. in Politicis.

Aut quis non vidit vulnera pali,
Quem cauat assiduis sudibus, scutoque lacessit,
Atque omnes implet numeros?

Iuuen. sat. 6.

ò può esser parimente, secondo altri, che habbia questo gioco sortito il nome da ciò, che fù detto *Quintanus cõtax* come nella legge 1. e 3. di Giustiniano *C. de' Aleatoribus*, doue si nota, che *erat iaculatio sine fibula, ferro, vel cuspide*, così detta da vn tal Quinto Soldato.

Bulenger de ludis cap. 26 & 39. l. p. & 2 C. de Aleat.

Sono alcuni, i quali si danno a credere che da princi-

Theat Vit. Hum. litt. l. fol. 58.

pio le Gioſtre all'huom'di legno ſi eſſercitaſſero à piedi; noi ſeguendo la più vera, e più commune opinione, crederemo, che da'giuochi Greci, e Troiani fatti a Cauallo ſi paſſaſſe à poco à poco alla forma, che hoggi giorno s'vſa di gioſtrare, per imitare i vari modi di colpire, e di cacciar il nemico guerreggiando; e fù forſe queſto bellicoſo trattenimento inuentato, ò (per dir più certo) migliorato da Emanunel Comneno.

XIII. *Dell' Inuentor delle Gioſtre.*

Pancirol. lib. 2. cap. 19. circa il 1180.

Queſti riporta il vanto, ſecondo alcuni d'eſſer ſtato il primo inuentor delle Gioſtre in Antiochia, allora quando l'eſſercito Latino intento all'acquiſto della Paleſtina emulatore delle ſquadre Greche determinò vn giorno, nel quale alcuni dell'vna, e dell'altra Natione con generoſa gara pugnaſſero con lancie diſarmate di ferro, là doue egli ſteſſo in habito Imperiale, ſeruito nobilmente da Corte Greca col gettar di ſella due de' Latini, riportò trionfo di quella Natione, e fù coronato di lodi, e d'encomi. Altri, fondati sù l'opinione di Cuſpiniano, attribuiſcono la gloria dell'Inuentione di gioſtrare con lancie à Cauallo alla famoſa Corte d'Arrigo primo Imperatore, affermando, che in Germania in Magdeburgo à quei tempi ſpuntò la viua ſorgente di queſti dilettoſi modi d'armeggiare, donde poi nati ſono tanti ruſcelli di generoſi ſudori caualle reſchi, che vanno d'ognora irrigando le palme, ed i lauri immortali degni premi delle nobili, ed honorate fronti. Di lui ſi veggono ancora ſopra di ciò le prime leggi impoſte a' Caualieri eletti a queſto pregio ſingolare; ed erano eſſi da principio ſolamente di quattro principali Nationi della Germania, Bauiera, Sueuia, Franconia, e Tratto del Reno.

Aleſſ. Taſſoni lib. 10 cap. 12. fol. 509.
Cuſpinian. ann 938 7. Ianuar.
Theatr. vitæ human. verb. tempus fol. 75. Et verb exercitatio f. 476.

XIV. *Origine della Gioſtra al Saracino, e ſua deſcrittione.*

Il correr'al Saracino con lancia può eſſer facilmente, che il nome prendeſse nei tempi, ne' quali i Saracini, e Mauritani diſertauano l'Europa; e s'introduſſe queſta

ſorte

Monſ. Ciampoli Proſe diſcorſ 10. c. 34. *Turpin Archiep. Hiſt.*

ſorte di Gioſtra per feſteggiar percotendo la ſtatua d'vn Moro, o ſia Saracino, e già più ch'altroue nella Spagna dominaua quella Natione ſtraniera, prima da Carlo Magno vinta, e domata, e poi finalmente da Ferdinando il Cattolico debellata, e sbandita. Queſte forme di gioſtre di Quintana ci furono deſcritte fra gli altri da vago Poeta là, doue dice.

Marin. Epital. nel Torneo St. 14.

Chi con braccio robuſto
Per la ſuperba lizza
A mezzo il corſo in termine di ferro
Frange fraſſino, o Cerro:
Chi vibra l'haſta, e drizza
Ben miſurato, e giuſto
L'occhio in vn con la lancia à cerchio anguſto;
Chi con barbara caccia
Riuolge or tergo, or faccia,
Hor ſeguendo il fugace,
Hor fuggendo il ſeguace,
Et à queſti con riſo, à quei con laude
Il grido popolar freme, & applaude.

Et altroue più diſtintamente ne deſcriue il correr'alla Gioſtra del Saracino, ò dell'Huomo armato dicendo

Cau. Marin. canto 20. St. 251.

Quando l'vſata tromba ecco s'aſcolta,
Ch' al gran cimento appella i Caualieri,
Già s'è la turba al nuouo ſuon raccolta,
Già ſi veggon paſſar paggi, e ſcudieri;
E trar Caualli à mano, e gir in volta
Con liuree, con inſegne, e con cimieri,
E portar quinci, e quindi arme, & antenne,
Bandiere, e Bande, e pennoncelli, e penne.
Mentre, che del paeſe, e di ventura
Molta Caualleria concorre al gioco;
Si che della larghiſſima pianura
Son già pieni i cantoni à poco à poco,

De

De la Quintana esperti fabri han cura,
E di portarla in opportuno loco,
E proprio in sù la sbarra appo la lizza
Nel mezzo della tela ella si drizza.
Stà couerto di ferro vn huom di legno
Con lo scudo abbracciato, e l'elmo chiuso,
Ch'esposto ai colpi altrui bersaglio, e segno
Termina il busto in vn volubil fuso;
E s'affige a la base, e gl'è sostegno
Forato ceppo, e ben sondato in giuso,
Soura cui, quando auuien, ch'altri il percota,
Ageuolmente si raggira, e rota.

Con ciò, che segue.

XV. *Del Giostrar a Rincontro.*

L'altre Giostre più forti, e valorose si fanno al rincontro, quando Caualier' armato contro Caualiere parimente armato corre per abbatterlo, ò almeno colpirlo, nel più alto del capo, ò nel più viuo del petto con lancia. E si essercita, in più modi, ò à Giostra chiusa, ò a campo aperto, e senza tenda; ò mantenendo vno contra molti, ò à squadre contra squadre, ò ciascuno contra ciascuno separatamente in più modi si può pratticare secondo il concerto, che è l'ordine, e l'anima di questi combattimenti.

Ghirardacci Ist di Bologna par 1. lib. 2. fol 77. Vizzani Istor. lib. 2 fol 63. ann. 1147.

Fù la Giostra all'incõtro corsa la prima volta in queste nostre parti dell'anno 1147. ed in essa Egano Lambertini principal Caualiero di questa Patria ottenne vn ricco premio per testimonio del suo forte, e gagliardo valore. Era stato poc' anzi dalla Germania trasportato questo giuoco guerriero (dicono gl'Istorici) doue la Nobile, ed animosa Gouentù si vestiua di lucid'armi, e premendo il dorso di saldi, e veloci Caualli riccamente bardati, faceua di se bellissima mostra, e proua generosa.

XVI. *Del Campo Aperto.*

L'altra maniera di Rincontro, che à campo aperto si esercita, (come che più pericolosa sia) non si tratta sol

che

che da Caualieri molto prattici, ed esperti così dell' armeggiare come del Caualcare. E fù la prima volta in questi paesi vsata nelle Nozze di Alfonso Duca di Ferrara, e Margherita Gonzaga con apparati, & inuentioni di Machine, e di spettacoli superbissimi. Chiamai pericoloso questo cimento, poiche, se non è molto istrutto in tali materie il Caualiere, facilmente può trouar incontro di gran periglio: Onde ben con molta ragione disse Gemes il fratello di Baiazetto Imper. de' Turchi al Pontefice Alessandro VI. mentre fece vederli vna simile ricreatione bellicosa: Che troppo è leggiera, e scherzeuole attione, se da vero si tratta; ma graue troppo, e perigliosa, se da scherzo si opera. E non ha dubbio che alle volte strani euenti mirati si sono ne' Teatri, che immediatamente hanno (cangiando scena) riuolto il riso, e l'allegrezza in pianto, e dolore.

Aless. Tassoni pens. lib. 10. cap. 12. f. 509.

Pancirol. lib. 2. cap. 19.

XVII. *De Casi Strani, e Funesti Succeduti in Giostre.*

Cau. Sereno trat 1. cap 6. n. 16.

Tal hor veduti si sono ne' Campi aperti incontrarsi i Caualli, ed i Caualieri non senza pericolo, e danno della vita di quelli, e di questi. Così accadette in vna giostra, che solenne fù fatta a Roma in Beluedere, doue Stefano Mottini, e Riccardo Mazzatosta s'incontrarono, e co' Caualli caderon precipitosamente sozzopra, si che à gran pena la vita saluarono. Così altra volta in Napoli nelle Nozze del Duca di Cerce Maggiore, in cui D. Alfonso Piccolomini d'Aragona Conte di Celano, hauendo di sè fatta vista nobilissima, e corse lancie numerose, mentre con vn Compagno à lunga, e veloce carriera s'era spiccato, al mezzo di essa cō due altri, che medesimamente accoppiati veniuano, incontrossi, non potēdo (per gl'impedimenti, che erano per via) schiuarsi, preser partito improuiso nel caso di necessità di tanto giusti tenersi nel mezzo, che Cauallo con Cauallo, testa con testa s'incontrarono; onde dall'impeto della percossa tutti e quattro iui morirono, ed i Caualieri dal

bal-

balzo de' Caualli fortemente sbattuti restarono pesti, e mal conci per longo tempo, che fù breue male rispetto al grande, e graue pericolo. Non hà dubbio, che più volte si sono veduti Caualieri nelle loro festose vittorie cader feriti, e morti con tragico auuenimento, e deplorati furono quando attendeuano lodi, ed applausi. Onde ben si può dire con quel grand'Oratore, ed Istorico. *Atrox voluptas, speciosumq; periculum, quo nec ludere credas qui sic prælientur, nec præliari qui demum ludant.* E per lasciar da parte il caso funesto di quattro Caualieri, i Signori Guido, & Annibale Bentiuogli, il Signor Nicoluccio Rondinelli, & il Signor Co: Ercole Montecuccoli, i quali cadendo in acqua armati restarono sommersi nel Torneo dell'Isola Beata fatto nelle fosse di Ferrara dal Duca Alfonso: vide la Germania Lodouico Secondo figliuolo di Lodouico Primo Palatino del Reno in Norimberga restar in simil giocosa funtione dal suo contrario estinto. Vide la Francia in Parigi, prima Alessandro Duca d'Albania cader trafitto in Torneamento festeuole, e dipoi ne' tempi scorsi vn'Enrico Secondo Rè della Francia frà giocondi sponsali della figlia, e della sorella colpito in giostra dal Mongomerì nell'occhio destro, perder'in pochi giorni, ma gloriosamente la vita. Benche molti attribuissero il colpo all'euidente prouidenza della mano diuina, che vendicò con tal modo armigero l'assistenza, e l'approuatione da lui prestata à due Caualieri principali, che in vero duello nel principio del regnar di lui si cimentarono con altrettanto publica, quanto perniciosa licenza; quantunque dipoi pentito il Rè del fatto giurasse di non mai più consentire a quegli abbattimenti vietati.

Strad. de Bell. Belg. lib 1. tom 1 fol. 16.

1569 25. Maggio.

Auentin lib. 7 anno 1292.

Appendice dell'Istoria di Scotia.

Theatr. vitæ hum litt M. fol 718. anno 1559.

Istorie di Francia.

Simon Starouolsc de bello lib 3. cap. 3. fol 290.

Fam Strad. de bello Belg. Istor. lib 2. fol 17.

Vide già questa nostra Patria tre Nobili Caualieri in tale per loro funesto, e mortal giuoco restar trafitti, ed estinti. Spinello Carbonesi Nobile, & ardito Giouine

Anno 1198. Vizzan e Ghirard. Istor. di Bologna anno 1551. anno 1590.

cadde per manò del suo Auuersario ferito, e morto, Lelio Manzoli da Camillo Gozzadini, ed il Co: Andalò Bentiuogli, più prossimo à nostri tempi da Ottauio Ruini restarono, non chè vinti, mà vccisi. E negli anni adietro nella Città di Modena in prouando vn superbissimo Torneo il Co: Gio: Molza Caualiero animosissimo restò colpito per mano del Co: Raimondo Montecuccoli hoggi giorno Generale della Sacra Cesarea Maestà di Leopoldo Imperatore, e fù pianto vniuersalmente in sua morte, e da mè con questo mal composto epicedio compatito, e deplorato.

Dà vere Morti ancor pugna non vera?
Ed omicidi son colpi di pace?
Ahi troppo graue gioco, ahi scherzo audace,
Che fai Coppia sì fida esser sì fiera.
Quei, che già debellò nemica schiera,
Hor da ferro innocente estinto giace;
Oh quanto è ver, che sempre esce viuace
Sol per bocca di piaghe alma guerriera.
Ne' Teatri più lieti esser men forte
Non sà Campion di Marte; e sol desia
I perigli sprezzar, tentar la sorte.
Nobil cor sua virtù mai non oblia,
Nè può trattar per gioco armi di Morte,
Ch' vcciso al fine, ò ch' vccisor non sia.

XVIII. *Della Cura, e Diligenza de' Caualieri circa l'Armi.*

Mà diligente cura de' Padrini, e de' Caualieri stessi è cauta custoditrice della vita loro; nè per cagion di periglio, a cui può far valido ostacolo l'humana prudenza, deue Caualiere alcuno astenersi dall' operationi a lui gloriose, e perciò proprie di lui. Nè sarebbero, quanto sono, lodabili, e plausibili, se fossero totalmente sicure, essenti da pericoli, impenetrabili alle saette di fato nemico.

Nelle

Nelle forme, con che a' nostri tempi vengono essercitati, questi pacifici armeggiamenti non restan compresi nelle proibitioni de' Sacri Canoni, e (come non sanguinolenti per sua natura, ne' mortali) mà per solo accidente pericolosi, vengono tollerati, permessi, conceduti, e fauoriti da ogni legge.

Cap 1 de Torneam Extrauag. 1. de Torneam. Caraffa de duello tract. 4. sect. 3. q. 3.

Quindi è, che trà le virtù dell'animo, e del corpo, le quali deuono concorrer à formar' vn vero Caualiero Armeggiante, non è inferiore all'altre quella d'vn esquisito giudicio, e d'vna esatta osseruatione, che egli adoprar deue in elegger armi di perfetta tempra, & al suo Corpo ben adattate, si che nè troppo ristrette leghino, e soffochino, nè troppo larghe, e grandi impediscano, ed ingombrino. Erano forse tali quelle del Rè Saulle grand'huomo vestite a Dauide giouinetto, e d'inferiore statura, onde disse. *Non possum sic incedere, quia vsum non habeo.* E le depose, stimandosi meglio armato, quanto più disciolto dell'armi. E Patroclo allora cadde in guerra trafitto, quando volle vestir l'Armi d'Achille. Haueua l'antica Giouentù armi proprie per questi festosi ritroui, e le chiamaua *Arma campestria*; onde ben osseruò il Venosino Poeta che

Filosofil fol. 52. Cau Seren fol. 36. Xenofonte. Reg. 1 cap. 17. n. 40. Homer. Iliad.

Ludere qui nescit, campestribus abstinet armis.

Horat. Poet.

La perfettione, e la pulitezza di esse, e de gli habiti deue molto da' Caualieri stimarsi, con tutto quello, che può renderlo più sicuro, e dimostrarlo più mondo. La mondezza delle vesti è grande argomento dell'interior purità, e sincerita de gli animi. Oltre che gran diletto reca a' riguardanti il lustro, e lo splendor' dell'armi e rallegra (non che l'occhio) ma il Cuore de generosi spettatori.

Non v'hà dubbio, che molto domina la fortuna nel maneggio dell'Armi, mà dalla prudēza è vinta la fortuna allora, quando diligente Caualiero procura d'elegger

 l'Armi,

l'Armi, che ſiano perfette, & alla perſona di lui ben accommodate, e nell'operar ben chiuſe.

Sono l'armi vſate nelle Barriere à piedi Picca, Spada, Azza, e Stilo. L'altre à Cauallo ſono le più pratticate Zagaglia, Stocco, e Lancia, parlo delle offenſiue, poiche delle difenſiue non è qui mio intento diſcorrere, come impiego più proprio di chi le fabrica, che d'altri, douendoſi nella elettione delle coſe ſtar al giudicio de prattici periti. Di quelle, che à piedi s'adoprano, fù chi diſcorſe tanto eſſattamente, che hò per ſuperfluo l'aggiunger alcuna coſa, ben ſi della Lancia, e del Cauallo principali ſtromenti de'Caualieri nelle gioſtre farò qualche parola, per non paſſarli affatto ſotto ſilentio.

Piſtofilo.

XIX.

Della Lancia.

Cau. Sereno tratt 9 cap. 6 fol 57

Feſt Pomp fol. litt. L.

Pietr. Crinit. lib 13 cap 6.

Marc. Var.

Aul Gel.

Dempſter Ant. Rom lib. 10. cap 10. fol. 1018.

Denominata fù la Lancia da vna parte di quell'iſtromento, che dal peſare, e librare, libra ſi dice, ò ſia per la ſimilitudine, che tien di lancia, ò per lo ſignificato che porta, poiche in niun'altra attione tanto ſi ſcopre di che peſo ſia il valore del Caualiero quanto nell'impugnar la Lancia, e ſaper ben di quella ſeruirſi. Ma Pōpeo Feſto l'aſſeriſce parola greca poiche λόγχη ſi dice l'haſta da' Greci, ò Lancia, e λογχίτης chi porta la lancia, *lanceartus*. Ma Pietro Crinito con l'auttorità di Marco Varone, e di Gellio, atteſta eſser arme, e nome di Spagna, là doue narrando l'armi più proprie di ciaſcuna natione, dice che ſiano *Framea Germanorum, Gæſa Gallorum, Romphea Thracum, Lanceæ Hiſpanorum, Pila Romanorum, Iſsi Botorum, Sariſſæ Macedonum*. Che l'adopraſsero ancor i Franceſi lo dice Diodoro Siculo, e parimente i Mauri l'afferma Lucano; e che gli Etoli ne foſsero inuentori è opinione di Plinio. mà che certo ſia nome antico, ſe non antico trouato, non hà chi ne dubiti. Furono cangiate l'haſte in lancie, e ſi lanciauano da principio, e ſecondo il parer d'Iſidoro, haueuan nel mezzo vna legatura per meglio portarle, e lanciarle contrapeſate,

Diodor Sicul.

Lucan.

Plin lib 7. cap. 56.

Iſidor.orig lib. 18. cap. 7.

passate, e però disse che fù nominata *Lancea*, *quia aqua lance, idest aquali amento ponderata vibratur*. Dipoi si fecero le lancie più graui, e più stabili con forma accommodata alla mano per ben' impugnarle, e sostenerle, nè si partiron dal fianco de' Caualieri. Questi valorosamente accostandosi al nemico non haueuan più d'huopo d'armi, che si lanciassero, mà d'altre, che portassero, ò sostenesser' l'incontro vicino, ed imminente.

A tempo de' primi Cesari era con questo nome chiamata l'hasta, come frà gli altri appresso Tacito appare; ed a tempi di Tiberio fù pur troppo adoprata nella Giudea sul Caluario istesso, degna per ciò d'esser da qualsisia Caualiero Christiano per si pietosa memoria (non che abbracciata) adorata più assai, che nõ fù da' Gentili quella di Romolo, che perciò Quirino era detto dall'hasta, che *quiris* in quei tempi era nominata. Posta nella Reggia la lancia di questo Eroe fù riuerita come lo stesso Dio Marte; onde perciò a coloro, che più valorosamente si diportauano in guerra, donauano gli antichi Romani vna lancia come premio delle passate, & incitamento a nuoue, e più gloriose intraprese. Erano l'haste, e le lancie anticamente di forte, e robusto legno, e la preaccennata di Romolo da lui lanciata al Quirinale dall'Auentino, era di noderoso Corniolo, per quanto ne fà fede Plutarco, e gettate le radici improuise, diede in vn subito le frondi non aspettate.

Tacit hist. lib 1 cap 79. n 6 & lib 2. cap 29 n 2. & l. 3. cap. 27 n 5. S Gio. cap. 19. n 34 Dempster lib. 2 cap 17 fol. 231. Antiq. Rom.

Plutar in Romol.

Non expectatas dabat admirantibus vmbras.

Ouid Metam. lib. 15.

Onde Claudiano disse. *Bellis accomoda Cornus*. Altre ancora si fecero di più duri, e saldi legni. A nostri tempi da gli ondosi campi di Nettuno passa l'Abete, e'l Pino a gli arenosi campi di Marte. Colà, doue è legge, che nel colpire l'hasta debba restar rotta, e diuisa per poter vincere, non deue quella fabricarsi di materia, che troppo dura, & infrangibil resista; Ma nè di così debol', e teneè tenera, che prima del colpo si spezzi. Equilibrata deue esser la Lancia nel pugno, arrestata sul petto, maneggiata ne' modi, che qui non è mio intento descriuere. Altri Caualieri molto di me più prattici potran dare i veri, e regolati precetti di fortemente, e leggiadramente trattarla. Si come non è mio intento narrar' i modi, e forme di maneggiar' il Cauallo, altro stromento necessario al Caualiere, e di cui deue esser ben prattico, & esperto: ne dirò tutta volta in passando alcune prerogatiue più singolari per questi armeggiamenti, mentre io corro ad altro bersaglio.

XX. *Del Cauallo.* Del Cauallo habbiamo così certe, e varie, e note le doti, che ormai come frequenti, e communi, son fatte volgari. Chi non sà quanto la natura l'habbia fabricato atto al seruigio, e sollieuo dell' huomo? Quanto proprio, e conueniente all'essercitio della guerra? Quanto egli sia generoso, e simile alla sua schiatta? Quanto habbia in se docilità, conoscenza, e memoria? Quanto porti amore, gratitudine, e fede verso il suo Signore; Ne sono piene le Storie, ripiene le lingue. Conosce egli benissimo chi lo gouerna; distingue chi lo regge, e caualca; rauuisa la Madre sua; hà ben rimembranza del Cauallo, che fù suo nemico; apprende egli solo ogni moto, ogni corso, ogni salto, ma gode all'armonia de gli istromenti musicali, danza al suono di metro regolato; s'inchina, e si piega al cenno di perito Maestro; s'inanima, e s'incoraggisce al bellicoso suon della tromba; e si rallegra a gli applausi delle ottenute vittorie. Chi non ammira nel Cauallo il desiderio di trionfare, l'emulatione nella concorrenza, la velocità nell'occorrenze, l'animosità ne' pericoli, l'abborrimento alle cose seruili, il godimento ne gli abbigliamenti pomposi? Chi non istupisce allor che sente alcuni hauer raccolte da terra l'haste cadute, ed hauerle ai lor Caualieri recate, come

Testo nel Forno dial. della Nobiltà.

raccon-

racconta Plinio? alcuni hauer ricusato d'esser cauualcati da ogni altro, fuor che dal suo proprio Padrone, come del Cauallo di Cesare afferma Tranquillo, e come di Bucefalo narrano Solino, Giustino, e Curtio. Alcuni (ancorche feriti) non hauer sofferto, che il lor Signore ne discenda, sin che non haueua ottenuta intiera la vittoria de' suoi Nemici, come dell'istesso riferiscon gl'istessi? alcuni hauer fatta strage delle squadre Nemiche, come del Cauallo di Artibio Duce de' Persiani attesta Herodoto? alcuni hauer vendicata la morte di chi li caualcaua, con portar' à morte precipitosa l'homicida, come del Cauallo d'Antioco vcciso testificano Filarco, & Eliano? alcuni hauer pianta la morte de' Padroni loro, o preueduta come de' Caualli di Cesare narra Suetonio, ò preceduta, come dice di quei di Patroclo Omero, di quel di Pallante Virgilio, di quel di Adrasto Propertio? alcuni finalmente con la lor morte, ò di fame, ò di precipitio hauer voluto seguir la perdita de' loro Caualieri, come del Cauallo del Rè Nicomede Plinio, e Dione fan testimonianza? Esempi grandi di poco men che ragioneuole fedeltà. Nõ sia merauiglia dunque se da' Caualieri tanta se ne prenda cura, e tanto loro si porti affetto, mentre non solo Caualieri, ma Principi, Regi, e Monarchi hanno i Caualli sommamente stimati, ed amati. L'Imperator' Augusto ad vn suo fece dar nobile sepoltura, e Cesare Germanico ne scrisse le lodi. Adriano similmente al suo più caro fece drizzar vn sepolcro non solo, ma vn'alta Colonna; e gli Agrigentini nella Sicilia ad altri fabricarono piramidi superbe. Vero Imperatore ammesse il suo frequentemente nelle proprie stanze, e gli eresse Statua d'oro; si come Domitiano al suo vn simulacro di bronzo dorato ornato di finissime gioie. Altri, come già Megacle Ateniese, li fece sepelire presso la propria tomba; ed altri, qual Milciade, vno de'

Plin. Suet. Tranquill. Solin. Giustin. Curtio. Erodot. lib. Filarco. Eliano. Sueton. Omero. Virgil lib. 11. Propert. Plinio. Dione. Rauis. Testor. Plin. Dion. Plin. Iul. Capitol. Stat. Elian.

ſette Capitani in Maratona, li volle ſepolti nella ſua tomba iſteſſa. E là, doue era ſolito, che ſi ſeppeliſſero col defonto le coſe à lui più care, furono anche co' loro Padroni (come cariſsimi) ſepolti i Caualli; così nel Rogo di Patroclo, nella Pira di Pallante, e nella morte de' Rè Sciti, e ne' funerali de gli Imperatori Tartari furono inceneriti con le coſe più gradite i Caualli di eſſi, quaſi che (come vide Enea ne gli Eliſi) vadano gli Eroi con quelli trattenendoſi fra delitie immortali. Ma non è riputato fauoloſo ſucceſſo quel d'Aleſſandro il Magno, che vna Città da lui fabricata nell'Indie appreſſo l'Idaſpe denominò Bucefalia dal ſuo Bucefalo. E Gaio Caligola Imperatore non inuitò egli più volte alla propria menſa il ſuo caro Incitato? Non lo cibò, non l'abbeuerò in vaſi d'argento, e d'oro? Non li fabricò ſtalla di marmo, mangiatoia d'auorio? Non li diede ornamenti di porpora, e monili di gemme? Non gli aſſegnò propria famiglia? Non impedì i vicini giuochi Circenſi per non inquietarli il ſonno? Non ſe lo fece compagno nel Sacerdotio della ſua propria adoratione? Nō li deſtinò il Conſolato? Tanto era l'affetto da' grandi portato a' Caualli, ſi che non ben regolato degeneraua in inſania. La cura del Caualiere non deue eccedere vn eſquiſita diligenza nell'eleggerlo; vn'eſsatta auuertenza, perche ſia ben curato, cuſtodito, gouernato; vn'applicatione aſſidua, perche ſia ben ammaeſtrato; & vn'amore, e diletto in mantenerlo in eſercitio col frequente (mà però moderatamente) caualcarlo. Ma doue mi traſporta il Cauallo?

Homer. Virgil. Erodat. Villanou. Vrgil.

Iſtratone Plin lib 6 & lib. 8.

Suetonio. Drone

Aldrouand de quadrup. ſolia lib. 9. fol. 8.

XXI.

Delle Gioſtre Miſte.

Ritorno al Campo, ed oſſeruo la gioſtra, conſiderando prima vn Teatro Animato pieno di genti, e terriere, e ſtraniere anſioſe di mirar ſpettacolo così degno, & (ancorche più volte veduto) ſempre nuouo, e ſempre deſiderabile. Miro la Nobiltà de' Caualieri, che per l'età,

Di gran popolo ſpettatore vedi Pigna Iſtorie lib. 7. fol. 51 5.

l'età, ò per altro impedimento non s'esercitano, star'almeno godendo con l'occhio per contentar'il genio del cuore animoso. Veggio, che

Le vaghe Donne gittano da i palchi Ariost. C. 17. St. 81.
Sopra i Giostranti fior vermigli, e gialli,
Mentre essi fanno à suon de gli Oricalchi
Leuar'a salti, & aggirar Caualli.

Come si pratticano tal volta Giostre miste alla Quintana, or' i Caroselli con l'Anello, or l'Anello col Saracino, or tutti insieme, qual si vide operato regiamente 1662. 14.
in Francia dal presente Rè Luigi XIV. or con Caroselli, Giugno.
e ballo di Caualli, come in Germania dall'Imperator
Leopoldo viuente; così miste si fanno ancora quelle di 12. Luglio 1667.
rincontro col chiuso, e con l'aperto Campo secondo gli vsi, i genij, e l'occasioni; si vede che

Da corpo a corpo gli emuli superbi Marin. C. 20. St. 376.
Concordi a terminar la differenza
Son posti in proua, e con sembianti acerbi,
Di quà, di là ne vanno a concorrenza,
De la vittoria a qual di lor si serbi
Sù le punte de l'haste è la sentenza:

Così nelle Giostre, che fecero i più forti Guerrieri in Damasco al Rè Norandino.

Quei rispondean nella sbarrata piazza Ariost. C. 17. St 85.
Per vn dì ad vn ad vno a tutto il mondo
Prima con lancia, e poi con spada, e mazza.

XXII. Dell'Agone, Arringo, & Arena.

Entrano dunque i Caualieri per combattere nel campo Martiale, il qual Agone ancora si dice dal Greco ἀγων che combattimento, e battaglia vuol'inferire, onde Agonali si dissero i combattimenti in questa Palestra, che parimente si nomina Arringo da Ringo; che appresso i Longobardi campo significaua (per quel, che si legge in Annonio scrittor de' Rè Francesi) e la Reggia stessa de gli Vnni era chiamata Ringo. Benche

Dempster Ant. q Rom. l. 4. cap. 5. f. 348. Scip. Ammir. tom. 2. miscell. c. 10 f. 176. Annonio.

Pergam mem. Lipf. de Amphit. c 3. altri la dica voce Prouenzale. Arena ancora si dice in nostra lingua il campo da combattere, così denominandola dalla Rena, che anticamente si spargeua, e tutta via si sparge nel campo, perche vi possan fermare il piede i Caualieri, e Caualli, onde il bell'Anfiteatro di Verona vien detto l'Arena.

XXIII. *Dello Steccato, e Lizza.* Stà il Teatro circondato da steccati; ne' tempi de' duelli si circondaua ancora di corde; nel mezzo s'alza la lizza, ò tenda, ò tela che sia, e lizza propriamente significa vna specie di steccato, perche i Caualieri restin fra loro diuisi, e forse trasse l'origine questa parola dal *Crusca Vocab. Isid. lib. 19. cap. 29.* Latino *licia*, che fili di tela vuole dire, e *licium* il legno subbio, oue le tessitrici auuolgon la tela; ò pure nacque *Non Marcell.* tal vocabolo da *licitari*, che secondo Nonio Marcello val quanto contendere, e combattere.

XXIV. *Delle Comparse, & Inuentioni.* Si presentano i Caualieri separati, ò congiunti per parte, e ciascuna parte in vna, ò più squadre se'n viene, e portando inuentioni, habiti, imprese, colori, e querele in campo, quando insieme habbiano queste cose collegamento, ed vnione danno à conoscere maggiormente lo spirito, ed il sapere de' soggetti armeggianti. L'inuentione è l'anima di questi apparati, è la prima, e principal parte di qualsisia attione dell'huomo; e come gli habiti, i colori, e l'armi frà le vaghezze loro dimostran l'esterior dispositione de' Caualieri, così l'inuentione, l'imprese, e le querele, che s'intraprendono, dan chiaro segno del giudicio perspicace di chi opera, e dell'interna virtù, ch'egli possiede.

Dall'opre valorose, e dall'esterne apparenze dimostrate in Giostra in Francia prese argomento Aladino della famosa riuscita di Goffredo di Lorena; onde ad Erminia, che dalla Torre di Gierusalemme gliene additaua, così rispose,

. . . . *Ben hò di lui*

Con-

Contezza, e'l vidi a la gran Corte in Francia, Taß. Cant. 3. St. 60.
Quando io d'Egitto Messagier vi fui,
E'l vidi in Nobil Giostra oprar la lancia:
E se ben gli anni giouenili sui
Non gli vestian di piume ancor la guancia,
Pur daua a i detti, a l'opre, a le sembianze
Presagio omai d'altissime speranze.

E perche falsa apparenza di duello sarà l'abbattimento, di cui fauelliamo, finta ancora sarà l'inuentione della condition del Caualiere, se non finta la cagion del combattere. Per proua dunque di valore si combatte, ò per proua di verità (per repulsa d'ingiuria non si cimenta, non è questo suo luogo), della proua del valore può esser varia la cagione, ò desio di gloria, ò emulatione co i concorrenti, ò comando di Principe, ò cenno di Dama, ò altra simile occasione può far conoscere nemico dell'otio, e bramoso di meriti chi comparisce. E sarà la comparsa ò priuata, & ordinaria, ma sempre però da Caualiero degno d'esser ammirato come spettacolo d'vn Nobilissimo Teatro; ò pur sarà la Venuta solenne, e con nuoua, e nobil'apparenza, e questa può esser ò da se solo, ò insieme con altri Caualieri; ò come sfidante, ò come sfidato; ò come Terriero, ò come Forestiero di lontani paesi. Il farsi campion estrano, dà maggiori occasioni di varietà, e di nouità, ed a' cuori generosi presta campo di profonder l'oro a gli ossequij della virtù. Taluolta sono Ideali ancora l'inuentioni, ed alcuna delle Virtù morali viene con nobil corteggio per dar saggio del proprio valore, ed inuita i Caualieri seguaci dell'altrui merito à prouar con cimento d'haste la verità della seruitù, che professan fedeli.

XXV. Delle Machine.

Saranno dunque l'inuentioni, con cui si fanno veder'i Caualieri adorni di nobili accompagnamenti ne' Teatri di Tornei, e ne' Campi di Giostre, ò Istoriche, ò fauolose, ò di nuouo, & ideale trouato, e spesse volte con Machine, & apparenze mirabili, e curiose. Genera marauiglia a gli occhi, e stupore al cuore de gli spettatori il vedere or gran naui solcar la Terra; or Selue, e Palagi passeggiar per l'aria; or discender dal Cielo peregrine le Città; or sorger da gli Abissi i Mari, i Monti, le Reggie; or volar portati dall'aure i giardini; or disserrarsi le bocche d'Orche, e Balene per vomitar le Deità Marine, or dilatarsi gl' Inferni per render al Mondo gli Ercoli, ed i Tesei; or cader dall'Olimpo i Saturni, or precipitar la Discordia; or discender al suolo le Stelle, l'Aurore, ed i Soli; or sotto Tetti dorati comparir l'Iridi colorite, or le Rocche di Marte calar sù l'ale de Venti infuriati, or le fucine di Vulcano poggiar al Cielo soura nubi gelose, or l'Isole di Cipro, e di Citera, ed i Carri delle Gratie, e di Ciprigna correr per l'aria sù le braccia de gli Amori, ed aprirsi or Caualli di Troia, or Palagi d'Atlante, or Mostri di Circe, or Piante d'Alcina, per dar alla luce i Campioni più valorosi della Terra, attonita per così generose Magie, anzi feconda, se gli partorisce da i Sassi di Deucalione, e Pirra, ò da' denti dal Serpente di Cadmo. Et in queste inuentioni è necessario che si diano a' Caualieri, e gli Habiti, e i Nomi appropriati, e conuenienti alla qualità de' Personaggi introdotti.

XXVI. *De gli Habiti.* Ne Paride Troiano si vestirà l'Habito Spagnuolo, nè Alessandro Macedone porterà gala Francese; si faran conoscer facilmente da lor Turbanti Lunati i Turchi, e Persiani; dal lor nero colore gli Etiopi, e gli Arabi; da i lor Archi, e Saette i Parti, e gli Sciti; dalle lor penne colorite gli Americani, e gl'Indi; dalle lor variate Pelli i Lituani, e i Moschi.

XXVII. *De i Nomi.* I nomi ancora esser deuono conuenienti all'inuentione; e chi si finge Alemanno malamente prenderà no-

me

me Toſcano; ed vn Caualiere di Partenope, ò del Latio non acquiſterà gratia appreſso le Dame, ſe con nome aſpro, e difficile à proferirſi farà loro torcer il viſo in pronunciarlo; ed ò proprij della fauola ſaranno, che ſi è intrapreſa, come Perſeo, ò Bellorofonte; ò dell'Iſtoria, come Curtio, e Codro; ò ſignificanti ſemplici, come Tigrindo, Eſperio; ò compoſti come Fulgimarte, Armidoro; ò virtuoſi come il Caualier della Speranza, il Campion del Puro Affetto; ò Nationali come Acmat di Tracia, Ladislao di Lituania; ò tolti dal Greco come Poliarco, Euandro; ò miſti d'Idioma, come Polidamante, Filomarte; ò Annagramatici del Nome, e Cognome ſolo, come Fernadindo, Erſace, Albatigre; ò del Nome, e Cognome inſieme come Clouidobergo il catenato; ò vero alludendo a Dama, o Principe, o Caſa propria, come Algimaro, Coſmalto, e Tiamo; ò riſonanti almeno come Rimedonte, Armorante, Poliſauro; e ſaranno tal volta accompagnati i nomi, ò dal loco di lor Patria, ò dall'attributo d'alcuna virtù, o dal'eſpreſſione d'alcun affetto, ò di altro titolo guerriero, come Epiro di Pancaia, Atamante Caualier dell'Vbidienza, Ermarte Caualier de i Rediuiui amori, Cloridante il Temuto, Ermonio il folgore di Marte. Si denominano tal volta ancora da qualche luogo ò coſa particolare, come Arnault del Fiore ſignor di Renes, Floridoro dalla Rocca forte, Don Altamiran del Corazon herido, ed altri tali come a gl'ingegni de' Caualieri, ed alle penne de' Compoſitori più piace; con che non ſiano però, nè diſgradeuoli, nè vitioſi.

XXVIII. *Dei Colori.*

Saranno i colori corriſpondenti a gli affetti, che brama d'eſprimer il Gioſtrante in queſti feſtiui certami. Veſtirà il verde, ſe vuol moſtrar letitia, e ſperanza. Il verdegiallo, ſe ſperanza quaſi morta; il roſſo, ſe ſdegno, e vendetta; l'incarnato, ſe gioia amoroſa; il turchino ſe pen-

Rinaldi nel monſtruoſiſſimo moſtro. Arioſto C. 17. St. 72.

pensier alto, ò celeste; il giallo, se dominio, e Signoria; il bianco, se fede, e sincerità; il nero, se dolore, e mestitia; Il leonato è segno d'animo inuitto; il morello di salda voglia; il mischio di mente instabile; l'oro d'honore, e di ricchezza; l'argento di gelosia; il color di fuoco è testimonio d'ardore. Si esprimono rappresentati ne' colori i sentimenti dell'animo, ed ogni squadra appunto suol'hauer color proprio, come già ne' Teatri antichi l'haueano le fattioni de' Gladiatori ne' giuochi Circensi. La Veneta mostrauà l'Azzurro del Mare. La Prasina il Verde della Terra. La Bianca il lucido dell'aria. La Rossa gli ardori del fuoco. Fauorì la Veneta Vitellio. La Prasina Caligola. due altre aggiunse alle predette quattro Domitiano, vna aurata, & vna purpurea, così diede il colore occasione, e colore alle partialità.

Cassiod. Var. lect. Veget lib 4. Mazzon l 1. cap 39 f 127

Suet in Dom c. 7.

XXIX. *Delle Ciffre, Emblemi, & Imprese.*

Lungo, e largo campo quì s'apre da correre col discorrere dell'Imprese, e delle Ciffre solite a portarsi in Giostra, e ne' Tornei da' Caualieri. Ma forse anche sarebbe superfluo, hauendone tanti altri scritto, e sarebbe inutile insieme, non amando gl'ingegni, che loro si prescriua meta alcuna, ò norma certa, e regolata, riceuendo in queste cógiunture solamente per maestro l'affetto. Si fanno le Ciffre per ordinario con lettere insieme legate, ed vnite, si che diano occasione di osseruar il nodo loro, e l'allusione, che hanno al nome, ò cognome di alcuna persona, e tengono molte volte ancora sospeso l'intelletto, ed il cuore delle Dame istesse. L'Imprese riescono belle, se il corpo sarà nobile, e ben'espresso, con la sua voce, che è il motto il quale può esser d'ogni linguaggio, più degno però, se più alle Dame si farà intelligibile. Oltre le Ciffre, & Imprese, altro segno, ò Gieroglifico ancora si porta alludente a Dama, come treccia, Guanto, Nastro, Banda, Fiore, Fronda, ò cosa simile, che possa rappresentar il nome, ò l'Arme, ò il fauore di alcu-

alcuna di esse, e così.

Chi nel Cimier, chi nel dipinto scudo
Disegna Amor, se l'hà benigno, ò crudo, Ariost. C. 17. St. 72.

O, come altri disse;

Ciascuno ò nel colore, ò nell' impresa Marin. C. 20. St. 2,6.
Al'amata bellezza il cor palesa.

L'inuentione di questi Gieroglifici, e dell'Insegne de' Caualieri non è solamente de'nostri tempi, mà de'trapassati ancora, e de gli antichi, poiche per significar'alcuna impresa di valore, fù da Greci assegnata la Chimera a Bellerofonte, ad Anfiarao il Dragone, a Capaneo l'Hidra, a Polinice la Sfinge, ad Agamennone il Leone, ad Hippomedonte Tifone, a Perseo Medusa, ed il Serpente ad Alessandro. Così Hercole, & Auentino per insegna portauano la pelle di Leone. Euandro della Pantera, Camillo della Tigre; parimente Ruggiero, e Mandricardo portauano l' Aquila bianca, che fù prima segno di Ettorre Troiano, Marfisa ora la Fenice, ora la Corona spezzata in tre parti. Ed Orlando douendo combattere con Agramante nel suo Quartiero impresse

Capaccio nel Principe. Bombaci nell' Araldo. Ariost. C 30. Ferro nell'Imprese Ar osto.

L'alto Babel dal Fulmine percosso. Ariost C 41. St 20

Si portano le predette cose, ò sù gli scudi, ò sù l' haste, ò sù i manti, ò sù i Cimieri, ò sù i Cartelli; Alcuni più secreti Caualieri le portano solamente nel più chiuso del cuore, e godono di biasmar' Amore, quando più sono amanti, ò di tacer' almeno il nome dell' Amata, quando non possono tacer l'Amore. Per Gieroglifico portò nella prima lettera del suo Cartello Ipeogaspe Caualier dell'Aurora trè frondi d'Alberi, Pero, Lauro, Moro. Così per emblema a piè del suo pose Arimante di Belgia le Vestali, che custodiuano sù l'Altare il fuoco eterno con questi versi

Vden. Nisieli progin. 69. vol. 3 f. 183.

Come a la sacra Vesta intatte Ancelle,
Serbo eterne nel sen fiamme più belle.

Così

Così per impresa spiegò Palmerino di Bretagna in fine del Cartello vna Palma col moto

Senza Sol, senza Bene.

Così l'Inuiperito Caualiero rappresentò vna ben espressa Vipera, che girando mordeua se stessa col verso

Chiude lo sdegno a le mie strida il varco.

XXX. *Delle Proposte.* Ma lasciando noi la speculatione di queste Materie a'Poeti, ed a' Pittori: volgiamo gli occhi della mente a riflettere sù le querele de'Caualieri, con che si presentano in Campo, per osseruar'i motiui, i titoli, e gli oblighi, che intrapiendono con quelle. Chi corre in Giostra, ò armeggia in Torneo per semplicemente essercitar se stesso, ò per dilettar altrui, ò per vbbidir a commando di alcun soggetto, non publica Cartello per ordinario, ò in quello non propone querela; Chi vuol'entrar Mantenitore, ò venir Venturiero fà proposta, ò risponde a proposta combattibile. Queste si registrano ne'Cartelli i quali sono Libelli caualereschi, e (come altri disse) debbono hauer tre qualità principali per esser lodabili, chiarezza, breuità e verisimilitudine, se non verità; chiaro sarà il cartello, cioè non confuso, & inordinato, non con soffisticherie, & anfibologie, ma senza contradittioni, e fallacie; breue sarà per dimostrarsi risoluto, e pronto più al combattere, che al disputare (facilmente erra chi longamente discorre, e del più forte è propria natura esser men de gli altri loquace;) sarà verisimil, se hauerà costume, e decoro, secondo la materia, che contiene, & il soggetto, che scriue, e le persone, alle quali vien scritto. Quanto allo stile, sarà ornato, nobile, ed animoso; ornato dico di belle frasi, e di spiritosi concetti; nobile, e facile, non basso, & humile, come disse l'Autor del libretto intitolato Discorso de'Manifesti, e de' Cartelli, che si vsano ne'Tornei publici, e Caualereschi; fallamente (per mio credere) attribuitto al Si-

Mut. lib. 3. risp. 7. Pistofilo lib. 1. fol. 39. Ligni lib. 2. cap. 7. f. 132. & 133.

XXXI. *Error dell'Autor del Discorso de' Cartelli, e Manifesti c. 3. fol. 16.*

gnor

gnor Dottor Camillo Baldi soggetto insigne, & in queste materie molto intelligente.

XXXII. *Del lodare se stesso.*

Animoso ancora sarà il Cartello, perche non disdice a' Caualieri il raccontar la verità delle proprie Imprese, il frutto de' proprij sudori, la speranza d'altri acquisti, e là brama de' nuoui trionfi. Così Achille appresso il Poeta Greco disse di se stesso;

Non ne vides, quam pulcher ego, & quam Magnus? *Homer. Iliad.*

Così Enea appresso l'Omero Latino parlaua di se.

Sum pius Aeneas fama super æthera notus. *Virg. Aeneid.*

E' lecito (chi nol sà?) à gli Eroi guerrieri prender alcuna licẽza di gloriarsi senza nota d'ambitione là, doue specialmente si tratta di guerra per le ragioni, che ne insegna Plutarco, ma particolarmente per rintuzzare la superbia de' Nemici, o per inanimare i suoi, e se stesso à combattere, facendo ricordo del proprio valore. Così Pandaro contra Turno, e Turno contra lui; Sacripante consolando Angelica, e Mandricardo confortando Doralice; Rodomonte contra Sacripante, Ruggiero contra Rodomonte, Mandricardo contra Gradasso, & altri nell'Ariosto; e nel Tasso Goffredo contra Argante, Argillano concontra i Mori, Adrasto, e Tisaferno, Argante, e Tancredi, e così Solimano, Goffredo, & Emireno nell'animar'i suoi Soldati alla battaglia furono lodatori, e con ragione, di se stessi. Ma non lice perciò deprimer affatto il Nemico, nè ingiuriarlo. Non è gloria de' Caualieri combatter con vili, & indegni.

Plut Opusc. Vdeno Nisielli proginn. 98. Virg. Aeneid. Ariosto C. 1. St 80. C. 17. St 75. 83. C. 30. St 38. C 46 St. 108. C 00 St 59. 60 62 65. Tasso C. 2. St 92. C 9. St 76. 77 C. 17. St. 50. C 19 St 34. C 20 St 18. 24 Pigna lib 2. cap 7 f 137. Pastor fido Coro terzo.

Che quanto il vinto è di più pregio, tanto
Più glorioso è di chi vince il vanto.

Onde se pur con detti sdegnosi vuol' alcuno traffiger l'Auuersario, d'ogni diffetto lo può più tosto accusare, che di viltà, e di timidità. Non si detragga al Nemico (con cui si vuol cimentare) nella qualità del valore. Non acquista gran merito di lode chi si proua contro Nemi-

Vdeno Nisieli part 1 proginn 1.

ci, ch'egli hà cōfessato per deboli, fiacchi, e senza cuore.

XXXIII. Diuerso è il Cartello dal Manifesto, e come questi finti somigliano i veri abbattimenti, così hanno nelle Scritture ancora, che publicano, somiglianza di verità; Il Manifesto è vna notificatione fatta all'Vniuersità delle persone in caso, che ne sia vietato l'esporre le nostre ragioni à colui proprio, con chi habbiamo à fare. S'vsa dico, quando ci è vietato l'espor le nostre ragioni, ò per valido commandamento, ò per infinita sproportione di persone, ò perche l'Auuersario non voglia vdir nostra lettera, ò per esser stati ingiuriati in Scrittura senza nome, ò per altri somiglianti rispetti. Chi publica il Manifesto per ordinario è Reo; Chi publica Cartello, e Sfida è Attore.

De' Cartelli, Rogiti, Lettere, e Manifesti.

Pigna lib 2. cap 7 f. 138.

Pigna iui fol. 139.

Faust. lib. 3. cap. 1.

Si fanno i Manifesti per purgarsi di cosa opposta, ed il procedere per questa via è stato introdotto di longo tempo, riceuuto dall'vso, & approuato da tutti i Caualieri. Hà licenza il Manifesto di allargarsi, e digredire, e dirà cose, ò giustificate, ò facili à giustificarsi, ouer offerirà, ò presentarà le giustificationi. E' diuerso dal Rogito, e dalla Lettera, poiche il Rogito nasce per mezzo di Notaio da noi pregato à far fede di ciò, che ode, ò vede; e la Lettera (come il Cartello, ò Disfida) s'incamina à persone certe, e determinate, il Manifesto suol esser diretto alle mani, & a gli occhi di tutti i Caualieri; Così Venere à tutto il Mondo parlò nel Torneo de' SS. Torbidi con chiaro, e publico Manifesto; così Amore à tutto l'Vniuerso nel Torneo di Flamarindo di Cipro.

Biragl. lib. 2. cons. 3

Faust. lib. 1. cap 18.

Pigna iui.

Pigna iui.

Nell' Amor prigioniero in Dele Torneo fatto in Bologna da' Signori Torbidi 1628

Nell' Amore Dio della Vendetta Torneo di Bologna 1632.

XXXIV. La parola di Disfida viene dal non si fidare, ma veramente Sfidare si piglia per non si fidando chiamare il Nimico à cimento d'armi, ò d'altre proue. Ne' tempi antichi si mandaua per Sfida il Guanto di ferro insanguinato per officiali d'arme, ò Araldo, ò Trombetta, e si diceua pegno, ò gaggio di battaglia.

Delle Disfide.

Paris de Put lib 1 c. 2

Faust. l. 3. c. 6.

Hog-

Hoggi giorno si publicano stampate le sfide ne' fogli, e taluolta ancora con inuentioni si fan vedere; come quella di chi si finse T. Manlio Torquato Console di Roma, in vna Targa Romana; quella di Barbaro Caualier d'Atene in vna Conchiglia marina; quella di Cloridoro Campion di Zeffiro in vna foglia di Fico; quella della Giustitia Caualeresca in vn Sole in Libra; e del Valore in vno Scudo, e Stocco di Guerra. La Sfida in iscritto è Cartello; il Cartello è proposta, ò risposta, che offre, ò accetta di combatter' alcuna querela con l'armi: parlo de' Cartelli Caualereschi per Giostre, e Tornei.

XXXV. *Delle Querele.*

La querela per douersi lodeuolmente offerire, ed accettare da' Caualieri deue hauere principalmente tre qualità tutte considerabili; deue essere Specificata, Vna, e Combattibile; Specificata sarà se narrato distintamēte ciò, che propone, determinarà le persone, il luogo, il tempo, l'Armi, il modo, & ogni altra conditione, che si ricerca, perche non resti di seguir l'effetto per mancamento dello sfidante Attore; e le querele per poter esser combattute debbono esser chiare, e specificate. Vna deue essere, cioè vnica, è semplice la querela, e non entrare d'vna in vn altra confusamente; nè proporne più numero contradicenti; nè lasciar la prima proposta per appigliarsi ad altra accidentale, e seconda; nè pigliar la seconda, prima che non sia finita di combatter la prima già presa. Chi si è obligato in vna sostenere come Reo, non deue in altra entrare à prouare, e mantenere come Attore. Chi ad alcun'è tenuto per ciò, che propose, non è in sua libertà di cimentarsi con altri in querela da lui non proposta, nè combatterne due ad vn tratto. Deue in fine esser la querela combattibile, e per la via dell'armi probabile; sarà d'importanza graue, perche le cause di leggiera importanza non si combat-

Pistofilo l. 1. fol 36. Mut lib. 1. c. 5 7 & 14. & lib. 1 risp. 11 lib 2 risp 1 lib 3 risp 7. Mut l 1 c 12. lib 1 risp 10. lib 2 risp 2. A'ciat c. 21 fol. 25.

Co Bonarelli lett. discor. fol 195.

Mut. lib 2. risp 1. & l. 3. risp. 7.

tono; se sarà dubbiosa, & incerta; Perche le certe, & indubitate, e chiaramente vere, ò chiaramente false non si sottopongono all'azardo dell'armi. Se non sarà stata combattuta altra volta, si potrà cõbattere, perche le cose altre volte prouate non si sottopongono a nouella proua; Se nõ sarà di materia ciuile ò prouata, ò tentata di prouare con proue di Ciuil Foro, si potrà tentar di prouarla in armeggiamento, poiche queste nõ si possono trasportar dal loro proprio foro a quel delle lancie, e delle spade. Ma ne' Teatri giocosi, se saran le querele intorno à proposta, che non solo habbia in se dubbio, ma più tosto paradosso rassembri, sarà più grata, e lodabile. Delle combattibili, altre sono particolari, altre generali; quelle son tali, ò per la materia, che contengono particolare, ò per le persone particolari, à cui son dirette. Le Sfide generali possono per generalità di persone, e di materia pretender tal nome. Particolare per la materia fù, per cagion d'essempio, la querela proposta da Ipeogaspe Caualier dell'Aurora quando disse, Che nõ v'hà cuore, che arda più degna, nè più douutamente del suo. E Solimano il Trace, quando publicò, Che il Paradiso del volto della bella Licori non ha paragone. Così Armidauro di Creta, che si prese à prouare. Che Siluenia pareggia qualsiuoglia di più scelta bellezza. Per le persone fù particolare la proposta, che à Fermamante il Temuto, ed à Cormidauro l'intrepido fece Elidauro Caualier della Treccia, dicendo, Che indegno del nome di Caualiere è chiunque biasima le attioni esercitate, e stimate per Nobili da più Caualieri: & altri tali Cartelli indirizzati a particolari soggetti.

Lancil Corrad. concl. 63.

Mat lib. 2. risp. 9.

Mut lib 2. c. 6 fol 47. & lib 1 risp. 5 f. 125.

Vnì più d'vna querela vniuersale, e le propose ad elettione Fidelindo l'Intrepido, quando publicò, che nissuna Dama può rifiutare d'esser seruita da vn Caualiere Vincitore. E che può vn Caualiere seruire senza bia-

simo

ſimo à più Dame. Così Pompedoro Caualier del Reno affermò, Che non è così poco viuace vna bellezza, che ſempre non accenda a glorioſe impreſe; ne così poco ſpiritoſo vn cuore, che, quantunque ſi ſueni alle ſaette d'Amore, non conoſca la neceſſità d'armarſi la mano con le ſpade di Marte. Così Rodomonte Rè di Sarza, e Sacripante Rè de Circaſsi propoſero ad ogni Caualier Amante, Che l'animo delle Donne è regolato dal caſo, e che l'eſſer riamato da loro è inditio di fortuna, non argomento di merito. Vnirono la generale con la particolar querela per riſponder' ai ſudetti Florimaſpe d'Etiopia, e Serpidoro di Mauritania dicēdo, Che è indiuiſibile dall'animo delle Donne la prudenza nell'elettione, e che l'Amor di Doriſtilla Principeſſa di Marocco, e di Floriſſena Infanta de'Palmireni hebbe fondamento nel merito della lor fedeliſſima ſeruitù, e non principio da fauoreuol fortuna. Così riſpoſe a Coriſeo di Flora Spinello di Sarmatia, Che Idalba il ſuo Sole ſupera di gran longa in beltà la di lui Dorinda, e che non conuiene à qualſiſia Dama l'eſſer ſeruita fedelmente da vn ſol Caualiere; Vnirono, e propóſero due particolari querele per mantener ambedue Franco Marte l'Animoſo, e Polimonte l'intrepido, dicendo, Che valoroſi ſono i Caualieri di Felſina quant'ogn'altro, e Che quì ſono Dame, le quali non cedono in Bellezza a qualſiſia, ancorche belliſſima.

E perche non deuono i Caualieri entrar in campo à mantener, ò ſoſtener, querele ingiuſte; perciò imprudenza grande ſarebbe il diſpenſar, ò affiger propoſta, contra la quale non poteſſero i Caualieri intraprender gli armeggiamenti. La vera, e certiſſima (come diſſi) non ſi combatte, ne l'ingiuſta, ed irragioneuole; il dir Che le Dame non meritan d'eſſer da'Caualieri riuerite, e ſeruite, è contra il debito de'Cauaglieri iſteſſi, e non ſarebbe Caualiero chi prendeſſe à prouarlo. L'aſſerire, *Pariſ. lib. 1. cap. 4.*

Che

Che ai Caualieri non conuiene l'applicare à virtuose operationi, è indegno assioma, da non leggersi, da non vdirsi, e si confessarebbe affatto vitioso chi lo proferisse, chi lo professasse. Saran dunque le proposte alquanto dubbiose, ed incerte, cioè dico disputabili, e perciò combattibili. Così Orsardo di Creta propose, Che sia poco da Caualiero il concorrere per ingelosire. Algimaro di Tracia, Che non è degno d'esser riamato, chi non è ad vn solo oggetto fedele. Albindo di Fenicia, Che in petto di Caualiero generoso Amor deue esser vnico. Turno Rè de Rutuli, Che vera Dama non deue d'altronde, che dalla fedeltà di vn braccio prender più certi gli argomenti di vn cuore. Euridippo di Granata, Che le stille della fronte d'vn Caualiero sono alimenti più sicuri per mantener viua l'honorata fiãma d'Amore, delle stille degli occhi. Gierocasto Caualier Secreto, Che egualmente è indegno del nome di Caualiere chi ardisce palesare i suoi Amori ad altri, che all'amata Donna, quanto si sia chi cerca curiosamente di sapere gli altrui. Sifante il Fedele, Che vn'animo glorioso studia nel mezzo de più fini rigori alla scuola del proprio valore le vittorie degli odij. E non che in prosa, ma tal volta in versi ancora portan le loro querele i saggi Caualieri Così i Campioni dello Sdegno Tersimando, Armodonte, e Drudilampo,

Che bellezza, & Amor sotto la Luna
Recar non ponno altrui gioia, ò fortuna.

Così i Caualieri d'Amore Eraste di Fenicia, & Archinto di Cipro proposero, che

Tanto nel Caualier dura il valore,
Quanto nel Cor di lui cresce l'Amore.

Così Ruggiero, e Leone,

Che ceder deue in generoso Core
A legge d'Amicitia ardor d'Amore.

E così

E così risposero ai sudetti Medoro Rè dell'India, Sacripante Rè di Circassia, Torindo Rè de' Turchi, Agramasso Rè de' Sericani,

Che in generoso innamorato petto
Alla forza d'Amor cede ogni affetto.

E similmente risposero ai predetti Ferraù, Isolerio, Serpentino, e Grandonio,

Che ceder deue in animo costante
Legge d'Amico a la ragion d'Amante.

E se ben per lo più si trattegono nelle materie d'Amore le proposte de' Caualieri, tuttauia anche sù l'altre morali alcuna volta portan contesa. Così Vlderico di Aquitania publicò; Che di verace Guerriero è l'Otio il più abborrito Nemico. E Sefileo di Sueuia; Che quella Vittoria, che è più dubbiosa si deue più auidamente ricercare da Caualier generoso. Et Achille Vvolgestain di Alemagna, Che è virtù d'animo nobile l'esser curioso. E se hauran forma di Paradosso più facilmente saran da' Caualieri incontrate l'occasioni di contrastarle. Come Gratamontio Caualier di Cesarea propose, Che il peregrinare non cagiona tepidezza d'affetto, nè si deue ascriuere ad inconstanza d'Amore. Così Erosemno di Scitia, & Alfroditoplisto di Sparta si mostrarono pronti a prouare, Che onnipotente non sarebbe la bellezza, se da crudeltà non fosse auualorata. Eberardo il Fedele asserì, Che il Brio hà forze molto maggiori, che non hà la Bellezza; ed altra volta affermò, Che la instabilità nella Dama è desiderabile al Caualiero, ed i Caualieri Bolognesi dissero a Gierocasto Caualier Segreto. Che non si dà la segretezza ne gli Amanti. E Carintea Caualier del Fior di Lino protestò, Che alla vita del vero Caualiere non conuiene altro esercitio, che il militare, e Che il linguaggio, con che si parla alla Dama, è l'hasta, e la Spada. Ed Aimone, e Fili-

berto

berto d'Epiro a Ruggiero proposer di combatter, Che imperfetto è quel Caualier' Amante, che non soffre riuali in Amore. Al che altro simil tema pose in campo Sefileo di Sueuia, Che non è degno del nome di Caualiere chi vuol'esser solo nell'Amore della Dama. Et Argilando, e Folidaspe Etiopi, Che talento da Caualier bizzarro è il cangiar souente la Dama. Et Armidoro, e Tirindo Caualieri della Fede proposero, Che Caualiere Amante contracambiato dalla sua Donna dee tosto lasciarla, ed aspirare ad altri Amori.

Spiegano dunque le querele loro i Caualieri per combatter ciò, che (essendo dubbio) essi prendono à prouare con l'Armi per vero; Chi chiama al combattimento, e propone querela è Attore, Mantenitore, Sfidatore, e Richieditore ancora si dice; Chi niega sostiene, e difende è Reo; sono il Reo, e l'Attore correlatiui, contendenti, e contrarij. La relatione, che passa fra essi, è la querela, e lite, che verte.

XXXVII. Prese grande errore, anzi duplicato errore l'Autor del libretto sopraccennato, che s'intitola Discorso de Manifesti, e Cartelli per giostre &c. allora quando disse, che è *proprio del Reo il mantenere, e che il mantenere, e sostenere è il medesimo* Poiche per verità il mantenere, prouare, e verificare si prendono nella medesima significatione; e termini sono, & oblighi proprij dell'Attore; là doue il negare, sostener, e difender sono vfficij del Reo, lo dicono espressamente il Mutio, il Fausto, il Guarini, Paris del Pozzo, il Co: Romei, il Co: Landi, e Camillo Baldi istesso (creduto falsamente Auttore di quel discorso) afferma, che l'Attore vuol prouare, & il Reo sostenere, rispondere, ribatter, negare, e contradire. Lo dice parimente il Pistofilo trattando del Torneo, ed afferma esser l'istesso Mantenitore, ed Attore; e che l'istesso Attore ha obligo di prouare quel tanto haurà propo-

Altri Errori dell'Autor del Libretto intitolato, Discorso de' Cartelli. fol. 15. 28 & 35.
Mut. lib. 1. c 14
Faust lib 1 c 12 & 13
Guarini f 26.
Paris lib 1 cap. 8.
Bald. Mont cap. 19 fol. 68
Pistofil. lib. 2, fol 9.

proposto nel suo Manifesto di voler mantener'obligando altrui a rispondere, a negare, & a difendere il contrario.

E la parola istessa di Mantenitore non hà sua origine (come si dà a credere l'istesso Pistofilo) da'Mantinei Popoli dell' Arcadia, dicendo Mantenitori quasi à *Mantineis orti*, Etimologia assai lontana, e più del credibile antica, e che a gl'Italiani dourebbe esser passata da' Latini, e da' Greci, il che non appare per traditione d'alcuno. Nè Mantenitore viene, (come egli soggiunge) da *Manu tueri*, Ma veramente procede da *Mantenere*, e mantenere da *manu tenere*, che è prouare, verificare, far apparir il vero, e certo, con tener forte con la mano la proua dell'armi. XXXVIII. Errore del Pistofilo. Pistof. lib. 1. fol. 8. e 9.

Ma non è marauiglia s'errò in quel luogo l'Autor incerto del discorso accennato, poiche adducendo egli l'essempio, e le parole dell'Ariosto in persona di Marfisa, porta essempio, che milita contro lui stesso, e che comproua ciò, che noi diciamo. Sono questi i versi dell'Ariosto, ben da lui detti, ma da questo Autore contra proposito riferiti. dice Marfisa, Ariost. C. 27. St. 91.

Ch'in tua presenza gli vuò sostenere;
Ch'ei se ne mente, e ch'io fò il mio douere,

Marfisa è Rea, e non Attrice (come egli crede) propone di sostenere, perche è Rea; è Rea, perche dà mentita; dà mentita a chi dice, ch'ella fallì. Le parole, ch'ella disse prima, erano queste, e fan risposta conditionata in caso, che ingiuria gli fosse detta.

Mà s'egli è alcun, che voglia dir ch'io fallo, Ariost. iui.
Facciasi inanzi, e dica vna parola,
Che in tua presenza gli vò sostenere,
Ch'ei se ne mente, e ch'io fò il mio douere.

S'alcun vuol dire, e prouare contra Marfisa, l'offende, e diuiene Attore; ella negando, e dando mentita diuiene Rea; E, se come Attore egli vorrà mantenere, e prouare, come è suo debito, ella sosterrà come Rea il contrario, negando, e difendendo. Bene dunque disse l'Ariosto, e fù in ciò puntuale osseruatore di questi termini Caualereschi, e male portò l'auttorità di lui il compositor del discorso; in comprouatione di che veggiamo Rodomonte sfidante Attore in simil maniera dir' à Ruggiero,

Ariost. C. 46. St. 106. *E a tutti* manterrò *quel, ch'io t'hò detto.*

E Ruggiero come Reo prese a difendersi,

C. 46. St. 107. *E con licenza rispose di Carlo,*
Che mentiua egli, e qualunque altro fosse,
Che traditor volesse nominarlo.

Et aggiunse appresso

St. 107. *Che sempre col suo Rè così portosse,*
Che giustamente alcun non può biasmarlo,
E ch' era apparecchiato a sostenere,
Che verso lui fè sempre il suo douere.

XXXIX. *Difesa di vn loco dell'Ariosto.* Nè fece errore l'Ariosto, quando Sacripante ritrouando in poter di Rodomonte il suo Cauallo Frontalatte, fà che dica il Cauallo esser suo, e dappoi soggiunge.

Ariost. C. 27. St. 73. *Ben' haurei testimonij da prouallo,*
Ma perche son di quì lontano molto,
S'alcun lo nega, io li vò sostenere
Con l'Armi in man le mie parole vere.

Mut. lib. 1. cap. 3 f. 13. & c. 14. f. 27. Doue può parere ad alcuno, ch'egli equiuocando prenda la parola sostenere per mantenere; poiche chi nega è Reo; chi proua contra chi nega è Attore; e dell' Attore è proprio il mantenere, il prouare, il verificare, come si è detto. Ma non già il negare, sostenere, e contradire, che sono proprij effetti del Reo; Par dunque che douesse dir Sacripante, ed il Poeta per lui, che à chi nega egli manterrà, come dice.

Ma suanirà così gagliarda oppositione, se si considerarà più strettamente il modo di parlare vsato in questo

luogo

luogo da Sacripante, e da chi fà parlarlo?

E'necessario prima porre queste Massime vere per saldo, ed inconcusso fondamento. Che proprietà naturale della negatiua, e della mentita è, che, se vien data sopra parole ingiuriose, non può esser ripulsata con altra mentita, che valida sia; poiche si procederebbe in infinito con le mentite; ma se data viene sopra parole nō ingiuriose, si fa ingiuria, che anche mētita ingiuriosa si dice, e può esser ripulsata cō vera, e valida mentita, perche allora solo hà forza di mentita, quādo ripulsa l'ingiurie; se non le ripulsa, si fà ingiuria, e può essere ripulsata con altra negatiua, e mentita. E così cangia natura secondo l'effetto suo, e non facendo l'vfficio di ripulsare, può riceuer ripulsa; e frà le ragioni, che prouano questa verità assai vale quella, che adduce l' Alciato in vn suo Cōsiglio, ed è, che legalmēte, e regolarmēte cōtra eccettione di dolo nō vale altra replicatione di dolo; ma quando il dar mentita veste habito di offesa (non che di difesa) si può rimentire per difendersi, e quando la mentita si fà imputatione, nō ripulsatione, allora è ragioneuol cosa che si ricorra a lei medesima in quanto è di poi negatione di colpa, e si può col mezzo di lei stessa ribatter essa mēdesima quando diuenta offesa, e quando cambia l'vfficio, a che naturalmente è destinata.

Vrrea par. fol 78. Mut. lib. 1. cap. 11. Oliu lib 1. c. 5. nu 6. Mut. ibi.

Attend. l. 1. c. 6 f 15.

Alciat. Cons. lib 5. L. apud §. Marcell de dolo excep. Pigna lib. 2. c. 4. f. 113. Greg. Zuccol. disc. 2. cap. 6. fol. 138.

Aggiungasi altro fondamento non men vero, e saldo, che chi da negatiua, ò mentita legitima è Reo; chi la riceue è Attore; poiche si regolano i titoli d'Attore, e di Reo dalla validità delle negatiue, e mentite; se dunque la prima mentita non è valida, perche non fà effetto di ripulsar' ingiuria, ma diuiene ingiuria; chi ripulsa questa mentita ingiuriosa, si fa Reo, e fà il suo contrario Attore; e ciò succede, quando il mentire (dice il Pigna) è da Attore, e non da Reo.

Mut lib. 1. cap. 12 f. 34.

Pigna lib. 2. c. 4. f. 113.

Siamo noi in questo caso (meglio dirò) sono in questo

caso Sacripante, e Rodomonte: dice Sacripante il Cauallo esser suo (benissimo lo conosce, e sà esserli stato tolto) dice che hauerebbe testimonij da prouarlo, se non fosser di molto lontani. Con questo dire egli non offende alcuno, offende ben lui s'alcuno nega questa verità, a lui molto ben nota, e certa; contra dunque la negatiua, che gli fà offesa, egli si offre di sostener vere le sue parole, e per conseguenza false quelle di chi negò. Questa seconda negatiua, ò mentita virtuale, e circoscritta val quanto la spiegata, e vera, e legitima, e serue per ripulsa della prima negatiua, che per ciò diuiene ingiuria ripulsata.

Birag. decis. 5. fol. 36.

Resta intanto il ripulsato negante Attore, e Sacripante col ripulsar legitimamente diuiene Reo, e con ragione, per tanto si vale della parola *sostenere* propria de' Rei, non del *mantenere* vfficio de gli Attori.

Che la negatiua semplice data non per risposta d'ingiuria possa diuenir ingiuria anch'essa, niente meno, che la mentita, è parere dell'Albergato, del Birago, e d'altri, massimamente quando senza offender alcuno altri parla di cosa propria, ò di fatto suo, e sà ben egli di certo Sacripante, che il Cauallo è suo, e parla di cosa propria, che gli fù tolta in Albracca, e chi lo nega l'offende.

Alberg. lib. 3. cap. 13. Birag. lib. 1. discor. 9. f. 48.

Se poi la negatiua, che dà Sacripante a chi negarà il Cauallo esser suo, sia semplice negatiua, ò mentita, qui è superfluo per me il discorrerlo, poiche, quando anche fosse negatiua semplice, ò circoscritta, ò generale, ò conditionata, importa in questo caso quanto la mentita intiera particolare, e spiegata, poiche da quelle à queste null'altra differenza si considera, se non che queste vsano modo più modesto, e rispettoso, ma tengono la forza stessa, & obligano alle medesime proue.

Birag. decis. 5 fol. 36 Bald. mentit. c. 7. fol. 20.

Che la semplice negatiua basti per ripulsar qualsisia ingiuria di parole, etiamdio, che siano negatiue, ò mentite

tite

tite fatte ingiurie lo dice esplicitamente il Mutio parlando delle ingiurie ritorte, e delle mentite ripulsate con mentite; & afferma, che à me sarà lecito con ogni negatione ripulsar quell' ingiuria, e la negatione seconda hauerà forza di mentita, e la sua prima d'ingiuria; parla (mi cred' io) Sacripante, non il Mutio, tanto è à proposito del caso, che discorriamo. *Mut lib 1. c. 3. fol. 13.*

Da tutto ciò si ritrae, che poteua, e doueua Sacripante valersi della parola *sostenere* come Reo, e che egli era Reo per hauer data negatiua valida sopra negatiua ingiuriosa, e che la negatiua prima s'era fatta ingiuria, negando il fatto proprio di Sacripante, il quale affermaua il Cauallo esser suo, e con questo dire non offendeua alcuno. Questo istesso stile tenne l'Ariosto medesimo quando in dusse Rinaldo persuader' a Gradasso, che non haueua mancato di cercarlo per combatter con esso, e disse, *Ariost. C. 31. St. 99.*

E poi ti sosterrò *con l'armi in mano,*
Che t'haurò detto il vero in ogni parte,
E sempre, che tu dica, mentirai,
Ch'alla Caualeria mancassi io mai.

E Bradamante anch'essa diceua, *Ariost. C. 32. St. 106.*

E s'alcuno di dir, che non sia buono,
E dritto il mio giudicio, sarà ardito,
Sarò per sostenergli *à suo piacere,*
Che'l mio sia vero, e falso il suo parere.

XXXX. Dunque benissimo parlò l'Ariosto; dunque il sostenere è proprio de' Rei, il mantenere de gli Attori; dunque Mantenere, e Sostenere non è l'istesso, come attesta falsamente l'Autor del Libretto sopraccennato, il qual non è merauiglia s'errò nelle preaccennate propositioni, mentre in altre ancora, ed in altri essempi s'allontana grandemente dalla sussistenza del vero; e là particolarmente, doue portando il caso di Lurcanio, il *Altri errori dell' Autor del Discorso sopra i Cartelli.* *Ariost. C. 5. & 6.*

qua-

quale haueua accusata Gineura figlia del Rè di Scotia per impudica, afferma, che Ariodante, il quale intende di prouare il contrario, fà Lurcanio Reo, & egli diuiene Attore. il che in effetto non è; anzi è tutto il contrario, e benissimo, e conuenientemente vsò i termini Caualereschi l'Ariosto; Ma da quest' Autore malamente sono interpretati, strauolti, e mostruosamente trasformati.

Autor del discorso cap. 5. fol. 39.

Vediamone i modi. Gineura accusata è Rea rispetto a Lurcanio, il quale accusa, e vuol prouarla impudica, Lurcanio resta perciò Attore; di Gineura disse il Poeta.

Ariost. C. 6. St. 7.

> *Inteso poi, come Lurcanio hauea*
> *Fatta Gineura appresso il Padre* Rea.

E di Lurcanio Attore disse l'istesso, che

C. 5. St. 65.

> . . . . *con l'armi egli volea*
> Prouar *tutto esser ver ciò, che dicea.*

Ma che Ariodante, il qual venne incognito contra il fratel Lurcanio per difender Gineura fosse Attore, e Lurcanio Reo. Quì sì, che prende notabil errore. Lurcanio fù sempre Attore, poiche haueua tolto a prouare l'impudicitia di Gineura, & Ariodante sempre fù Reo, che haueua tolto à difender', e sostener, nè mai disse Ariodante di voler prouare, ò mantenere. Sentiamo il Poeta quanto bene parla di Ariodante, e come acconciamente vsa i modi Caualereschi,

C. 5. St. 77.

> *Ch'a* difender *Gineura s'hauea tolto.*

E più chiaramente altroue.

C. 5. S. 80.

> *Staua Lurcanio di mal cor disposto*
> *Contro Gineura, e l'altro in sua* difesa
> *Ben* sostenea *la fauorita impresa.*

L'altro, cioè Ariodante, sostenea la difesa, come Reo, nè mai si fece Ariodante Attore, nè mai trattò di voler prouare, ò mantenere, ma sostener', e difender, parti tutte del Reo.

Erra

Errra parimente l'istesso Autore in altro luogo là, doue dice, che *Chi è Attore in vna parte, possa esser in vn'altra Mantenitore*, poiche gia è noto, e certo, che il Mantenitore nella querela, per la quale è mantenitore è l'istesso, che Attore, nè può alcuno esser contra alcuno e per l'istessa querela, e nel tempo istesso altro, che ò Mantenitore, ò Reo; poiche due contrarij in vn tempo stesso nel medesimo soggetto non ponno esser' vniti; e l'esser' Attor, e Reo sono cose repugnanti, e contrarie. *Autor del discorso c. 3. fol. 15.* *Arist.*

Nè manca d'errore là, doue afferma, che *Stà al Reo a definir il tempo, nel quale, e fino a quanto vuol mantener la sua proposta*; Già si è detto, che mantenere non è proprio del Reo, e poi il definir, & elegger' il tempo tocca all' Attore, e non al Reo, così dicono tutti gli Scrittori di Caualeria communemente, e singolarmente l'Attendolo, ed il Pistofilo; anzi non sol equiuoca ne' termini, ma si contradice: perche altroue asserisce, che *Al Prouocatore spetta definir il giorno*, & il Prouocator della battaglia, chi non sà che è l'Attore nella battaglia medesima? *Autor sudetto c. 5. fol. 39.* *Attend lib 1. c 7 fol 21.* *Pistofil lib. 1. fol 9* *Autor sudetto toc 5 f. 41.*

XXXXI. *Altri errori del Pistofilo.*

Nè resta senza errori il Pistofilo istesso doue tratta dell'elettioni, e nominationi dell'Armi, e degli Attori, e de' Rei, con tutto che maneggi per altro la prattica de' Tornei nel suo Libro con molta felicità. E primieramente egli erra notabilmente là, doue trattando del Mantenitore, asserisce, che gli offesi vengono fatti Rei, e l'istesso replica doue tratta de' Venturieri, dicendo, che *Nell'offese di fatti chi offende è Reo, e l'offeso è Attore; in quelle di Parole, sempre chi offende è Attore*. Restò egli facilmente ingannato (come alcuni altri) dalle parole del Mutio, il quale nel principio d'vn suo Capitolo trattando dell'Attore, e del Reo disse, che *Nell' ingiurie di parole l'ingiuriante è l'Attore, in quelle di fatti è l'ingiuriato*, il che così semplicemente inteso repugna affatto alla ragione, alla verità, & al Mutio istesso; poiche an- *Pistofil. lib. 1. fo. 9.* *Iui fol 21.* *Mut l 1 c. 2 fol. 10.*

cor

cor nell'offese di parole l'ingiuriato è Attore; val tanto dir Attore quanto caricato, & obligato à prouare; nell' ingiurie di parole è così caricato, & obligato quei, che ingiuriato resta, come nell'ingiurie di fatti chi resta offeso. Dario Attendolo intell gente, & accreditato Autore volle riprender' il Mutio, che faccia in queste offese, & ingiurie differenza senza ragioneuole fondamento.

Attend. l. 1. c. 7. f. 21.

XXXXII. *Errore dell' Attendolo.* Ma così l'Attendolo, come il Pistofilo s'ingannano credendo, che il Mutio habbia voluto dire ciò, che, strettamente parlando, par che esprima co' suoi detti. Dagli esempi, che immediatamente porta il Mutio s'argomenta chiarissima l'intentione di lui. Nell'essempio d'ingiuria di parole suppone, che l'ingiuriato si risenta con la mentita con la qual viene à far, che l'ingiuriante mentito resti Attore. Ma se non rispondesse l'ingiuriato con mentita, egli Attore diuerrebbe. E non è chi lo neghi, ò chi negare lo possa. E' verissimo, che l'ingiuriato di fatti, ò di parole, e così chi è mentito, diuien' Attore. Ma suppone il Mutio, che l'offeso di parole habbia ripulsata l'ingiuria con la mentita, e fatto l'Ingiuriante Attore, e caricato. Non errano dunque il Mutio, e l'Attendolo, Ma non è senza errore il Pistofilo, il qual vuol, *che sempre* (s'osserui la parola *sempre* quanto si dilati) sia Attore chi con parole offende, e che gli offesi di parole siano sempre Rei; e pur è certo, & indubitato, che gli offesi sono Attori, non Rei, nè l'offendente di parole è sempre Attore, ma sol quando resta caricato con la mentita, che gli viene dall' offeso ingiuriato, ed in sōma Attore è il caricato, & obligato a prouare, gli offesi ingiuriati, e mētiti sono i caricati, & obligati, e percio Attori, e nō Rei, come egli si crede.

Mut. ivi l. 1. cap. 2.

Pistofil. ivi f. 21.

Possev. lib. 5. fol. 500. Co: Romei f. 104.

XXXXIII. *Altro errore del Pistofilo.* In altro errore incorse il Pistofilo, quando affermò, che imitando il Torneo l'vso reprouato de' Duelli, e seruando assai la forma di essi, stabilisce poi, che *Al*

Man-

Mantenitore come Attore spetti l'incumbenza di nominar il campo, stabilir' il tempo, determinar' il modo, e specificar l'armi, ed appresso aggiũge, *che ne' Duelli l'Attore haueua la nominatione dell' armi, & il Reo l'elettione*, co' quali insegnamenti discordi fra loro non concorda realmente la verità. Vero è che il Torneare porta con sè grande similitudine col duellare antico, anzi forse in tutto lo somiglia, se non che solamente varia nel rigor delle morti, ed in ciò, che appresso diremo. Che il Mantenitore de' Tornei sia il prouocatore, ed Attore, lo dimostra la parola stessa di *mantenere*, come poc'anzi si è detto, ma che fosse incumbenza de gli Attori ne' Duelli il determinar il modo, e specificar l'armi, questo è contra la commune opinione de' Duellisti, e de' Duellanti.

Pist fil lib. 1. fol 9.

Mut l 1. c. 14 fol 27.

Faust lib. 1. c. 12 & 13.

XXXXIV.

Dell'elettione dell'armi

E molto meno è poi vero che la nominatione dell'armi fosse propria dell'Attore, che anzi per vna Constitutione di Federico Imperatore competeua al prouocato Reo l'elettione del Giudice, del luogo, del tempo, e quella dell'Armi. E perche tutte le leggi fauoriscono i prouocati Rei, & in casi dubbij si decideua a fauor di essi, e non essendo chiaramente vinti, restauan sempre vincitori, conoscendo questi, che l'eletta del Giudice, e del Campo è più tosto peso, e grauezza, che beneficio, e gratia, lasciarono i Rei questa elettione, anzi questa obligatione a gli Attori. Ma quando la volessero non può loro esser negata; E quanto all'Armi il Reo portaua in Campo l'Armi elette da lui pari, e raddoppiate, e fra quelle poi la seconda eletta era dell'Attore prouocante. Così à Rinaldo Cãpion di Carlo sfidato tocca l'elettione prima dell'Armi, s'elegge a piedi con azza, e pugnale, e porta in campo quest'armi dupplicate.

Conrad concl. 84 n 1.

Faust lib. 1. cap. 13.

Altiat. cap. 6.

Mut l 2 c. 11.

Mut l. 1. c. 16.

Attend lib. 2. cap. 10.

Co. Landi l. 2 f. 101.

E di due azze hà il Duca Namo l'vna,
E l'altra Salamon Rè di Bertagna.

Ariost C 38. St. 80.

A Ruggiero toccò poi l'elettione seconda.

H   Poiche

'Arioſt C. 38. St 81. *Poiche dell'arme la ſeconda eletta*
Si diè al Campion del Popolo Pagano.

XXXXV. Ma nella pratica de' Tornei ſi opera diuerſamente, anzi in contrario de ſopraccennati modi di duellare; il Mantenitore Torneante, che è Attore, e sfidatore, elegge il luogo, il tempo, ſpecifica l'armi, e propone i modi del combattimento, e tutte inſomma le nominationi a lui s'appartengono, che a' Rei ſogliono appartenere, contro l'vſo, e la ragione de' Duelli.

Diuerſità dell'elettioni de' Tornei e Gioſtre da quelle di veri abbattimenti.

Queſto è ſtato praticato frequentemente non ſolo in Bologna, quando ne' Tornei ſono ſtati i Mantenitori sfidanti, ma in tutt'altri luoghi ancora ſi è queſta maniera eſſercitata; Ne addurremo più d'vn' eſſempio per comprouatione del vero.

Del 1628. In Bologna nel Torneo della Montagna fulminata Ferramondo, ed Aſdrubale propongono, mantener a piedi, & a Cauallo con l'armi in mano, che

Non è amor, non valor ne' petti voſtri,
Quando ardor, & ardir non lo dimoſtri.

Del 1566. In Ferrara ſei Caualieri s'offrono mantener in Gioſtra chiuſa, e campo aperto, & in ogni ſorte d'armi per dieci giorni, Che le Donne loro ſono le più degne d'eſſer amate, e ſeruite, che alcun'altre.

Del 1602. In Siena Francamonte mantiene, Che tutti gli altri ſono men valoroſi, perche amano Donna men bella; nomina il luogo, l'armi, il giorno, e propone i Capitoli da oſſeruarſi.

Del 1602. In Piſa cinque Mantenitori pigliano à prouare, Che l'honor del Caualiero dipende da lui ſteſſo, e Che l'amoroſo affetto ritarda l'attioni honorate. Stabiliſcono il Campo, danno i Capitoli, ſpecificano l'armi, & il numero de' colpi.

Del 1612. In Firenze il Caualier Fidamante, & il Caualier dell' Immortal' Ardore mantengono, Che giuſto è l'Editto

d'Amo,

d'Amore, e giusto ogni di lui operatione, propongono i Capitoli, dichiarano l'armi, & i colpi.

In Roma Tiamo de Mensi piglia à mantenere, Che la segretezza in Amore è vn'abuso superstitioso, il quale suppone ò scarlezza di merito nella Dama, ò pouertà di spirito nel Caualiere, elegge il campo, il tempo, l'armi, e la forma dell'armeggiare. *Del 1634.*

In questi, & in ogni altro cimento Caualeresco di Torneo, ò di Giostra, doue siano intrauenuti Mantenitori, è stata propria di loro, e solita l'elettione del tutto, il che non concorda con la forma, e con le leggi del Duello, ne con le propositioni del Pistofilo, onde in questo s'allontana egli grandemente dalla pratica vsata, e vera di Giostrare, e Torneare.

Ma la ragione non è facile da inuestigarsi, perche ne' Tornei, e Giostre, e non così ne' Duelli tocchi al Mantenitore la nomina del luogo, del tempo, dell'armi, e della forma del combattere. Io nondimeno stimo in questo caso mio debito notar (se non quel più, che per certo può dirsi) almeno quel, ch'io ne sento per mio parere.

XXXXVI. *Ragioni della sudetta diuersità d'elettioni.*

Non attribuirò la cagione (come forse potrei) all'vso introdotto per facilitar la strada a Caualieri di proporre occasione di essercitij, e trattenimenti Caualllereschi, e Nobili senza verisimil pericolo di sangue, e di morti; perche sarebbe questa cagione troppo generale, e lontana, mentre i Duelli medesimi sanguinolenti, e mortali furon di souerchio frequentati, e facilitati dal troppo viuo ardore, e dalla troppo puntuale, e rigorosa audacia de'Caualieri. Ma dirò più tosto altra cagione, e più vera per mio credere, e più ragioneuole; essendo questi festosi, e giocosi Duelli per proua più di valore, che per ribattimento d'ingiuria, e d'offesa di honore, offerendosi il Mantenitore generalmente contra tutti, ò contra molti almeno, è ben di ragione, che sia rileuato in tutte l'altre parti, ed habbia l'elettioni tutte in suo arbitrio, e doue ne'Duelli, che sono per iscarico d'obligatione, e d'offesa ingiuriosa, i vantaggi deuono esser a fauor de'Rei prouocati, in questi, che sono per sola ostentatione di virtù Caualleresca, deuono esser i vantaggi a benefitio de gli Attori, e Mantenitori. Se dir più tosto non vogliamo, che, se bene la parola di mantenere, e Mantenitore è propria de gli Attori, tutta volta in questo caso quelli, i quali da principio per la proposta loro si offerirono di mantenere, venendo accettata la sfida da Venturieri ben conseruano il nome di Mantenitori, ma non l'effetto, e l'Vfficio d'Attori, onde come Rei deuono esser priuilegiati, è confermato questo modo dallo stile, che più volte habbiamo veduto praticarsi, poiche il Reo non essendo chiaramente vinto è sempre mai vincitore; Così da Mantenitori condur si sono veduti come vinti i Venturieri ne loro Boschi, ò Palagi, ò Castelli incantati, ne mai si vide Mantenitor in Torneo a gli Auuersarij darsi per vinto, come de'Venturieri si è più volte veduto il contrario, ch'anzi concordati si sono d'honorar il Trionfo di chi mantiene col darsi loro generosamente prigioni.

Alciat cap. 6

Mut. l. 2. c. 20.

Il passar i vantaggi, ed i priuilegi di Reo nella persona del Mantenitore concorda con lo stile de' Duelli ancora già soliti a praticarsi in questa maniera ch'io dirò. Quando alcun Caualiero portaua alcun'arme, ò Impresa (che è l'istesso, che publicar alcuna proposta generale per combattimento) chi quella toccaua, chi contradiceua, chi s'opponeua era Prouocatore, più tosto che prouocato. Poiche *quella tentatione*, così parla Paris del Pozzo, *che par che faccia quello, che porta l'Impresa, è generale, che non viene in specie ad offender nissuno Caualiero, saluo quello, che fore se caccia à toccarla, e non è ingiuria di nessuno portandola*. Di maniera, che essen-

Paris de l Pozzo nel volg. l. 9. cap. 22.

essendo prouocante, ed Attore d'effetto, se non di nome il Venturiere; sarà prouocato, e Reo; se non di nome, di effetto il Mantenitore, E per ciò priuilegiato, e fauorito da ogni legge, ed à lui apparterà l'elettione secondo la Constitutione di Federigo Imperatore, dell' arme, del Giudice, del Campo, e del tempo, dice il Fausto; ed aggiunge Paride istesso, *che quello, il quale porta l'impresa suole far i Capitoli, con i quali intende combattere*, E se ben pare ch'egli attribuisca a chi tocca l'Impresa l'obligo di trouar il luogo, questo è più tosto peso, che beneficio, può perciò il portator dell'Impresa, che è Reo, & anche Mantenitor di Nome, pigliarlo, se vuole, secondo la sudetta Constitutione di Federigo. Nella stessa maniera, che i Caualieri Brittanni poneuano in publico vno scudo con protesta, che alcuno non ardisse toccarlo, se non si poneua in obligatione di combatter con chi posto l'haueua. Così alcuni Caualieri nella Spagna al tempo de Mori pigliauano a difender vn passo, ò ponte, e chi voleua gir'oltre, era necessitato a lasciar arme come vinto, ò combatter come Venturiero, così questi, che arischiauano ventura cō chi manteneua lo scudo, ò il passo, erano di nome Rei, di fatti Attori; chi manteneua era di nome Mantenitore, di fatti Reo.

Faust lib. 1. cap. 23 fol. 18.

Paris lib. 9. cap. 11. Mut. lib. 1. cap. 16.

Pistof. lib. 1. fol 42 Autor del Discorso cap. 5. fol. 37.

Si conchiude in effetto con la prattica, e con la ragione insieme, Che al Mantenitore ne Tornei, e Giostre spetta l'Vfficio (come Reo) di nominar il Giudice, il tempo, il luogo, l'armi, il numero de colpi, ed i Capitoli da osseruarsi nella querela, che intende di mantener combattendo. A Venturieri toccarà (se vorranno) la seconda eletta dell'armi portate dal Mantenitore, & ogni elettione non pretesa, ò lasciata dall'altro volontariamente. Meritano insomma i Mantenitori ogni maggior vantaggio, come che fauorir si deue in ogni cō to chi tanto fauorisce gl'essercitij Cauallereschi, pro-

Attend lib. 2 cap 10 fol. 55 vers Ariost Cant. 38 St. 81.

mouen-

mouendoli col mantenerli in Gioſtre, e Tornei.

Non è dunque vero, che mantenere, e ſoſtenere ſiano lo ſteſſo, ne che chi è Attore in vna parte, poſſa eſſer in vn'altra Mantenitore nella ſteſsa querela; ne che Ariodante foſse Reo, e Lurcanio Attore, e ne che ſtia al Reo a definir il tempo, e ſin'à quanto vuol mantener la ſua propoſta, come l'Autor del diſcorſo accennato afferma. Ne meno ſi può dire, che nell'offeſe di parole ſia ſempre Attore chi offende; ne men che ne Duelli all'Attore ſpetti l'incumbenza di determinare il modo, e ſpecificar l'Armi come aſseriſce il Piſtofilo nel ſuo Torneo; poiche le autorità, la pratica, e le ragioni parlano in contrario.

Molte altre coſe potrebbero ſoggiungerſi in propoſito di queſti armeggiamenti, così circa i Giudici, e Padrini, e Maſtri di Campo, ò Capi di Lizza, e de premi, che ſi propongono, come delle leggi, e capitoli, che ſi publicano in tali occaſioni. Ma perche ſarebbe vn replicar ciò, che è ſtato narrato da gli altri; per non batter sù le veſtigia altrui la ſteſſa carriera, ò per non incontrarmi con loro in Gioſtra di gara, laſcierò libero lo ſpatio ad altri di correr queſto Campo, contento d'hauer ſolo ſpiegare alcune particolarità non tocche da alcuno, ch'à me ſia noto, e perciò (come ſpero) non affatto da diſprezzarſi. Ond'io mi ritiro, e cedo il luogo, e facendomi ſpettatore dell'altrui proue, con l'vnirmi a tanti, che lodano con applauſo inceſſante ne'Caualieri di queſta Patria così degni trattenimenti, replico ciò, ch'io diſſi vna volta

A' Signori Caualieri Bolognesi.

De le vostr' Armi ai viui lampi, e chiari
Fassi chiara di voi la gloria, e'l nome:
Ecco, da vostri colpi oppresse, e dome.
Figli del Ren, l'ire de gli anni auari.
Tratte le penne da grand' elmi, o come
Par, ch' a volar per voi la Fama impari:
Par, che de' ferri in vece, Honor prepari
Palme a la vostra man, Lauri a le chiome.
Che mentre a voi lungi da' Patrij tetti
Vibrar' in guerre sanguinose, e vere
Vieta la sorte i forti brandi, eletti.
Quì, di Fortuna ad onta, inuitte schiere,
Pascete ogn' or ne' generosi petti
Con sembianze di Guerra Alme guerriere.

Pugnaturus est, ludo qui se exercere consueuit in otio.
Cassiodor.

TAVOLA

Delle materie contenute nel seguente Discorso dell'Armi delle Famiglie.

Ristret-

Riſtretto del Trattato
DELL' ARME
DELLE FAMIGLIE
Intitolato l'Araldo.

Del Signor Conte Gaſparo Bombaci.

GLi Araldi furono ordinati per deſsignare, e notare gli huomini inalzati a gli honori militari, e per ordinare l'Arme conuenienti alle perſone nobili. E pare, che eſſendo ſtati prima inſtituiti per meſſaggieri di Guerra, foſſero poi à queſt' altr' vſo conſeguentemente promoſsi. Quindi hò preſo la conuenienza per intitolare il preſente Trattato col nome di

I. *Dichiaratione del titolo, e diffinitione dell' Arme.*

di Araldo, il capo de quali è nominato il Rè d' Arme, con che hanno intitolati i loro libri di questa medesima materia alcuni celebri Autori. Le diffinitioni apportate dal *Grizio*, e dal *Contile* appariscono mancheuoli, non comprendendo vniuersalmẽte tutte l'Arme. Il *Pietrasanta* Maestro de i più riguardeuoli di questa peritia, si è seruito della diffinitione del *Campanile*, che è la seguente, se non che mi è parso di aggiungerui quelle parole, che esprimo con caratteri diuersi, per comprendere ancora quell' Arme, che sono senza corpi.

L'Arma *è vna insegna*, ò di soli Colori, *ò di vna, ò più figure, collocate in vno Scudo con attitudine, colore, e campo determinato*.

II. L'Arme sono Nationali, ò Vfficiali, ò Sociali, ò Personali, ò Gentilitie.

Delle varie specie dell' Arme.

Nationale è come la Croce rossa in campo d'argento inquartata con la parola *Libertas*, con lettere d'oro à foggia di banda in campo azzurro, e sopra la Croce nel capo dello Scudo i tre Gigli d'oro in azzurro caricati di vn rastelletto rosso, che è Arma della Città di Bologna.

Vfficiale è, come le chiaui, vna d'oro, e l'altra d'argento in Croce di S. Andrea in campo azzurro, che è Arma del Pontificato.

Sociale deue esser detta la Croce rossa à foggia di quella del Redentore con due stelle, l'vna, e l'altra vicina al mezzo de' bracci di quella in campo d'argento, che fù l'Arma de i Caualieri della Beata Vergine, detti Godenti. Militia Religiosa, che hebbe in Bologna la origine, e l'estintione.

Personali si chiamano, per essempio l'Arme proprie, che i Pontefici sogliano donare à i Cardinali loro creature, perche morta che sia la persona del Cardinale, non hanno i consanguinei di quello ragione di portarla congiunta con la gentilitia.

Gen-

Gentilitie sono quelle Arme, che seruono d'insegnà hereditaria delle famiglie, in gratia di cui principalmente hò scritto il presente Trattato, si che affaticandosi la penna in riguardo di questo oggetto, mi è piacciuto, che porti il titolo di *Arme delle Famiglie*, con tuttoche vniuersalmente mostri regole per tutte le sorti dell'Arme, e raccolga precetti per ben conoscerle, e ben conditionarle.

Il Co: Camillo *Castiglione* accordò appresso il *Grizio* i varij pareri dell'origine dell'arme assai probabilmente, così dicendo. Gli Egittij furono i primi inuentori, non dell'arme, ma di quelle insegne, e figure corporee, che poscia si sono riceuute nell'arme, perche tutti concedono all'Egitto l'inuentione dello scriuere con figure d'animali, ò d'altri corpi. Gli Spagnuoli furono poscia i primi inuentori dell'arme semplici, ò vogliam dire di soli colori, perche viene affermato quasi da ogn'vno, che siano essi i primi, e veri inuentori della liurea, e che non contentādosi in quelle guerre Mauritane di portarle, è di mostrarle solamente nelle maniche, nelle vesti, e ne i pennoni, la vollero anche dipingere ne gli scudi, e così quasi a caso formarono l'Arme di colori. Gli Vnni furono i primi, che vsarono ne gli scudi le figure de i corpi con determinato colore, hor naturale, hor non naturale; perche per essempio, se bene Hercole Libico vsaua il Leone per insegna, non l'vsaua però più rosso, che giallo, ò che bianco; ma gli Vnni cominciarono a mettere necesità ne i colori della figura, di modo che. Chi si prendeua il Leone bianco, il douea vsar sempre; e facendolo, ò rosso, ò azzurro, non era più il suo. III. *Consideratione sopra l'origine del l'Arme.*

L'opinione d'alcuni Scrittori, che solo da Federico Barbarossa in quà cominciassero ad esser l'Arme hereditarie, e che il colorito di esse hauesse il principio da gli Spagnuoli, può eser combattuta dalle considerationi eruditissime del *Pietrasanta*, e da quelle d' Autori diuersi. Sono argomenti fino à qualche segno valeuoli per l'hereditaria successione dell' insegna ciò, che in varij Poeti si legge. Vediamo *Ouidio*, che dice nel 7. delle Metamorfosi.

Cum pater in Capulo gladij cognouit eburno.
Signa sui generis. . . . . . .

E *Vergilio* nel 7. dell'Eneide.

. . . . . *Satus Hercule pulchro*
Pulcher Auentinus Clypeoque insigne Paternum,
Centum angues, vinctamq; gerit serpentibus Hydram.

Dopo Quelli consideriamo *Statio*, da cui quel tal Guerriero fù detto.

. . . . . . *Tauroque insignis auito.*

E *Seneca* il Tragico, che nell'Hippolito lasciò scritto.

Regale paruis asperum signis ebur
Capulo refulget Gentis Ethaea decus.

E se volessimo dar poco credito all'autorità de i Poeti, ouero approuandola, affermare, che l'insegne hereditarie erano in vso solamente nelle famiglie de i Rè; Ecco chiuse le bochc per far nuoua contradittione coll'auttorità di *Suetonio* nella vita di Caligola, doue riferisce Quell' Imperatore *vetera familiarum insignia nobili cuiquam ademisse, Torquato torquem, Cincinnato crinem*. Parue, che all' arte preludesse la natura quando impresse la cuspide nella coscia de descendenti de i fabricatori di Tebe, e di quei Tebani, che erano della stirpe di certi Spartani. Della Casa degli *Scipioni* fù insegna la Rosa, e Quegli, che debellò Cartagine, come testifica *Frontino*, commandò, che i soldati dell'Ottaua Legione, che erano stati i primi ad assalirla, trionfassero seco in Roma con la Rosa in mano.

Dall'addotte riflessioni potrà à bastanza rimaner confirmata l' antica origine delle Insegne Ereditarie nelle Famiglie.

Il *Vasari* nel fine della Vita di Andrea da Fiesole Scultore, scriue di vn'altro Scultor Fiesolano, detto il Cicilia. Vedesi di sua mano (narra egli) nella Chiesa di S. Giacomo in Campo Corbolini di Fiorenza la Sepoltura di Messer Luigi *Tornabuoni* Caualiere, la quale è molto lodata, e massimamente per hauer egli fatto lo Scudo dell'Arme di quel Caualiere nella testa di vn Cauallo; quasi per mostrare, secondo gli Antichi, che dalla testa del Cauallo fù primieramente tolta la forma de gli Scudi. Riferisco ciò, che si troua nel sudetto Autore intorno all'origine de gli Scudi, desiderando intanto di vederne autenticata l'eruditione in qualche Scrittore nato in vn secolo più lontano. Ma per venire à vna più stretta, e particolar cognitione di quelli; diremo, che generico sia il nome dello Scudo, e sotto di lui comprenderemo, la PELTA, la PARMA, il CLIPEO, la CETRA, l'ANCILE, e lo SCVDO, che con più proprietà, e specificatamente viene così chiamato. IV. *Della forma dello Scudo*

La PELTA era di forma lunata, e la portauano nelle guerre l'Amazoni, onde *Virgilio* scrisse di Pentesilea:

Ducit Amazonidum lunatis agmina peltis.

La PARMA è quella, che noi diciamo Rotella; Isidoro la chiamò *Paruus Clypeus*, Scudo piccolo, e rotondo, di cui solamente si seruiuano i pedoni. E' così detta da i Latini, perche dal mezzo di essa è pari distanza, andando à tutte le parti d'intorno. Era concaua al di dentro, così meglio addattãdosi al braccio; onde *Ouidio* nel l. 12.

... nec onus caua Parma sinistra.

Il CLIPEO era maggiore della *Parma*, ma ancor esso orbicolare, e solamente portato da i soldati à piedi. Habbiamo della sua forma molte proue in *Virgilio*, e massime nel 2. dell Eneide, doue intendendo de' Serpenti fuggiti sotto la Statua di Minerua, scrisse:

Sub pedibusque Deæ, Clypeique sub orbe teguntur.

L'AN-

L'ANCILE fù vno Scudo caduto dal Cielo al tempo del Rè Numa. *Il Cassaneo* ne pone la figura, à similitudine de gli scudi con gli scartozzi intorno, oue più communemente in Italia s'vsa à i nostri giorni dipingere l'Arme. Era di forma ouale, come testifica il *Valeriano*, assai diuersamente dal *Cassaneo*, e come si vede nelle antiche medaglie. Ma l'habbiamo indelebilmente (non sò se sufficientemente) dipinto ne i versi di *Ouidio* nel Quinto de i Fasti.

Atque Ancile vocant quod ab omni parte recisum est;
Quaque oculis spectes, angulus omnis abest.

La CETRA era Scudo picciolo, proprio de gli Africani, passato à gli Spagnuoli. Già i Britanni, dice *Tacito*, la portauano, hora i Mauri se ne seruono, & hà la forma del cuore.

Lo SCVDO, propriamente così detto, era di due sorti, vno ouato, l'altro di forma alquanto quadrata, & incauata, à simiglianza dell'imbrice. Erano però più lunghi, che larghi, e con essi copriuasi tutto l'huomo.

Lo SCVDO maggiore, che eccedeua di vn palmo gli ordinari, era portato da i primi dell'essercito. Era quello longo di modo, che i Soldati nella battaglia inchinandosi leggiermente, rimaneuano tutti coperti. Romolo mutò i *Clipei* chiamati *Argiui* da i primi portatori, ne gli Scudi vsati da i *Sabini*. Il *Grizio*, & alcuni Altri, che hanno trattato dell'Arme, non pigliano occupatione in assegnare la forma propria dello Scudo. Ma il *Campanile* frà gl'Italiani, e massimamente gli Autori Francesi con tanta energia ne discorrono, e ne assegnano la forma, che biasimandone ogn'altra differente da quella, che essi propongono, chiamano gli ouati, & ogn'altra sorte di Scudi, figure mecaniche, & ignobili. La forma vera dello *Scudo*, si come riferisce *Geliot*, portata dal *P. Varennes*, e cauata da i libri antichissimi Francesi scrit-

tim

ti in roſso, *deue hauere del quadro; peccante in lunghezza, e'nel di ſotto tondeggi à guiſa di alcune lampadi, che finiſcono in punta, ouero con due rettilinee, finiſca in acuto*, come nelle ſeguenti prima, e ſeconda figura.

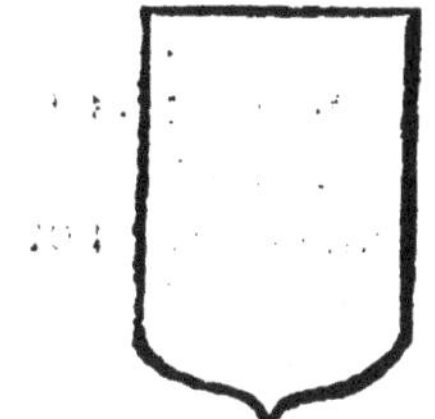

La prima figura quì poſta, accettata da i Dottiſſimi Franceſi, è la medeſima, che è portata, e praticata dal *P. Pietraſanta*, & è dichiarata da lui l'iſteſsa, che la forma dello *Scudo Samnitico* come ſi legge in Liuio al nono libro dell'Hiſtoria Romana. *Erat* (ſcriſse egli) *ſummum latius, quo pectus, atque humeri tegerentur, faſtigio æquali, ad imum cuneatior mobilitatis gratia*. La ſeconda forma quì ſopra moſtrata dello ſcudo, ſi poſa meglio ſul terreno, e s'accomoda bene all'elmo, come ſcriue *San Iulien* quale riferice hauer queſto di buono cauato dalla lettura de i Romanzi, cioè, che quei Caualieri antichi giungendo all'Albergo, poſauano lo Scudo inchinato, ponendoui l'elmo ſopra la punta eminente di quello nel modo, che quì ſi vede; il che non ſi può fare ſopra l'ouato adattatamente. Vogliono di più, che lo ſcudo d'intorno ſia netto, ſenza alcuno di quei ſcartozzi, ò di quegli ornamenti di brutti viſi, ò di maſchere, per cui dicono, che le Arme de'Gentilhuomini dall'inuidia, ò dalla ignoranza de'Pittori, ſono ſtate reſe moſtruoſe, ed imbabuinate, dolendoſi aſſai, che molti Signori, che le portano non

auuer-

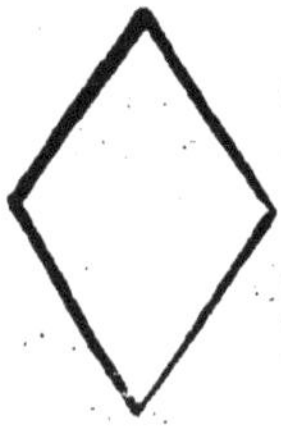

auuertiscono d'esser così mal trattati. E in vero se si guarda à i marmi di tante antiche sepolture, vedendosi in essi praticata la forma dello Scudo senza alcuno ornamento, come pure si praticaua nelli Scudi Romani, bisogna dire, che l'vso introdotto di quelli intortigliati risalti sia vn'abuso, innauertentemente introdotto da vn secolo poco erudito. Ma se i Francesi tutti, e'l *Campanile* fra gl'Italiani biasimano l'Arme con gli scartozzi intorno, come significatiui, che gl'inuentori, e portatori primi di quelle siano stati non huomini d'Arme, ma di lettere, quasi che quei scartozzi siano carte pergamene rotolate, doue si scriuono i Priuilegi; Il *P. Pietrasanta* chiama quei rotoli non indegni di rappresentare vna braua nobiltà, significandosi con tali inuogli le spoglie d'animali, di cui gli Heroi bellicosi anticamente andauano vestiti. In Bretagna è vso d'alcuni il portar l'Arme quadre, in memoria di hauerle così hereditate da i loro antichi, che le portauano nelle bandiere di tal figura, e vogliono più tosto mancare al vero vso dell'Arma, che nello scudo si deue dipingere, che perdere quel contrasegno delle loro pretese antichità. Così quell' Arme, non Arme veramente, ma insegne deuono esser nominate. Sono ancora di parere gli Autori oltramontani, che alle Donne non conuenga portarle, e che volendo esse seruirsi dell'insegna del loro Casato, la debbano far dipingere nella figura dello Scacco acuto, ò amandola, che i Francesi chiamano LOZANGA, la quale è simbolo del fuso. L'esempio della figura è la seguente, che i Geometrici chiamano rombo, e n'adducono, oltre la conuenienza, l'essempio commune, e scriuono hauerle così vsate, anche le Vedoue, Regine di Francia adornandole di rami di Lauri, ò di Palme. Filiberto *Campanile* in tal proposito racconta, ta, che nobilissime Donne, e di sangue regale, si sono pregiate di fare lauori vsitati dal sesso loro, e non è più il tempo (scriue egli) delle bellicose Amazoni, ne conuenendo perciò alle Donne l'vso dell'armi, non conuiene in conseguenza l'vso degli Scudi. Quindi nacque, che Filippo II. Rè di Spagna in vna coltre fece fare per la Regina Inglese sua Moglie nel Duomo di Napoli non dentro gli Scudi, ma in guanciali, ò coscini, fece dipingere l'Arme di lei; e Gio: Battista *Ruota* nobilissimo Napolitano nel monumento construtto in San Domenico à Donna Vincenza *Caracciola*, sua Moglie, nei quattro angoli della pietra fece scolpire quattro guanciali con l'insegne del parentado di quella Signora. Appresso gli Alemanni stà questa regola in rigoroſa osseruanza, che scolpendosi in vn medemo monumento l'Arme del marito, e della moglie, non vnite, ma separate, si fanno, formando quelle della moglie in vn guanciale (così chiama il *Campanile* lo Scacco acuto sopra posto) e quelle del marito sopra lo scudo; e sì come troppo effeminato si mostraria l'huomo col porla in quello, così troppo arrogante (perseuera in dire) la Donna saria in formarla sopra di questo. Hò veduto i due volumi vltimamente publicati della Genealogia della Casa di *Francia*, composti da i duo Fratelli de' *Santa Marta*, e vi hò trouato l'Arme di tutte le Regine, e Principesse esser poste in Losanghe à canto quelle de i Rè, e Principi loro Mariti, che sono collocate dentro gli Scudi. Io nondimeno dirò, e sia con rispetto dell'altrui giudicio, che potriano à mio parere le Principesse, & altre Donne illustri non lasciarsi astringere da così rigorose leggi in materia poco meno, che arbitraria, e tanto più se ciò facendo, si conformaranno all'vso della natione loro. Dirò ancora per conueneuole, che volendo la Donna far l'Arma sua con quella del marito in coſa spet-

ſpetante al ſuo fondo, ò ſuoi arneſi dotali, la farà à mio parere in amandola à mano ſiniſtrà, congiunta, ò vicina allo Scudo con l'Arme del marito; ma volendo il marito in coſa di ſua giuriſdittione far moſtra dell'inſegna della moglie con la propria, potrà ambedue nel luogo conueneuole collocare dentro vno Scudo. Io ne meno ardirei di biaſimare gli ouali, & altre forme di Scudi cotanto da quelli Autori diſpreggiate, vedendoli vſati dalla Gente Romana, Domatrice di tutte le nationi, e portati non meno da gli huomini valoroſi del ſangue latino, ma da gl'iſteſſi loro fauoloſi Dei, come dalle medaglie, e dall'antiche ſcolture ſi può occulatamente comprendere. Ma potrebbero dire gli Autori Franceſi, che nel tempo, che ſi cominciarono à portar l'Armi, la loro natione fiorì più che mai per l'heroica virtù militare de ſuoi Paladini, e trouandoſi nei loro antichiſſimi libri eſſer la ſoprapoſta forma, da i Caualieri della Vecchia età praticata, ſarà neceſſario l'affermare, che ſolo ſopra la forma di eſſi Scudi ſi debbano dipingere l'Arme. A tale argomanto, più toſto raccolto, che trouato, negli ſcritti di quei Gentiliſſimi ingegni, crederò di ſoddisfare à ſufficienza, ſe giudicarò degni di lode i ſeguaci della loro dottrina, e inſieme non meriteuoli di biaſimo quelli, che in altra forma di ſcudo vſitato dipingono l'Arme, mentre nella diffinitione di eſſe non ſi troua nominata la forma dello Scudo. E quì non mancherò di ſoggiungere, che à giuditio del *Campanile*, la modeſtia di chi porta l'Arme deuria farle formare ne gli Scudi di quella ſorte, nella quale gli antichi progenitori ſuoi fecero opere armigere. Hora ritornando à ſudetti diuieti fatti alle Donne, m'accõpagno col *Gritio* che reſiſte anch'egli, accioche Quelle, i Togati, & i Religioſi poſſano portare l'Arme, & alle già dette ragioni aggiungo con lui, che le coſe

can-

cangiano alle volte quell'vso primiero, per cui gia furono instituite, come la maschera, che inuentata per le Tragedie, hora si fà vedere per vso di tutti nelle letitie de i Baccanali; e l'anello, che come si fauoleggia, fù posto in vso da Prometeo per rimenbranza della sua prigionia nel monte Caucaso, è poscia stato vsato per sugello, per ornamento, per segno di nobiltà, per pegno di fede, e per altri pensieri diuersi dal primo. Così potranno le Donne, i Togati, e i Religiosi portar l'Arme concesse dai Prencipi à vna Famiglia concedute talhora à tutti i Descendenti di quella, nō deuono esserne escluse le Donne, i Religiosi, e i Togati, benche di non armigera professione. Egli è noto, che Carlo IV. assegnò à Bartolo Iureconsulto per Arme vn Leon rosso in Campo Dorato. Aggiungo di più esser vso accettato che non solo le Famiglie, e le Città, ma le compagnie dell'Arti, non che le Militari, portino lo Scudo con l'Arme loro; e se bene è costume dell'Accademie il portare le loro Imprese, cosa molto differente dall'Arme; nondimeno si legge, che l'Accademia de'Sabei, in vece d'Impresa, hauea, per Arma vn Turibolo d'oro. e ciò almeno vaglia ad approuare con minore difficoltà l'vso à i sopradetti, che si pretendeuano esclusi. Il *Rocchi* Iure consulto considerando, che l'Arma fù inuentata per distinguere vna famiglia dall'altra, ne dichiara capaci tutti i più bassi Plebei, che anch'essi hanno l'Agnatione, pur che s'astenghino dal Cimiero, che è solo conueneuole a'Nobili. A Questi solamente, (come nota Sicillò Araldo) conuenendo l'vso dell'oro, deurebbe esser sbandito dall'Arme di Quelli.

capo

corpo

Punta

In tre parti (per lasciar le più minute) assai commodamente, per l'intelligenza di chi ne discorre, si diuide lo Scudo, cioè nel Capo, nel Corpo, e nella Punta. come nell'essempio quì posto. Il mezzo poi di tutto lo Scudo, con titolo di dignità vien detto la Sede d'honore.

V. Sono i colori, ò naturali, ò artificiali, & essendo più nobile la Natura dell'Arte, furono dai primi Armeristi i naturali solamente addattati all'vso loro, come più nobili de i composti. Sono i naturali colori, il Verde, il Rosso, l'Azzurro, il Nero, il Bianco, e'l Giallo: ma questi due colori vltimi nell'Armeria non portano nome di Colore, ma di Metallo, rappresentandosi nel bianco l'Argento, e nel giallo l'Oro. Alcuni, e massime i Francesi, aggiungono la Porpora, e vogliono, che nella compositione dell'Arme habbia priuilegio di far da colore, e da Metallo, perche si compone della mistura (dicono essi) di tutti i sei sudetti colori. Direi più tosto, che ciò merita in riguardo della stima sua, che la introdusse nelle vesti de Principi, e de' Magistrati sopremi. Altri aggiunsero il color proprio, e naturale di ciò, che si rappresenta, come quello delle Rupi, e delle Montagne nelle loro Imagini. Monsignor *Borgini* non può soffrire questi diuieti, e queste, come diffinitiue sentenze nei sudetti propositi. Se hanno (scrisse egli) costoro priuilegio di far leggi à loro senno, stà bene; ma se non l'hanno, vorranno gli altri sapere con che autorità facciano questa loro nuoua distintione perche il Giallo, che mettono per Metallo, senza dubbio hà il luogo suo proprio frà colori, & i Metalli non sono due soli, frà quali in materia dell'Armi si può sicuramente dire eser principale il Ferro, e l'Acciaio. Anzi se la regola, e'l giudicio de' Romani, con le leggi de' quali doppo tanti, e tanti secoli, ancora si gouerna il mondo, merita di essere in alcuna consideratione, come è, metteuano il rame inanzi all' oro, & all'argento in ordine delle monete, attendendo in quello l'anteriorità dell'origine, e la frequenza dell'vso, non ostante la valuta, e maggior riputatione de gli altri due, così in questa cosa meritaua il primo luogo il ferro,

De i colori, e de i Metali dell'Arme, e delle regole di collocarli, con alcune Apologie per alcune Arme.

ne

ne vaglia loro, che per la pretiosità, e vaghezza, onde è nato l'vso di adornarne l'Armi, e gli Scudi, habbian meritato questi due di esser soli frà gli altri Metalli ammessi, che sarebbe vn proprio dar materia di ridere à i militi esperti, e valenti, & à chi intende punto il mestiere dell'Armi; Perciò il valoroso Romano Papirio Cursore, veggendosi incontro venire i Sanniti con gli Scudi coperti d'oro, e d'argento, disse, ridendosene, à suoi, che Gente d'Armi non dee esser fornita d'oro, e d'argento; ma di ferro, e di acciaio. Alle benche da me stimate ragioni di Monsignor *Borghini* non mancherò di risponderc, e mi sarà Maestro in ciò Giouenale nella 11. Satira, doue narra, che gli antichi Soldati Romani non praticauano il lusso, e che trouando Quelli in alcuna vinta Città Greca vn qualche pretioso vaso d'argento, non conoscendone l'artificio del lauoro, il rompeuano, e se ne faceuano fare intagli, & ornamenti per la celata, e per gli arnesi da guerra, e soggiunge cantando.

Quod erat Argenti solis fulgebat in Armis.

Io non dubito, che col nome latino d'Armi, il Poeta comprenda lo Scudo militare, insieme con gl'altri instromenti da Soldato, che li seruono all'offesa, e difesa. Sono dunque con ottima ragione introdotti ne gli Scudi delle Famiglie i Metalli pretiosi, come contrasegni di vittorie, e prede ottenute, si che aderendo alle praticate regole nel giro di tanti secoli, scriuerò in ordine ai documenti primi stabiliti, che le massime per la compositione dell'Arme riceuute, quasi vniuersalmente sono. Che l'Arme non riceua più di tre colori, che nō si faccia Arme senza metallo, e che non ponga colore sopra colore, nè metallo sopra metallo. Si dice ancora, che l'Arme deuono hauere determinato campo, e che nel dichiararle bisogna, che sia nominato, ma falla la regola in quell'Arme, che sono composte egualmente, di Fascie, di Bande,

e di

e di Pali, perche se allhora il colore non auanzarà il Metallo, ma saranno pari di numero, ò fascie, ò bande, ò pali, come nell'Arme de' *Boschetti* de' *Ghiselieri*, e de gli *Ariosti*, s'intenderà, secondo alcuni Armeristi, che non vi sia Campo, e si esporanno senza nominarlo. Nel Palazzo di Bologna l'Arme dell'Eminentissimo Card. Giulio *Sacchetti* Legato, che vi si vede può esser detta composta di tre bande d'Argento, e tre nere, ma non sò bene se io dica nero, ò affumicato dal tempo, già che Gio: Villani al lib. 4. attribuisce a' *Sacchetti* il titolo di molto antichi. L'Arme di tal sorte debbonsi comporre, coporre, cominciandosi prima dal metallo, e finendo nel colore con eguale compartimento. Io credo, che questo non nominare il Campo, sia cagionato dal non poter esser riconosciuto nell'vguale compartimento. In contradittione, ò eccettione delle sudette massime, Vuole il *Campanile*, che si possa fare vn Arme compartita in due metalli, e due colori, & allhora ancora il metallo, e'l colore più nobile debbono occupare il più nobil luogo. Trouansi ancora dell'Arme, benche rarissime di vn sol colore, e di vn sol metallo composte, come i *Bandinelli* in Toscana portano, come si legge, lo Scudo d'oro, senza altra figura, e già il Rè Don Garzia *Zimenes*, e nouellamente i *Conti Alberti* in Fiorenza l'hanno portato rosso semplicemente. Ma à me pare, che quella de' *Bandinelli* non possa essere di questo numero, mentre à sinistra parte sul capo, e parte nel corpo di lei si vede in vn picciol campo circolare vn Caualiere à Cauallo. Alcuni biasimano tali Arme, come senza gloria, e à guisa della bianca *parma* descritta da Vergilio; e vi è chi scriue hauer opinione, che i bastardi portassero già lo Scudo col solo colore, ò solo metallo, ma più gentilmente, e senza ingiuria, vengono da Altri eruditi Francesi chiamati tali Scudi, *table d'attente*, cioè tauola d'aspettatione, anzi il

P. Pie-

P. Pietrasanta con molto honore li paragona à gli scudi d'Alessandro Seuero, de i Sanniti, e de gli Sciti, e de i Persiani, che tutti d'oro, ò rosſi li portauano.

Parerà forse ad Alcun'Altro, come à Monsignor *Borghini* predetto, poco prezzabili queste regole, che condannano per false l'Arme, che ammettono colore sopra colore, ò metallo sopra metallo, non trouandosi di così seuera legge il sourano Principe legislatore. Ma non è poca la marauiglia, che si prende in osseruare, come tutte le nationi si siano concordate nel praticar questa regola, si che rarissime Arme (vniuersalmente parlando) si trouino di Case illustri, in cui nõ se ne veda l'osseruanza. I Francesi chiamano Arme da inchiesta, l'Arme in ciò difettose, cioè Arme da dimanda, perche danno occasione à chi le vede di domandar la cagione del non essersi osseruato quello, che s'osserua communemente, il che ad huomo priuato, e per leggiere cagioni non si deue concedere. Dicono cotal priuilegio conuenirsi solamente a i Principi per grand'occasioni, come già à Gottifredo Buglione, che doppo la conquista di Gierusalemme portò la Croce d'oro in Campo d'argento, & à Matteo di Memoransì, che anch'egl così la portò, e ciò per le loro rare virtù, e per le qualità della loro nascita, meriteuole di tal priuilegio. Nel libro 17. del Conquisto di Granata, Poema Heroico dell'eleuatissimo ingegno del *Gratiani*, Io rileggo, che di Armonte di *Abgilar* Heroico Caualier Spagnolo

Argentea Rocca in aureo Scudo splende.

Il *Geliot* Francese in materia di osseruar le regole di questo trattato lasciò scritto, che se alle volte si vedono de i Capi di Scudi, che siano di colore, come gli Scudi, quei colori deuono esser differenti, & in questo caso si chiamano capi cuciti. D'altra maniera l'Arme sariano false, perche si come il capo si posa sopra lo Scudo, e che colo-

colore non può ſtare regolatamente ſopra colore, quãdo ſi è voluto hauere vn Capo di colore(eſſendo già il Campo pur di colore)ſi è come raſo lo ſcudo della parte di ſopra, e poſta nella parte di quella, che n'era ſtata leuata, vn'altra parte cucita, ò incolata, la qual parte tiene ſempre il nome di Capo, con queſta differenza, che è detta Capo cucito, doue che l'altra ſi chiama puramente, e ſemplicemente capo. Preſupoſta l'autorità della ſudetta regola, come buona, Alcune Famiglie antiche Bologneſi, per moſtrarſi diuote alla Corona di Francia, ò per fare concerto con l'Arme della Patria, non ſi curarono, ſopraponendo i Gigli all'Arme proprie, di contrauenire alle leggi dell'Armeria.

I Franceſi nelle briſure (queſte ſono differenze poſte da i Secondi geniti nell'arme, per diſtinguerſi da i primi) pretendono di non eſſere obligati ad oſſeruare la ſudetta regola. E gli è ben però d'auuertire, che à prima viſta non deuono eſſer chiamate falſe, ò licentioſe alcune Arme, ſe bene pare non eſſere in quelle oſseruata la regola, perche conſiderate con buone ragioni, ſi trouaranno eſsere ottimamẽte compoſte. Così per beniſſimo conditionate vengono decãtate da gli Autori l'Arme del Principe di *Condè*, e del Conte di *Soiſſons*, ambiduo del Sangue Reale, l'vno porta vn baſtone frà i trè gigli d'oro in Campo azzurro, l'altro il contorno roſso all'Arme iſteſta de i gigli d'oro in azzurro, perche il baſtone, e'l contorno, che chiamaſi bordura dal parlar Franceſe, s'intendono poſti ſopra i gigli, benche appariſcono ſopra il campo di color azzurro, eſsendo quelle briſure ſouraposte all'Arme già compoſte, nelle quali il giglio d'oro tiene il luogo ſuperiore. Similmente il raſtello roſso, che ſi vede communemente frà i gigli d'oro in campo azzurro, non c'inſegna di metter colore ſopra colore, perche non ſi deue intender poſto ſopra l'azzurro ma sopra i gigli, che sono d'oro. Da tal consideratione aiutati, giudicaremo insieme, che difettose non possino dirsi l'Arme d'alcune Famiglie. Guardiamo à Quella de' *Peregrini*, che portano quattro stelle d'oro in azzurro, vna nel capo, l'altra nella punta, e l'altre due dalle bande opposte, con la Croce rossa di S. Andrea, la quale ben che apparisca nel Campo azzurro, egli è ragioneuole il dire, che sia di sito di quà dalle stelle, che conueneuolmente ancora secondo la natura risplendono altamente nell'azzurro celeste; ma per quest'Arma, presupponendo la croce di S. Andrea di color di Porpora, non manca di vn'altra assai buona difesa; La qual difesa serue ancora per la fascia rossa sopra il Leon nero de gl' *Isolani*, che anch'essa dal *P. Pietrasanta* vien chiamata Porpora nella nominatione di quest'Arma.

Egli è ben poi d'auuertire, che gli Armeristi Francesi amoreuolmente concedono alla lor natione, quasi in particolar priuilegio, che la Porpora faccia da metallo, e da colore, ma con tal regola, che essendo dichiarata per vna delle due funtioni, non sia lecito il seruirsene per l'altra, e però viene ripresa l'Arme del Sig. Benigno *Inquiron* della Motta, che fù del 1547. Presidente della Camera de i Conti di *Digion*, che portaua in campo azzurro due rose d'argento nel Capo, e vna pur d'argento nella punta, con vna fascia di porpora, caricata con vna Luna crescente d'argento. Scriue *Geliot*, che quest'Arme è falsa, perche se pigliamo la fascia di porpora per colore, ella è posta sopra il campo di colore azzurro, se la pigliamo per metallo, ella è caricata di vna Luna d'argento, ch'è di metallo. Io nondimeno non la condannarei per Arme mal regolata, perche mi pareria, che la porpora potesse fare l'vno, e l'altro effetto, purche gli effetti diuersi si considerassero diuersamente nelle parti opposte; ma *Fauino* Autor Francese, riferito dallo stesso *Geliot*, è così rigoroso in concedere queste licenze, che ne meno vuol dare il suo voto fauoreuole, accioche la Porpora possa alcuna volta seruire per metallo. Il Gentilissimo,& eloquentissimo *P. Pietrasanta* per apportar qualche consolatione in cotante angustie, nomina sino al numero di trenta Famiglie tralasciadone altre, che scriue di sapere, nell'Arme delle quali non si vede osseruata la regola di non porre colore sopra colore, e metallo sopra metallo, e ne và facilitando l'accomodamento di molte, dando per consiglio, che portandosi bande colorite in campo di colore, si aggiunga di quà, e di là da quelle vn filo di metallo, accioche si vieti il condannato tatto. E così all'incontro, Deuesi (scriue egli) ancora intendere la regola in ordine à i Corpi principali, non volendosi, che l'vgne rosse, ò lingua di Leon d'oro in Campo azzurro sia vn contrauenirui, ò se vi fosse intorno à quello vna minima stelletta, ò corona. Si considèra ancora, che la positura del corpo sia regolatamente posta, non curandosi, che scorra con permissiua licenza fuori de i limiti prescritti, come sarebbe à dire le Zampe azzurre del Lupo, posandosi nella parte superiore d'argento dell'Arme de' *Lupari*, non sono reprensibili, benche si lascino vedere scorse nell'altra metà del Campo di sotto, che è rosso. Si scusano ancora dal medesimo *P. Pietrasanta* molte Arme, perche s'interpone altra cosa, che fà intendere le parti lontane, che non si vanno a toccare, benche apparìscano l'vna sopra l'altra, perche altrimente, soggiunge egli, da troppo duri Giudici, e da troppo graue censura saressimo accusati, e puniti. Sarà il fine di questo Capitolo il notare, come hanno gli Armeristi accettate nell'Arme due pelle pretiose, cioè la pelle del Vaio, e la composta di code d'Armellino (inuentione Gotica) volendo, che i loro biancheggiamenti seruino per metallo, e le macchie per colore.

Nell'

Nell'Arme oltramontane hò veduto praticarsi l'ornamento di queste pelli. Ma non hò trouato alcun'Arme di viuente Famiglia Bolognese,che se ne vesta,eccetto la *Pellicana* portando vna Banda non sò di qual Pelle. La Famiglia estinta de i *Varignana*, per illusione credo al cognome, & al luogo della sua deriuatione, portaua nel sinistro lato dello Scudo la pelle del Vaio, che noi varo chiamiamo, come si vede in vn monumento di marmo del Chiostro di S. Giacomo maggiore.

De i *Bambaglioli* parimente estinti erano l'Arme tre bande di pelle d'Armellino, e tre bande rosse. Circa il significato de' COLORI, mi paiono improprie, ò superflue le Considerationi spiegate da Alcuni Armeristi. Io ne presuppongo in ciò vna sufficiente cognitione ancora nelle Donne, e però solo mi contentarò di stuzzicarne l'Ingegno del Lettore con i seguenti versi per eccitarlo ad inuentarne da se altre significationi.

Nobiltà l'ORO, illeso honor l'ARGENTO,
Pensiero oltramarin l'AZZVRRO mostra.
Di se medesmo il NERO stà contento,
E ambisce signoria Quei, che S'INNOSTRA.
Il VERDE aspetta più felice euento,
Prouoca il ROSSO l'inimico à Giostra.
Già veder parmi in pronto Arme, e Caualli,
Al rauco suon de' concaui Metalli.

VI. *Delle figure nell'Arme, che sono dette Honoreuoli ordinarie.*

Prima che si venga à discorrere de i corpi, che entrano nell'Arme più diffusamente, parmi bene di considerare alcune figure trascurate da varii Armeristi, ma tanto stimate da alcuni altri, che hanno appresso i Francesi meritato il nome di HONOREVOLI ORDINARIE, per l'vso frequente, e molto stimato di quelle. La proprietà loro assegnata, è l'occupare la terza parte dello Scudo, quando però sono in esso sole del loro genere. Alcuni Armeristi contano noue Honoreuoli ordinarie. Altri ne numerano ſino à dodici. Le noue ſono CROCE, CAPO, PALO, BANDA, FASCIA, CROCE DI S. ANDREA, SCVDETTO, GIRONE, E CHEVRON, ò CAPRIOLO, come nelle ſeguenti figure.

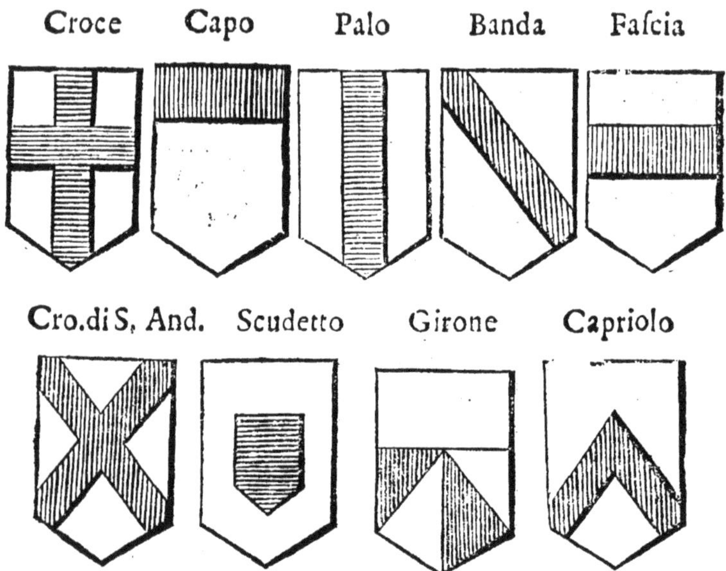

Le altre tre ſono le ſeguenti, cioè la SBARRA, la BORDVRA, ò Contorno, e'l QVADRATO, che gli Armeriſti Franceſi dicono Eſsonnier.

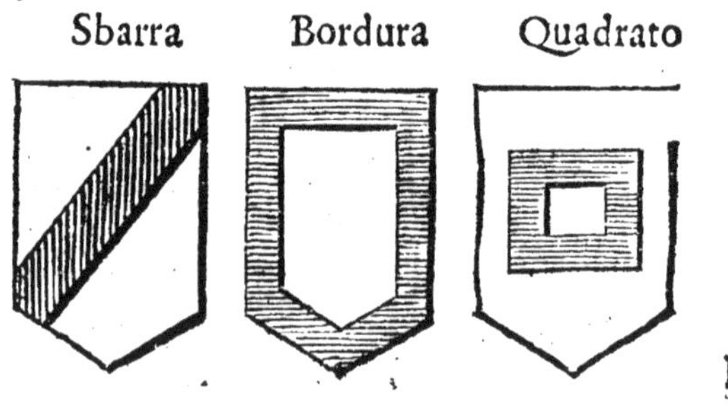

Nell'Arma istessa della nostra Patria habbiamo la CROCE nella sudetta forma; e così si fà vedere nello Scudo de'*Macchiauelli*; ma in guisa somigliante all'ordinaria de'Crocifissi, con ogni estremità lauorata con tre piccioli tondini è portata da' *Banci*. Del CAPO ne vediamo l'essempio nell'Arme de'*Boschetti*, de' *Poeti* de' *Caldarini*, e de'*Manzoli* senza la introduttione d'alcuna Imagine. Il PALO singolarmente è intiero, si vede vsato da' *Paselli*. Quello de'*Magnani* non discende, che à mezzo del Campo; ma i *Lambertini* gli *Ariosti*, e i *Danesi* gli hanno moltiplicati (e Questi, con la mezza Luna nel primo, e con tutte le circonstanze della *Lambertazza*) è portata semplicemente la BANDA da *Maluezzi*. Gli *Albergati* l'hanno composta; e i *Barbazza* la solleuano trà duo Campi. I *Ghisilieri*, e i *Bianchetti* si pregiano di accrescerne il numero. Le *Lodouisie* non passano il Capo dello Scudo. Le *Ghisellarde*, e le *Zanzifabre* si ristringono in vna Fascia. Quelle de'*Dugliolι* sono merlate, come è l'*Aldobrandina*. I *Desideri*, e gli *Argelati* ordinarono la loro di Scacchi acuti. I *Nobili* la ricamarono di gigli, spiegandola tra le stelle, i *Zoppi* la variano di *Scacchi*, e la distendono tra le rose. Schietta se ne scorre sù'l Griffo de' *Griffoni*, e variata à guisa d'iride trauersa il Leone de' *Borghesani Alè*. Nel Campo de' *Mondini* se ne passa tra due teste dell'istesso; e dal mezzo in giù dello Scudo del medesimo animale à guisa delle *Orsine*, e delle *Sauelle*, spuntano le Bande de'*Gherardelli*, come vsano gli *Orazi* sotto l'intiero Elefante, che passa soura vna Fascia. Quelle de gli *Oretti* appariscono sólo nella metà dello Scudo à sinistra. l'altra parte è in aspettatione di qualche figura. Nella stessa positura tenendo à destra vna mezz'Aquila, risplendono di stelle le bande de' *Fagnani*, antichissimi Possessori delle nostre case; e così (credo ottimamente) ne fù rappresen-

ta

tal'Arma dalle Vecchie Stampe delle Historie de' Pontefici nella Vita di Honorio Secondo. la Banda, con tutto che vnica si troui in vn campo, si vede rauolta espressa tanto stretta, che più tosto si deue chiamare Cotissa, che Banda. è la Cotissa (scriue il *Cassaneo*) minore della terza parte della banda, e và di trauerso come la Banda. è questa differenza tra la Banda, e la Sbarra, che la Banda discende dalla destra del Capo, e trauersa alla sinistra della punta dello Scudo, e la Sbarra comincia dalla parte sinistra del Capo, e finisce nella destra della punta, come ne i sourapostі essempi. Scriue vn'altro Francese, che se la Banda è più stretta della terza parte dello Scudo, e che essa nō contenga se non i due terzi del suo ordinario, ella si chiama Cotissa in Banda, se il terzo solamente, viene nominata Banda indiuisa. Il che si deue intendere, quando se ne troua vna sola in tutto lo Scudo, come è la vera Banda; ma se ne saranno molte, esse non perdono punto il nome, e la qualità di Banda. Portano la FASCIA i *Pasi*, i *Canonici*, e i *Sauignani*, e Questi particolarmente conditionata, come l'*Austriaca*. I *Bonfioli* vi fanno volar nel mezzo vna Frezza, e i *Bianchi* all'opposito de i *Ghisellardi* la dilongano sopra le Bande. I *Paleoti* la sottopongono à sei monti. I *Ranuzzi* l' increspano tra le stelle, e i *Mattasellani* stellata la fanno vedere sopra vn Leone. I *Salaroli* l'orlano di sopra coi denti della Sega *Bentiuolesca*, e i *Zoanetti* l'hanno composta di Scacchi Quadrati, che si congiungono nella punta de gli angoli, à differenza de *Zanetti*, che soura sei Colli piantarono vn Fiordaliso. Le moltiplicano i *Boschetti*, i *Piatesi*, i *Manzoli*, i *Bianchini*, & i *Maggi*. Quelle de' *Mariscotti* sono posposte alla Tigre, Quelle de' *Rossi* al Leone. Disposte di Scacchi le mostrano i *Matuiani*, & i *Chiari*. Quelli con duo ordini le vanno alternando col vacuo del Campo, e Questi ne riem-

riempiono totalmente la tessitura. Le fascie de' *Poeti* non sò s'io dica ondeggianti, ò nubilose. Il *Pietrasanta*, nubilose le intitolarebbe, insieme con quelle de i *Fava*, e' de i *Franchini* di doppia nube composte. Ne qui mi scordo di Voi, ò miei, già Bolognesi, e Piacentini *Baratieri*, che sotto vna Bandiera segnata di Croce collocaste in due Fascie tre triangoli. La CROCE DI S. ANDREA è scarica nell'Arme de *Peregrini*, e de' *Lombardi*. I *Dolfi* (già *Dolfoli*, e prima *Carsolari*) l'adornano tutta di stelle, e i *Bombaci* vi vogliano nel mezzo vna Lozanga. I *Zanchini*, e i *Bandini* l'ordiscono di catene: I *Bombelli* la composero con due rami di gigli. I *Mantachetti* con due Spade, e con due Mazze i *Guidalotti*.

Lo SCVDETTO si vede non natiuo ma forestiero, vsato da i *Maluezzi*, e da i *Vizzani* nel loro seggio d'honore. Quelli talhora vi mostrano le Palle de i Gran Duchi di *Toscana*, talhora l'Aiarone, ò Girofalco, de i Duchi di *Lorena*, creduto da Alcuni esser l'Aquila bianca de i Serenissimi *d'Este*. Questi vi tengono la Croce, e'l Cauallo della Reale Altezza di *Sauoia*. Lo Scudetto natiuo è situato nelle Targhe de' *Christiani*, e de gli *Vgolotti*. Si è veduto l'essempio del GIRONE nell' Arma del Cardinale di *Valensè*, inalzato à quella dignità, mentre in queste parti comandaua alle Genti Ecclesiastiche contro i Collegati. L'vso del CHEVRON, ò CAPRIOLO, che squadro potrebbe chiamarsi che rappresenta la forma di praticato sostegno de i Tetti, è nello Scudo de gli *Aldrouandi*, de' *Bocchi*, de' *Garganelli*, de' *Roffeni*, e de' *Sarti*. I *Boui* l'assottigliano in duo, e vi compartiscono dentro tre Gigli. Della SBARRA non trouo viuente essempio nella nostra Patria. Hò ben trouato, che l'estinta Famiglia de' *Greci* che fù di loro in Fiorenza tutto il Borgo de' *Greci*, celebrata da Dante nel canto 16. del Paradiso, e dal Malaspina nel Capitolo 58.

de i Caualieri Creati da Carlo Magno (Del cui lignaggio commemorato con titolo di Grande, e di Possente, Gio. Villani, che morì del 1348. affermò nel Cap. 12. del quarto Libro esseruene à suoi giorni in Bologna) portaua per Arma sotto vn mezzo Leon d'oro, tre sbarre d'oro in azzurro. A me tocca con tale occasione à non lasciar perire qusta memoria, perche son discesò da Egidia di Vgolino de' *Greci* Feconda moglie di Giacomo di Namino *Bombaci*, che del 1386. nel Magistrato eccelso d'Antiano Console in compagnia di Nicolò di Ligo *Lodouisi* Gonfalonier di Giustitia, fù benemerito della Patria. Si è detto, che differenza si troua trà la *Banda*, e la SBARRA posta in vso dalle Famiglie Oltramontane, & è delle Honoreuoli ordinarie, qnando è natiua nello Scudo, e non in trodotta per far destintione de' Bastardi, come si vsa in Francia, & altroue nelle Case de' Principi. Del QVADRATO parimente non trouo essempio frà di noi, veggio ben duo Quadrati d'oro in azzurro, composti di linee in mezzo vn poco scauezze, insieme incrociati esser Arma del Dott. Andrea *Mariani*, ma egli ancora, benche nato in Bologna, è d'origine e di Famiglia Toscana Non siamo già senza essempio della *Bordura*, che non Italiana voce, orlo, ò contorno può nominarsi. Se ella è naturale nell'Arma, e non vi è per distinguere i secondi geniti, come s'vsa presso gli Oltramontani, tiene la dignità di Honoreuole ordinaria. Ella si vede intorno lo Scudo de' *Gozzadini*, de gli *Scappi*, de gli *Orsi*, de i *Sala*, de i *Passipoueri*, e de i *Muzoli* caricata di Bisanti (sono i Bisanti monete d'oro, delle quali il Rè di Francia ne fà offerta ogn'anno all'altare, e sono così dette, perche la prima volta furono stampate in Constantinopoli, anticamente chiamato Bizantio.) I *Gandoni* famiglia estinta, oltre quelli della Bordura, ne haueano vna lista di essi, che trauersaua l'Arma à guisa di

Banda

Banda. Altri Autori assegnano il numero di sette ad essa moneta. La BORDVRA de gli *Angelleli* è occhiuta di penne di Pauone, e quella de' *Ranuzzi* risplende di stelle; e tutta fiorita di Giacinti l'hebbero i *Saraceni*, la quale varietà non solo serue per far distintione tra le famiglie ma porge insieme eccitamento à i riguardanti eruditi d'inuestigarne gentilmente, & ingegnosamente l'interpretatione.

E parere approuato da molti, che il contorno dell' Arme caricato di queste monete posſa eſsere vn significato d'vna Centura di Caualiere, ornata di bolle d'oro. Non s'accordano gli Araldi in questo, che Alcuni chiamano BISANTINI solamente i danari d'oro, ma quei d'argento, e di colore, vogliono, che siano detti lamine, ò focaccie. In tali discordanze quello, che è riceuuto dal consenso maggiore della natione, doue si viue, deue esser più volontieri accettato. Sono però tutti gli Araldi concordi, in condannare, che sotto gli animali, ò sotto gli ALBERI apparisca il terreno, stimando ciò ineleganza, e giudicando, che quei Corpi si sostentino à bastanza da se stessi dentro lo Scudo, come si vede rappresentata la Noce Pontificia de' *Facchenetti*, e come si pratica in tutte l'altre Arme ottimamente conditionate. Vengo à compartimenti, e trouo, che è permesso con la propria il congiungere l'Arme della Madre, dell'Auia, e Bisauia, & altre nell'ascendere sin doue si vorrà; ma deuesi intendere per retta linea, sì che non entrino nello Scudo tuo, se non l'Arme di Quelle, da cui maritandosi elleno nella tua agnatione, tu sei disceso, altrimente si empiria ogni cosa di confusione.

Si vsa nondimeno nello Scudo di quei Gentilhuomini, che domandano le Croci, d'inserirui ancora l'Arme dell'Auia ma, materna, disponendo i quarti nell'infraposto modo, e rimettendo nella sede d'Honore quella del Supplicante.

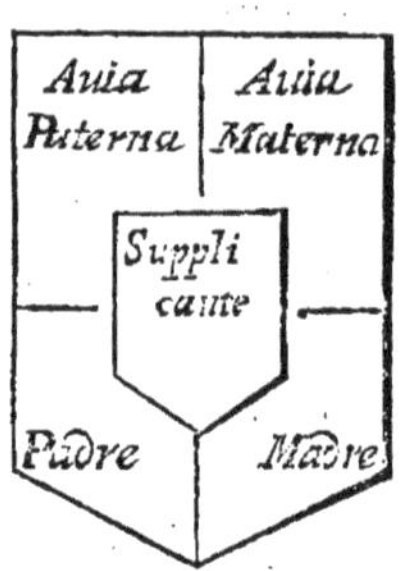

VII. *Della varia natura dell' Arme, e della loro interpretatione.* Sono l'Armi, secondo il *Gritio*, di tre sorti, SIMBOLICHE, AGALMONICHE, e MATERIALI. La SIMBOLICA è quella, le cui parti si prendono per il loro significato, non per se stesse naturalmente, ò materialmente, come il Leone per la magnanimità, il Cane per la fedeltà, il rosso per l'Amore, ò per la vendetta; sì che quelle figure, ò colori, si considerano, come lettere, e parole Egittie; e per venire à gli essempi trouati nella mia Patria. Dirò SIMBOLICA l'Arma de' *Pepoli*, che è vno Scacchiere tutto à Scacchi d'argento, e neri alternatiuamente composto, doue potiamo rauuisare vna vniformità d'animo in ogni sorte di fortuna, la quale mostra le sue varietà frequenti con tante variationi di bianco, e di nero, ma non altera la figura, che tutte sono quadrati, significanti il cubo, il cui proprio è l'essere in tutte le parti eguale. Se non vi fossero Scrittori, che di quest'Arma nobilissima asseriscono più antica l'origine, direi, che fosse stata inuentata al tempo dell'antiche fattioni de i Bianchi, e de i Neri, per significare con essa, che il Portatore non meno dell'vna, che dell' altra parte, volea stare egualmente à misura amoreuole. Non voglio, che passi senza esplicatione l'Arme de *Bentiuogli*

non

non meno per la potenza, e Signoria, che tanto tempo hebbe quella Casa in questa Patria, che per assuefare il giudicio del Lettore nel conoscimento dell'Arte. L'Arme loro è vna Sega rossa, che in campo d'oro della destra del capo discende alla sinistra della punta dello Scudo, tutto nell'inferior parte occupandolo. Diremo, che proprio della Sega è diuidere, che il rosso significa Amore, e desiderio infiammato, e che l'oro è simbolo di Dominio, e Prencipe di tutti i metalli, onde con esso si coronano le teste de' Rè. Quindi congietturaremo, che chi inuentò quell'Arma, hauesse in animo d'instigar' i suoi successori à porre diuisione per dominare nella lor Patria, quasi che adombratamente lasciar volesse loro in heredità quel troppo politico ammaestramento *diuide, & impera*. Di più col campo d'oro significò, che il Dominio era al di fuori, e non anche conseguito, e col rosso della Sega il desiderio, che staua vnito col portatore dell'Arma. Ma di queste à bastanza. Vengo all' AGALMONICHE, che con questo nome sono chiamate, perche nella lingua Greca, Agalme significa lo stesso, che maschera. Noi le diciamo Arme, che parlano e'l *P. Pietrasanta, Arma cantantia*, e ne nomina molte di nobilissime Famiglie. In Bologna nõ si negarà, che ve ne siano in abbondãza, mentre che si vede la Mano, che benedisce de i *Segni*, il Castello, de' *Castelli*, le Spade de gli *Spada*; e le Spade, e le Mani staccate de i *Mantachetti*, il Braccio armato, e la Mazza de i *Mazza Canobi*, la Mazza, che Claua si dice in latino, de i *Grauarini*, ò *Clauarini*. I Graffi de i *Graffi*, la Scala de gli *Scali*, la Sega de i *Seghi*, e dei Seghicelli, la Sega co i denti vicini ad altretanti Danari de i *Secadari*, il Sacco de i *Sacchi*, gli Aghi de gli *Agocchi* (à differenza de gli altri *Aggocchi*, che attrauersano il Bue con la Sega) la Botte de i *Bottrigari*, i Cerei de *Ccrioli*, i Carboni accesi de i *Carbonesi*, il mezzo

Moro ignudo, e bendato de i *Negri*, la Maschera de i *Mascari Budrioli*, i tre volti di Giouani de i *Belutsi*, le tre Teste co i turbanti de i *Turchi*, il Cauallo nell'atto del corso degli *Accorsi*, e il Ferro da Cauallo de i *Marescalchi*; Ne quì mi fermo, che di sì curiosa, e nobile varietà Lettor gentilmente nato non può ricusare d'esser fauoreuole spettatore. Mirisi dunque il Sole de i *Solimei*, e le Stelle de gli *Stella*, e de i *Luminasi*, la Luna de i *Luna*, e de gli antichi *Lunardi*, detti poi della *Tuà*, i Monti de i *Montecuccoli*, de i *Montarenzi*, i Mõti co i Chiodi (detti *Claui* in latino) de i *Montecalui*, quasi Monteclaui, i Monti bianchi de i *Gessi*, la Felce de i *Felicini*, le Canne de' *Canetoli*, gli Sgarzi de i *Garzoni*, vn ramo de' Quali hora fiorisce tra la Nobiltà Venetiana; le Spiche de i *Lucchini* già detti Biauà (à differenza de gli estinti, che hebbero l'Arma à Quartieri, come gli *Accarisi*) la Palma de i *Palmieri*, gli Alberi Pino, Moro, e Lazzaro de i *Pini*, de i *Morandi*, e de i *Lazzari*, la Saluia de i *Saui Dondini*, il Fiore de i *Fiorauanti*, il Giglio de i *Gigli*, la Fontana de i *Fontana*, il Pozzo de i *Vecchi Samaritani*, l'Acqua a i piedi del Leone de i *Molli*, e i Delfini de i *Delfini Dosi*. Volgiamoci à rimirar l'Acquila coronata de i *Principi*, hora detti dal *Medico*, il Gallo intiero de i *Galluzzi*, e de i *Ghelli*, le teste dei Galli de i *Gallesi*. Il Fasano de i *Fasanini*, anticamente detti *Fasani*; l'Ala de gli Alamandini, le Tortore de *Tortorelli*, il Colombo habitator delle Case, de i *Casarenghi*, e il Pollo de i *Pollicini*. Ma come che da gli accennati Monti scendẽdo ci siano venuti d'auãti gli occhi alla verzura del piano vno stuolo di Fiere, che ne inuitano alla cacciagione; ecco l'Elefante de gli *Elefantucci*, l'Orso de gli *Orsi*, il Leone de i *Leoni*, il Can nero, quasi Cane peggiore, de i *Campeggi*, il Cane de i *Caccialupi*, le zampe del Lupo de i *Lupari*, i Cani, e le Pelle in banda de i *Pellicani*, il mezzo Cane, e le Fibbie

de i

de i *Castracani Fibbia*, la Ginetta de i *Gianettini*, la Mezzauacca de i *Mezzauacca*, la testa del Manzo de i *Manzoli*, il Bue de i *Buoi*, il Toro de i *Torelli*, il Becco, e le Monete de gli *Scannabecchi Moneta*, i Monti bianchi, e l'Alicorno de gli *Alicorni Montalbani*, il Griffo de i *Griffoni*, l'Hidra co i sette capi de i *Capacelli*, e la Biscia riuolta in giri (così anticamente portauano l'Arma) de i *Guastauillani*.

Tutte le sudette, che senza regola di precedenza hò nominate, sono del numero delle cantanti, ma diuersamente, perche alcune con chiara, & intiera espressione manifestano apertamente il cognome; altre l'additano con l'allusione. Ve ne sono ancora dell'altre di propria natura parlanti, ma nõ sono cosi facilmente intese, perche mostrano il nome, nõ il cognome del primo, che l'inuentò. Di questo numero m'imaginai, che fossero l'Arme de'*Boncompagni*, e de'*Sampieri*, che se quelli portano vn Drago, trouo nell'Historie di Bologna, che del 1298. fiorì Dragone *Boncompagni* Ambasciatore in seruigio della Patria; e se Questi portano vn Cane, vedo nell'Arbore della loro Famiglia vno de'più Vecchi hauer nome Cino, che Cane significa nella lingua greca. Ma hauendo vditi racconti di più antiche deriuationi, molto volontieri mi rapporto à i buoni fondamenti di quelli, e sò, che alle volte l'Arme sono originate da i nomi, & alle volte i nomi dall'Arme. Il simile si può dire di quella de'*Zambeccari* deriuati, come scrisse il *Gozzadino* ne'suoi manoscritti, da vn Giouanni della Famiglia de'*Beccari*, che anch'essi portauano duo correnti Stambecchi (parola Germanica, che significa Capro Seluaggio) l'vno sopra, e l'altro sotto vna Banda; perche trouo vn'Irco *Beccari* glosatore delle Leggi molto famoso del 1140. sì che dal nome d'Irco sarà facilmente originata la qualità dell'Arma. Altre poi essendoui com-

compreso il cognome oscuramente, non sono così, facilmente intese, e queste con più proprietà possono chiamarsi Arme in zifra, & in maschera di questa sorte; e quella de i *Gnetti* (famiglia estinta) che portauano vn Cuore con fiamme di fuoco, da i Latini detto *ignis*. Così vedesi, che il vero cognome douea essere de gl'*Igniti*, cioè de gl'Infuocati. Arme da contadino (scriue il *Campanile*) sono dette quelle, che per mezzo di corpi abietti, e con l'vnione di nobili, e di vili imagini, alludano al cognome, ò l'esprimano. L'istesso Autore insieme col *Gritio* vuole, che l'Arme, che portano il cognome, habbiamo i corpi coloriti della propria natura, à differenza delle Simboliche, quando però non siano state inuentate con altro fine, che per esprimerlo. Saranno in somma più lodate quelle, che sono senza goffaggine, e con maggior gentilezza cantanti; Et à loro fauore contra i communi Calunniatori piglia egregiamente la difesa il *P. Varennes* il quale, oltre l'essempio di tante di antiche, e nobilissime schiatte, che l'hanno cantanti, adduce la ragione, che essendo inuentate l'Arme per metter distintione fra le Persone, è cosa molto à proposito, che ci facciamo conoscere con figure appropriate, che mostrino il medesimo nome, che habbiamo noi. Così il Soldato, e lo Scudiero in vno essercito saprà facilmente distinguere i suoi Signori alla prima vista delle loro insegne, e delle loro targhe, & à queste conseguentemente renderà il debito honore; e benche non si voglia tassare quelle, che con tanti misteriosi Gieroglifici obligano per l'interpretatione gl'ingegni à molto studio con poca vtilità; certamente non possano i Portatori di queste esser ripresi d'arrogãza, e che i loro antichi habbiano hauuto troppo gran concetto di se medesimi, portando per essempio l'Aquila, il Leone, ò il Delfino, mentre che di quei nobilissimi Animali, portano insieme il co-

gnome

gnome. Egli è ben però da ridire, esser credibile, che Coloro, che hanno hereditato i simboli di gran coraggio, e di rare qualità tramandati à posteri per lungo tratto di secoli, habbiano anchora hauuti gli Antecessori, che se gli siano acquistati con mezzi opportuni, & atti à render loro conueneuole il portarli. Sono MATERIALI quell'Arme, che non si considerano come di significato simbolico, ma come cosa conquistata, ò donata, ò commemorata, ò hereditata. In Germania, & in altri Paesi non si possono portar'Arme se non sono concesse, & è officio dell'Araldo l'inuentarle conforme alla qualità delle Persone, à cui sono conferite per la loro Posterità, & al medesimo spetta il fare il processo contro chi se le prende di propria autorità. Si dice nondimeno, che le Città Franche conseguirono già il Priuilegio per i loro habitanti di pigliarsele à propria elettione. In Italia, doue fioriscono Città, che sono, ò sono state Albergo di libertà, e di eccelsa Republica, si stima cosa molto nobile, e possesso gloriosamente legitimo, l'hauerle hereditate per longo corso di secoli, senza sapersene il principio, onde si possa più tosto congietturarne, che ritrouarne l'origine, di modo, che da alcune Famiglie non si costuma di portare cō l'Arme, hereditarie anticamente, le riportate in dono da gl'istessi Principi, con tutto che dal giuditio commune sia grand' honore riputato l'hauerne hauuto il Priuilegio. Arma donata in Bologna è *l'Aragonese*, che portano i *Lambertini*, per concessione di vn Rè di Napoli; e donata è la Banda con tre Corone, che aggiunsero gli *Hercolani* allo Scudo loro, per priuilegio di Giouanna Seconda Regina del medesimo Regno. E' portato parimente con questo titolo il Quarto *d'Aragona* da i *Beccadelli* di Napoli, doue Quelli di tal Famiglia, come anche in Palermo, si cognominano i *Bologna*, in memoria della Patria,

d'onde

d'onde deriuano, dalla quale essendo stati tre volte (come essi dicono) costretti à fuggirsene per le Guerre ciuili, presero per Arma tre piedi di Vccello alati, à differenza de i *Beccadelli* rimasti, che vn solo ne portano. Il Rè Alfonso *d'Aragona* fù Quei, che ne concesse il priuilegio al dottissimo Antonio Palermitano suo Aio, e Consigliere, assignandoli Posto, & alla di lui Posterità, in seggio di Nido. Donata ancora è la mezz'Aquila Imperiale nell'Arma de' *Grassi* de' *Zambeccari*, e de' *Campeggi* (Famiglia ripiena di priuilegiatissimi Priuilegi) e l'intiera soura quella de' *Bolognetti*, de' *Piatesi*, de' *Fibbia*, e de' *Morandi*, e di tanti Altri, che l'inquartano, come i *Mariscotti*, ò la tengono nel Capo come fanno i *Cospi*, ò l'accopiano alla propria, come vsano i *Marsily*, e come già praticauano i *Vizzani* prima, che l'inquartassero, che forse lungo sarebbe lo scriuersene compitamente. Era conueneuole, che la Coronatione di Carlo Quinto in Bologna facesse vedere così frequente nell'Arme Bolognesi l'Aquila Imperiale, come già il Dono Reale del Vessillo Orofiamma, vi introdusse il Giglio Francese. Parimente per titolo di Reale donatione i *Paleotti* hanno nello Scudo domestico inquartati i Gigli, e i Leopardi d'Inghilterra, i *Bolognini* nel mezzo della loro Capra il Giglio di Francia, e così da i *Peregrini* per donatiuo usata è l'Arma di Papa Giuglio di *Monte*; da i *Tanara* la *Borghese*, da i *Dolfi* la *Gonzaga*. E da i *Zani* il Ramo della Quercia d'oro della Serenissima Casa della Rouere, e per gli Feudi ottenuti da' Duchi d'Vrbino, e per la memoria del Pontefice Giulio Secondo, che inuiò Ambasciatore al Christianissimo Rè Luigi Duodecimo Vlpiano Zani Celebre Iurisconsulto di questa Famiglia. Paolo *Bombaci* nominato nella Bolla di Leon X. fra i primi Caualieri di S. Pietro instituiti del 1520. potè nella sua portare i tre Globi superiori dell'Arma di Casa *Medici*,

perche

perche ancora questa facoltà comprese nell'amplissimo Priuilegio di quel Sommo Pontefice,che preparaua vna espedittione di guerra contro Turchi. Per heredità poscia, i *Bentiuogli*, i *Barbazza*, i *Ranuzzi*, e gli *Sforza Attendoli*, portano l'Arma *Manzola*, i *Bargellini* la *Maluezza*, i *Magnani* la *Lupara*, i *Musotti*, la *Gisellarda*, i *Ratta* la *Garganella*, i *Bianchini* la *Pasella*, i *Vasè Pietramellara* la *Bianca*, e i *Rossi* incontro S. Gregorio Quella de i *Conti di Bruscolo*; similmente i *Beuilacqua* di Ferrara, che già sono anche Bolognesi, portarono per heredità l'Arma de gli *Ariosti* Ferraresi, che deriuarono da Bologna. Vediamo congiunta con la Rosa de'*Riari* la Biscia Milanese, non come vn Serpe tra fiori, perche ella vomita *viros*, *non virus*, ma solo per memoria di Catterina *Sforza Visconti* moglie del Co: Girolamo *Riario* Signor d'Imola,e di Forlì. Nel numero delle Materiali è l'Arma de'*Cattania*, e ci rappresenta il luogo della loro antica Giurisditione della Rocca, di cui con titolo di Cattani (quasi Capitani) tennero anticamente il Dominio. Il Castello de' *Canobi* da Ticinallo si dice hauer l'istesso significato. Della medesima natura è quella de *Marsilij*, oue Alcuni credono figurato il Porto di Marsilia; ma il *Ghirardacci* nelle historie lasciò scritto esserui espresso il Ponte di Reno, alla souraintendenza delle cui ragioni (come si legge in vna pietra posta nella Sala del Rè Enzo) vn'antico di essa Famiglia vi fù destinato dal Publico con titolo di Rettore. Quello che sembra Castello nell' Arma de' *Rusticelli*, è forse l'imagine della parte inferiore dell'antica lor Torre. Trouo leggendo, che il Vescouo *Masini*, d'origine Parmigiana, che portaua nell' Arma vna Fenice, l'haueua hereditata da vna Donna di tal nome, che sourauanzando alle fiamme della sua Casa, e rimasta vedoua, e grauida, partorì vn Figliuolo, per cui si rinouò la sua estinta Famiglia, e questo è vn'essempio

N di

di cosa commemorata, e si può anche porre frà l'Arme occultamente cantanti. La Cotogna de gli *Sforza Attendoli*, che per heredità diuennero *Manzoli*, commemora chiaramente la loro deriuatione da Cotignola. Io non sò darne meglio di Arma conquistata, se col Tasso non commemoro

Il grand' Otton, che conquistò lo Scudo
In cui dall' Angue esce vn Fanciullo ignudo.

E ciò fù (come è noto) in battaglia contro vn'Infedele nella Guerra Sacra; ne hora mi dilungo in tutto dalla Patria, perche la Famiglia *Visconte* fiorì anche frà di noi dell'anno 1300. Ma non è dubbio, che le Corna del Ceruo, che sono nello Scudo de gli *Vbaldini* (cognome, che viue ancora frà Bolognesi) si possono dire anch'esse Arma conquistata, perche furono assegnate per Arme da Federico II. Imperatore ad vn'Antico *Vbaldino*, in riguardo della presa, che Questi fece di vn Ceruo, mentre con esso lui andaua cacciando in Toscana. Può l'Arma esser'insieme Agalmonica, Simbolica, e Materiale, e in tal numero riporremo quella de' *Bentiuogli*, che sono in Bologna, i quali doppo la cacciata de i Dominatori, furono costretti da Papa Giulio II. à deporre la Sega, che ancor' essi portauano, e perciò presero in quella vece le fiamme rosse in campo d'oro con tre giande dell'Arma di quel Pontefice. Rispetto alle Giande hà del materiale, perche furono donate dal sudetto Giulio della *Rouere*; rispetto alle Fiamme hà dell'Algamonico allusiuamente, dicendosi esser *infiammati* coloro, che di cuore *ben ti vogliono*, benche in questa parte, se guardiamo à ciò, che si dice, che quest'Arma fosse vsata da gli antichi *Bentiuogli* prima della Sega, haurebbe anche in questo del materiale: ma considerandola, come inuentata di nuouo, diremo, che essendo proprio della fiamma il leuarsi in alto, nel cui rosso rappresentasi reiteratamente

te

te vn desiderio ardente; & essendo l'oro, chè si vede nel Campo, simbolo di nobiltà, si può dire che vollero con tal'Arma dimostrare, che con gran desiderio essi à guisa di fiamma s'innalzauano come à proprio elemento, alle attioni nobili. Similmente materiale, e simbolica diremo essere l'Arma della Città di Bologna; materiale è la parte, che contiene la Croce rossa in Campo d'argento in memoria della Croce numerosamente presa da i Bolognesi per la ricuperatione di Terra Sãta, e materiale rispetto à i Gigli in memoria dell'antica amicitia, e diuotione verso la Corona di *Francia*, & è parimente materiale in riguardo della Parola *Libertas*, mandata già da Fiorentini in vn stendardo, col quale solleuarono molti Popoli circonuicini, ma rispetto à questa parte potremo di più dichiararla per simbolica. La parola *Libertas* in lettere d'oro significa, quanto la Libertà sia cosa pretiosa; l'esser posta à guisa di banda militare, ci ricorda, che per essa fà di mestieri il combattere. Altri direbbe, che il discendere all'ingiù così obliquamente, denota la facilità di cadere, conforme à quel detto.

. . . . Libertas Populi, quem Regna coercent
Libertate perit . . . .

L'azzurro nel Campo, ò ci addita il mare, di cui proua spesse volte le tempeste, e le solleuationi, ò ci mostra il Cielo, senza l'aiuto del quale ella mai non può ben campeggiare. Da Questo dopò varie agitationi, habbiamo conseguito di viuere pacificamente all'ombra di Santa Chiesa, con incomparabile, e da molti altri popoli inuidiata felicità.

VIII. *Dell'origine de i Cimieri e loro vso.*

Si legge, che ne' primi tempi con le Teste de gli animali scorticati gli Antichi si formauano gli Elmi, coprendosene il capo, e col rimanente delle spoglie vestendosene le spalle, e'l petto, e queste erano portate da i Principi, e condottieri de gli esserciti per esser più conosciuti, e per apparire più terribili. Le pelli vsitate per vso tale erano di Lupi, di Orsi, di Leoni, di Cani, di Capri, di Tori, e d'altri simili Animali, onde Vergilio nel settimo rappresenta vna squadra militare, che

. . . . *Lupi de pelle galeros*
Tegmen habet Capiti . . . .

Ma introducendosi poi l'vso dell'Elmo di ferro per difesa resistente contro i colpi delle battaglie, le Teste de gli animali, che seruiuano per Elmo furono poscia portate per cimieri da i primi dell'essercito, ò da i soldati più nobili, onde Lucano scrisse di Marco Bruto nel giorno dell'infelice battaglia ne i Campi Farsalici.

Illic plebeia contextus casside vultus
Ignotusque Hosti quod ferrum Brute tenebas?

Narrasi ancora l'vso de' Cimieri hauer hauuto principio nell'Egitto da i Rè Anubi, Macedone, Osiri, & Iside. Homero Dà à i Troiani, & à i Greci solamente chiome di Caualli, e Vergilio adorna anch'egli gli Elmi de i Soldati ordinarij di chiome, e di code di Caualli, di frondi di oliua, e taluolta di penne. Il numero delle penne, ò delle chiome soleua essere ternario. Così Eschilo attribuisce ad Aiace *Cassidem triplicem*, Apollonio Rodio scrisse *Cassides tripliciter Cristatas*, e l'istesso Vergilio nel settimo *galeam Cristatam triplici iuba*. Il colore di quelle più vsitato da Romani, e da altre nationi, e Principi, fù il rosso, onde il medesimo Poeta cantò, *purpureos cristis Iuuenes*. Et à Personaggi illustri assegnò Cimieri particolari, & insigni, come à Turno nell'ottauo.

Cui triplici crinita iuba, galea alta Chimeram
Sustinet, athneos efflantem faucibus ignes.

Ma Statio più positiuamente lascia vedere Amfiareo, al quale . . . . *Frondenti crinitus cassis oliua*
Albaque puniceas interplicat infula cristas.

E poi fà, che gli Etoli venghino in Campo riguarde-

uoli

uoli con Marte sopra la loro celata, Protettore, e Nume di quella Natione, dicendo

. . . . . *Patrius stat Casside Mauors*.

Alcuni Marmi, e Medaglie fanno fede, che i Romani al tempo della Republica haueuano Cimieri, e l'haueuano anco i Greci, frà quali, come racconta Plutarco, il Rè Pirro portaua la Sfinge, e le corna del Becco.

Il Cimiero si dice indiuisibile dall'Elmo, come l'Arme dallo Scudo, & vn solo cartiglio può fare l'officio di Cimiero. Pronuncia il Francese Pietro *di S. Giuliano*, che non douria portarlo se non chi possiede, ò è capace di possedere giurisditione, e si raccoglie dal *Rocchi* Giureconsulto, che i Conti Palatini, e i Caualieri aurati, che chiama dignità imaginaria, posſono portar l'Elmo, ma non il Cimiero (quando non ne habbiano particolar concessione) e che quelli, che hanno i Magistrati, ò gli hanno hauuti, & i Iureconsulti, & altri Dottori, possono portare il Cimiero di qualità competente. Trouo sù l'Elmo de' *Bianchini* collocata vna Sfera frà due Ale, e la credo esserui stata posta da vn Dottore famosissimo Astronomo di quella Famiglia. Il *Critio* pronuncia, che i nuouamente nobili deuono andar circonspetti nell'adossarsene, e l'istesso, che non toglie alle Donne l'vso dello Scudo, afferma, che anche i Dottori, e gli Ecclesiastici di Famiglia, che giustamente porti il Cimiero, potranno liberamente vsarlo, come carattere di nobiltà Ei loda insieme, che chi è di non illustri natali, volendo per sua diuotione portare qualche Imagine Sacra sopra l'Arme, la porti senza Elmo, e come si vede il Monte Olimpo sopra lo Scudo Ducale della Casa *Gonzaga* di Mantoua. Asserisce ancora, che duo Cimieri si posano sopra l'Arme de' coniugati, e due donati sopra vna sola Arma, ma tre Cimieri solamente sono côcessi à gli Elettori del Sacro Imperio; si troua nôdimeno essempio contrario

trario nel *P. Pietrasanta*, il quale fino al numero di sei ne và addattando allo Scudo, e ne mostra il modo di collocarli così. Se sono di numero eguali, li diuide sopra lo Scudo reciprocamente riguardanti, se sono impari, quello di mezzo è posto in faccia, & è riguardato di quà, e di là da gli altri: se sono cinque, ò sei, se ne collocano due à basso da i lati dell'Arma con vniforme positura. La Nobiltà Alemana si pregia di quantità di Cimieri, & Alcuni più tosto hanno voluto mutar l'Arme, che quelli. In Bologna vediamo tre Cimieri sopra l'Arma de' *Marescotti*, cioè l'Aquila Imperiale, il Giglio Francese, e la Tigre loro propria; e tre similmente se ne vedono sù lo Scudo de' *Zabarelli* di Padoua, che da gli antichi *Sabatini* di Bologna si gloriano di trarre la loro origine, cioè l'Aquila Imperiale, ò Polentana, l'Alicorno, e'l Leon Sabatino. Sono anch'essi i Cimieri Agalmonici, Simbolici, e Materiali, come si è detto dell'Arme, il che bastarà per risuegliare à sufficienza la cognitione ancora di questi. E' poi vsanza praticata il cauare il Cimiero dall' Arme; onde in Bologna vediamo i *Maluasia*, e i *Barbieri* hauere anche sopra l'Elmo il Serpente alato, che hanno dentro lo Scudo, e così inalzano per Cimiero il Leone con quella sembianza che l'hanno nell'Arma i *Conti di Panico*, (c'hora viuono frà Caualieri Padouani) gl'*Isolani*, i *Bargellini* già detti i *Zouëzoni*, i *Gessi*, i *Rossi*, i *Casali*, i *Caprara*, i *Marescalchi*, i *Ghiselli*, gli *Argeli*, i *Berò*, & i *Zani*, vsando questi vltimi di porui trà le Brāche il ramo di Quercia d'Oro, che già portauano nelle loro Arme: Così gli *Angelelli*, i *Sangiorgi*, i *Griffoni*, e i *Ratta* vsano il Griffo. Quei *Todeschi* della Massa Lombarda, che per sangue materno deriuano da i *Montecuccoli*, i *Gambari* di Brescia, i *Campori* di Modona, e i *Sauli* di Genoua, che per priuilegio sono Bolognesi, i *Grassi*, gli *Odofredi*, & i *Canali* portano l'Aquila; così i *Campeggi*, i *Sampieri*, i

Fana

Faua, e gli altri *Barbieri* portano il Cane, i *Fantuzzi* l'Elefante, i *Renghieri* il Cigno; i *Zambeccari* lo Stambecco, i *Bolognini* la Capra, i *Caldarini* il Ceruo; e i *Bonfigli* la Zampa del Leone, perche hanno l'istesso Animale, ò parte di esso, dentro lo Scudo. All'incontro i *Pepoli*, gli *Orsi*, i *Manzoli*, e i *Vittori* fanno vedere sù gli Elmi loro il Cigno, i *Maluezzi* il Cingiale, i *Bentiuogli* la Sfinge, i *Lodouisi* la Testa del Cauallo imbrigliato, gli *Albergati*, e gli *Armi* l'Alicorno, i *Ghiselieri* la Giustitia con le Bilancie, e con la Spada, gli *Scappi* la Spada impugnata, i *Cospi* il Delfino, & il Leopardo, i *Guidotti* la Buffala con l'anella al naso, i *Marsilij* il Basilisco, i *Ranucci*, i *Grati*, e i *Ruini* il Cauallo Pegaso, i *Gozzadini*, i *Piatesi*, gli *Ariosti*, e i *Foscarari* la testa del Drago, i *Volta*, e i *Felicini* la Tigre, i *Vitali* la Colomba col Ramo d'Oliuo, i *Landini* la testa del Moro bendato, & Altri cō altri Cimieri, che non hanno alcuna parentella con l'Arme. I *Loiani* alludono al Griffo loro nella Zampa di Griffo, che stringe con l'vgne vna palla, e senza conformarsi all'Arme esprimono il Cognome alcuni Cimieri, come fà l'Hercole de gli *Hercolani*, il Peregrino de' *Peregrini*, il Serpe detto Magnano de' *Magnani*, il Bue de' *Boui*, ò de *Buoi*. Il Cane Bianco de' *Bianchetti*, il Dio d'Amore de gli *Amorini*, lo Struzzo col Chiodo in Bocca de i *Boccadiferri*, portato parimente da i *Montecalui* per conformità de i Chiodi dell'Arma loro. Alle volte ancora si fà contraposto all'istesso cognome, come si pratica da i *Bianchi*, che vsano per Cimiero vna Testa di Moro. Il mezzo Moro armato con la Spada in mano, e col motto *Caroli sum*, che si vede nel nostro hereditato Scudo da gli estinti *Greci*, si deue porre frà i parlanti, perche ei ragiona di Moretto de' *Greci*, che come si legge nell' antico Scrittore Ricordano *Malaspini* fù vno de' Caualieri creati in Fiorenza da Carlo Magno. Ma se gli Etoli, per testimonio di Statio

(co-

(come scrissi di sopra) portauano Marte loro Nume sopra dell'Elmo; à quellà similianza vediamo Santa Apollonia nel mezzo delle fiamme sopra l'Arme de' *Venenti*, l'Angelo con la Croce sopra l'Arme de' *Banci*, e l'Arcangelo Gabrielle sopra quella de' *Gabrielli*, con cui, Questi insieme espressero intieramente il proprio cognome. Alle volte ancora si è praticato di pigliare i Cimieri dell'Arme delle Donne, perciò ne gli antichi arredi Ecclesiastici della Sagrestia de i Padri della Misericordia si vede per Cimiero dello Scudo de' *Felicini*, il Cigno de' *Renghieri*, perche Quelli con vna ricca dote,& heredità di questa Famiglia diuennero più facoltosi. Per questa medesima cagione nel medemo luogo si vede l'Arme de' *Lupari* à man destra della *Renghiera*, col motto *Tutto per lei*, perche quel vecchio Paolo *Lupari* volle fare apparire tutta deriuata dalla Moglie la sua ricchezza, che poi à i nostri giorni è passata nella Famiglia del Senator March. *Magnani*. Io che da gl'istessi *Renghieri* se bene non con l'istessa fortuna trassi la deriuatione, seppi già spiegare la interpretatione delle parole di quel motto al Senatore Giouanni *Lupari*, che parendo enigmatiche, curiosamente me ne interrogò.

Frà le considerationi, che si fanno intorno à gli ornamenti de gli Elmi, vna è, che il tortiglione, che è quasi vna picciola corona nella sommità di esso, e che da i Francesi viene stimato il minor fregio, che l'arricchisca, deue esser di seta di due colori, conforme à i colori dell' Arme. Il *Pietrasanta* l'assegna, insieme col cerchio d'oro semplice, ò con l'imperlato nel mezzo del giro, à i principali trà la Nobiltà, allargandolo sopra lo Scudo, come la corona de' Conti, che poi arricchisce nel di sopra con altre perle. L'altro ornamento più nobile è quello delle piume, le quali, quanto sono in maggior numero, tanto più pare, che obbligano il Portatore à spiegar con la vir-

tù patù patentemente i voli per l'aure della gloria; e queste deuono ancor'esse confarsi di colori à i colori dello Scudo, sì che la parte superiore delle penne corrisponda alla parte superiore dell'Arme, il qual concetto si vede ancora osseruato da Amfiareo presso Statio, mentre scriue nel quinto

Ipse habitu niueus, niuei dant colla iugales.
Concolor est albis, & cassis, & infula cristis.

E Silio nel quarto.

Auro virgatæ vestes tunicæque rigebant,
Ex auro, & simili rutilabat crista metallo.

Crede il *Lipsio*, che le penne del Pauone, Augello Regale della fauolosa Dea Iunone, fossero già solamente vsate dai Principi, e dai Rè (e veramente bisogneria, ch'eglino aprissero altretanti occhi per la salute della Republica) ed appoggia il suo credere all'autorità di Claudiano, che scriuendo dell'Imperatore Honorio, così poetizò.

Quod picturatas galeæ Iunonia cristas.
Ornet auis.

L'istesso eruditissimo inuestigatore delle antichità ci racconta, che gl'illustri Romani portauano sopra l'Elmo tre penne dritte di color rosso, ò negre, di grandezza di vn cubito, per apparir più sublimi, il che era prohibito à i Soldati ordinarij; e Vegetio nel Capitolo sestodecimo del Libro secondo racconta, che i Centurioni portauano le celate di ferro, con le piume à trauerso, e inargentate, che hora per detto del *Lipsio* vien praticato da i Turchi. Da gli Alamanni di minor grado, si è veduto vsar quantità di nastri in vece di piume, con corrispondenza, & attilatura proportionata; il che seruirà per auuertire, che ciascheduno, secondo la qualità della Fortuna, e della virtù della propria famiglia, e di se medesimo, douria conformare la qualità, e'l numero di tali ornamenti. Appresso la medesima natione si vede sopra alcuni Elmi la testa di vn' huomo, che spargendo vna lunghissima chioma, fà l'officio di Cimiero pieno di piume. I Portatori vollero forse con la mostra di quelli rappresentare à i nemici vna forza non inferiore à quella de gl'istessi Sansoni. Vuole il *Gritio* (come accennai) che vn solo Cartiglio possa fare officio di Cimiero. Da i motti, che si leggono si suole riceuere Documento, ò Militare, ò Politico, ò Misto. Così vediamo i *Foscarari* portare sù l'Elmo *Pulchrum pro libertate mori*. I *Sampieri*. *Nosce temet*. I *Grati*, *Per Fede Honor' s'acquista*. Le sudette sono le regole, che più frequentemente abusate, che praticate si vedono. Se qualche allargamento ne gli vsi dell'Elmo, e de' suoi ornamenti si può concedere, egli mi par conueneuole il permetterlo à Bologna, & ad altre Città, che sono, ò sono state Albergo di Eccelsa Republica, l'andarne priuilegiate; e ciò massimamente in riguardo di quelle Famiglie, che sono, ò che furono partecipi della libertà nel gouerno della lor Pàtria.

DELL'

DELL' IMPRESE ACCADEMICHE LETTERA DISCORSIVA

Del Sig. Francesco Carmeni.

All' Illustrissimo Signor N. N.

HA' V. S. Illustrissima altretanta auttorità di comandarmi, quanto io desiderio di seruirla, il quale è in me, del pari, genio di riuerente elettione, che violenza d'obligo infinito. S'è degnata non solo di mirare, al solito, con occhio benigno l'Impresa, c'hò eretta nell'Accademia de' Signori GELATI, e d'honorarla delle sue lodi, ma vuol anche farmi conoscere d'hauer concepita opinione vantaggiosa del mio debole giuditio, coll'imponermi, ch'io le assegni qualche norma di formar regolatamente Imprese Accamdemiche. L'vbbidirò con la prontezza, che deuo, protestandole però prima la mia inabilità à seruirla in questo particolare, e la dificoltà, che porta seco il trattar, nell'angustia d'vna lettera, materia, della la quale Ingegni grandi hanno formati intieri Volumi. Ceda pure la pouertà del mio talento alla diuotione della mia obedienza, tanto più, ch'io mi assicuro, che V. S. Illustriss. si degnerà questa volta di così ben compatirmi, come hà voluto, in ogni tempo, benignamente fauorirmi.

L'Impresa (parlandone in generale) benche sia inuentione de' nostri secoli, hà nondimeno tratta la sua prima origine sino dagli antichissimi Etiopi, da quali fù trasferito in Egitto l'vso di spiegar qualsiuoglia concetto dell'animo per mezzo d'imagini, e figure d'animali, di piante, e d'altre cose naturali, od artifitiali, scolpite, ò dipinte. Impararono poscia da gli Egitij questa, siasi, ò scienza, od arte, i Greci, i quali la trasmessero a Romani, e da loro si partecipò ad ogn'altra Natione; onde ne deriuò la varietà dell'Insegne, e diuise ne gli Elmi, e ne gli Scudi de' Guerrieri; indi la diuersità de rouersci nelle Medaglie; e finalmente quella delle Croci negli Ordini di Caualleria, de' Colori nelle Liuree, e dell'Imprese, ch'io distinguo in generi diuersi, cioè in Sacre, Morali, Eroiche, Cauallaresce, Accademice, & Amorose. Alcuni, con ragioni freuole, e poco adequate, negano, che i sentimenti Sacri possano spiegarsi per mezzo di figure simboliche; ma io mi persuado il contrario, vedendo, che lo stesso Dio si compiacque molto di spiegare i sensi della sua Diuina mente per via di Simboli, e di Geroglifici, alhora ch'al tempo della Legge Hebraica comandò, che s'imprimessero Palme, Pomi granati,

Gigli,

Gigli, e Cherubini nel Tabernacolo dell'Arca; che s'appēdessero Campanelle all'estremità inferiore delle Vesti Sacerdotali; e che s'inalzasse vna Serpe di brōzo sopra ad vn legno per salute del Popolo Giudaico fuggitiuo dall'Egitto. Habbiasi cadauno in questo particolare quell'opinione, che più gli aggrada; che non è mia intentione l'entrare a discuter controuersie di pareri, ma di seruir V. S. Illustriss. con vn breue discorso del modo di formare Imprese Accademiche.

Ogni volta ch'ella apprenderà che cosa sia Impresa perfetta, saprà parimente formarne vna perfetta à suo proposito. Quindi stimo necessario il proporle vna definition generale dell'Impresa, ch'è stata definita tanto diuersamente dal *Bargagli*, dal *Bernigi*, dell'*Ammirati*, dal *Tregi*, dal *Pallazzi*, da Ercole, e da Torquato *Tassi*, e da molti altri Autori, ch'io non saprei à quale delle costoro definitioni appigliarmi, per isciegliernc vna, se non perfetta, almeno manco difettosa dell'altre; poiche tutte sono state oppugnate, ò come mancheuoli, ò come superflue nelle loro parti. Il *Giouio*, che fù il primo Padre di quest'Arte in Italia, conoscendo esser cosa dificile il definirla perfettamente, in vece di darne definitione, assignò cinque conditioni, che in lei si ricercano. C'habbia giusta proportione di corpo, e d'anima; che non sia ne troppo facile ne troppo oscura da intendersi; che sia vaga a mirarsi; che non contenga figura humana; e c'habbia il motto breue, e diuerso dall'idioma di colui, che la inuenta.

Compatisca, la supplico, alla mia temerità, se per seruirla, mi fò lecito d'aggiungere alle definitioni di tant' huomini famosi in Lettere anch'io la mia, con dir breuemente; che la perfetta Impresa è vn'espressione di nobile concetto dell'animo, proposta acutamente, e metaforicamente alla comune intelligenza, per mezzo di figure

gure Simboliche conueneuoli, e di parole adequate, e significanti. Siasi questa mia definitione, ò totalmente impropria, e sconueneuole, ò almeno in qualche parte accettabile; non manca sapere, e giuditio à V.S. Illustrissima per conoscere, che forse non mi son deuiato gran fatto da documenti d'Aristotele, alhora ch'egli assignò le regole di definir perfettàmente le cose.

Pare a me, che da questa definitione possa dedursi, che quattro sono le cagioni, che concorrono al componimento dell'Impresa. L'vna Materiale, ch'è il Corpo; l'altra Formale, ch'è il Significato per via di similitudine, e di metafora; la terza Finale, ch'è il concetto dell'animo, che s'esprime; la quarta, & vltima, l'Efficiente, cioè l'intelletto dell'huomo, che forma l'Impresa.

Sopra questi due poli della definitione, e delle cagioni, che concorrono a componer l'Impresa, s'aggirerà la picciola mole di quelle regole, ch'io pretendo di ridurle a memoria, non d'insegnarle.

Potrà dunque ella preffigersi nella mente vn Corpo d'Impresa, simbolicamente significante il nobile concetto dell'animo suo, cioè il desiderio di quella gloria, che le può prouenire dall'essere ascritta al numero Accademico; hauendo riguardo, che se bene il concetto dell'Impresa, spiegato per mezzo di corpo simbolico, hà da esser nobile, & eroico in quanto al fine, deue nondimeno esser humile, e significante, che l'Accademico deside. ra, pretende, e spera di contrasegnarsi in sapere, non per virtù propria, ma per quella, che può deriuare in lui dai documenti, e dall'essempió di quel Letterario Senato.

Si ricerca, che questo Corpo sia vero, e reale, non fantastico, e capricioso; c'habbia nobiltà, e vaghezza; che sia facile à rappresentarsi non meno in pittura, che in iscoltura, in spatio ristretto, che in largo, in modo che possa esser distintamente rauisato per quello, ch'egli è;

che

che non sia corpo humano; che sia raro, & habbia del mirabile; ma sopra tutto, che sia metaforico in modo, non renda il Significato di souerchio oscuro, ma che ne anche lo dichiari così apertamente, che possa esser capito da ogni rozo intelletto.

Si deue isfuggir nell'Imprese particolari la pluralità de' Corpi, la quale è concessa in quelle delle Communanze, come sono le Republiche, le Accademie, & altre Vniuersità con riguardo però, che quei Corpi, che sono molti in numero, tendano tutti ad vn solo fine; anzi non si nega, che anche in vn'Impresa particolare nõ si possano effigiar più corpi, che formino vn Corpo solo. Non fù perciò giudicata per biasimeuole l'Impresa d'Emanuel Filiberto Duca di Sauoia, nella quale stà effigiato vn Elefante in mezzo ad vna mandra di pecore, che con la Proposcide le và disgregando l'vna dall'altra per non le offendere nel passar fra loro. Per ispiegare il suo concetto di voler esser sempre benigno con tutti, ma particolarmente con gli humili, e l'amoreuole natura di quella bestia verso quegl' innocenti animali, non si poteua non multiplicare i corpi, i quali, ancorche siano molti, si può nondimeno dire, che formino vn corpo solo.

Non sono mancati Autori, c'hanno ammessa per accettabile nell'Impresa la figura humana, e particolarmente il *Cappacci*, che vuole, che non sia inconueniente il poruela; ma al contrario il *Ferri*, & il *Bargagli* la escludono affatto. Altri non la rifiutano, mà la vogliono conditionata a loro capriccio. L'*Aresio* l'ammette, pur che non vi stia come ritratto, ò imagine dell'Autore. Il *Contile* la concede, qualhora sia poetica; & il *Tregi* ogni qualuolta sia storpia, ò mostruosa, ò historica, ò fauolosa. Il *Ruscelli* non l'esclude, purche sia vestita d'habito straordinario, e loda la fignra feminile in qualunque veste. Ercole *Tassi* dando la deffinitione dell' Impresa,

presa, nega che sia conueniente il formarla con figura humana; ma poscia nel progresso del discorso l'ammette, con conditione, che sia d'huomini illustri, e famosi; e che non sia chimerica, ò fauolosa. Io non sò concordare tante diuersità di pareri, se non col dire, che non s'hà da legar la libertà a gl'Ingegni, che, per qualche lor fine particolare, riceuessero in se stessi maggior sodisfattione d'esprimere qualche concetto dell'animo loro per mezzo d'imagine tale, vsurpandomi però io auttorità di non registrar le loro Imprese nel numero delle perfette.

Ciò potrà bastare à V.S. Illustriss. in materia delle cõditioni, che si ricercano nel perfetto corpo dell'Impresa. Resti seruita, ch'io passi ad esaminar quelle, che si richiedono nel motto, a cui molti danno impropriamente nome d'anima; poiche l'anima vera del corpo dell'Impresa è il concetto significato; & il motto non è altro, che vn'espressione del legame, ch'vnisce l'anima al di lei corpo, riducendolo ad vna sola intelligenza, proprietà, e similitudine.

Vogliono i maestri di quest'arte, che il motto non deua esser più longo, che di tre voci, l'vna delle quali sia monosillaba, e che sia d'idioma diuerso da quello di colui, ch'inalza l'Impresa. Il *Ruscelli*, & il *Capacci* l'ammettono di quattro parole, ma dissentono da loro il *Guazzi*, & il Caualier Guido *Casoni*. Io per me credo, che la breuità, l'acutezza, & il significato proprio, & adequato siano le vere conditioni, che bastano a constituire il motto perfetto; e che tutte le altre non s'habbiano da considerare se non come valeuoli à conferirgli maggior perfettione. Tale sarà in loro, conforme l'opinione d'alcuni, il senso equiuoco, spiegato con nomi, e verbi di significato doppio; tale l'antitesi, cioè il contraposto vnito alla breuità; tale l'idioma Latino, che più d'ogni

altro

altro è lodeuole; e tale l'esser egli tolto da classico Autore; che sono quattro conditioni non assolutamente necessarie nel motto; ma quando alcuna di queste concorresse in lui, lo renderebbero tanto più perfetto, & quando tutte, riuscirebbe perfettissimo, & ammirabile.

Hauendo io detto, che il motto è vn'espressione del legame, ch'vnisce l'anima, cioè il concetto, al corpo dell'Impresa, mi resta il soggiungere, ch'egli hà da spiegare il significato della figura, e la figura reciprocamente hà da far noto il senso di lui, con tale artifitio, che nell'vna senza l'altro, ne l'altra senza l'vno siano intesi, e congiunti insieme rendano chiaro il concetto, anche a gl'ingegni mediocremente capaci, & eruditi; escludendone però sempre quelli della roza, & ignorante plebaglia.

Vogliono molti, che tanto il corpo, quanto il concetto, & il motto dell'Impresa Accademica habbiano d'hauere vna tal quale allusione, relatione, e dipendenza dall'vniuersale dell'Accademia; ed altri ancora soggiungono, ch'ella sarà più perfetta, s'hauerà qualche allusione all'Arme Gentilitia; anzi alcuni si sono estesi a desiderare, ch'alluda anche al cognome dell'Accademico, quando riesca a lui in acconcio il poter farlo. Queste parimente sono conditioni (come hò detto di quelle del motto) solamente necessarie nel modo, che dicono i Filosofi, *secundum quid*; ma quando concorressero tutte, ò almeno qualcheduna nell'Impresa, haurebbero forza di renderla più ammirabile, e di far conoscer la viuezza dell'ingegno di chi la formò. Quindi è, che l'eretta dal già Sig. Cesare *Gessi* in questa famosa Accademia de'Signori GELATI riportasse non ordinaria lode. Suppongo, che sia noto a V. S. Illustrisima, che il corpo della loro Impresa vniuersale è vna Selua Gelata, col motto: *Nec longum tempus*. Quell'Ingegno spiritoso tolse da questo Bosco Gelato vn trõco, e ne fabbricò nella sua mente l'Asta di Romolo, che gittata sul Monte Auentino germogliò frondi; e l'eresse per corpo di sua Impresa particolare, aggiungendoui il motto: *Non expectatas dabit*; volendo inferire, che si come quell'Asta creduta affatto inabile a rinuerdire, e germogliar frondi, inaspettatamente le produsse; così egli, che si stimaua per se stesso vn tronco inarridito, ed inutile, haurebbe prodotte le verdure fiorite del suo ingegno, quando altri meno il pensasse, per sola virtù participatagli dell'Accademia Gelata. Volle chiamarsi l'Improuiso; nome, che pur anche fece molto a proposito, e concorse ad ispiegare non solo il nobile concetto dell'animo suo, ma alluse ancora al motto dell'Impresa vniuersale significante, che la Selua Gelata haurebbe scosso da se, in breue tempo, & all'improuiso il Gelo. Figurò in oltre quell'Asta in modo di tronco, alludendo a quello, che stà eretto sopra trè monti, frà due Leoni, nell'Arme di sua nobilissima Famiglia. Fu pur anche stimata lodeuole l'Impresa del Signor Cauaglier Nicolò *Coradini* Mirandolese, che figurò vn Ceruo trafitto da morso di velenoso serpente, attuffato nell'acque, e v'aggiunse il motto; *Ex gelido antidotum*; per alludere al Gelo Accademico potente a sanare in lui (per parlare col suo humile sentimento) la piaga dell'ignoranza. Passerò sotto silentio altre Imprese nobili, e spiritose di Letterati c'hanno qualificato questo nobilissimo, e virtuosissimo Congresso, per non dilatarmi in dicerie souerchie, onde V.S. Illustrissima habbia a risentirsene annoiata; non hauendo io fatta mentione di queste, se non per proponerle essempio valeuole a somministrarle qualche lume per formare Imprese particolari con dipendenza, & allusione alle vniuersali dell'Accademie.

Ancorch'io supponga, che nelle particole della mia definitione dell'Imprese s'includano ristrettamente tutte

le conle conditioni, che in lei si richiedono, nõ solo fin' hora dichiarate, ma anchora da spiegarsi; per formarla, se non perfettissima, almeno manco difettosa, che sia possibile, parmi nondimeno, che sia mio debito; per seruirla nel miglior modo, che può attendersi dal mio fiacco intendimento, dopo hauer mentouate quelle, che si ricercano nella figura, e nel motto, il discorrer di quelle, che constituiscono la perfettione del concetto, ò diciamolo significato.

Il concetto ha da esser particolare, cioè appartenente a quel sol personaggio, che forma l'Impresa; non estendendosi a documenti morali, che tendano ad insegnare vniuersalmente ad altri. Si ricerca, che sia nobile, ed eroico, non meno in se stesso, che per lo fine, al quale aspira l'Accademico. Aggiungono alcuni, c'habbia da esser vnico; il che non pare a me, che si concordi col parere di que'maestri, che danno per regola, che la perfettissima Impresa deua hauer dell'equiuoco, tanto nel corpo, quanto nel motto, con doppia allusione; poiche quando ciò fosse vero, il concetto al certo non potrà esser vnico. Ma non perciò mi ritraggo dal credere, che l'vnità del significato sia molto lodeuole; anzi non vorrei, che gli Accademici si lasciassero lusingar dagli affetti, che talhora li trasportano a persuadersi, che sia possibile il fare in vn tempo noti alla Dama i sensi amorosi del cuore, & al Mondo il desiderio, che nutriscono in loro, d'acquistar fama gloriosa, inoltrandosi per la strada di letterarij sudori. Si preffigano per vnico scopo il palesar la brama di gloria, ch'arde loro nel petto; & il concetto riuscirà vnico, nobile, e particolare; conditioni, che gli conferiscono la perfettione.

Alle Imprese Accademiche particolari s'aggiunge vn nome, ò diciamolo sopranome, che s'elegge l'Accademico in quell' Vniuersità Litteraria, il quale concome anch' esso ad ispiegare il concetto dell' animo suo espresso nel corpo, e nel motto dell' Impresa. Io stimo facile l' inuentarlo ogni qualuolta s' haurà riguardo al significato di quella, e delle parti, che la compongono, osseruando le sequenti poche, e breui regole. Sia dipendente dal corpo, dal motto, e dal concetto di lei, quasi come effetto dalle cagioni; habbia significato di senso humile, che dia a conoscere, che l' Accademico aspira di far passaggio dalla sua imperfettione alla perfettione in Letteratura; e sia vocabolo di pari nobile, vago, e significante con proprietà.

Non mi resta più che il rāmentarle quella conditioni, che vniuersalmente si richiedono nel tutto dell' Impresa perfetta, le quali secondo il parere del dottissimo Co: D. Emanuele *Tesauro*, si riducono a cinque. Che sia popularmente enigmatica, appropriata, ingegnosa, tendente a fine rettorico, e riguardante il decoro. L' esser popularmente enigmatica significa, ch' ella hà dà esser (come hò già detto, parlando delle sue parti) composta d' vn corpo, e d' vn motto intelligibile anche agl' ingegni mediocremente periti di sapere, e d' erudittione, ma non a vili, e plebei; appropriata, che s' addatti alla persona, per cui è inuentata, in modo che non possa con vgual proprietà esser applicata altrui; ingegnosa, che nella figura, nel motto, e nel concetto si veda scintillare vn brio spiritoso d' ingegnosa, e peregrina inuentione; tendente a fine rettorico, che persuada viuamente, & efficacemente il concetto da lei significato; riguardante il decoro, che sia proportionata alla conditione di chi la espone, al luogo doue s' hà da esponere, & al fine al quale è stata formata.

Sò, che il viuissimo talento di V.S. Illustrissima haurà saputo meglio intendermi di quello, ch' io habbia saputo dichiararmi. Sottopongo le mie inettie al suo purgatiſſimo giuditio; e reſto con deſiderio d'altri ſuoi comandamenti, nell'eſecutione de'quali mi farò ſempre, & in ogni occorrenza, conoſcere.

Di VS. Illuſtriſſima.

Diuotiſs. & Obligatiſs. Ser.

Franceſco Carmeni.

Che

CHE LO STVDIO DELLA FILOSOFIA MORALE

E' baſtante à purgar gl'animi humani dalle paſsioni, & affetti diſordinati, & ad introdur in eſsi l'Amore della Virtù, e della Gloria.

Introduzione alle Lezioni Morali da leggerſi in Idioma Italiano ſul Publico Studio dell'Vniuerſità di Bologna

Del Sig. Co: Alberto Caprara.

Acconta Plutarco, quel gran Maeſtro delle morali, quel ſagáce Indagatore delle azioni de gli huomini, quel famoſo artefice de' Traiani, che Diocima Donna Greca, rimaſta Vedoua, e'nſieme Madre afflitta di duo'figli per la tenera età, nulla ancora informati delle conoſcenza al ſape-

ſapere, ed all'operare opportune, bramò con tanta ardenza di vederli eſattamente iſtrutti, ch'ella ſteſsa volle diuenirne ſicuriſſima guida, ed eſperta Maeſtra. Gettata però la connocchia al ſuolo, e cacciate in eſilio le tele, de'donneſchi lauori, magnanima diſpregiatrice, tutta allo ſtudio delle più bell'arti ſi diede, e furono tali gl'illuſtri ſuoi progreſſi, che non ſolo potè communicare, come voleua, a'propri figli, quanto v'era di neceſſario a ſaperſi, ma paſsò di gran lunga i Filoſofi, che à quel tempo in ſommo grado fiorirono, e laſciò in dubbio quai titoli maggiormente ſe le doueſſero, ò di amoroſiſſima Madre, ò di ſapientiſſima Donna. Sapientiſſima Donna, ch'il tenero piede sù per l'erto calle portaſti della virtù, e tant' oltre giungeſti che humano penſiero à pena ti ſiegue per baſtantemẽte ammirarti, le tuè glorie ogni virile azione più rinomata auanzan di pregio, nè v'è fra gli Eroi chi preſuma venirti à fronte, ſe non men di produrne, che di formarne hai la cura. Amoroſiſſima Madre, che la fai cominciare gli affettuoſi tuoi vffici, doue ſon terminati dall'altre; mentre qual'Orſa gl'imperfetti tuoi parti di ridurre à perfettiſſimo ſtato t'affatichi, ben ti rendi aſſai degna di riſplender, qual'Orſa, frà gli aſtri di maggior lume, e che al pari de'raggi di quelli, i tuoi nobiliſſimi fatti non tramontino mai alla memoria degli huomini. Non mi portò lungi dal vero il caſo, quando nel paragone mi fè cadere del noſtro naſcere à quello, che sì infelice hanno là nelle ſelue le fiere, che vdiſte; mentre più toſto io penſo, che noi le ſuperiamo ancora di gran lunga nell'vſcir alla luce, e rozzi, ed informi, e lo ſiam tanto ſu'primi giorni del viuere, ch'anche di tutte le cognizioni incapaci, la noſtra troppo paleſe miſeria però conoſcendo, forza è che s'accompagni da lagrime, e ſi confeſſi co'gemiti. Siam condotti in vno ſteccato di fieri inimici preparati ſolo à combatterci; le

va-

vaghezze del Cielo si spiegano per abbagliarci gli stupori della natura non si offrono, che per confonderci; tutto che si vede è ignoto; quanto s'incontra è fallace: Onde noi senza vn'accuratissimo studio delle cose, ed vna diligente ricerca degli aiuti, che somministrà il sapere, mal potiamo assicurarci di prolungar qualche poco i nostri giorni sopra la terra. *Disce vbi nam prudentia sit, vbi fortitudo, vbi intelligentia, vt cognoscas simul, vbi longinquitas vitæ, atque adeò vita ipsa, & lux oculorum, & pax sita sit.* Che se la vita humana alla milizia con raggione fù assomigliata, e noi nella continua guerra, che habbiamo siamo miseramente costretti à soffrirla per tale, chi vi sarà, che pretenda portarsi in campo, doue regnano l'horrore, e la morte, senza prima dell'vso dell' armi in alcun modo informarsi, senza chiedere con qual vantaggio si possano condurre alla vittoria gli assalti, con qual cautela si debbano render sicure le ritirate, quai siano da elegersi ò pe'l riposo, ò per l'attacco i siti, quai si rendono dell'inimico l'esercito, e gli andamenti? Che se la vita humana è vna fastidiosa nauigazione, che ci tocca à condurre fra Cariddi, e Scille in mezzo à frequentissimi scoglì, con perpetuo cangiamento di Venti, su la tema di sempre nuoue ptocelle; chi sia si ardito, che sciolga dal porto senza seriamente pesare à tutti i modi di riconoscere nelle longhe peregrinazioni il Cielo, che gli sourasta, di fare vigorosa difesa contro i più forti legni, che per assalirlo venissero, e di tutti hauer notati i passaggi per le sfortune di chi in essi hà naufragato famosi? Che se nascendo in vn teatro scendiamo per rappresentare quel personaggio, à cui siam destinati dal fato nella fauola, che per tanti secoli ancor si vede mista di lieti, e di dolorosi auuenimenti: *Humana cuncta sumus vmbra, vanitas, & scenæ imago.* Saremo l'oggetto dell' altrui risa, cred'io, se prima di farsi vedere, ed vdire

mal

mal considerando qual'impiego ne tocchi, non procurerenio d'addattare ad esso le vesti, il gesto, le parole, e la voce, perche discordanza alcuna non appaia. Ben conobbe l'amorosissima Madre, la sapientissima Donna il rischio à che stauano esposti i proprii figliuoli, se non si facea loro auanti qual sorte guerriera per esercitarli nell'arte di combattere, e vincere; se non preparaua loro come à que'campioni, che andauano in traccia dello smarrito Rinaldo felicissimo legno, ch'alle spiaggie più remote d'vn'illustre virtù portar li potesse; se d'istruirli non si pigliaua la cura dell'esser loro, della condizione, à che erano nati, e di tutto ciò, à che meglio douea prepararli per riuscire su la scena dell'humane, non à bastanza mai osseruate vicende. Buon per noi; ò Signori, che non vanterà sola la Grecia di hauere piene di sì generoso affetto le Madri. Hà l'Italia la sua Diotima ancora, tanto più marauigliosa di quella, quanto è maggiore il numero de'figliuoli, che si à incaricata d'ammaestrare, e che veramente le è succeduto di rendere di qualunqu'altro più saggi. La nostra Patria ben conobbe; che per renderci intieramente felici, non bastaua il giacer ella sotto clementissimo Cielo, il vedersi à suoi piedi tributario delle delizie più vaghe, e dell'vue più saporite l'Apennino, che, scordatasi l'altezza delle superbe sue cime, humile alle nostre mura s'inchina: era poco il vedere quà intorno stendersi ampie campagne di frutti sì copiose, e di biade, che ne riportasse ella fra tutte l'altre gli encomi del più abbondante terreno. Ben s'auidde esser leggiera sua lode, che nobilissime Cittadi l'hauessero riconosciuta per capo, che per seggio l'hauesse eletta, vna potente, e trionfante nazione, ch'al suo pouero Reno fosse sortito di rubbare il nome à quel Grande, che maggiore di tutti i fiumi, si pregiaua d'vguaglianza col nostro. Nè il dominio de' Vicini popoli, nè la ferocia de'suoi, nè il vantaggio di gloriosi continuati successi poteuano assicurarla delle fortune, che grandi, immutabili, e di niuna caduta timorose: voleua procurare à suoi carissimi figli. S'accorse ella, che *Aquirere sapientiam multò præstantius est, quàm aquirere aurum pretiosum, & aquirere intelligentiam, multò præstantiùs est, quàm aquirere electum argentum*. Pensò, che si mutauano i Regni, che si spezzauano gli scettri, che i troni cadeuano al suolo, e che di prouincie in prouincie con costante incostanza passauano hora la seruitù, hora il commando; e però per prepararsi vn eredità, che non le fosse leuata dalla fortuna, nè deteriorata dal tempo, sotto il di cui giogo bisognò, che piegassero il collo le Monarchie de'Persi, de'Macedoni, e de gli Assiri, e quant'altre dall'Oriente all'Occaso si videro passeggiare vittoriose; ricorse all'acquisto della sapienza di tutti i tesori più ricca, e di tutte le forze più potente. Emula dell'antica Atene il teatro si rese delle scienze, che mentre inuolte nelle ruine dell'impero di Roma si vedeuan finir di perire, furono sostenute dal saluteuol suo braccio, e dall'estrema caduta difese. Fecesi non di noi soli, ma dell'Italia, e delle lontane, e barbare genti opportuna Maestra, dandosi allo studio dell'arti; e di quante notizie l'intendimento nostro è capace, tante ne ricercò ella, ed in tutte volle penetrar ben'auanti per superare come nella durata de'secoli, ch'eran per vederla cinta d'allori, così nella multiplicità, e nella squisitezza delle conoscenze il Greco, ed il Latino sapere. S'inalzarono infinite Catedre, dalle quali cominciarono à pronũciarsi gli oracoli, che l'esser delle cose additauano, nè hebbe la Natura arcani, il Mõdo marauiglie, che di scuoprire, e d'osseruare non si tentasse. Si passò al di sopra delle sfere, e s'indagò da chi siano con tant'ordine regolate, e si giunse fino à fissare le pupille, benche

infer-

inferme dell'huomo in quell'immenso abisso di raggi, che fà risplendere tutto ciò, che sopra di noi riluce. Le bellezze del Cielo non leuarono le sue occhiate alla terra, ma e le regole de'gouerni, e l'interpretazione delle santissime leggi, e la morale direzione dell'animo, ed ogni salubre soccorso del corpo furono oggetto degli studi intrapresi, e della materna applicazione della patria à perfettamente instruirci. Concorsero i popoli à queste mura, come al Tempio più famoso della virtù. Qui s'vdiron coloro, che nell'età passate fiorirono celebri per dottrina, ò per senno, ed il volerne ridire i nomi, e rinouare gli applausi sarebbe vn diminuir quelle glorie, che senza straniero aiuto passano immortali fra' posteri. Non solo si contenta la Patria di continuare nella generosa risoluzione di tener quasi vn'esercito stipendiato per muouere implacabile guerra all'Ignoranza; ma pensa d'aggiunger nuoue premure, e benche della Filosofia Morale in questa Vniuersità già si odano discorrere eminenti suggetti in modo più tosto da stupirne, che da imitarlo; hà voluto, qual'amorosa Madre, che co'teneri figli di scherzare fanciullescamente non isdegna, purche ad vbbidir li conduca, farsi sentire con vn suono quasi puerile, e portarui all'orecchie fra le voci al volgo più note l'adorabile nome della Virtù, le riuerite sembianze del vero honore; ed i sicuri pregi di quel bene, che è fine, e sola felicità dell'huomo. Hà dunque ella nella prudentissima deliberazione dell'Illustrissimo Senato, stabilito, che in auuenire vi sia chi parli sù questo loco in Italico Idioma della scienza del viuere, e n'hà destinata à mè intanto la cura. Ben era douere, che lasciati vna volta i profani impieghi de gli amori entrasse la nostra lingua nelle scuole, e sù le Catedre si portasse anch'ella à discorrere del sapere, ed à spiegarci le più nascoste proprietà del conoscibile, e del vero. Non è ſol nata per eſprimer gli affetti, ò per far ſì che ceda al fine la caſta Amarilli alle ragioni del diſperato Mirtillo. Troppo ſarebb'ella infelice, ſe le toccaſſe ſolo di condurre al fine di longhiſſime pene l'Eromene, e i Coralbi. Deh laſci vn giorno d'eſſere sfacciata ſeguace d'vna Venere impudica, ò temeraria miniſtra d'vn cieco Cupido, e corra con maggiore ſua lode ad aſſiſtere alle ſcienze, à far, che paſſeggino fra noi famigliari, ed amiche. Nè ſarann'eſſe men glorioſe, perche coſtrette di laſciare le ſtraniere apparenze, e veſtire abbigliamenti vulgari, anzi goderanno d'aſſai in vedendo, che ogni pupilla le riconoſce, e che le menti più rozze non ponno ſchermirſi dall'honoreuole.

Si compiacquero già appreſso gli Egizij d'vſcire in campo ſotto le moſtruoſe ſembianze de' loro Geroglifici, ed in tale ſtato ſino à noſtri giorni vittorioſe dell'ingiurie del Tempo ſi pregiano d'eſsere il più bell'ornamento de gli ſtupori di Roma. Io sò bene, che è gran vantaggio il correre ad attuffare le labra ſitibonde del ſapere in quei fonti, che l'Antichità hà veduti ſcaturire, ò nella Grecia, ò nel Lazio; e l'aſpettare, che per cento diuerſi canali à noi quell'acque ſalubri, è vn pretenderle molto diminuite di chiarezza, e di forza. Chi è libero per portarſi in Egitto, in Atene, ò nell'antica Roma, e può conuerſare à ſua voglia con coloro, che l'inuidioſa poſterità non ha laſciato d'acclamare per grandi, haurà i modi di meglio prouederſi di merci, come s'arricchiſse più facilmente, chi paſsa nell'Indie à peſcarne colle ſue mani le gemme d'vn'altro, che aſpettando, che giungano à trouarlo ſotto il paterno tetto, e biſogna le compri à gran coſto, e riuenderle à leggier guadagno ſi vede. Altre volte mi è toccato moſtrare il vantaggio, che deriua dal portarſi, cercando per tutta la terra i più famoſi Eroi, ed vdirne i lor detti. V'ag-

giunſi

giunsi gli esempi di quei grand'huomini innamorati della virtù, che andarono à tal effetto di quà, e di là vagando, e le ragioni alhora addotte, senza replicarsi di nuouo, bastano per prouare, che ancor'io tengo per necessario à chi pretende fare non ordinario profitto nelle scienze il peregrinare, non col piè, ma colla mente, e coll'vso delle lingue Latina, e Greca portarsi à raccorre i precetti di quelli, che ò nell'vna, ò nell'altra fiorirono. Non è però, che sù i riposi, cioè senza allontanarsi dalle materne voci, non vi resti luogo d'imparare di molto; nè l'Italia dopo che nelle mani de' Barbari fù forzata di lasciare col'imperio del Mondo anche il primo suo linguaggio, mancò di produrre nuoui Maestri, più famosa di famosi scrittori, che lo sia stata di prodi guerrieri, per ripigliarsi gl'inuolati diademi. Nell'arte principalmente del viuere, e nella regola, secondo la quale s'hanno à formare i nostri costumi è stato con somma pulitezza di dire discorso da molti illustri, tanto per le ereditate, quanto per le acquistate prerogatiue. In traccia di essi, io comincierò à parlare delle Morali sù questa Catedra in lingua Italiana per vbbidire à gli ordini dell'Illustrissimo Senato, che come già in Creta, Sparta, ed Atene, stima più aggiustato pensiero il render buoni, e prudenti i suoi Cittadini, che il disporli à riportar de' trionfi, non vi essendo vittoria gloriosa, e necessaria al pari di quella, che contro il vizio sostiene. Questi sapientissimi, e prudentissimi Padri vorrebero, che le prime voci, le quali risuonano all'orecchie di chi nasce, fossero quelle della virtù; che anche scherzando, e ridendo nell'età puerile, cominciassero i fanciulli ad innamorarsi dell'honore; e che conuersandosi famigliarmente fra noi, si discorresse della prudenza Ciuile, e del Caualeresco valore. Desiderarebbero, che riuscisse loro, come quel Pedagogo Lacedemone si vantaua di fare,

che

che l'educato da lui delle cose honorate si rallegrasse, e delle poco honeste s'affliggesse. Bramarebbero in fine, che ad ogni altro studio quello s'anteponesse, che fra' Persiani fioriua, e portò Ciro al conquisto d'vn potentissimo Regno, il non pronunciar mai che il vero; il non difender mai, che il giusto. Quanto è degna d'ogni maggior applauso la risolutione d'aggiungere all'altre questa nuoua Lettura della Morale, altretanto potrebbe forse biasmarsi, che à me ne fosse stato concesso l'impiego, e come di tali materie discorritore poch'atto, e come non di bastante eloquenza proueduto per ispiegare degnamente sì riueriti precetti. Io ben conosco, che à gran fatica potrò difendermi dalle risposte, che furono date à colui, al quale, mentre pretendea introdurre qualche vbidienza nel Popolo, e qualch'ordine nella Republica, fù rimprouerato come potersi ciò essequire da chi nella propria Casa, nel ricinto d'anguste mura, fra figli, e serui, non sapeua far sì, che regnassero l'ordine, e l'vbbidienza; ed à me forse si conuerranno non dissimili accuse di quelle, che Amnio promosse contra vn giouane dissoluto, che nel Senato ragionaua dell'honestà, e della continenza, dicendo esser insoppartabile questo suo cenar da Crasso, & edificar da Luccullo, con vn parlar da Catone; e più propriamente mi si dirà da altri, *Et irascendum non esse Magister iracundissimus disputat*. Io non vengo quì qual Condottiero, Capitano, ò Maestro. Nello studio, che si hà da fare, io non sono più introdotto de gli altri. Nella guerra, che si hà da intraprendere, io non hò, che il commune, & ordinario valore. Nel viaggio à che ci prepariamo io non hò esperienza di strade, che m'assicuri d'vna felice condotta. Andrò con quelli, che muouer si vorranno; le parti più faticose volontieri saranno da me intraprese. Spiarò gli andamenti de' nemici, domanderò del più certo camino per riportarne gli auuisi à voi, che faccio Giudici delle mie diligenze, ed arbitri di condannarli per falsi, ò d'accettarli per veri. In ordine alla forza del dire, che in me non si ritroua, questo fù saggiamente stabilito da chi mi commandò di parlare: perche, *Non est Philosophia populare artificium ostentationi paratum, non in verbis, sed in rebus est, nec in hoc adhibetur, vt aliqua oblectatione consumatur dies, vt dematur otio nausea*. Con molta ragione, se furono da' Lacedemoni, e da' Romani (che tutta la gloria loro poneuano nel fortemente operare, non nell'acconciamente discorrere) mandati in Esilio i Rettori, più dell'apparenze, che del vero studiosi, anche da questa Catedra, Catedra di verità, ogni colore, e fuco si hà da bandire. Quì non si chiede da Cinea, che s'aprano à Pirro le porte dell'assediate Città, nè da Egesia, che gli huomini dalla miseria loro con la morte si partano. Nè s'hanno da introdurre di Nerone gli Encomi, nè da porre in campo i benefici della febre; e però stiano pur lontani gli sforzi dell'arte, e si presenti à noi nuda di tutti gli stranieri ornamenti la Virtù, Non ha ella d'vopo, che di porpore, e d'oro si cuopra, che il crine ò distenda, ò in istudiati nodi il raccolga, che le guancie siano per mendicati colori più vaghe, che il sembiante d'armarsi di nuoui vezzi procuri. Vna si saggia Matrona haurebbe à vergogna l'ostentare effeminate lusinghe; hà bastantemente di che piacere in sè stessa, e se può toccare vn cuor con vn guardo, è assai sicura di rapirne in vn necessario trionfo gli affetti. Non si pretenda dunque da me vana concatenazione di parole per atterrare i curiosi, ma tutte le ragioni, tutti i motiui s'attendano, che possano eccitar l'animo in traccia del bene. Studierò, che cosa mi tocchi à dire, non il modo. Chi và alle scuole della Filosofia, no'l faccia per altro dice Seneca, che per ritornarsene a Casa con qualche acquisto, ò coll' hauere ricuperata la sanità, ò almeno coll'essersi disposto maggiormente à ricuperarla. *Aliquid præcipientium vitio peccatur, qui nos docent disputare, non viuere, aliquid discentium, qui propositum afferunt ad præceptores suos, non animum excolendi, sed ingenium.* S'altri verrà ad vdirmi ad effetto di sempre meglio conoscere, qual legge debba imporsi al nostro viuere, qual forma a' nostri costumi, io ancora non andrò certo gettando il tempo, e la voce intorno questioni vane, e proposizioni da nulla, e se non in questo prim'anno di studio, che per mia sciagura più tosto, che per mia negligenza vedo, non senza estremo rammarico riuolto all'occaso, ne gli altri certo, e mi ristringerò sempre alle cose, che più occorreranno, e senza tema, ò rispetto, passioni troppo indegne di chi parla della virtù, tutto ciò che à me da'migliori auttori sarà instillato si recherà quì, in libertà di chiunque voglia goderne i vantaggi. Mi resta in tanto per non apparire trascurato artefice nell'arte, alla quale sono per porre le mani, il portarne alcuna lode in campo, ma la pienezza de'voti, co' quali fù in quell'Illustrissimo, e Venerando Consesso stabilito, che sù questa Catedra si parlasse, gli applausi, che alhora per sì opportuna deliberazione fra le mura della nostra Patria risuonarono, e la gloria, che lungi da esse mi è sortito veder, che riporti, potrebbero esimermi à bastanza dal moltiplicare argomenti per renderui in gran numero seguaci della Filosofia Morale, contro le opinioni del volgo, e della turba intenta a' vili guadagni, che pur vuole imaginarsi, che sia ella per hauere pochi compagni per l'alto, e difficil camino. Io dirò solo, che la Filosofia Morale è gran Maestra del viuere, salubre medicina de gli animi, legge delle humane azioni, diretrice della ragione, moderatrice de gli affetti, indagatrice costantissima della virtù, e soste-

gno

gno potente nelle nostre quasi irreparabili cadute. D'essa, secondo Plutarco, si può dire, come di se stesso con ragione si vantaua Isicrate Capitano de gli Ateniesi, il quale interrogato da Callia figliuolo di Cabria, che cosa fosse, se sagittario, se portatore di Scudo, se Caualliero, ò pedone, rispose nulla esser di questi, ma quello, che commandaua à tutti. Ella è la Regina delle scienze; la migliore, la più necessaria di tutte, che sola è indiuisibile Compagna della Virtù: *Qua nullum, aut maius, aut melius à Deo homini conceditur beneficium*, disse Cicerone, e se ella medesima non ci fosse data dalli Dei, si potrebbe senza temerità nominarla maggiore dello stesso Gioue, come quella, che più alti doni dispensa. *Deorum immortalium munus est, quod viuimus, Philosophiæ; quod benè viuimus*. Ci deriua dal Cielo il viuere, dalla Filosofia il ben viuere. quello è frale, misero, sottoposto a' voleri del Caso, frà cento sinistri successi, sempre inquieto, e dolente. Questo abbonda di tutti i beni, sereno, lieto, immutabile, che della violenza de' Tiranni si ride, e della fortuna inimica de gli huomini forti, sciocca disturbatrice delle ricchezze, e de gli scettri non cura. Di là noi habbiamo acciecato dall'ignoranza l'intendimento, mal condotti da insane voglie gli arbitrij, l'animo fatto Vassallo di chi dourebbe esser suo seruo. Di quà la ragione all'vsurpato suo trono vien ricondotta, l'animo, le perdute sue forze ripiglia, ed ogni honore del sublime suo essere rinuoua, la nostra vita infelice, e lacrimeuole, e da vna vehementissima fluttuazione agitata si riduce all'essere sol feconda di Gioie, al sedere sopra il Quadrato della sicurezza, e del riposo. *Animum format, & fabricat, vitam disponit, actiones regit, agenda, & omittenda demonstrat, sedet ad gubernaculum, & per ancipitia fluctuantium dirigit cursum; sine hac nemo securus est*. Che però la Filosofia Morale è stata prima di tutte l'arti, anzi all'altre n'hà aperto il sentiero; alla cognizione, & adorazione de gli Dei ci trasse, indi la società trà gli huomini introdusse, poscia alla moderazione, e grandezza, che gli conueniuano portò il nostr'animo; e per fine col dissiparne le turbolenze de gli affetti, leuò tutta quella caligine da gli occhi, che le cose superiori, e le inferiori, e le prime, e le estreme poteua tenerci nascoste. Di questa maniera van discorrendo d'essa quanti la conobero meglio, e della medesima pur intendeuano fauellare quelli, che finsero Anfione al dolce suono della sua Lira muouer le pietre. e condurlo ad inalzare le fortunate mura di Tebe, ò Orfeo, che potè vedere star attente al suo canto le fiere, ed impiaceuolirsi alla sua voce gli Orsi, i Leoni, e le Tigri. Non s'impiegauano allora quei sommi Sacerdoti insieme, e Poeti à lodare vna treccia bionda, vna guancia colorita di rose, due pupille della notte più oscure, e del giorno più belle. Non erano soggetto de' loro versi l'empietà d'vna crudele, i tormenti d'vn misero, che traffitto dalle quadrelle d'Amore si langue. Si sciapite cantilene haurebbero potuto eccitare, non mitigare la ferocia ne' bruti. La deponeuano per essere testimonij dell'honore, che si rendeua a gli Dei, delle lodi, che si tributauano à gli Eroi, della ricompensa promessa alle virtudi, e del gastigo minacciato alle colpe. Non per altro si fauoleggiò in que' primi secoli, che per render più dolci, e più graditi all'altrui palato i precetti del ben viuere, e tutto ciò, che finse mai mente ripiena di quel Diuino, & amabil furore fù per accompagnare di vaghezza, e vestire de' più sontuosi arredi la nostra pouera, e nuda Filosofia Morale, e come in qualsisia ritrouamento furono assai ingegnosi per ben dipingerla, in niun' altro però mi sembra più al viuo descritta questa gran Matrona, e Maestra, che nell' Ariana di Creta, colla quale hà communi gli vffici, e quel ch'è peggio non dissimili le suenture. La nostra vita è vn'intricato labirinto impossibile à passeggiarsi con sicuro piede per l'incertezze, e rauuolgimenti dell'impraticabil sentiero. Cento non conosciute vie di giorno in giorno n'ingannano, e fan sì, che resta pericoloso l'auanzarsi, e troppo difficile il ritirarne il piede. Onde speriamo l'vscita, questa tanto più s'allontana, e tutti i modi di suilupparsi, e d'andarne maggiormente ne ritengono, tanto, che resta disperata di fauoreuol successo la confusione. Si hà da combattere con aggiunta de' nostri atroci perigli con vna fiera di tutte le fiere più spietata; col vizio, che qual Minotauro vnendo in sè due nature, cioè duoi appetiti, e ci rattiene co' piaceri del senso dalle virtuose, e magnanime imprese, e con gl'impeti d'vna cieca, ed ingannata ragione in indegne inconuenienze ci caccia. Quindi è, che giustamente nella nostra infelice nauigazione al partirsi d'Atene, cioè fin dalle prim'hore del nostro nascere, s'hanno à spiegare vele di gramaglia, non ci portando esse per lo più in qualche Isola fortunata, ma nel Regno del pianto ad incontrare prigionie, e durissima seruitù. Da altri non si hà da sperare opportuno aiuto, che dalla Filosofia Morale, da cui ci viene apprestato il filo per discerner gl'inganni del malageuol camino, e di più son date l'armi per vccider il mostro, che feroce, e già vittorioso d'infiniti ci aspetta. Dalle mani di quella condotti (meglio, che dal Nocchiero di Logistilla Rugiero) schiueremo gl'intoppi, che la pertinace Alcina, ò con lusinghe, ò con terrori n'oppone. Conosceremo le insane passioni, che sotto la maschera di ragioneuoli affetti ci si fanno incontro, ed al possesso dell'humana felicità cioè all'vscita dell'horrido labirinto fuori di tante angustie, inquietudini, e pene il vantaggio hauremo di giungere. Il mal'è, che noi men accorti di

Teseo prima d'esſere dalla generoſa Ariana ſoccorſi: l'abbandoniamo in paeſe diſerto, e laſciamo, che priua d'ogni aiuto fra le boſcaglie se'n viua. E queſto accade per eſser noi acceſi d'indegne fiamme, e d'Egla figliuola già di Penelopeo, cioè dell'Ozio, e del ſenſo innamorati, non curiamo chi ci offre libertà, e vita, e chi d'eſserci ſempre à canto ne' maggiori perigli promette. Come alla noſtra età pur giunge abbomineuole la memoria dell'empio tradimento, e tante nobiliſſime impreſe di Teſeo eſentarlo non ponno dalla colpa d'hauere sì ingratamente mancato: così non ſia ignominioſo per noi appreſso quelli, che verranno, il diſprezzare chi allunga la mano per ſaluarci dall'vniuerſale naufragio; nè ſi creda, che tutte l'altre operazioni di maggior grido, ò i titoli più ſpezioſi di Nobile, e di Grande, ſiano col loro ſtrepito per far ammutire i rimproueri, che toccheranno alle noſtre dannoſiſsime traſcuraggini.

PER

PERCHE

Nelle Cantilene si adopri la Quinta diminuita, e la Quarta superflua, e non Questa diminuita, e Quella superflua: come altresì, Per qual ragione si rigetti ogni sorte di Interuallo, ò sia superfluo, ò sia Diminuito della Ottaua.

PENSIERO ACCADEMICO

Del Sig. Gio: Battista Sanuti Pellicani Dottor di Leggi.

PItagora, l'onor di Samo, quel saggio, alla cui virtù consecrò Ouidio quell' elogio così sublime

Mente Deos adijt, & quæ natura negauit
Visibus humanis, oculis ea pectoris hausit:

ebbe tanto sentimento della Musica, ch'ei si pensò essere stato composto il Mondo Musicalmente, e che e che i Cieli nel girarsi fossero cagione d'armonia: anzi che l'Anima nostra, con la stessa ragione formata, per mezo del suono, e del canto si destasse, e quasi viuificasse le sue virtù. Platone trà l'arti liberali le diede il primo luogo, e disse, ch' ella chiamauasi quasi circolo delle Scienze, come che abbracci tutte le discipline. Aristotile tolerar già non seppe, che l'huomo bene instituito senza Musica si restasse: e perche essa nelle sue misterio. se discordie è madre ad vn tempo medesimo di più grate concordie, fù chi disse esser ella quella Lite, ed Amicizia, supposte da Empedocle, dalle quali pretendeua egli che si generassero tutte le cose: Mà che? io già non strinsi la penna col pensiero determinato ad intessere vn ben composto Panegirico alle glorie della Musica: auegnache, ella di se medesima è così degna Oratrice, che non hà d'vopo di mendicare dalle mie imperfezioni gli encomij. Musica, ed Eloquenza nacquero gemelle in vn parto: e l'vna fù così appassionata delle fortune dell'altra, che di due nature constituitane vna sola, non seppero già mai lasciarsi veder disgiunte: e ch'ei sia il vero: diasi vn Gaio Gracco, che deggia orare dauanti al Popolo, egli non si vederà far pompa della propria eloquenza, se non hà seco quel seruo musico, il quale di nascosto col Flauto d'auorio dia le misure al tuono della pronunzia, ritirandolo, se troppo forse inalzato, incitandolo, se troppo à ventura abbassato. Ne tempi andati non era minor vergogna il non sapere la Musica, che le lettere: onde non è di che stupire, se Esiodo poeta famosissimo restasse escluso dal certame, come colui, che non haueua mai imparato di suonare la Cetera, nè col suono della medesima accompagnare il canto: Così pure Temistocle, rifiutando, come inesperto, di suonare la Lira nel conuito, fù per men dotto, e per men sauio tenuto. Delle prerogatiue di questa scienza, direi, diui-

na,

na, non è per ora mio assunto di scriuere, lasciando che Faleto intuoni

Musica, turbatas animas, ægrumque dolorem
Sola leuat, meritò Diuumque, hominumque voluptas:

e che il Marino ripigli

Musica, e Poesia son due Sorelle
Ristoratrici dell'afflitte genti,
De rei pensier le torbide procelle
Con liete rime à serenar possenti:

Onde Asclepiade dimostri, come per mezo d'essa rachetò la discordia nata nel Popolo; che Damone, quel Pitagorico, rammenti, come col canto ridusse à temperarsi ne costumi alcuni giouani, dediti à vita troppo licenziosa: Onde fù detto esser la Musica vna certa legge, e regola di modestia; che Teofrasto accerti d'auer ritrouati alcuni modi musicali da racchetare gli spiriti perturbati; che Senocrate accenni d'auer ridotti gli stessi pazzi alla pristina sanità col suono de gli organi; che Talete Cretense narri d'auer discacciata la pestilenza col suono; che Timoteo assicuri d'auer con la Musica incitato il Rè Alessandro al combattere, e colla stessa, mentre trouauasi alla battaglia incitato, d'auerlo placidamente riuocato: e che il Profeta Reale cōfermi d'auer racchetato lo Spirito maligno di Saulle col dolce suono d'vn'Arpa.

Io sò essere à chi che sia ben noto, che il Maestro di Platone, posso dire decrepito, à ben che sapientissimo, volle nulla meno imparare della Cetera il suono; e che il vecchio Chirone tra le prime arti, nelle quali ammaestrasse il giouinetto Achille fegli apprender la Musica: Anzi quel Principe de' Lacedemoni, trà le sue seuerissime leggi, seppe lodarla, e così viuamente approuarla, ch'ei non permise già mai, che i propj esserciti si presentassero à battaglia veruna, se prima non fussero stati inanimiti dallo strepitoso suono de Pifari.

Re.

Replico dunque, che de i pregi di questa virtù sublime non è mio intento di dar quì piena contezza;come nè meno di portare le diuisioni della medesima in naturale, mondana dicasi, od humana, ed in artificiale, che è à dire in organica, ed armonica; in prattica, e speculatiua; in genere diatonico, cromatico, ed enarmonico; in consonante, e dissonante; in composta d'harmonia propria, ò non propria; d'elementi semplici, ò composti, e simili; nè d'accennare così la natura, e forza delle consonanze perfette, che nella Diapason, ò sia ottaua, nella Diapente, ò chiamisi quinta, e nella Diatessaron, altrimente detta quarta, si distinguono, quanto la qualità, e valore dell'imperfette, espresse cò i nomi di Ditono, Semiditono, Essacordo maggiore, e minore, Diapente col Ditono, e Semiditono: ma sola, e breuemente hò proposto d'esporre la mia opinione (che dal parere di Soggetto famoso, e ben instrutto nelle giuste regole di questa scienza punto non discorda) concernente la risoluzione del, Perche, ritrouandosi la Diapente, e la Diatessaron con interualli superflui, e diminuiti, s'adopri più volentieri dal Compositore nelle cantilene la Quinta diminuita, e la Quinta superflua, che Questa diminuita, e Quella superflua: come altresì per qual ragione si moua lo stesso a non adoperare sorte alcuna d'interuallo, ò superfluo, ò sia diminuito della ottaua, mà gli vni, e gli altri costantemente disprezzi, e, quasi dissi, aborrisca.

Si sà, ed è regola indubitata, che la Diapason fra tutte le consonanze è quella, che resta sempre nel suo essere, ferma, e stabile: Questa, sendo semplicissima consonanza, e la prima nata fra questi termini 2. 1. l'vno principio de' numeri, e l'altro primo numero, che sono due principij, non patisce difetto alcuno d'alterazione, superfluità, ò diminutione: auenga che chiaro stà, che quelle cose, che per se stesse sono semplici, pure, e principio dell'altre, non restano sottoposte à varietà, ed imperfezione veruna; come per lo contrario le imperfette, e men pure, rimangono soggette à qualche alterazione; seruane di ben fondato essempio lo squitinio della Diapête, e della Diatessaron, le quali, se bene da prattici moderni, vengano asserite per consonanze perfette, nõ è però vero, che giustamente possano nomarsi per tali, ma solo viene loro permessa questa perfezione, perche le proporzioni delle medesime, più che quelle dell' altre s' auicinano à quelle della dupla, come per l'appunto accade à colui, che, appressandosi maggiormẽte alla fiamma, proua maggior calore, godendone meno l'altro, che più lontano la mano vi distende: onde perche il 3. 2. forma della Quinta, più s'accosta al 2. 1. forma dell'Ottaua & il 4. 3. forma della Quarta, più s'allontana, dal 2. 1. dell' Ottaua al 3. 2, che della Quinta, perciò viene supposto, che siano esse perfette, l'vna però più dell' altra conforme, che più s'allontanano, ò s'appressano alla prima, e principale: quindi ne auuiene, che non si può semplicemente dire, che sian perfette, mà ciò concedesi loro solamente per via di participazione, mentre tutta la perfezione, che in esse si ritroua, dalle medesime vien riceuuta per mezo dell'Ottaua, più semplice, pura, e perfetta di tutte l'altre. A questa dunque non si può leuare, ne accrescere cosa alcuna, fuori della sua forma, senza incorrere in vna offesa insopportabile dell'vdito, come l'esperienza à chi che sia dimostra. E per dir vero, non è gia di ragione, che quello, che vien riconosciuto per fonte, da cui si dirama ogni interuallo musicale, quello dico, di cui sono parte tutti gli altri interualli, deggia soggiacere ad vna simile imperfezione, e ritrouarsi soggetto à i difetti della varietà: Aggiungasi, che questo interuallo, che per natura hà preso il nome di vnisonanza, auendo gli estremi suoni talmente simili, che vn suono solo rassembrano, non sarebbe tale, ogni volta, che fusse, ò supe.fluo, ò diminuito, ma perderebbe il nome anzi (dirò) l'essenza; e di perfetto declinando in imperfetto, d'vnissonante, verebbe, e con giustizia, dissonante appellato: Perciò dico, ch'egli non deue patire alterazione veruna.

Che poscia il Compositore de' i superflui della Quarta, e de i diminuiti della Quinta si vaglia, nè già mai al contrario si regoli, siami lecito il dire, che dalla natura ei l'apprese, come quella, che hauendoli prodotti tali, hà preueduto ancora, che i superflui più dell'vno, che dell'altro siano per dilettare l'vdito, come altresì i diminuiti della Diapente possano più sodisfare, che quelli della Diatessaron: e questa verità sendo benissimo rauuisata dal prattico, gl'insegna ad affaticarsi nel partecipar gl'interualli, onde egli, per auuicinarsi, più che può, alla intenzione della natura, tempra di modo le Quinte, che vengono diminuite dalla sua vera forma d'vna certa ben intesa quantità, ed accresce d'altrettanto le Quarte, perche ambedue riescano all'orecchio più grate, e perche ancora la Diapason, la quale, come da sue parti, viene da questi due interualli reintegrata, resti nell'essere suo primiero semplice, e puro. Così parimente vediamo, che nella diuisione, che fa lo speculatiuo del Monocordo diastematicamente, cioè à dire per tuoni, e semituoni, ne' puri numeri considerati, si scuopre palesemente quanto dalla natura, che cosa alcuna in darno già mai non fece, siano state di buon occhio guardate la Quinta diminuita, e la Quarta superflua, poiche più volte e l'vno, e l'altro di questi due interualli frà le sue corde si troua; effetto che non siegue verso la Quinta superflua, nè verso la Quarta diminuita: Considerando dunque il Compositore la forza, e la natura di vn tale effetto, si serue nel fabricare le cantilene

della

della Diapente diminuita, e della Diatessaron superflua, e non solo de gl'interualli naturali, mà col b. molle, e col Diesis de gli accidentali si vale; e ciò sempre per imitarle, quanto più può, la natura, rigettando la Quinta superflua, e la Quarta diminuita, come interualli inutili, ed inetti alle buone Harmonie, anzi dalla natura medesima sommamente sprezzati, ed abborriti.

Restà dunque in questi sentimenti espressa la cagione del mio quesito: che, se per difettosa verrà, senza forse, rauisata, ben m'auuegio ancor io, che vna locuzione, superflua nell'abbondanze di debolezze, ed vna Sentenza diminuita nella pouertà di dottrine, potranno essere que'due interualli, per mezo de'quali resterà esposta all'altrui ben purgato giudicio vna composizione senza le regole d' vn ben inteso contrapunto, e della douuta erudita consonanza in tutto priua. Mà diasi fine; e à chi per auuentura atttendeua gl'argomenti calzanti d'vn eloquente Demostene, ò d'vn tonante Pericle, non sembri strano, se credasi più conueneuole, che rappresenti le sue parti vn

Mutus Hipparchion.

TAVOLA

Delle materie più notabili contenute nel ſeguente Diſcorſo.

Ra-

CAGIONI FISICHE DE GLI EFFETTI SIMPATICI, ED ANTIPATICI

DISCORSO

Del Co: Ercolagoſtino Berò.

EGli è così profitteuole al Genere vmano quello ſtudio, mediante il quale ſi giunge à penetrar gli arcani della Natura, ch'io ſtupiſco nel conſiderare, che frà tanti grand'vomini, à i quali dopo la caduta de' noſtri primi Progenitori, reſtò connaturale la brama di riacquiſtar le ſcienze perdu-

te per

te, per farsi strada al conseguimento d'vna vita perenne, così pochi se ne ritrouino, che da douero habbiano riassunto la strada di Filosofare da che proceda la conueníenza, e la disconuenienza delle cose create; i prodigiosi effetti delle quali si palesaiono fin quando il Mondo vagiua in fasce. Rimane non anche estinta nelle memorie de gli Eruditi la curiosa sofferenza di quel Thebit, il quale per lo spazio d'otto lustri stabilì le sue dimore frà i monti, per solamente apprender il moto dell'ottaua Sfera; l'indetessa brama di Dioscoride, cui sembrò poco il peregrinar tutta la Terra, per conseguir esatta contezza delle Piante; la regia prodigalità d'Aristotile, che sostenuta dalla generosa destra d'Alessandro, gittò tesori, per acquistar la cognizione delle diuerse nature de' Bruti; e la temeraria baldanza di Plinio, il quale nell' inuestigar l'originē d'vn incendio, tanto inoltrossi, che trouò nelle fiamme il gelo di morte: quasi che nel ricercar gli arcani di quell' Elemento diuoratore, ambisse costui di formar contraposto al Principe de' Filosofi, che disperato (come è fama) dal non penetrar la cagione del crescimento, e decrescimento così frequente del Mare di Negroponte, precipitossi in quell'acque. E pure qual vtilità ridōdar si mira da così fatte notizie nel Mondo, che molto maggiore da questa, che Simpatia, ed Antipatia volgarmēte si chiama, non risultasse? Qual erba verdeggiante farebbe di se stessa pomposa mostra per le Campagne; qual fiore odoroso diffonderebbe le sue fragranze ne' Prati; qual douizioso minerale nelle viscere delle Montagne s'alimenterebbe; qual fontana salubre tramanderebbe dalle sue vene la Terra, le cui originarie cagioni, le cui virtuose attiuità, prima da gl' inuestigatori della Natura riconosciute, indi opportunamēte applicate, sufficienti non fossero à ristaurar ne' Viuenti l'vmido radicale deteriorato da gli anni, & à render

l'vomo

l'vomo, per così dire, inalterabile alle vicende del Tēpo?

1 Deridono ancora i Filosofi il Cardano, perchè ad vna fonte dell'Isola Borrica attribuisce virtù di ringiouenir chi ne beue: condannano di menzognero l'istorico Xanto, perchè asserì, che al cuore dell'intirizzito Tillone fù riuocato lo spirito fuggitiuo col sugo d'vn'erba; e stimano inuenzione chimerica del poetico ingegno d'Ouidio il descriuer, ch'Esone ringiouenisse per virtù d'vna Maga. Ma chi non comprende, che i racconti di così dotti Scrittori furono presi di souerchio in equiuoco, e che sotto il velo d'amplificazioni iperboliche, à similitudine de gli Egizj, vollero coprir' al Volgo notizie sì rare; mentre che a' giorni nostri ancora scaturir si vedono con limpidezza di verità inalterabile acque salubri dalle Ville Lucchesi, atte à raffrenar quel sangue, che ribellatosi in vn certo modo dal cuore, và mendicando la libertà dalle labbra; che Nocera con l'acque, più ne' fatti, che nel nome innocente, sà recar la salute à chi per ardori intestini languisce; che la Peonia, e'l Visco quercino col sugo da mortali accidenti d'epileptico morbo risanano; e lo sperimento del sangue, che con giri continuati dal cuore si parte, & à quello ritorna (mercè alla Simpatia, che col suo principio conserua) dà à diuedere, che mediante il suo moto, non è impossibile à trasfonderlo da vn robusto in vn languido corpo con apparenza di riuscita migliore, come potrebbe supporsi, c'hauesse filosofato il Poeta, quando ne additò la somiglianza sotto la scorza di finzione così gentile. Cognizione però, che da gli Antichi non douette esser mandata ad effetto, perchè forsi à questo ripiego medesimo haurebbe applicato Democrito più, che à quello della vaporosa fragranza del mele, quando dubbioso di non restar à momenti dal natiuo calore abbandonato, pretendeua conseruarlo in tal guisa fino alle feste di Cerere.

Virtù medicinali di note cose occultate nelle fauole, e perchè.

Fallop. de med. aq. cap. 26. de Baln. vill.

Ant. Fum. de Comp. med. c. 18.

Heru. de circ. sang.

Mi

Mi seruiranno di testimonianza irrefragabile gli antichissimi Sapienti dell'Oriente; e particolarmente quei della Persia; che intenti ad inuestigar gli arcani della Natura, per seruirsene all'vso vmano, operarono cose tant'alte, che conseguirono il nome di Magi: Nome, che altro appunto nel Persiano idioma non significando, che interprete, & osseruatore della Diuinità, ad essi ragioneuolmente si conueniua; imperochè osseruando gli effetti stupendi di tant' opere misteriose di Dio; scouersero la conuenienza del Cielo con la Terra, e la concordia dell'Vniuerso. E perchè coll'adattar insieme le cose, dopo hauerne le virtù comprese, conforme a patire, o ad operare le discerneuano disposte; essercitauano nella Natura prodigj, perciò da Plotino nõ senza ragione, segretarj di quella fur nominati: ne mal s'appose Flauio Giuseppe, quando scrisse, che gli antichi Padri longamente viuessero, mediante la Fisica, e l'Astrologia, che furono, al parer di Plinio ancora, il contenuto di notizie si rare. Anziche à tanto credito peruenne appresso i Persiani questa Scienza sublime, che à i loro Magi appoggiauano gl'interessi della Religione, e dello Stato, come occorse nell'assenza di Cambise; ed era vietato à i figliuoli de' Regj il sormontare al dominio, se prima da' sudetti Sapienti tale scienza non apprendeuano: la qual cosa costumauasi, come asserisce Platone, acciochè sopra l'essempio della Republica vniuersale à gouernar la Republica propria apprendessero. Quindi è ancora, che nelle sacre carte si trouano con tanta lode esaltati quei Magi, che illuminati dal Cielo, conobbero dalla nuoua stella, la Nascita del Supremo Monarca; doue per lo contrario degenerando gl'Ingegni de' nostri tempi in superstiziose bassezze, qual istupore, che questo nome di Mago sia stato abusiuamente attribuito à gl'Incantatori,

Magia degli Antichi qual fosse.

con indegne osseruazioni di Negromanzia, e d'altre simili arti, con l'inuocazione di maligni Spiriti esercitate, le persone semplici, ingannino? Vanità conosciuta, benchè tardi, da Nerone, perchè dopo hauerla con profusione di tesori da Tiridate Rè dell'Armenia appresa; acciòchè la sua Tirannìde riuscisse insuperabile alle forze della Natura, considerandola finalmente tutta di falsità, e d'inganni ripiena, da' suoi Regni totalmente procurò d'esiliarla.

Trasse però da gli antichi Magi d'Egitto l'origine vna certa setta di Filosofanti, i quali non sò, se per esser dotati d'ingegno men culto de gli altri, perchè à tante specu-

3 culazioni non mostrarono propensione, ò pure, se per

Opinioni di varj Filosofi circa la simpatia ed antipatia delle cose.

appalesarsi nella loro Filosofia più illuminati, pretesero, tutte le cose fossero da gli Spiriti signoreggiate senza subordinazione ad altra cagione vniuersale, e superiore: e che dalla conuenienza, ò disconuenienza, che frà quelli passaua; gli effetti sì naturali, come liberi traessero origine: anzi che detti Spiriti ne gli occhi delle persone sottilmente insinuandosi, quinci gli Amori, e gli odj così frequenti si manifestassero frà gli Animanti. E chi sà, che per auuentura Plutarco, quando asserì, che lo Spirito d'Antioco era à forza di magica industria confinato nel viso di Cleopatra, non hauesse egli preteso di fauorir questa opinione! ma di troppo deboli appoggi era proueduta, per inoltrarsi, mentre che nella peripatetica, e platonica Filosofia traballar si vede, e ciò, ch'è peggio, dalla Fede medesima allontanarsi. Meglio ti sarebbe riuscito, ò Asclepiade, che ne fosti promulgatore, à proseguir il tuo esercizio di guarir i sordi col suono della tromba, che porti à rischio d'essere appunto esiliato à suon di tromba dal commercio de' saggi: che se bene il

In l. de Cogn. vera vita.

Dottor dell'Africa discordante in apparenza non sembra, pronunciando, che tutte le operazioni sensibili, &

insen-

insensibili da gli Spiriti sono cagionate; nulladimeno restano affatto i tuoi fondamenti abbattuti dalla distinzione, che il medesimo adduce; considerandoli, come ministri dal Diuin volere con limitata possanza comandati; e non come Autori, ò nel libero arbitrio interessati. *In l. de Ciui. Dei.*

Mostrossi più morigerata vn altra Setta, che riflettendo soura tanti mirabili effetti, che da simili conuenienze della natura deriuano; e considerando il sommo Motore, come origine di tutte cose naturali, dalla quale il tutto essenzialmente dipende, concluder volle, che la cagione di tali stupori fosse immediatamẽte la stessa virtù, e volontà Duina: meditazione altrettanto conueniente a Religioso diuoto, quanto impropria speculazione à Filosofo arguto; perchè, se à costituire vna scienza reale sopra vna cosa, ricercar si douessero solamente i primi principj vniuersali, e non le cagioni più prossime; quale ingegno così stolido si trouarebbe, ancorchè fosse men capace di quel di Filonide, che tutte le questioni non sciogliesse con la sola vniuersale, e primitiua cognita à tutti, che è Dio?

Mà riuscirebbe vn perder il tempo fra' laberinti di Dedalo, per chi pretendesse di soggettar all'esame opinioni tãto diuerse. Anco i Platonici nella pesca di questo gran Mare fecero preda d'vn granchio: asserirono costoro, l'origine de gli effetti notati prouenir dalle Idee, supponẽdo, che da quelle certe specie si trasfõdessero nelle cose materiali, valeuoli ad incitare all'amore, & all'odio. Mà se le Idee, ch'altro non sono, che forme separate, e perenni; essemplari di quelle cose, che naturalmente si formano, e stanno nella mente Diuina, essendo incorruttibili, ed eterne, cagionar douessero sole, e senza il mezo d'altra cagion creata, vn moto simpatico; chi frà speculatiui non comprende, che in conseguenza, superflua sarebbe, e totalmente vana la forza particolare d'vn agente naturale, & à guisa d' vn aborto dalla Natura prodotto? il che riuscirebbe inconuenienza troppo eccedente, e troppo temerario asunto l'asserirla.

S'vdì tal vno, che alla Forma gli effetti sopradennati ascrisse; altri alla materia; altri all'Anima: onde tali Filosofi aspirando per diuerse strade à conseguir l'intento di penetrar così ignote cagioni, forsi perchè deuiarono dal vero sentiero de' nostri primi Parenti, tanti Mostri in Filosofia introdussero, quante furono le varie sentenze sopra tali materie poste in luce, nè altro di certo lasciarono alla Posterità, che vna totale incertezza di notizie sì rare.

Non ordinaria obligazione professano però alcuni Moderni al Filosofo Abderita, perche non ostante, che de gli arcani appresi in così sublime scienza dalla sua dimora in Egitto, ei pretendesse occultar le notizie; forsi, perchè à soggetti plebei, operazioni tant'alte della Natura non peruenissero: nulladimeno dalla facilità, che nel Filosofare introdusse, hà prestato non poca materia a gl' Ingegni più nobili d' inoltrarsi à cognizioni dalle primiere non lontane: e se con la sua sottilissima speculazione riportò tanto credito d'insinuar nel concetto del Gentilismo, che al concorso d'infinite particole nell'aria, cioè à dire, d'indefiniti atomi, se ne fossero casualmente costrutti più Mondi; in segno di che il magno Alessandro nel colmo delle sue vittorie rammaricòssi, che non gli fosse permesso il soggiogarli; hà saputo suggerir ancora ad alcuni Moderni tali principj, supposti i quali, han creduto con la di lui dottrina più sanamente intesa, facilitar il sentiero allo scioglimento de' più reconditi segreti, che nella Natura si racchiudano.

Fù di sentimento costui, conforme al suo consueto metodo di Filosofare, che le cose tutte dell'Vniuerso, da gli

atomi

atomi, come, da prime radici, traessero della loro composizione l'origine: pose egli in sì fatta guisa quei corpicciuoli, che non già, come alcuni follemente pensarono, siano simili à quei minuti, che in vn raggio di Sole, quando in opaco luogo traluce, raggirar si mirano; posciachè in ogni particola di questi, non vn atomo solo, mà mille ne riconobbe Democrito. Egli con più maturo giudicio gli deffinì, come sottilissime sostanze, corporee sì, mà spiritose in guisa, che senza pericolo d'incontrar ripugnanze, spiritosi corpi, ò spiriti corporei rinomar si potrebbero: che questi, benche minimi, diuerse grandemēte le Nature conseruino, onde siano alla costruzione di varj, e differenti composti molto proporzionati, & idonei; rieschano impenetrabili à gli sguardi, ancorche di Lince, se disuniti pensi mirarli, perchè essendo sottilissimi, siano priui di quella determinata mole, in cui si può vltimatamente ristringere la facoltà visuale; che se ammassati brami conoscerli, da ogni continuo in questa guisa ti si rappresentino: si vniscano volontieri con quelli, benche diuersi, co'quali hanno proporzione, e fuggano l'vnione de' dissimili improporzionati à star insieme, per formarne il misto; onde poi le generazioni, e corruzioni di varie cose ne nascano. Insomma ne' gli atomi commodamente l'origine di tutte le cose trouar pretese quel gran Filosofo, che per testimonio dello stesso Aristotile, da ragioni proprijssime alla rettitudine della Natura, nel suo filosofare si dimostrò persuaso.

4 *Opinione di Democrito circa la costruzione del Mondo, e come alcuni pensino sanamente intenderla.*

La prima cosa, che da tali principj cominciasse à prender forma, secondo la sentenza di quel grand'Vomo, fù l'vltima Sfera; che seruì di spoglia, ò di membrana à questa gran Mole; entro la quale gli atomi disgregatamente in massa informe ammassati aggirauansi: e mentre, quasi in vastissima prigione risserrati, scambieuolmen-

Magnen. in fil. atom.

mente alla propagazione s'inuitauano; parte dal centro spiccatisi alla circonferenza, e parte dalla circonferenza al centro del Mondo ridottisi, vicendeuolmente affollandosi, questi, il nobilissimo corpo del Sole, e quelli, altri Cieli à formar intrapresero. E'l Sole poi, come cōposto delle più fine delizie degli Elementi, e perciò d'vna gran porzione d'atomi participanti dell'igneo; ridotto in forma sferica nel centro dell'orbe, e da continuo moto agitato, con violentissima rapidezza, doue hora risplende, portòssi. Indi la Luna, e le Stelle 'n'vscirono, ergendosi cadauno di quei corpi al sito più proporzionato alla loro Natura, e più vtile all'Vniuerso, per sourastare à tutte le cose sottoposte. Ne da questo medesimo sentimento mostròssi lontano quel religioso Scrittore, il quale asserì, che tutte le Stelle furono in Terra formate, e che Dio, per dar saggio della sua potenza, raccolse frà le ampiezze dell'Aria certe masse incomposte d'Elementi, dalle quali, come Scultore da creta informe, trasse quanto gli era d'vopo à comporre i Cieli, e le Stelle; e queste nel centro del Mondo, come in Rota, ridusse in forma sferica, lasciando, che cadauno di quei corpi, da se stesso, a' di lui cenni s'indirizzasse al sito più congruo alla sua Natura, & all'Vniuerso più commodo.

Anast. syn. in 4. ex.

Ed à ragione ancor ne' giorni hodierni si ritroua, chi all'opinione di sì grand'Vomo non è ripugnante, persuadendosi, che purgar si possa da tutto ciò, che di Cattolico non odora, mentre che per pruoua di sì rara proposizione asserisce, che il sommo Dio, creati gli atomi dal nulla, compose di quelli tutte le cose corporee, ò elemento, ò misto, ò continuo che sia: concludendo, che la cognizione euidente dell'esistenza dell'atomo ne' cōposti, anzi negli Elementi, è la risoluzione, ò disfacimento di detto continuo; il quale ridur non potendosi,

se non

ſe non in quelle parti preciſamente, delle quali era compaginato quel corpo; queſte parti, diuiſe, e ridiuiſe ſin tanto, che ad vna parte così picciola peruengano, che più non patiſca diuiſione, onde più non ſuſsiſta la forma, che gli ſomminiſtraua l'eſsere; conuien che la prima compoſizione de' corpi quantitatiui, e de i continui ſia di queſte parti minime, ò minimi fiſici, che ſono gli atomi, compoſta.

Suppoſta dunque la dottrina di queſto Filoſofo (la quale però in queſto Diſcorſo d'approuar non intendo, ma ſolo di Accademicamente valermene) e conſiderati ſomiglianti principj, ſembra, che ſia reſo così facile l'inueſtigar la natura di tanti varj compoſti, che nel Mondo ſi trouano, che ageuole ſia altresì il diſcourire dalla produzione de' loro effetti diuerſi, la correlazione, che tengono con le coſe ſuperiori; e come di là sù inceſſantemente diſcenda vna certa virtù accompagnata da luce, e da calore, da alcuni chiamata Spirito dell'Vniuerſo, da altri Natura; la quale (ſe non erro) altro non è, che vn certo effluuio ſottiliſsimo emanante dalle Stelle, nominato da molti Spirito aſtrale; il quale diffondendoſi per tutto, e penetrando la maſsa di queſto gran corpo, facilmente, e neceſsariamente s'incontra ne gli atomitici effluuj di quelle particole men pure in tanti corpi diuerſi compaginate, rimaſte nel Mondo inferiore fino dall'origine ſua: i quali effluuj, perchè conſentanei à i celeſti, per la conuenienza naturale, che ſin da principio inſieme conſeruarono, come porzioni di quelli, facilmente con le medeſime vnendoſi, danno opera alla coſtruzione di tanti altri corpi, che nella natura giornalmente ſi manifeſtano conforme dal moto, e dal calor del Sole, e de gli altri Lumi dal Sommo Dio deſtinati al dominio delle coſe inferiori, ſono variamente attiuati, e diſpoſti: la durata de' quali corpi reſta preffiſsa dentro

5 *Che coſa s'intenda per lo Spirito dell' Vniuerſo, ò ſia Natura, e come operi.*

vn numero di tempo maggiore, ò minore secondo la disposizione delle prefate materie atomitiche, delle quali sono composte; e cõforme l'attiuita maggiore, ò minore di quelle Stelle, che le fomentano: materie, che si come nacquero, e crebbero; così scemano, e mancano in tẽpi diuersi; e per spazj inegnali ad vn somigliante fine si riducono; riceuendo però ciascheduna la sua corruzione, successiua cagione della generazione d' vn' altra: onde non era fuor di proposito Platone, quando suppose, che l'Vniuerso, mediante la sua consumazione, e vecchiezza si nudrisce; sostituendo sempre alle vecchie, altre nuoue Creature, e ponendo in luogo dell'estinte altre così fatte, senza che manchino le specie; le quali in questo modo, come immortali, si van conseruando col farne risorger tant' altre, in guisa di Fenici, più belle.

Nobilissimo contrasegno di questa Filosofia atomitica di Democrito, e raro attestato della rinouazione delle cose, conforme i sentimenti Platonici, di porgere si adulano diuersi Chimici con l'essempio da loro promulgato della consumazione, e rinouazione di varj fiori: poiche se auuerrà, come vantano, che per far ostentazione de' miracoli della Natura, si riduca in cenere la Rosa; e da quelle ceneri i sali separatamente se ne estraggano; e con vna certa terra vergine si vniscano: indi precedute alcune infusioni, macerazioni, e putrefazioni, queste medesime polueri in vn vetro ermeticamente sigillato s' imprigionino (vrna fragile, mà proporzionata à conseruar le ceneri appunto d' vn fior caduco) vedrai in brieue tempo vno spettaccolo de' più gentili, che mai rappresentar si possano alle pupille curiose de' Riguardanti: poichè se questo vetro sporrai al calore viuificante del Sole, & à i benefici raggi della Luna, e delle Stelle, diffendendolo da i tempi torbidi, ed alterati; dal centro di quelle polueri, quasi da vn indistinto Chaos, scorgerai

Ex. Caffarell. & Quert.

6 Rigenerazioni de' Fiori, come sperimentate da' Chimici, e loro ragioni.

gerai a poco a poco inalzarsi certe atomitiche esalazioni, che sono, come primi elementi d'vna pianta crescente, mà languide, e scolorite, che vanno crescendo, e decrescendo conforme l'attiuità più, e meno efficace de'raggi Solari, che nel Vetro riflettono; e doppo varie agitazioni, e moti confusi, perchè all'vnione de'suoi simili cospirano, dopo brieue interuallo in vna Rosa perfettissima si cõpongono; così ben formata, e nelle foglie distinta, anzi ne'colori così viuace, che recisa appunto di repente da i Giardini di Flora la giurarești: e perchè si comprenda quanta attiuità tenga il calore alla costruzione di tante cose, che nella Natura si osseruano, vedrai, che stimolando la lentezza del calor solare con cenere calda all' esterno del vetro applicata, si accellerarà in poco d'hora la nascita del nouello prodigio: così questa fiorita Fenice vscirà di repente dalle proprie ceneri alla luce, dando à diuedere, come disciolta in atomi possa di nuouo, mediante quel primo calore, ò spirito celeste eccitato dall'accidentale, insieme compaginarsi, e come sia efficace cagione la corruzion della prima, della rigenerazione dell'altra, conforme à i Filosofi: e non è meno misteriosa in questo chimico fiore la morte, ch'indi nuouamente succede di quello, che fosse la vita riacquistata nelle già dette forme; imperciochè inuolandole ogni sussidio di calore, questo fiorito composto, come prima, in atomi si dissolue; e con lo scompaginarsi lentamente, recedendo da quell'Aere, à cui lo tenea sospeso quel calore accidentale, và à ritrouare il suo primiero Chaos.

La cagione di questa rinouazione chimica del fiore, se pur è sincera, non è difficile da inuestigarsi, se ponderatamente si considera, supposta l' opinione de gli atomi, poiche le disposizioni, che si richiedono alla rigenerazione della virtù seminale atta à formar vn corpo, parte in somigliante sale si conseruano, parte col somministrato calore si riproducono, e gli stessi Elementi atti à formar il Corpo di parti dissomiglianti à bastanza insieme si mescolano, atteso che nelle Ceneri, e Sali già mentouati, gli atomi ignei, & aerei, non men che gli acquei, e terrei, efficacemente s'vniscono, e confondono; onde auuiene, che ageuolmente, e con celerità generar si possono piante non dissimili alle ordinariamente nate, che poi per la virtù generatiua imperfetta, e per la sottigliezza della materia riescono poco vitali, e per l'allontanarsi del calore, facili à rissoluersi.

7 *Conseguenza de' supposti fondamenti di Democrito.*

Se dunque dalla già supposta gran massa informe d'atomi, conforme la dottrina di Democrito, riconosce il Mondo la sua costruzione: e che tante varie parti, delle quali è composto, da vn solo Artefice, che è Dio, trasfero il loro principio; e il copaginamento, e la durazione, e'l disfacimeto di quelle, da vna medesima virtù, ò calor celeste, à lui subordinata dipende, che dalle cagioni seconde viene incessantemente regolata, e mossa; egli è conseguente, che tutte le parti di questa Machina inferiore, ancorchè diuerse, à guisa appunto di tanti membri in vn gran corpo concatenati, necessariamente conseruino vna tale corrispondenza, e cognazione frà di loro, per la connessione, che insieme possiedono, mediante la quale scambieuolmente si giouino, ò si alterino, e che per cagione dell'affinità, che tengono co'i corpi Superiori, come particole men pure di quelli, per via de' vicendeuoli atomitici effluuj continuamente rinforzata, portino inserita vna certa Natura celeste, & enormontica, per ragion della quale queste cose basse con le sublimi mantengano vna tal simboleità, e legge d'amicizia, e restino d'vn tal Magnetismo dotate, e di vna certa qualità influenziale à loro propria, mà correlatiua con quella di sopra; che perciò sia producitrice di tanti varj

pro-

prodigj, che si osseruano, e di tante varietà occulte de' moti, e bizarrie della Natura, c'han dato, che fare à tanti Ingegni sin'hora.

8 Da tutto ciò si renderà facile il concepire vna ragione apparente nella supposta opinione dell'Abderita, dalla quale congietturar si possa, frà tant'altri prodigj, che nelle cose si ammirano, la tanto decantata propensione della Calamita al Polo, perchè dilatandosi vn Isola nel Settentrione (se prestiam fede à gli Eruditi) copiosissima di vene magnetiche, è necessario, ch'ogni porzione di quella specie colà si volga, doue la di lei vniuersità più grande si conserua, e s'aumenta; e perchè è sottoposta, anzi fomentata incessantemente dalle irradiazioni delle Stelle polari, e delle loro atomitiche influenze imbeuuta, quindi è, che sempre a quelle tendente si mira: ò per non deuiare dall'accennato supposto fondamento, perche essendo porzione men pura di quei Corpi luminosi, & aborrendo in vn certo modo la separazione dal suo simile, dalla propria virtù celeste, & enormontica guidata, assicuratosi il sentiero frà quegli effluuj continuati, che espellono tutto ciò, che non è della loro natura, tenta d'accostarsi al suo simile più puro principio.

Calamita, perche al Polo si giri, con altre opinioni circa ciò.

9 Egli è però da supporsi, che la forza della situazione originaria non resti aliena dal communicarle vna continua propensione all'vnione del suo principio, perchè sembra, che tutto ciò, che dall'origine conseguiamo tenda in Natura, conforme all'asserzione de'Filosofanti; e non si può negare, che alle parti polari del Cielo non serbino correlazione, per la simpatìa del sito, i Poli della Terra, perchè tal positura da principio sortirono. Onde non sembra irragioneuole il tenere, che se dal proprio luogo estraer si potesse il terrestre Globo, non solamente nel medesimo di prima tornarebbe à cadere, mà che la parte, che già corrispondeua à Settentrione,

Forza della situazione originaria quanto possa.

Cab. in Phil. Magn.

al medesimo si addatterebbe, e l'altre parti serbarebbero il medesimo aspetto, che prima col Sole teneuano. In pruoua di che, ne palesa l'esperienza vn acuto Ingegno, il quale pretendendo, che il moto della Calamita sia diretto alla Terra, e che in ciò la necessità della natural situazione concorra, ne deduce la dimostrazione dall' effetto d' vn chiodo lasciato in abbandono sopra vn Suuero nell'acque, il quale conserua la stessa positura in quell' Elemento soura il Suuero, ch' egli casualmente nella Fucina acquistòssi, quando dal Fabro ridotto a quella forma, fù gittato à parte; il che pure asseriscono manifestarsi ne' Legni in qualunque forma ridotti, che sciolti da ogni vincolo, souranuotando perauentura nell'acque, a quella parte di Cielo si riuolgono verso la quale situati si ritrouauano ancor in Arbore crescenti, ò dalla quale i primi alimenti, allor verdeggiando, ne ricauauano. Ecco dunque, da che nasca l'opinione di Tolomeo, da cui si memora, che quando l'Ecclissi nell' Angolo orientale si nota, si palesino i suoi Significati sopra la Giouentù, e le cose nuoue; quando in mezo Cielo; sopra i Regi, e le cose alte, e virili; e quando nell'Occidente; sopra i Vecchi, e le Antichità; posciachè dalla simboleità del posto, ei deduce la qualità de gli euenti. Anzi che l'angelico Dottore inerendo allo stesso sentimento và filosofando, che i Gemelli dalla diuersa situazione del cuore nel corpo sortiscano condizioni diuerse, che poi diuersi, ancora di Natura gli rendono.

G. Gilbert.

10 E quì di passaggio, con tale opportunità, mi si conceda, che io adduca vna ragione molto adequata contro coloro, i quali con questo argomento de' Gemelli nati, come asseriscono, in vn medesimo tempo, e pur di natura, e di fortuna diuersi, deridono à tutto potere gli Astrologi; poiche da qual esperienza si è mai potuto dedurre, che frà l'interuallo dell'ingresso alla luce de l'

Gemelli, come si formino, e perchè nati d'vn parto riescan souente di natura, e di costumi diuersi.

vno

vno, à quel dell'altro Soggetto non scorra tanto ditẽpo almeno, che possano diuersificarsi gl' influssi, mẽtreche è infallibile, che la differenza di quindici soli minuti è sufficiente à variar Ascendente; il che può variar nel Nato il temperamento, e le azioni? Tanto più, che il famoso Auicenna testifica, che la concezione de' predetti non si forma di ambidue in vn momento, ma che prima vna porzione di materia è ricettata per la formazione d'vno, e poi il residuo più lentamente per la formazione dell' altro; Per la qual cosa scorgendosi, che la Natura più auualorata da gli Spiriti vitali più vigorosi, prima abbraccia la porzione materiale più perfetta, e dal natiuo calore a' detti spiriti vnito attiuata: indi quasi infieuolita, il residuo de gli spiriti più deboli trasmette nello includere, & organizare la porzione imperfetta; qual marauiglia, se quelle atomitiche celesti influẽze, che per la crassa infezione de gli vmori materni appena vagliono, per insinuar qualche loro virtù, in quei teneri corpi, imbeuute in maggior copia dalla parte più viuace, come più perfettamente organizata, e perciò menomate, operino con minor efficacia, e molto imperfettamente nel Concetto men forte, il quale ò non ben situato, come il primo, per la insufficienza del calore, ò non così eccellentemente cõstrutto, perchè nel progresso dell'operare le cose rimangono per la propria debilezza inobedienti alla natura, ne conseguisca diuersa situazione di cuore, che perciò gli cagioni diuersità di temperamento, ed in conseguenza d'azioni; oltreche riuscendo il minor Nato di spiriti men viuaci del primo, non solo per la diuersità del Segno Oroscopante, come per essere di vn residuo di materia men perfetta composto, e perciò meno atta à riceuer le medesime vigorose impressioni di Stelle, per non esser di natura consimile dotata, per qual cagione riu-

Auic. Fen. 21. Tract. 2.

scir

ſcir non dourà, e nella compleſsione, e ne gli accidenti del corpo differente dall'altro? Si conſeguiſca pur in
11 ſorte dall'Vomo vn felice Mercurio, ò nel mezo Cielo, ò nell'Aſcendente, che ſe nella coſtituzione del di lui temperamento la Natura gli ſarà ſtata mancheuole, ò nell'organizazione dell' ingegno, ò nella compleſſione; coſtui non potendo riuſcir diſpoſto al riceuimento di quegli atomitici fortunati influſsi in proporzione adequata, conuerrà che reſti oppreſſo da vna vile ignoranza, mentre vn Parto più perfetto, e viuace con la medeſima coſtellazione ſi renderà nelle ſcienze immortale; il che potrà allegarſi d'ogn'altro Pianeta in ſomigliante propoſito.

In qual occaſione reſtino inabili alle volte gl' influſſi.

Di qui è, che Tolomeo ne'Giudicj de gli Vomini fà caſo grande della compleſsione de' Genitori, e del temperamento del Nato, come quegli, cui chiaramente era noto, che non operando le Stelle, ſe non conforme la diſpoſizione della materia ſogetta, naſcer poteua, che alle volte da buoni ſignificati ſe ne vedeſsero riſultare maluagi euenti: ecco dunque quanto indebitamente venga controuertita queſta ſcienza ſublime, e quanto labili ſi dimoſtrino gli altrui argomenti.

In Centil.

Mà per far ritorno alla corriſpondenza, che tengono inſieme le coſe di quaggiù mediante la natura celeſte, & enormontica, in eſſe da principio inſerita, e dalle ſuperiori influenze regolata, ſenza che altroue à mendicarla impari, chi chiariſsimamente non la comprende dalla ſimboleità, che tengono inſieme la Calamita ſudetta,
12 ed il Ferro, mediante la quale, queſto a quella, non altrimenti, che ſe foſſe vn Amante impazzito, continuamente cerca d'vnirſi? La ragione di che, ſe conſideriamo i principj di Democrito, non ſembra difficile da inueſtigarſi, poichè eſsendo queſto Metallo fecondato nel ſuo componimento di moltiſsime particole conſimili

Ragione, e modo, col quale il ferro alla calamita s'accoſta.

à quel-

à quelle, benchè meno perfette, delle quali la medesima è composta, appena vien situato in vn luogo, che dal vasto seno dell'aria, chè lo circonda, con forza di simboleità naturale, richiama per suo ambiente vna gran massa di corpuscoli alla sua natura consimili, i quali succedendogli sempre mai intorno intorno, fra di loro l'abbracciano (essendo pur troppo noto, che il consorzio de' simili in ciascheduna cosa è dalla natura inserito) sicchè per qualche spazio di quell'ambiente, che il Ferro circonda, vn concorso di spiriti simbolici alla Natura di quel Metallo si forma; posta di rincontro la Calamita, per ritrouarsi anch'essa di non dissimil temperie dal Ferro, vn'ambiente richiede di spiriti non dissimboli all'ambiente di quello, i quali successiuamente crescendo, pel continuo concorso, in guisa s'auanzano, che frà di loro queste due masse compaginandosi, formano vn ageuol sentiero libero da ogni impedimento: onde ne viene, che il Ferro spinto in parte dalla gran folla di particole diuersissime, che intorno all'vno, e l'altro ambiente sempre inquiete scorrono, & in parte allettato dalla simboleità di quei corpicciuoli, che tra Lui, e la Calamita s'interpongono, quasi per vn lubrico sentiero, corre necessitato ad vnirsi con quella, come con cosa simile, e più perfetta insieme: essendo infallibile, che senza la maggior perfezione di detta, il Ferro non altrimenti a quella s'accosterebbe, di quello, ch'all' altro ferro s'accosti, da cui, benchè simile, maggior perfezione, e virtù non può conseguire. *Sebast. Bass in int. 5. de magn.*

Quindi per tal cagione è probabile, che sù le riuiere di Calecut, doue è fama, che siano calamitati gli Scogli, restino di ferro disarmate le naui più forti per la violenza di quelli, che à se lo rapiscono: così nel Tempio di Serapide, doue miransi calamitate le Volte, restano nell'aria sospese le Statue, perchè hauendo il capo ferrato, *Bras in exam. lap.* *Ruff hyst. eccl. cap. 23.*

aspirano col detto mezo all'vnione gradita;e se già viddero gli Esserciti Franchi correr'à volo per l'aere le Spade Normanne tributarie à piedi del loro Rè Filippo, ciò nõ fù già prodigio del Cielo, come i creduli per auuentura si persuasero, mà ben sì della Natura, che mediante vn globo di Calamita da lui impugnato, con modi non differenti à se le traeua; tutti indizi preclari della virtù celeste, & enormõtica inserita da principio nelle cose, mediante la quale col regolamento de' corpi superiori, le membra dell'inferiore, produtrici frequenti di somigliãti prodigj si fanno ammirare:e la ragione della detta simpatìa così chiaramente campeggia, che in vn tempo stesso ci fà comprendere con quale attiuità altre cose attraer possano da luoghi remoti, e fà apparir non diuersa la cagione, per la quale il Mercurio entrato nelle viscere di coloro, che l'Argento viuo ricauano, ò de gli Artefici, che lo maneggiano, viene attratto dalle parti più interne del corpo alle esterne del labro, s'auuiene, che queglino fra le labra appunto vn fragmento d'oro introducano, come metallo di spiriti consimili dotato.

Patric. in eth.

13 *Con qual mezo si li beri chi dell' Argento viuo è offeso.*

14 *Elemento dell' acqua alle passioni de' luminari sottoposto.*

Dalla dipendenza notata delle cose sublunari con le celesti, che mediante il moto, & il calor delle Stelle, e particolarmente de' Luminari, di continuo s'ammira, chi non comprende, che l'Acque medesime, al cangiamento di quelle, le loro accidentali passioni vanno accomodando, se le alterazioni del Mare, da i mouimenti de gli stessi Pianeti cotidianamente co' loro flussi, e riflussi l'esperimento ne palesano? Se l'acque de' Fiumi, e de' Laghi hor più salubri, hor meno, dalla maggiore, e minore attiuità de' medesimi si manifestano? e benchè in secreti nascondigli racchiuse, ed assicurate, non perciò vanno immuni dal prouarne le alterazioni in quella guisa appunto, che l'Acqua chimicamente dalle

marche-

marchesite estratta, & in vn Vetro, ermeticamente sigil- 15
lato, imprigionata, non è immune dal crescere, e decre- *Acqua chimicha, che mostra i nouilunij, e sua virtù.*
scere, giusta le disposizioni del mentouato Pianeta; anzi
che per comprendere quanto sia detto liquore imbeuuto della virtù celeste atta alla produzion delle cose, del-
la quale la medesima Luna è feconda, riesce facile l'os- *Scot. in sua Teen. cur. lib. 11. cap. 18.*
seruarlo allhora, che ponendosi vna pianta quasi affat-
to inaridita nello stesso liquore, nello spazio di trè hore
rinuigorisce, e si fà verdeggiante, com' era nel suo spun-
tar alla luce.

E vaglia il vero, qual tirannica Signorìa ponno es- 16
sercitar maggiore nell' Elemento nobile dell' acque i *Cagioni della salsedine del Mare.*
Luminari, mentre che hauendo il Mare dalla Natura
ereditato, non la salsedine, mà la dolcezza; eccita fatto
chimico il Sole, con forza incredibile dalla Terra vapori di fredda, e secca temperie; ch'indi agitati, e dal ca-
ore concotti, sopra la superficie spandendosi, di tal sapore le rende: onde qual marauiglia, se fatto non più
Mar di dolcezza, ma di lagrime, và di continuo essage-
rando le sue suenture sul lido?

Ed in fatti egli è così possente il Sole, benchè tutt'
igneo, nel dominio dell'Acque, che non contento d'ar-
ricchire il lor seno di miniere douiziose di gemme, pretende ancora di renderle à concorrenza del Suolo, d'erbe calide, feconde; e per assicurare i Viuenti, ch'esso è
producitore di marauiglie sì belle, oltre il render fera- *Plin.*
ce d'Vliui, e di mille altri virgulti il Mar Rosso, fà germogliar ancora i Loti nel Nilo, e nell' Eufrate; accioche alla comparsa del giorno, quasi nouelli Girasoli
dell'acque, mentr' egli spunta dall'Oriente, spuntino
anc'essi à rendergli il douuto omaggio dall'onde, & in-
alzandosi dall'vmido letto in quella guisa, ch'ei nel Cielo s'estolle, & abbassandosi, mentre cala nell'Occiden- *Card.*
te, sinche finalmente al di lui tramontare anc' essi sotto

 l'acque

l'acque s'ascondono; danno à diuedere, che si come da lui conseguirono i primi nutrimenti di vita in quei cupi fondi, così nello estinguersi del medesimo, mancando ad essi il vigore, che gli alimenta, sono astretti à languire frà le rigidezze d'vna Morte fluttuante; onde non era fuor di squadro, se perciò si persuasero molti Filosofi, che l'Acqua fosse il principio di tutte le cose, quasi che in essa, come in douizioso Seminario, tutti i semi di quelle si racchiudessero. Nominai tutto igneo il Sole, perchè deuiar non pretesi da supposti fondamenti di profa-

Dem. Amb. Inst. 2.

ni, e sacri Autori, che stimano ragioneuole l'attribuire à quello la natura ignea, sembrando inconueniente l'asserire, che in detto Pianeta la virtù del foco consista senza l'essenza del medesimo, conforme molti van Filosofando.

La cagione dunque di queste verdeggiãti delizie nel liquido Elemento, d'onde potrà arguirsi, che deriui, secõdo la premessa dottrina di Democrito, se non da quella emanazione d'atomi ignei, che dal medesimo Sole in quelle ampiezze s'introduce, e diffonde; i quali sforzandosi d'aderire, e congiongersi con quelle particole participanti della medesima natura, che à sorte nel Mare si contengono, hanno attiuità alla costruzione di tal erba, ò virgulto? Che se per auuentura terranno qualche allianza con alcuni spiriti lapidifici, ò atomi terrei nell'acque

17 dispersi, in quali forme non si cangieranno? Eccone l'essempio nella famosa pianta del Corallo, la quale es-

Come si generino le piante, & i coralli nel Mare.

sendo prima di materia legnosa composta, indi come porosa, facilmente concedendo l'ingresso à certi spiriti lapidifici, ò sieno atomi terrei frà l'onde vaganti; questi introdottisi, & insinuatisi in quelle intime parti di detta, che alla loro natura trouano più consimili, costipatigli i pori, in essa la tramutano; onde non già molle, come gli Scrittori la descriuono; ma indurita dentro, e

Ans. Boet. Bot.

fuori del Mare indifferentemente si mira: il contrasegno euidente della qual verità chiaramente comprendesi, e da varie sperienze, e da molte piante di Coralli, che in diuersi Musei particolari si conseruano; le quali non ancora perfezionate dalla Natura, da vna parte legnose si osseruano, mentre dall'altra restano in prezioso cinabro impietrite. E la cagione, che ciò più facilmente al Corallo, che all'altre piante interuenga, prouiene non solo dalla di lui natural disposizione à tal effetto inseritagli dalle Stelle, come perchè il sugo lapidifico, ò participante d'atomi terrei, è dalla Natura annesso alla sostanza del medesimo, e meglio concotto, onde più facilmente le induce à cangiarsi in forme così gentili; il che non s'effettua così felicemente nell'altre piante Marine, perchè la materia loro non è disposta in gradò così idoneo per l'operazione dell'agente.

Se poi ponderar si deono gli effetti inauditi, che nelle cose animate van cagionando, e come vn continuato consenso, ò dissenso, conforme i loro dominj, e nature quaggiù le altre Stelle introducono, già che al parere di quel gran Filosofo, Stella non dasi, che qualche cosa particolare in questo basso Mondò non tenga, doue più parzialmente i suoi influssi non esserciti; chi non rimarrà soprafatto dalla strana auersione, che la Pantera, animale così feroce conserua col più ridicolo de' Quadrupedi? e pure non hà origine ciò, se non da certe euapo-razioni atomitiche mercuriali, à questo fin dalla nascita somministrate dal suo dominatore Mercurio, le quali essendo traspirate dall' vn corpo all'altro, s'insinuano negli occhi della Pantera, e, come quelli, che di spiriti Lunari sono abbondantissimi, e perciò à Mercurio nemici, trouano in contrandosi, dissimilitudine frà di loro, onde conseruano antipatia.

Plat. in Tim.

18 *Vari essempi notabili di simpatia, & antipatia, e loro ragioni.*

Cas. Æuol.

Il Leone, benchè sopra tutte le fiere magnanimo, e

forte, qual dannoso ribrezzo non isperimenta (se pur è vero ciò, ch'esatti Osseruatori raccontano) s'auuien che nella Donnola; animale in di lui proporzione così vile, ed abietto s'incontri? il che non per altra ragione accade, se non perche gli aliti atomitici, ch'esalano da quella, come attiuati dal suo Mercurial Dispositore, cagionano, introdotti ne' pori del Leone, vna tal nimistà, quale appunto viene ancora dal medesimo Sole dominator di questo prouata frà le Stelle, quando à Mercurio s'accosta: misera condizione del Rè delle Fiere, che non temendo gli Animali più coraggiosi, sia astretto à sentirsi alterato dalle Donnole imbelli! anzi più misera, se si considera, che vn erbetta vile della Capadocia nominata Adamantide, tenga vigore di gittar al suolo col corpo supino questo Feroce, cui non osano di mostrarsi nocenti i pascoli più crudi, e seluaggi dell'Erimanto.

Così dalla virtù di Venere, che nel Caprifico è diffusa, chi non comprende, che il Toro più furioso s'vmilia al di lui tronco legato? perche gli alituosi spiriti, che dalla Pianta continuamente traspirano, come participanti di natura Venerea, e dallo stesso Pianeta attiuati, s'insinuano ne' pori della Belua, e l'allettano in quella guisa, che restano allettati gli Huomini dall'odorose fragranze de' fiori? Mà non è nuouo, che Venere eserciti le sue beneficenze nel Toro, s'appunto quando in Cielo elegge per sua stanza il Toro, tutta la Terra di verdeggianti, e fiorite delizie si veste.

E colui, al quale non si rendesse credibile la forza di questo calor Celeste inserito sin da principio nelle cose di quaggiù, e incessantemente fomentato dalle Influenze superne, mediante il quale con vna vicendeuol concatenazione restano sempre mai le più infime parti de' Corpi inferiori soggette alle passioni, & alle vicende

de' sude' superiori, lo consideri in alcuni Viuenti, che sin dopo Morte, ancor nelle parti separate, ne ritengono frà di loro gli indizj, il che non riesce difficile da comprendersi nel pesce Orbe, ò Palla d'Egitto, e nella Rondine Marina, che estinti, e spolpati conseruano la virtù di riuolgersi à quella parte di Cielo, dalla quale spirano i Venti; qualità da essi posseduta viuendo: e si conferma dall'esperienza dell'Agnello, e del Lupo; poichè la nimicizia frà questi contratta in vita, perchè son signoreggiati, l'vno da Gioue, e l'altro da Marte, Pianeti contrarj, rimane ancora ne gli intestini, e nella pelle dopo morte in guisa, che formandone due tamburi, si fà roco il primo suonandolo, ancorchè in distanza, al tocco del secondo; stante che la passione consueta già nelle cose sopita, torna di nuouo à risuegliarsi, violentata dal moto, ed è quella medesima, che pone i Caualli più generosi in fuga al tocco d'vn timpano d'Elefantina pelle composto, per l'aborrimento Naturale insito da gli Astri nemici, che l'vno, e l'altro signoreggiano viuenti; onde non si portò totalmente da pazzo quel Capitano de Boemi; se nel vltimo de' suoi giorni comandò, che della propria pelle si componesse vn Tamburo, hauendo nella opinione cocepito, che al suono del medesimo douessero porsi in fuga i soldati à fuggirlo nelle battaglie. *Teath. Symp.* *Porta in Phyt*

Che più? questa simpatia, ed antipatìa non regna per auuentura sin frà le cose insensate, e l'Vomo, e frà le insensate scambieuolmente? S'argomēti pure questa verità frà il Corallo, e la Turchesa, e Colui, che all'ornato del proprio corpo se ne preuale, perchè per infermità, che gli soprauenga, impallidiscono, e per sanità riacquistata, nuouamente del loro porporino, e cilestro colore s'ammantano; frà il diaspro, ed il sangue, perche questo ad vn tratto s'arresta, doue si dia opera all' applicazione di quello; frà la pietra Catocide, e la carne, à cui per *Bott. Baor.*

quelli giornalmente si mirano, tante disposizioni di simpatìa, ed antipatìa, che nel medesimo si osseruano, e tante applicazioni di studj, e varietà d'esercizj, à i quali, per tutto il corso de' suoi anni, ei viue continuamente obbligato.

S'apre tal vno il sentiero à goder l'aura vitale, e senza che gli siano somministrati alimenti di carni di Leoni, e d'Orsi, come scriue Omero, che costumasse Achille, e come canta Virgilio, che tenesse per vso Camilla, per

21 *Costellazioni variamente disposte, à diuerse professioni variamente inclinano. Pont.*

riuscir valorosi, solo auezzo al nutrimento molle procacciato loro da vezzeggiante Nudrice, contrae nalla dimeno da gli effluuj vigorosi dei suo Marte felice, conueniente di mutua recezione, e di benigno aspetto con Gioue, certe impressioni di spiriti viuaci nel cuore, che lo rendono col tempo, qual altro Alessandro, inclinato solamente alle battaglie, & all'armi, e alla famigliarità di Guerrieri Campioni, e se per auuentura si framischieranno ad ottenebrar i raggi di questo Marte le guardature torue di Saturno, onde ne senta il Nato le impressioni infelici nel cuore, nõ riuscirà forsi costui (caso che le proprie passioni con atti virtuosi di reprimer non tenti) vn Callicrate indegno ne' tradimenti, e nelle carnificine più empie vn Terodamante crudele?

Altri è attiuato d'vn ingegno così ferace dal suo Mercurio ben inteso col secondo Luminare, che à sorte, ò dall'Oriente, ò dal Mezo giorno inuestirono de' loro spiritosi influssi il di lui tenero corpo, che in onta di Morte sà eternarsi con Pindaro, e con Omero nelle carte, e ne' marmi, e rendersi amico solamente à Soggetti nelle scienze famosi: che se al medesimo Mercurio il minor Malefico in segno acqueo congiunto, cospirerà a render di fredda temperatura l'ingegno del Nato, qual Aristonio viurà in Atene, che in istolidezza a lui si pareggi? qual Eraclide haurà la Licia, che più di lui non apprenda?

Mà

Mà se alla nobil Arte della Dipintura riguardar si dee, e qual sorte d'Ingegni potremo persuaderci, che deggia da Natural propensione esser indotta ad esercitarla? Non altra al certo, se prestiam fede à Tolomeo, se non quella, alla quale vna Venere forte da i luoghi più cospicui del Cielo impresse nel Sangue le sue benigne influenze; perche questa nō solo ne gli animi de'Cittadini Romani più nobili, come de i Lucij, de i Turpilij, e dei Fabij, insinuò questo mirabile esercizio; mà ne i Filosofi più famosi, come in Metrodoro, in Socrate, ed in Platone fè tal volta cangiar gl'inchiostri in colori; e non mai à bastanza fù sazia, finche nelle destre nate a maneggiar gli Scettri Imperiali non introdusse i pennelli, come de gli Alessandri Seueri, de Valentiniani, e de i Neroni medesimi ne testificano al Mōdo le Penne. Anzi che cōforme alle corrispondenze varie, che passa con gli altri Pianeti, ella sà diuersificar così bene i talenti ne stessi Pittori, che non è marauiglia, se a Fidia riuscì così facile il rappresentare la Maestà ne i Numi, & ad Eufranore il dimostrar la dignità de gli Eroi: s'Aurelio, e Zeusi più che in altro, si palesarono ammirabili, nel delinear le delicatezze delle Sembianze, e de'corpi Feminili; e se Timante, ed Apelle arriuorono al non più oltre nello sprimere le passioni, e i moti interni dell'animo nelle loro Figure; tutte qualità però, che di rado in vn solo Soggetto raccoglie, perchè di rado ancora adiuiene, che con tanta prosperità cōcorrano tutti i Pianeti a fortificarla nello influire in vn Nato. E se il nostro Guido acquistò la gloria d'hauerle tutte in se stesso epilogate, fù perchè nato in Cittade al di lei impero sottoposta con vn temperamento in tutte le parti disposto al riceuimento delle di lei spiritose, e benigne influenze era douere, che con maggior parzialità, ch'à gli altri, alle di lui azioni arridesse, per abilitarlo à conseguir, come fece, il pri-

Leon. Battista Alb. lib. 2.

22 *Perche si vnißero in Guido Reni i talenti de' maggiori Pittori, e per qual capo se gli spetti il primato.*

Card.

mato

mato fra tutti i Pittori del Mondo, massime in ciò, che concerne l'esprimer perfettissime Idee, e varietà di sembianze celesti.

Mà quì non han termine gli effetti stupendi, che produce questa benefica Stella, co' quali ella và regolando le azioni in alcuni soggetti; imperciochè se stanca di promuouer le mani à i pennelli, lusinga Mercurio alla direzione delle azioni nel Nato, ella sà eccitar la lingua
23 all'armonia, & al canto ancora; E benche il vigor della Musica, che è vna mista proporzione di uoni graui, ed acuti, in certi determinati numeri consista, di virtù, e forza tale dotati, con la quale diuersi affetti ne gli animi produr si possano; non è però, che detti numeri, anzi le voci stesse, da i Pianeti medesimi le loro consonanze, e dissonanze, e i loro dominj non riconoscano; onde à commouer non vagliano giusta la disposizione de' pazienti, quelle passioni, che da i loro Dominatori vengono significate. Quindi è, che Zenofante col suono Frigio stimolaua in Alessandro la propensione alle battaglie, & all'armi, perchè asserendosi del terzo tuono, di cui Marte è regolatore, per la forte percussione, ch'ei cagiona ne gli atomi aerei, reuoca gli spiriti sedati. Quindi adiuiene, che il suono Dorico ne gli animi lasciuienti è stimato introducitore di castità, e di prudenza, perche vantandosi del primo tuono, di cui Gioue s'ascriue il dominio, si suppone, che induca costanza, ed equità nelle operazioni: e con questo è fama, che ad vn Citaredo insigne riuscisse il promuouer tanta continenza in Clitennestra, che perciò restasse da Agamennone abbandonata. Così perauuentura col Lidio, che al settimo tuono s'ascriue, si solleuano dalla Terra gli affetti, e al Cielo s'inalzano, perchè la grauità delle voci penetranti regolate dal Sole, rompe la grauezza de' terreni desirj, e promuoue l'appetito delle cose celesti, onde narrano, che

Musica in, che consista, da quali Pianeti promossa, e sua proprietà. Clauis Symp Albinij.

Hyst. Tr.

ño, che con tal suono fosse Saulle solleuato dalle oppressioni demoniache per opera di Dauide. E così alla perfine l'Eolio, che è l'vltimo de' sudetti quattro modi perfetti di Musica da gli antichi inuentati, come affatto Venereo; perciò lenisce gli animi turbati, e placa ogn'impeto di furiosa rabbia: con questo scriuono, che Chirone temperasse l'ira d'Achille: che Terpandro rissoluesse in amore l'odio de' Lacedemoni, che Terno mitigasse la ferocia di Nerone; e in grazia del predominio, che tiene communemente negli animi; perciò finsero i Poeti, che con questo, Anfione cingesse Tebe di mura, e che Orfeo col suono concorde della sua Lira rendesse mansuete le Fiere; Errarono però i Poeti à giudicar per fauoloso in costui, ciò ch'esser poteua effetto di Stelle, mentre che per attestato di Strabone, altri ancora conseguiscono gli attributi stupendi di sorprender i Cigni col suon delle Cetre, d'amollir la fierezza degli Orsi con l'armonia de' Flauti, e di reprimer l'impeto de' Lupi col suono delle Cornamuse. Che se bene la Musica, e il suono, come tutti di numeri sonori consistenti, di pari passo caminano à commouer ne gli animi nostri queste diuersità di passioni; perchè per la diuersità de' tuoni, co' quali percotono più, e meno soauemente l'arja, le risuegliano; stante la communicazione de gli atomi aerei col nostro spirito, mediante i pori, e la respirazione, il quale, come mobile di natura, sente diletto dal moto, come da vn'operazione à lui propria, tuttauolta, se non concorresse il Cielo e nello attiuar vn soggetto più d'vn' altro à queste disposizioni, e nello abilitar gli organi corporei, onde sian resi più liberi à tramandar allo spirito questo titillamento d'atomi commossi, certo è, che restarebbero inofficiosi gli effetti varj, ed eccellenti di quelli in tutti gli Animanti.

Belle pruoue di queste simpatiche, ed antipatiche altera-

terazioni ne gli Vomini si sperimentano tutto giorno frà
24 gli Amanti, delle quali se si addimandasse la cagione à
Da che proceda, e come s'insinui amore, e da quel. Costellazione si deduca. qualche Accademico loro parziale, e qual altra risposta pronunciarebbe costui, se non che traessero l'origine da gli occhi? dà quegli occhi, dico, da i medesimi commendati con l'apposto di Stelle, i quali benchè consistano d'vn aggregato d'vmori freddi, e per Natura tutt' acqueo, sono però, come l'acque di Dodone; ò come le fontane d'Epiro, che serbano virtù d'accender il fuoco, doue più estinto apparisce; sentimento non ripugnante à quello de' Platonici, che pretendono esser apunto cagionata la simpatìa d'Amore da vna certa Magica (ch'io chiamo celeste) forza de gli occhi, da' quali vscendo continuamente, come da perpetue fonti, certe spiritose sostanze, che sono (secondo Marsilio Ficino) vn vapor di sangue puro, sottile, caldo, e lucido, più forte, ò più debole, questo porta seco qualche qualità di temperamento amico, e conueneuole, che insinuandosi nel cuore, ò nello Spirito d'vn'altro, se truoua disposizione di conformità, ella vi dimora à guisa di Lieuito, che intumidisce la pasta, e forma con prontezza, e vigor mirabile questo amore di corrispondenza; dal che nasce che i Fratelli sperimentano alle volte mouimenti, & affetti l'vno per l'altro senza, precedente conoscenza, ò che compatiamo à persone non più vedute, e restiamo loro inclinati, ancorche difformi, e priue di requisiti, perchè s'interpone vna simboleità d'atomi celesti, ch' ordisce la trama, e lega gli affetti. Egli è vero però, che Auttori di buon grido cercano di persuadere con viue ragioni, che la cagione della simpatìa amorosa non è altrimenti communicata per lo spirito de gli occhi, che se quegli spiriti, soggiungono essi, ch'escono dalle luci dell'Oggetto amato, possedessero vigore da legar con questi vincoli, produrrebberono in tutti gli Vomini il medesimo

simo effetto, e pure ne manifesta in contrario l'esperienza; mà perchè tale opinione à difficultà soggiace, e plausibile non sembra la conseguenza, che ne deducono; atteso che non debbono queste euaporazioni di necessità operar' in tutti egualmente, mà solo doue colpiscono la materia disposta, per esser diuersissimi i temperamenti delle persone, io perciò più di buonauoglia al primo parere hora m'appiglio, per esser più confacente con quel di Democrito, e più consentaneo alla ragione: perchè suppongo con probabilità maggiore, che da altro non deriuino queste conuenienze, ò disconuenienze frà gli Vomini, se non da certe euaporazioni, ò siano di sangue sottile, giusta il Ficino, ò siano d'atometti ignei calati dalle Stelle, ò da i Luminari à proporzione delle varie costituzioni de' corpi, conforme il detto Filosofo, le quali essendo traspirate da vn corpo all'altro per virtù del calore, e del moto di quelli, e portando con esse qualità, ò conformi, ò contrarie, dispongano per loro natura, ò all'amore, ò all'odio. Questa Conuenienza, ò ripugnanza medesima vien di continuo testificata, e dedotta da'medesimi Astrologi dalle configurazioni, che passano frà le Stelle d'vna Persona con quelle d'vn'altra, quando nascono: poichè se auuerrà, a parer di Tolomeo, che il Segno oroscopante d'vn Soggetto occupi la cuspide dell'Vndecima d'vn altro, e che i Luminari nella nascita di questo conuengano d'aspetto felice co'Luminari dell'altro, e che il restante de' Pianeti non disconuēga; vedràssi vn rapporto d'vmori, ò d'atomi celesti così amici frà questi tali, quali apunto l'età remote osseruarono frà Agorante, e Fidia, frà Alessandro, ed Efestione; che se poi interporràssi la vicendeuol conuenienza di Venere, e Marte frà le communicanti di beneuolo aspetto, e che d'Vomo, e Donna si tratti; qual paragone haueranno, che minor non sia, le corrispondenze di que-

In Cent.

questi Amanti con le tanto memorate dalla Fama di Protesilao, e Laodamia, di Marc'antonio, e Cleopatra? Sò ben io, che per ismorzar tali incendj amorosi, d'altro sarà d'vopo, che delle fauolose beuande del Fonte di Cizico, da Muziano descritte, ò de i sognati lauacri del celebrato Fiume d'Argira.

25 *Per qual cagione l'Vomo riconosca il dominio dalle Stelle, supposti i principj di Democrito.*

Ed è ben di ragione, che nella Natura vmana le medesime affezioni si conoscano, che negli Astri diuersamente s'osseruano; mentre che l'Vomo per lo apunto, essendo stato formato della medesima massa informe d'atomi, della quale furono impastati i Pianeti, e le Stelle tutte, conforme a' dogmi di quel Filosofo, de' quali non altrimenti, che de' suoi principj accademicamente valermi intendo, e perciò essendo parte di quelli, non può di meno di non conformarsi col suo tutto, che la sù si conserua, e di non riconoscer tutte le sue dipendenze da quello, che è più nobile; ancorchè il priuilegio dell'Anima impressogli dal sommo Dio nel seno, non permetta, che resti tiranneggiato dal vigor degl'Influssi; anzi lo renda superiore, s'auuiene, che del libero arbitrio, del quale fù dotata, voglia à suo piacerre seruirsi.

26 *Effetti della simboleità, e contrarietà de gl'influssi frà di loro, cosa cagionino ne' viuenti.*

Garriscano pure à loro potere i Filosofi, supponendo, che ciò nasca semplicemente per la similitudine della forma, ò i Fisici per quella della complessione cagionata dall'vnione de' puri Elementi sublunari, ò per la consuetudine i Morali; poiche realmente questi deono più tosto esser riconosciuti per accessorj d'vna cagione più principale procedente dalla simboleità, e da gl'Influssi delle Stelle vniformi, ò contrarie, come pruoua Tolomeo; le quali perchè fomentatrici di diuerse nature parteci-panti sin da principio del celeste, per le già addotte ragioni, cagionano queste propensioni di conuenienza, ò di sconuenienza in tutti i Viuenti tante volte disaminate.

Propensioni, che furonò tal fiata le vere Genitrici di quella finta Deità incensata da gli antichi superstiziosi Romani sotto nome di Fortuna, di cui mostrarono tener così poca notizia, frà gli altri, Pindaro, & Omero, che ne meno sepperò distinguerne il nome: e forsi che non fù quella medesima, che per vn simpatico genio di Democrito, seppe esaltar Protagora dalle rustiche Ville alle Catedre più sublimi de' Legislatori? Quella che mediante l'amistà di Giulio Cesare, potè inalzar Ventidio Basso dall' esercizio delle carrette all' alto Soglio del Consolato? e che per via pur d'amici additò l'arte à Valentiniano di rendersi schiaua frà le ritorte delle sue funi la Sorte, perchè necessitata fosse à cedergli l'Impero Romano? Onde con auanzo di ragione gli Achei la collocarono, ancorchè da essi mal conosciuta, sotto il medesimo tetto con Amore, poiché hauendo quella sortiti con esso communi i natali, ben era douere, che col medesimo hauesse ancora communi gl' incensi. 27 *Fortuna, che cosa sia per lo più.*

Dunque se tutto ciò, che sin hora si è menzionato apparisce così consentaneo alla ragione, per non inoltrarmi à longhezze maggiori, mi si conceda, ch'io finalmente concluda: che si come la Generazione, e la Corruzione, le vicende delle Stagioni, le alterazioni, e mutazioni dell'Aria, della Terra, e del Mare; la propagazione de gli Animali, e delle Piante, il crescimento, e decrescimento di tutte le cose è cagionato da i Luminari, e dalle Stelle; e che tutto ciò, che accade quaggiù frà di noi, prende vigore da queste Stagioni, e mutazioni, e che ogni effetto procede dalle alterazioni, generazioni, e corruzioni; così esser necessario affermare, che gli ordini, e le leggi delle cose Naturali, e tutto ciò, che si fà nella sostanza corporea, sia stato da Dio in quelle collocato: onde a marauiglia non s'ascriua, se frà le figliuole della Sapienza Diuina l'Astrologia si numera, 28 *Come ogni euento sia prenunziato nella Stelle, e quando a queste l'Vomo più soggiaccia.* *In Sap. 8.*

con

con la quale intendiamo i segni, e i prodigj auanti che si adempiano, e gli euenti de' Tempi, e de' Secoli, & in con. seguenza del Mondo tutto: e se bene l'Vomo al par de gli Angioli hà la volontà libera, ch'esser può ripugnante alle Stelle, con tutto ciò non può dimeno di non pruouarne le alterazioni; e quanto più si fà preda de' sensi, e si scosta dall'amicizia del suo Creatore, tanto più sottoposto si rende à gl'impulsi di quelle: sichè quale stupore, conforme accenna vn grande Ingegno, se gli Astrologi predicono alcune volte cose vere, mentre gli Vomini per lo più viuono secondo il senso alterato da gli Astri, e non secondo la mente razionale?

Cam.

Egli è dotato di misteriose Imagini di varj Lumi il Cielo, e sembra che la Natura in molte cose nella Terra,
29 e nel Mare habbia preteso di mostrarne l'imitazione, per additarne la dipendenza in attestazione maggiore di quanto s'è scritto; e se bene di qualità diuerse furono gli Elementi dotati, non resta, che tutto ciò, che nell' vno figurato apparisce, non si ritroui ancora simboleggiato nell'altro per la medesima communicazione d'influssi atta a produr le medesime cose per tutto. Vanta il Mare nel suo dominio i Capri, i Cani, e le Lepri, e tutto ciò, che in sembianza squammosa di pesce può hauer contratto similitudine con gli Animali terrestri: abbonda la Terra nelle viscere ancor più cupe de' Monti di Conchilie, d'Ostriche, di Granchi, e d'altre cose di simil specie alle Marine vniformi: e se a queste non può la Natura dar compimento di vita per la crassezza molto maggiore, della quale è composto il nostro Elemento, che non corrisponde all'attiuità de gli Spiriti solari in quel grado, che l'Acque; non è però, che studiosa non si dimostri di formar cose consimili in quella parte almeno, doue più del terreo si ricerca; con distinzioni, e forme si belle; che meritamente hà lasciato in dub-

Natura per chè produca cose consimili nella Terra, e nel Mare.

dubbio, ſe le inondazioni del Diluuio intioduceſſero tali materie ne'Monti, ò pur ſe i Monti, partecipando d'vn certo humor ſalſo confacente à quello, del quale ſi formano quegli Animanti nel Mare, habbiano potuto produr coſe ſimili nelle loro viſcere; giachè vna materia ſimile è atta à riceuere le medeſime forme in ogni luogo: anzi che per recarne maggior caparra il Cielo delle vicendeuolezze, che paſſano frà queſte, e le coſe di laſsù, dopo hauerne impreſsi diuerſi ſimulacri nel Mare, ò ſia ne'peſci medeſimi, ò ſia nelle gemme più fine de'ſuoi vaſti Erarj, volle ancora arrichirne di marche miſterioſe la Terra. [*Stenon.*]

Ne ſerua di curioſo atteſtato la famoſa pietra Sandaſtro tanto ſtimata da Caldei, nella quale ſcintillar s'ammirano le Stelle Iadi in quella diſpoſizione, numero, e forma, che nel Cielo riſplendono: ne paleſi la certezza l'Aſteria, doue mirabilmente ſi contengono diſtinte le Pleiadi, e tal volta gli Orbi ſuperni: e perche ſi conoſca quanto ſia l'affetto, che portano i Lumi maggiori à queſte loro reliquie, delle quali furono, ſecondo Democrito, formati, e compoſti; non ſolo nella pietra Callimo, mà nella Selenite ancora ci hà laſciato i ritratti la Luna co' ſuoi creſcimenti, e decreſcimenti, che continuamente lo manifeſtano: e ſe non baſta, che nel Perſi ino Mitrace imprima il Sole i ſuoi raggi in quella forma, che sù le Sfere ſi vedono, ò che nell'Elite i ſuoi giri regolati paleſi, ei sà bene nell'Achate in ſembianza d'Orfeo ſonante con le Muſe, dimoſtrarne al Mondo tutto, non che alla Corte del Rè Pirro, le proue. [30] [*Varie pietre rappreſentano Imagini Celeſti, e per qual cagione.*] [*Io de Laet.*] [*Plin.*] [*Boet. Bood.*]

Se dunque il Cielo medeſimo, oltre a tutto ciò, che fin qui ſi è diuiſato, laſcia giornalmente impreſſo i ſuoi caratteri nelle coſe terrene, per certificar il Mondo del Dominio, ch'ei ne poſsiede, e della neceſsità, con la quale à lui ſtanno auuinte, chi chiaramente non com-

 pren-

31 prende, esser vera Prole delle Stelle la Simpatìa, e l'Antipatìa, mediante la quale, a gli Elementi il lume loro diffondono, il Foco all'Aere il suo calore comparte, l'Aria all'Acqua la fluidità partecipa, l'Acqua reca la fecondità alla Terra, e i semplici Elementi la materia somministrano a i misti? Così al centro dell'Orbe Lunare per questo consenso mirabile di Natura vien rapito il Foco, alla concauità del medesimo resta attratta l'Aria, dal centro del Mondo, la Terra vien guidata al basso, e l'Acqua alla superficie del suolo è confinata: con questa inclinazione, la Calamita già mentouata, d'ogn'altro sito impaziente, al Polo s'aggira, come a segno più pro-proporzionato alla di lei Natura; per questa la medesima il Ferro appetisce; le cose più lievi all'Elettriche s'accostano; il Sole dietro a se le piante, e i fiori rapisce; la Luna l'Acque, Mercurio i Venti, per questa l'Vomo riconosce la maggior parte delle sue passioni, il maggior numero delle sue fortune, e la conseruazione, e distruzione del suo indiuiduo: e il Mondo tutto frà si dis-discorde concordia, e concorde discordia talmente si conserua, che questa finendo, fà di mestieri, che tutte tutte le cose periscano.

Simpatìa, ed antipatìa da che origina- ta, e come necessaria nel Mondo.

CHE

CHE OGNI SCRITTORE

Illustrar dee l'Idioma natiuo,

Et anche arricchirlo talora con alcune forme giudiciosamente portate dal Latino.

Discorso del Sig. Giouanfrancesco Bonomi.

RAgguardeuole pur troppo tra le doti concedute dalla Natura all'huomo giudicar si dee la fauella, per la quale sourasta egli alla ignobil famiglia de'Bruti, e manifesta i propj sentimenti per le reciproche bisogne. *Nullum ex ceteris animantibus loqui potest, sed homini tantum facultas hæc data est.* Scriue il Maestro di coloro, che sanno. E l'An-

Aristot. Probl. sect. 65.

l'Angelo delle Scuole, che non volle allontanarsi mai dalla dottrina Peripatetica, pur disse: *Est proprium hominis locutione uti, per quam vnus homo alijs suum conceptum totaliter potest exprimere.* Quindi adiuiene, che se l'huomo, perchè parla, a tutti gli animali è superiore; quando poi parlerà bene, e con regolare auuedutezza; sarà superiore a gli huomini tutti. Più celebre fra' Greci fu riputato Demostene, il migliore fra' Latini fu stimato Cicerone, perchè quegli più di tutti gli Ateniesi, questi più di tutti i Romani attese alla cultura della Lingua. Ma se ogni lingua dee coltiuarsi, non ha, se ben m'appongo, fatica meglio durata, che lo studio d'accrescere, e di perfezionare la natia. Imperocchè *dulciùs ab vnoquoque suscipitur, quod patrio sermone narratur.* E lo scrittore si libera da' pericoli di commetter solecismi, e barbarismi, a' quali di leggiere soggiace chi scriue in idioma straniero. Il perchè tanto i Greci, quanto i Latini attesero per lo più a scriuere nel propio linguaggio, e'l portarono a sublimità inuidiabile. A coloro, che applicati all'esercizio delle Greche lettere con disprezzo delle Latine, riprendeuan Tullio, il quale scriueua Latinamente, rispose egli: *Si Græci leguntur a Græcis, quid est, cur nostri a nostris non legantur? Ego satis mirari non queo vnde hoc sit tam insolens domesticarum rerum fastidire.* C. Mario non volle imparar mai la lingua Greca, per non sembrare straniero nella patria. E di Tiberio Cesare scriue Suetonio, che non parlò mai Grecamente, benchè ageuolmente e con prontezza potesse parlarne. Anzi fu egli tanto superstizioso, che douendo in Senato profferir la voce *Monopolium*, ch'era tutta Greca, dimandò licenza e scusa a' Senatori, s'egli vsaua quel vocabolo peregrino. Et altra fiata hauendo inteso in certo decreto di que' Padri la parola *Emblema*, disse e fù di parere, che in ogni modo si mu-

Di Thom. de Regi m Princip opusc. 20 l. 1. c. 1.

Cicer. de Finib. lib. 1.

In Tiber. c. 71.

mutasse, e in vece di quella si ponesse vn'altra equiualente ma Romana: e quando non si trouasse, con la perifrasi fosse descritta: *Adeo quidem* scriue Suetonio, *vt Monopolium nominaturus, prius veniam postularit, quod si verbo peregrino vtendum esset. Atque etiam in quodam decreto Patrum cum Emblema recitaretur, commutandam censuerit vocem, & pro peregrina nostratem requirendam: aut, si non reperiretur, vel pluribus, & per ambitum verborum rem enuntiandam.* Taccio de' Greci, perchè furono eglino così ostinati, e tenaci nel proponimento d'illustrar sempre la di lor lingua, che non vollero mai apparar la Latina, tranne alcuni pochi, che per interesse particolare adularono quella nazione regnante. Da gli esempli de' popoli rammentati, da' quali habbiamo riceuuto quanto sappiamo, e de' Grandi testè mentouati, che sono meriteuoli d'imitazione, apparar dobbiamo d'illustrare, e d'accrescere a tutti sforzi la nostra, che all'vna, e all'altra per ogni circostanza punto non cede. *A che proposito*, dice Lionardo Saluiati, *se il fine delle scritture altro egli non è che l'esser intese, durar fatica a scriuere per esser inteso da pochissimi?* Se il bene tanto è maggiore, quanto più si stende, e a più si comunica, miglior senno farà colui, che aprirà i suoi concetti nella lingua nostrale a tutti, che nell'e forestiere al numero di que' pochi, che le intendono. Chi scriue oggi o nella Greca, o nella Latina lingua, scriue solamente a' Morti, o al più a pochi viuenti, che di quelle son vaghi; ma chi nella nostra Italiana, e a tutti coloro, che oggimai viuono scriue: e a tutti, che dopo noi veranno. E, per vero dire, ha suantaggio grande colui, il quale scriue non per necessità, ma per ambizion di gloria scriue in lingua straniera, potendo ciò fare con lode nella natia. Quindi adiuiene, che alcuni su le prefazioni si scusano, e chieggono perdono di que' falli, che dubitano d'hauer

Orat. 3.

fatto

fatto ne' loro libri, che han voluto comporre in linguaggio non propio. Ascoltisi Apuleo nel Proemio dell'Asin d'Oro. *Præfamur veniam, si quid exotici, atque forensis sermonis rudis locutor offendero*. Macrobio nel principio de' Saturnali fa la medesima scusa. *Quod ab his, si tamen quibusdam forte non nunquam tempus voluntasque erit ista cognoscere, petitum impetratumque volumus, vt æqui bonique consulant, si in nostro sermone natiua Romani oris elegantia desideretur*. Postumo Albino volle scriuere in Græco le imprese de' Romani, e dubitando d'esser censurato perchè non puramente, ne propriamente hauesse scritto, essendo egli Romano, si protestò de gli errori, che haurebbe potuto commettere su l'esordio del suo libro. A cui rispose non senza rimprouero Catone: *Tu, nimium nugator es, cum maluisti culpam deprecari, quam cupa vacare. Nam petere veniam solemus, aut cum imprudentes errauimus, aut cum compulsi peccauimus. Tibi oro te, quis perpulit, vt id committeres, quod priusquam faceres, peteres vt ignosceretur?* E qual circostanza, per nostra fè, manca alla Lingua nostrale, perchè non sia tutto giorno coltiuata dalla industria degli Scrittori, e renduta eguale alle due, che nacquero prima? Ella ha nobiltà, spirito, copia, eleganza, e tutte le doti, che costituiscono ragguardeuoli le lingue migliori. Anzi nella dolcezza nulla cede alla Greca, e riman di gran lunga superiore alla Latina. Haurei detto anche alla Greca, se non hauessero i Greci la lingua Ionica, che di dolcezza vien commendata, come auuisa Ermogene. *Ionica dialectus est poetica, & natura sua suauis*. Assegnasi cagione di ciò, che tutte le sue parole finiscono in vocali, le quali per essere, come scriue Macrobio, quasi che naturali all'huomo, naturalmente dilettano. E quintiliano auuerte, che quante più vocali ha vna parola, tãto è più dolce, e più grato il suo suono. Ne

Gell. 11. 8.

Ermog. d form. l. 2. c. d.

mi

mi si dica che tal finimento delle sue parole in vocali languida pur troppo la renda e stuccheuolmente sonora; imperciocchè habbiam noi l'vso degli apostrofi, che toglie via il raffronto di quelle, e sta in poter nostro d'accorciarle, per sostenerla secondo i bisogni. Piacciaui per autenticare la mia opinione quanto sopra ciò scriuè il Saluiati. *Niun linguaggio fu mai, e per quanto può giudicarsi delle cose auuenire, niuno ne sarà, che alla Fiorentina lingua nella dolcezza possa paragonarsi. Hà la Latina lingua minor dolcezza, che la Greca non ha. Paragonate questa con la nostra fauella: Voi trouerete primieramente la maggior parte delle Greche parole in alcuna delle consonanti fornire; Le nostre per lo contrario, da alcune pochissime d'vna silaba in fuori, tutte terminare in vocali: E con tutto questo hauer modo di farne ancora in consonanti, quando ci piaccia, parte non picciola vscire.* E per questa soauità non solamente per tutta Italia, ma in Germania, in Francia, in Inghilterra hauui chi non tanto goda, e ammiri il nostro linguaggio, ma chi con sommo studio l'appari, con gran franchezza lo parli, con molta eleganza lo scriua. Qual Reggia straniera oggi giorno non gusta di leggere i nostri Scrittori, le nostre Scritture non pregia? Se la lingua Latina dilatò quasi per tutto la sua cognizione, e l'vso, adiuenne perchè il Popolo Romano dilatò quasi per tutto i confini del suo dominio, e costrinse con le leggi le genti soggette ad apprenderla. Ascoltisi da Valerio Massimo, quando a me non vorrete prestar fede. *Magistratus verò prisci quantopere suam Populique Romani maiestatem retinentes se gesserint; hinc cognosci potest, quod inter cetera obtinendæ grauitatis indicia, illud quoque magna con perseuerantia custodiebant, ne Grecis vnquam nisi Latina responsa darent. Quin etiam ipsa Linguæ volubilitate qua plurimùm valent, excussa, per interpretem loqui cogebant: non in Vrbe tantum nostra, sed etiam in Græ-*

Saluiat nell' Oration della Ling. Fiorentina.

Valer. M. l. 2.

cia

cia & Asia; quo scilicet Latinæ vocis honos per omnes gentes venerabilior diffunderetur. Ma la nostra lingua, come che la pouera Italia è priua d'imperio, non prescriue leggi di comando all'altre nazioni, perchè la imparino, la parlino; E tuttauia le altre Nazioni la pregiano, e cercano con ogni studio d'apprenderla per parlarne, e per iscriuerne, lusingate solamente dalla gran dolcezza. Vegniamo a gli esempli de' più famosi Scrittori, e diasi luogo alla verità senza ostinati contrasti. Il Petrarca scrisse in lingua Latina l'Affrica, scrisse il Canzoniere in Volgar nostro. Dall'Affrica riportò poca gloria, e pochi oggi giorno sono, che voglian leggerla. Dal Canzoniere nome immortale, e và per le mani di tutti. Del Boccaccio habbiamo alcune opere Latine, alcune Toscane: quelle son quasi nell' obbliuione sepellite, e queste viuono non solamente in bocca di ciascuno, ma dan regola autoreuole al ben parlare. Lo stesso è adiuenuto a' libri del Passauanti, e di Monsignor della Casa, per lasciar tanti altri di minor grido. Perlochè non sono degni, se non di gran lode coloro, i quali fatican tutto giorno per illustrarla, e per renderla di tutti ornamenti douiziosa, e particolarmente di forme, e di parole tolte all'idioma Latino. Con l'auuiso pur non di meno dato da Corina a Pindaro in altro proposito, cioè che sien seminate, non col sacco, ma con la mano. Ne ciò, come pensano alcuni, è vn deuiare da' precetti de' Maestri. Imperciocchè Aristotele nel libro terzo della Rettorica insegna, che le voci forestiere hanno vn certo chè pien d'onore, e di contumace, che disprezza il modo comune del parlare. E'l medesimo nella Poetica scriue, che quella virtù della locuzione è venerabile, e trapassante il comun del Volgo, che vsa vocaboli peregrini. Da questi auuisi fatti auueduti gli Scrittori più celebri del nostro Secolo, non han dubitato punto d'introdur nella no-

stra

ſtra Italiana fauella alcuni Latiniſmi, de' quali può chiamarſi leggiadramente arricchita. E, per dir vero, da plebea, e pouera fante comparirebbe la noſtra lingua Italiana, ſe talora non ſi procacciaſſe arredi dalla Latina, la quale da nobiliſsima, e douizioſa Matrona fa vederſi. Io non vo recar quì l'eſempio di Virgilio, che fin dalla Perſia, e da Cartagine portò le due voci *Gaza*, e *Mapalia* per farle Cittadine di Roma: Perchè tanta varietà d'Idiomi tollero volontieri nell'Epopea, malageuolmente nelle Poeſie Liriche. Simigliante varietà di lingue vsò Erodoto, e n'è ſcuſato da Ermogene nella Idea della dolcezza. Tucidide non s'aſtiene da così fatte parole ſtraniere, e'l difende acerrimamente Dionigi Alicarnaſseo. E pure amenduni ſono Storici a' quali tanta magnificenza di locuzione non è neceſsaria, ne conueneuole. Ma, Dio buono, ſe poterono i Latini Scrittori ſeruirſi di molti vocaboli, e di molte forme di dire tolte di peſo a' Greci con l'auuertimento del Critico di Venoſa. *Si Græco fonte cadant parcè detorta*. Perchè non potranno gli Italiani coſtretti dalla penuria, o luſingati dalla bellezza, vſar idee di fauellare, e dizioni Latine? Tanto più che nulla, o poca dipendenza haueua dall'Idioma Greco il Latino; e pur ſappiamo, che l'Italiana è figliuola della Latina. Porrei quì vn lungo numero di Latiniſmi, non vo di Dante, perchè altri direbbe, che quegli in ciò fu molto licenzioſo, ma del Petrarca, del Bembo, del Caſa, i quali religioſiſſimi in lingua ſon giudicati. Ma perderei l'opera, e l'olio, come huomo dice, con iſtomacaggine di que' dotti, i quali quanto io dico prima di me hanno in quegli Autori oſſeruato, e ne regiſtra lunga ſerie il Caro nella ſua Apologia al Caſteluetro. Il Boccaccio, che per niuna legge era obbligato a meſcolar voci Latine fra le ſue proſe, quanto ha voluto ſeminarne per entro quelle, allettato solamente dalla nobiltà, che portano seco, e da quel non so chè di maestoso, che tanto diletta a coloro, che alle vaghezze latine hanno auuezzo l'vdito? *Caterua*, *corusccazioni*, *congiugare*, *crepitanti*, *antistite*, e tante altre, che notò il Panigarola sul Falereo. In quelle poche stanze d'Angelo Poliziano, nelle quali è fortemente da' valent' huomini commendato, ho di passaggio segnato *Formoso*, *vessillo*, *anelo*, *voluttà*, *sopore*, *pruina*, *ambagi*, *teda*, *pauido*, *tumido*, *insania*, *diro*, *miro*, per marauiglioso. Quando il Cataneo significò a Torquato Tasso che gli erano stati puntati i Latinismi, rispose, che l'vso delle Forme Latine se era stato conceduto ad altri, potea ben anche concedersi a lui. E'l Rossi nel Dialogo in difesa del medesimo Torquato sciue, che se a Virgilio, e ad Orazio lode auuenne, perchè portarono nel lor linguaggio vocaboli e modi di fauellare dal Greco, la stessa lode merita chi dal Latino nell'Italiano induce frasi e voci. Vn Lirico del nostro secolo ha lasciato scritto, che delle forme latine ne scusa chiede, ne perdòno. Dando a diuedere, che in ciò o non s'inganna punto, o, ingannandosi, si contenta d'ingannarsi. L'Autor del Tacito illustrato non fa conto delle censure, che intorno a ciò scritte gli furono. Il valente difensor dell'Adone non finisce di ridere quando l'Occhialista contrassegna i Latinismi; e faccendogli vna fraterna riprensione, lo auuisa, che se egli non hà niente del suo per isterilità d'ingegno, e scarsezza di sapere, non voglia disturbar coloro, che hanno talento d'arricchir la nostra Lingua con la nouità delle voci portate da' Latini. Il Melico, che nelle faccende poetiche può dirsi per tutte circostanze Maestro, non solamente ha illustrato e arricchito con nuoue idee, e con nuoue parole imbolate al latino il volgar nostro; ma eziandio a molte voci Italiane ha dato que' significati latini, che prima non haueuano,

Testi.

Politi.

Niccol. Villani.

Stigliani.

Giuseppe Battista.

con

con tanta felicità e con tanta lode, che nulla più. E coloro, che altramente discorrono, paga egli con vn ghigno; e suol chiamargli gente volgare. E, per finirla, tutti gli huomini più celebri han questo nobile sentimento, nulla curando l'opinion de' contrarj. Imperciocchè se dall'Italia si tolgon le voci Latine, ella non potrà fauellar più, e diuerrà muta. Oh, mi diraßi, quelle son fatte cittadine, e sono oramai inuecchiate. Ben va. Ma quando s'introdussero, non eran nuoue? Mai sì. Dunque queste, che oggi son nuoue, saran vecchie col tempo. Vero è, con tutto ciò, che non dee adoperarsi la falce, come fassi all'erbe; ma la punta delle dita, come a' fiori. Chi sa, se la nostra Lingua pouera non riesce per la superstizione di questi stiticuzzi, e si auuera quella sentenza di Quintiliano. *Iniqui iudices aduersus nos sumus; ideoque sermonis paupertate laboramus.*

DELLA TRAGEDIA DISCORSO

Del Sig. Dott. Innocenzio Maria Fiorauanti.

VNa tragica rappresentatione, doue l'huomo esercita le parti d'Istrione nel gran Teatro del Mondo è la vita mortale. Sgombrata quella cortina, che nell' vtero della Madre l'inuolaua alla luce esce questi sul palco del nudo terreno à far il Prologo con le lagrime. Adempiono la serie de gli Episodij varij accidenti di fortuna, e con quanta diuersità d'aspetti compariscono questi tante volte ancora

si gisi gira la Scena. Si formano intanto i di lei Cori hora da mordaci Satiri; che ne riprendono le attioni, hora da beneuoli Amici, che le comendano. Finalmente nell' vltimo atto, doue termina questa peripezia da Coturno si fa scorgere in bende lugubri la morte, che troncando gli stami Vitali con la sua durissima falce il di lei nodo suiluppa. Così apena il Sole hà diuorata la carriera d'vn giorno, che questa miserabilmente è peruenuta all' occaso; ne si considera lo spatio del tempo da cui fù circoscritta, mà il modo con cui fù rappresentata. *Quomodo Fabula sic vita: non quam diu, sed quam bene acta sit refert*. Se dunque fra cotesta vita, e la Tragedia passa poco diuario. *Tragedia est imaginaria quædam hominum vita: vita hominum Tragedia videtur esse verissima*, e se l'huomo dee sempre riflettere alla propria vita, per mettersi à memoria la di lei breuità: *viue memor quam sis eui breuis* sentimento d'vn Poeta benche Gentile, quanto mai gli giouerà il ricrearsi talhora con gli Spettacoli delle Tragedie, che al viuo glie la descriuono! e pure à nostri tempi corrotti così poco sono gradite, quasi che Melpomene non sia legitima figliuola di Gioue al par di Talìa. Che non fate dunque stridere contro à questo Secolo fin le vostre penne, ò Poeti, impiegandole nel genere di così nobile cõponimẽto, intorno à cui à fauellare m'accingo, non per salire in Catedra come Precettore, mà bensi per ripettere come Discepolo ciò, che appresi da i libri più scielti, che sono i miei muti Maestri.

Senec. Ep. 77.

Mars. Fic. Ep. st lib. 5. Ep 5.

Horat. lib. 2. Sat. 6.

Originò la Tragedia dal Ditirambo, carme celebrato in honore di Bacco, à cui fù consecrata vna delle sommità del Parnaso, e che fù veduto dal Lirico sequestratosi in antri secreti insegnar versi alle Muse. Fauorisce questi primordij il Donato ne suoi Comentarij sopra Terentio, dicendola deriuata dalle cose Diuine, all'hora quando gli Antichi recitauano in questa sorte di cõponi-

Arist. Poet. cap 2

Hor. lib. 2. Od. 19.

men-

mento gl' Inni di Bromio ne di lui sagrificij giocondi. Trasse il nome che nel Greco idioma *Irco*, e *Canto* significa, ouero per lo Capro che à questo falso Dio era suenato in olocausto come nemico delle viti col roderne i teneri tralci, causa da Virgilio allegata nelle Georgiche; ò per l'Irco stesso dato in solenne premio à i Cantori.

Virg. l. 2.

Hor. art. poet.

Carmine qui Tragico vilem certauit ob hircum,

O' fosse vn Vtre della pelle di questo animale colmo di mosto, ò vero finalmente per la feccia, con cui si mascherauano il volto *perunсti fecibus ora;* il che pure si riferisce al Greco significato della Tragedia. Corrono varie opinioni circa il primo, che componesse la Tragica; alcuni l'attribuiscono ad Alceo Ateniese, e lo riferisce Suida, & altri à Tespi. Che principiasse appo se stessi lo vogliono i Doriensi, mà gli e lo contendono gli Ateniesi, che se l'ascriuono. Prima fù recitata da vn solo sù i carri,

Arist. poetic. cap. 1.

Horat.

Dicitur, & plaustris vexisse Poemata Thespis.

E Sidonio Apollinare

Sid. Paneg. 4.

Aut plaustris solitum sonare Thespim:

Arist. poet. cap. 4.

Poi venne Eschilo, che introdusse due persone col manto sù gl'homeri, e i coturni ne'piedi, à cui successe Sofocle, che v'aggiunse la terza, trouando l'ornamento delle scene.

Cap. 3.

Tralasciando frà tanto la deffinitione della Tragedia secondo Teofrasto, lo Scaligero, & altri rapporto quella del Maestro de saggi, che l'appella *Vn imitatione drammatica d'vn'attione illustre, perfetta, e grande, che distintamente si serue di metro, d'Armonie, e di balli purgando gli affetti della compassione; e del terrore per via di successi cōpassioneuoli similmēte, e Terribili.* La nomina dunque *vn imitatione drammatica*, cioè non narratiua, ne tampoco mista, della quale se ne seruono l'Epopea, e la Lirica, poiche nella sopracennata sempre tace il Poeta, altri in

vece

vece di lui fauellando. La dice *d'vn attione illuſtre*, cioè di perſone illuſtri; à diferenza forſe della Comedia, che di conditione vulgare ne abbraccia. La chiama *perfetta, e grande* per additare che conſta di principio, e di fine, ne troppo diffuſa, ne troppo riſtretta; mà da vna grandezza conueneuole accompagnata. Soggiunge, che *diſtintamẽte ſi ſerua di metro, d'Armonia, e di Balli*, percioche oltre il metro de verſi, che grato ſi rende, vſauano ancora l'armonie, e i balli ne Cori; le quali tre coſe ſeparatamente adoprauano, allhora, che rimanendo vota di perſonaggi la Scena ſuccedeuano concerti muſicali con danze; dice finalmente *purgando gli affetti della compaſſione, e del terrore per via di ſucceſsi compaſſioneuoli ſimilmente, e terribili* conciosiache eccitauano à vn medeſimo tempo, e temperauano gli animi moderando le perturbationi, che ſi diuidono in concupiſcibili, & iraſcibili, e inducendo i mortali al riferire di Timocle Comico, ad obliare dilettevolmente le loro diſauenture, conſiderando, che l'aure di violenta fortuna ſcuotono ancora dal capo de Grandi i Diademi, e che non nacquero al mondo ſoli nelle diſgratie; Onde vna Madre, che orba di Prole rimanga ſi conſola con Niobe, vna Moglie tiranneggiata dal Conſorte al caſo d'Ottauia riflette, vn innocente come reo maltrattato Ippolito, e Criſpo conſidera: di qui ne deriua, che la materia della Tragedia douraſſi elleggere più toſto vera, che falſa, e che sù la Storia ſi fondi, dipendendo l'agitatione de gli affetti in chi aſcolta dalla maggiore, o minor notitia della coſa di cui ſi tratta, permettendoſi però, e molto conueneuolmente, l'alterare gli accidenti conneſſi all'attione principale, ſcherzandoui ſopra fauoloſamente conforme al veriſimile, e neceſſario; ne aſſolutamente s'eſclude quella che trahe l' Argomento dal finto, poiche ſi conſidera ſolo quello, che hà faccia di vero, e à tutti non ſon note le

Athen. al. 6.

Ariſt. Poet. cap. 7.

Storie

Alef. Don. poet. l. 2. c. 6. Storie, e molti inuolge nel Silentio la Fama, sopra de quali se si facessero Tragedie commouerebbero nondimeno.

Alla persona principale, che vien chiamata Protagonista, s'aspettano cinque conditioni. La prima, nobiltà, e riguardeuolezza per richezze, e dominij; la seconda, mediocre bontà; la terza l'essere incorsa in vn errore scusabile più tosto per impeto di natura, che per consenso di volontà; la quarta, che per tal cagione sia caduta di felicità in miseria; la Quinta per fine, che sia vna, e semplice, come à dire che il Poeta dourassi proporre per iscopo vna sola attione d'vn personaggio in riguardo di cui l'altre siano come tanti mezzi, che tendano tutti all'adempimento d'vn fine, aderendo ancora à chi amesse due, ò più persone, che per vn medesimo intoppo d'auuersità trabboccassero in vn medesimo precipizio, come i duo Fratelli Tebani presi per argomento da Seneca nella Sesta Tragedia. Dal Protagonista si suole denominar la Tragedia, & è l'ottimo, e il frequentato; talhora dalla seconda persona, & anco da i Cori, & altre volte dal loco, doue, ò presso doue accadette il successo, come la Tebaide, e la Troade di Seneca.

Aless. Piccol.

La Tragedia si diuide in parti qualitatiue, e quantitatiue. Le prime costituiscono la natura, e la forma d'vn tal Poema; le seconde la quantità discreta, di cui si forma la mole integrale di quello. Le qualitatiue sono queste: Fauola, Costume, Sentenza, Loqutione, Melodia, & Apparato. Le quantitatiue, Prologo, Episodio, Esodo, e Corico; circa le qualitatiue l'anima della Tragedia secondo Aristotile, è la Fauola definita del medesimo *orditura, e cõpositione di cose*, e tãto la stimò necessaria, che diede titolo ad Empedocle più di Filosofo, che di Poeta, per hauere senza inuẽtione spiegata in versi la verità delle cose naturali. Otto proprietà si ricercano alla fauo-

Arist. poet. cap. 4.

la,

la, cioè di vna, possibile, perfetta, episodica, grande, rauiluppata, merauigliosa, e dolorosa. Le dà vnità l'imitatione d'vn'attione sola, & intera.

Denique sit quod vis simplex dumtaxat, & vnum, *Horac. Art. Poet.*

Bisognando, che le accessorie, se ve ne concorrono, stiano come le membra in riguardo del corpo. Le dà possibilità il verisimile non ripugnante alla natura,

Sed non vt placidis coeant immitia, non vt *Il medes.*
Serpentes Auibus geminentur, Tigribus Agni.

Le aggiunge quella della perfettione il principio, mezzo, e fine compiti. Le compongono gli Episodij le digressioni aggiustate, e connesse all'attione principale, di poco numero, breui, e non all'vso dell'Epopea. Le dissegna la grandezza lo spatio necessario alla metamorfosi della Fortuna, che rappresenta, e questo dee contenersi fra i limiti di vn periodo di Sole, ò di vn Sol giorno, e meglio se nell'angustia di poche hore. Le ordina l'intreccio la peripezia, e l'agnitione, e saranno queste molto vagamente collocate, se congiunte saranno, come quando Tieste rauuisando i capi tronchi de Figli, e conoscendosi diuenuto viuo sepolcro di loro, passa in vn medesimo punto dal saporir le viuande all'assaggiare le pene, e dall'irrigare di dolci vini le fauci al lauare d'amare lagrime il petto. La rende ammirabile la cattastrofe repentina de casi de Grandi, quanto più orribile, tanto più merauigliosa; da quali sensi concepiti nella mente ne nasce l'ottaua conditione dell'esser patetica, massime se sueleransi gli accidenti contra l'intentione di chi gli comise, come nell'Edipo, il quale alhora che s'esilia da se medemo, per isfugire quello, che gliera stato predetto dagli Oracoli ineuitabilmente l'incontra, e come nel nobilissimo Nino del Sig. Berlingiero Gessi, il quale alhora quando procura di ribellarsi al tirannico dominio di quelle stelle, che l'induceuano à cagionare la *Arist. cap. 9.*

morte di che gli diede la vita, miseramente se gli soggetta, simili Entrambi ad vn ingannato Giocoliere di scherma, che vada ad inuestirsi col petto nella punta della spada nimica, quando pensaua ribatterla. Questa così al viuo penetrò nel cuore d'Alessandro tiranno dè Pherei, che lo costrinse à licentiarsi dispettosamente dal Teatro vergognandosi d'esser veduto cõ gli occhi molli di pianto à la vista d'vn finto spettacolo egli, che asciutti gli hauea dimostrati al non fauoloso cospetto di tanti suoi cittadini da lui miserámente condennati alla morte.

Plutar.

Circa lo scioglimento della fauola il migliore è quello, che nasce dalle viscere della medesima fauola già per così dire nel suo esito moribonda, tralasciandone altri per via di machine, di Deità, e di Demoni. La seconda parte qualitatiua, è l'imitatione de costumi, buoni, ò rei ne gli Attori secondo i loro genij, inclinationi, & affetti. Per addure vn' esempio, s' osserui Statio in che maniera faccia ragionare il superbo Capaneo *Ades o mihi dextera tantum tu presens bellis, & ineuitabile numen te voco te solam superum contemptor adoro*. La terza è la sentenza, che è quella, che manifesta il giuditio, e'l sentimẽto di ciascheduno intorno alle cose come siano, o non siano: in questa si preparano gli affetti, che sono, Amore, Odio, Allegrezza, Tristizia, Speranza, Furore, e Sdegno, & La quarta è la ditione, ò loqutione, che richiede il chiaro, il solleuato, il grande, e il maestoso, perche

Arist. poet. c. 12.

Thebaid. lib. 9.

Arist. poet. cap. 4.

Cap. 19.

Cap. 21.

Effutire leues indigna tragedia versus,

Horat. poet.

Et Ouidio,

Omne genus scripti grauitate Tragædia vincit

Ouid.

Maneggiando il tutto à tempo, e luogo secondo le persone, e gli affetti, conformandosi allo stile moderno, essendo le parole antiche simili alle pallide foglie d'Autunno, che caggiono, rinascendone poscia nella stagione di Primauera delle verdi, e nouelle. Questa di-

Horat. art. poet.

tione

tione si spieghi più tosto in verso che in prosa, e intendendo del verso Toscano si fuggano le cadenze, se non le dettasse la felicità della penna, perche non paressero mendicate ad arte, la quale (secondo il gran Torquato nella Lettione sopra il Sonetto di Monsignor della Casa) sempre douerassi coprire. L'vltime due sono l'Apparato, e la Melodia, le quali benche al Poeta non appartengano, nondimeno dourà disporre in cotal guisa la fauola, che s'apra vn largo campo alla loro magnificenza. E inuero che cosa più bella da vedersi dell'apparato, e struttura d'vn Teatro, doue per la varietà delle scene in vn atomo di tempo verdeggian boscaglie, fioriscon giardini, colonne s'inalzano, archi si piegano; si distendono loggie, si solleuan pareti; si calan soffitti, s'allargano Piazze, si moltiplicano edificij? Che oggetto di stupore douea mai recare quel Teatro di Scauro descritto da Plinio, per degno da consegrarsi all'eternità? Che cosa più diletteuole poscia da vdirsi della melodia d'vn ben regolato cõcerto di suoni, accompagnato dalla tenerezza de canti, e dalla leggiadria de balli? Mà veniamo alle parti quantitatiue, che sono il Prologo l'Episodio, l'Esodo, e il Corico, distese in cinque atti, e non più, *ne ve minor quinto, neu sit productior actu fabula, quæ cerni vult, & spectata reponi*, e questi separati l'vno dall'altro con l'intermezzo de cori, così detti dalla pluralità delle attioni vniuersali, che in se stessi racchiudono. Il Prologo è la prima parte auanti la prima vscita del Coro, o vogliam dire l'atto primo, che non hà bisogno d'altro argomento antecedente per esser egli il seminario di tutta la fauola. Formano l'Episodio i tre atti seguenti, non perche trauijno dal sentiero della fauola; come accenna il nome d'Episodio, mà perche in essi vi si locano le parti Episodiche, e non già nel prologo, ne meno nell'esodo, proponendosi in quello il nodo, e in questo

Lib. 36. cap. 15.

Arist. poet. cap. 10.

Horat. art. poet.

Scalig. poet. l. 1. cap. 9.

ſciogliendolo, il quale è l'vltimo atto, e la terza parte quantitatiua. Succede finalmente il Corico vltima parte integrale della Tragedia, interpoſta rà vn'atto, e l'altro; in occaſione di cui breuemente fauellando del Choro dico che queſto anticamente ſecondo Giulio. Poluce era di due ſorti, l'vno Tragico, e l'altro Comico. Il Comico ammetteua 24. perſone, e il Tragico 15 & à vna ſola perſona del Choro era deſtinato l'aſſunto del riſpondere, e del parlare *Chori ſummam penes vnum* Ariſt cap. 18. *dum taxat ex Hiſtrionibus eſſe opportet*, alcuna volta parlaua il Choro in vece d'vna perſona, alcun'altra cantaua, douendo alludere al ſoggetto della fauola non framettendo canzoni d'Argomenti ſtranieri, come lo tocca il Filoſofo nell'allegato capitolo. Dell'iſtitutione, dell'antichità, del numero, dell'ordinanza, de mouimenti miſtici, e d'altre cerimonie ne tratta diffuſamente lo Scaligero, e il di lui officio chiaramente ſpiega Horatio in que'verſi Scal. poet. l. 1. cap. 9.

Actoris partes Chorus, offitiumque virile,
Deffendat.

Queſto è quel tanto che mi propoſi à ſcriuere della Tragedia, mà deponendo la penna non già preſumo d'hauere à ſufficienza vergate le carte per includere vna materia ſi vaſta. Pochi Mirmecidi ſi trouano, che ſotto l'ombra dell'ali d'vn Ape vn'intera naue naſcondano. Queſto è quel genere d'illuſtre componimento, per cui diede gloria à gl'inchioſtri quell'Euripide tenuto in così gran veneratione dal Rè de Macedoni Archelao, doue impiegò lo ſtile quel Sofocle, che meritò gli applauſi d'vn S. Girolamo, lodandolo che in età decrepita tacciato da ſuoi figlioli per mezzo ſcemo, e in conſeguenza non più habile à i maneggi domeſtici, ſi diffendeſſe con la lettura d'vna parte d'vna Tragedia, che tuttauia ſtaua ſcriuendo (argomento del di lui

Plin. l. 7. cap. 21.

Plut. an seni gerend. Resp.

ancor ſano giudicio) *tantum enim ſapientiæ* (parrole del Santo) *in ætate iam fracta ſpecimen dedit, vt ſeueritatem tribunalis in Theatri fauorem verteret*. Quel nobile componimento, torno à dire, coltiuato da Seneca ſi eminente nello ſtile, ſi ſonoro nel metro, ſi ponderato nelle ſentenze, i di cui ſcrittori furono chiamati da Platone nel ſettimo delle leggi ottimi, e diuini, nelle di cui rappreſentationi non iſdegnò d'eſercitarſi publicamente vn Imperatore di Roma. A'queſto dunque applicate il voſtro genio, ò virtuoſi Poeti, che narrando Tragici Euenti di morte dedicherete il voſtro nome all'imortalità della fama.

Ep 2. ad Nepot.

Suet. nella vita di Nerone cap. 21.

DELL'

DELL' ISOPO DI SALOMONE

DISCORSO

Del Sig. Ouidio Montalbani.

Salomon. Prou 39. Minima terræ sapientiora. Eminet in minimis maximus ipse Deus.

NOn mai più mirabile ſi manifeſta nell' opere ſue la gran Madre Natura di quãdo riſtrignendoſi in anguſto Lauorio fà gl' vltimi sforzi del ſuo Valore. Ce lo inſegnano i punti animati, e gli atomi volanti, ne' quali non ſono minori di numero, e d'vſo le parti loro e ſemplici, ed organiche di quello che ſiano ne i Coloſſi viuenti. Mà doue ne vogliamo più chiari i riſcontri, che in quella picciolisſima pianta, che fù lo ſcopo finale delle Botaniche ſpeculaculationi del Sauiò de sauij? Questa si è l'Isopo delle pareti, prima Idea delle vegetatiue menomezze, nata à scoprire col suo verde l'aridità della Terra, che subito diuisa dall' acque ne comparue ferace. Questa d'vn produttiuo instante vbedentissima figlia nelle proprie picciolezze vanta maggioranza de gli Alberi, perche primogenita in vn ristretto abisso di sicurezze non teme le perdite, o le cadute. Così oltrepassando nella Nobiltà i Cedri del Libano, può gloriarsi di crescere per quelle gloriose Corone, alle quali c'inuita la Verità, che dal diminuimento delle cose chiamata trà Greci ἀλήθεια ci và insinuando *Veni de Libano, & coronaberis*. Ne à queste peruenne il gran figlio del Regio Profeta se non col partirsi dalle superbe cime del Libano, all'hora, che per coronare la sapienza del suo diuinizzato Ingegno, terminò le sue dispute nella Pianta, di cui intraprendo l'Historia; dicendosi di lui nel sagro Testo che *disputauit super lignis à Cedro, quæ est in Libano vsque ad Hyssopũ, quæ egreditur de pariete*. Ella venne annouerata dal medesimo Salomone fra i legni, per la durezza non già, mà per la Elettione, *quasi ex millibus*, e per la di lei picciolezza digniteuole al maggior segno, à cui può bene applicarsi quel profetico detto *Elegi te in camino paupertatis*. L'Herba Isopo di Salomone, quanto alla conformatione, primamente s'ammiri, e sappiasi, che la di lei Statura colle radici, foglie, fiore, e frutto fassi poco più d'vn dito grosso attrauerso alta; acutissima è di fiõda, emula in vn certo modo di quella del Cedro, se bene non spinosa, ne aspra, ò pungente, mà di mollezza maluacea; la medesima in vn centro, che gli serue di petto, o ventre, nasconde tutte le viscere necessarie alla vegetatiua vita, rispondenti proportionalmente alla sensitiua, come fegato, e cuore d'onde vengono, e doue vanno le vene radicali portatrici degl'alimenti. Osseruisi per gra-

Genes 1.

Superficies Abyssi constringitur Iob. cap 38

Diphili ap Stob ser 93.

Zachar cap. 11. ps 114.

ἀλήθεια Molo. icro.

Cant. 4. ps 5.

Lib 3 Rege. cap 4. Cantic 5.

Lignum ab electione dictum.

Is cap. 44.

Hyssopi descriptio.

Videatur Exordium lib 1. Dendrologia Aldrouandi à me composita.

gratia la figura, o faccia di questa herbuccia, e si vedrà vn fascetto di sottilissime linee, d'onde spargonsi per ogni verso le gratie della Beneficēza, terminare nella intermiminabilità, quasi tante portioni Diametrali di qualunque massima sfera, anche de i Cieli. *Asperges me Domine Hyssopo, & mundabor:* La direste vn imagine di fiamma, o vampa di fuoco, se ella fosse di rossore tinta; quelle, ancorche breui longhezze, tanto vicine alle matematiche, appena conosciute dà i vetri lenticolari dissegnano vn modello della Casa della Sapienza più recondita, doue habita la Verità, la quale secondo Anselmo *est rectitudo sola mente perceptibilis*. S'auuanza finalmente sopra le foglie dell'Isopo lo stelo, molto sottile anch'egli, con vn solitario fioretto verzicante pentagono, a cui succede vn ventricello grauido d'atomiche semenzine, che fuggono ogni peso, ed ogni misura, attribuitoli da Rabbi Salomone Ebreo, che lo diuisò, se bene trascuratissimo nel resto. Alla nostra Herba dell'Isopo vero di Salomone sopradescritta isquisitamente s'adatta in tutte le lingue l'Hebraico nome d' אֵזוֹב Esof, od *Ezof*, traducendolo il Greco ὕσσωπον quasi ὑσσὸν πρὸς τὸν ὦπα, cioè che paia vna punta di vn acuto dardo, o stile, o spiede, innocente però; e così anche il Latino, l'Italiano, lo Spagnolo, il Francese, il Tedesco lo chiamarono, ciascuno cō voce somigliantissima, che lo stesso, e non altro senso importi, come ottimamente sentì Girolamo il Santo purpurato Dottore, il quale stimò, che l'vnico Etimologo fonte del nome dell'Herba Isopo fosse l'Ebreo; in conformità di che Rabbi Maymonio, e Dauid Chinichio determinarono, che l'Isopo vero della Palestina non è pianta d'Horto, o di selue, o di stagno, mà dalle sole pareti antonomasticamente specializata: aggiugnendo altri Rabbini, cioè Limbroso con Aben Esdra l'impossibiltà di potersi trouar l'Isopo fuori delle Pareti;

Prou. c. 9. Iob. c. 28.

In Explic. c. 12. Exodi.

Hyssopi Etymon.

In vulgata lxx. Interp. Ps. 50.

In Thesauro linguæ sanctæ Scia[r]ossim. Super cap. 12. Exodi.

Trag de St[i]rp. H comm. l. 1 cap. 14.

Che

Che poi qual si voglia pianta diuersa dall' Isopo vero indicatoci da Salomone, ancorche nata frà le pietre possa arrogarsi dell'Isopo il nome non sia mai vero: e di quì ponno restar letterariamente confusi, ed abbattuti quei Botanici professori, i quali prodigamente dispensano il nome d' Isopo à molte piante, ancorche di questi alcuno habbia procurato di spiegare l'herbe particolarmente, che nella sacra Bibbia si truouano mentouate. Troppo è differente il nostro Isopo da ogn'altro Isopo sognato da gli Scrittori della cognitione dell'Herbe; io non temo gli Sbagli che affilati rimiro in vna gran turba di pseudoIsopi, come soggetti à manifesta condannagione, quando la statura loro troppo larga, od alta, ed i fiori, ò spicati, o ramosi: e cō quelli l'odore, colore, e sapore, ed altre qualità dissimbole proferiscono la senteza di proscrittione contro i medesimi vsurpatori del nome, e della dignità del nostro Isopo. Il nostro Isopo Salomonico è vn amoroso spiritello, chè imparadisa le fuggitiue speranze de miseri immondi; e dalle viscere delle Pietre trahendo i sughi vitali tutto si fonda sopra la vera Pietà liberalmente diffusa verso queì bisognosi, che humilmente l' attendono. Nasca pure frà le pietre quanto ei vuole il Sinfito pietroso herba: la di lui constrettiua facoltà lo dichiara per indegno del nome d'Isopo; l'Adianto, od il Politrico piante fontane imperfette, ed infruttuose non ponno aspirare alla dignità dell'Isopo; L'Agerato d'ingrato odore vanti à sua posta i fiori perpetui vmbellati per le campagne, egli non potrà già mai godere giuridicamente il nome d'Isopo. All' Origano, tanto l'Eracleotico, quanto l' Onite, ed al Polio herbe montane, ancorche aromatiche, la forma, ed il suolo natiuo loro niente adattati alle conditioni dell' Isopo togliono la partecipatione di questo nome. Il Crategono herba di Pietro Pena, e compagno scrittori del Libro intitolato

Prodr Botan. Bauh l 10 cap 4 n 8

Hermol Barb. in Corol. Diosc Hist Gener Pl. l 8. cap 29

Leuin Lem in expl Herb Biblic. cap. 26.

Hyssopi Differentiæ.

Bauhin. in Pinace lib. 6. sect 4. Clus. rar. Pl H. l. 3. cap. 50.

Pier. Valer. Hierogl. l. 49. pag. 361.

Leu lem in H B expl. cap 47.

Diosc. l. 3. cap 30

Crescent. l. 6. Agric cap. 59.

P Pena & M de Lob. in Adu. nou. p. 185.

Trag. l. 2. cap. 32.

gl' Auuersari nuoui Botanici per essere di violenti forze dotato, per lo che è detto κρατὸς τῦγόνυ, si fa più tosto vitupereuole, che altro. Al Melampiro, o Frumento Vaccino del Trago bizzarramente vitioso, di odore gagliardo assai, e di sapore altretanto spiaceuole non può esser ascritta alcuna podestà d'vsare il nome d'Isopo; e chi finalmente all' ingratissima, e catartica Gratiola lontanissima in tutte le maniere dalla descrittione dell' Isopo vorrà concedere, ed attribuire il nome d'Isopo? le conuenienze sono necessarie per tutto, quindi è che senza qualche relatione reale, e morale insieme all'antichissima Patria dell'Isopo di Salomone la Palestina è moralmente impossibile il trouare appresso di noi questa per tanti secoli sconosciuta, e peregrina Pianta. Hà voluto il Cielo, che io non nella Cilicia, ma quiui nella nostra Città in vn luogo sagro l'habbia fortunatamente trouata doue per appunto hanno luogo i Cilici grandi Gastigatori de' Vitij col diminuimento dell'alterigia; luogo più analogo di questo non poteua già trouarsi alla primitiua, & originaria produttione della medesima, che ama le sincerissime soggettioni, e le solitudini più diuote lungi da gl' interessi del Mondo fallace, ed alle apparenze realmente precipitose del secolo corrotto, perche delle Piante, che alte surgono da terra non può verificarsi adeguatamente che il loro verde sia portato dal terreno, conforme al primo comando, e stabilimento dell' onnipotenza nel terzo giorno della creatione del mondo, in quel modo che auuerato si vede nel nostro serpeggiante verde, *& vocauit Deus aridam terram &c. & ait germinet terra herbam virentem, & facientē semen iuxtà genus suū, & lignū &c.* Basta il conoscere l'Isopo Salomonico per herba nel proprio genere perfetta cō tutte le parti necessarie alla cōstitutione del suo tutto, cioè radici, che sono i piedi, se bene questi, come

Hyssopi Locus Natalis.

Plin. l. 14. cap. 16. & l. 26. cap. 8.

Genes. cap. 1.

me vasi vmbilicali nel ventre della terra riceuono gli alimenti, che si compartono al resto del corpo, fanno l'vfficio di bocca, e di gola, gambe, ventre, braccia, e capo col fiore, e col seme: onde si dirà con verità ferma che ella dourà preferirsi all'altre, che troppo superbamente pompeggiano in mille variate foggie di sregolate figure, e di colori ambigui; il che considerato dalla mia pouera musa diede materia al distico seguente.

Hyssopus, licet orta putris velut herba, piando est;
Subycit abiectis sæpe superba Deus.

In meis Obseruationibus Physicosymbolicis.

A' me non basta l'animo di rinuenire altra pianta, che compitamente goda le prerogatiue d'vn bellissimo acconciamento concessoli dalla più bassa sterilità delle Pietre quanto il nostro Isopo di Salomone, poi che la Fenice de Tetti troppo superba non può arriuare tant' oltre *quæ prius quam euellatur exaruit*. E quale sarà quell' Herba, che possa pregiarsi d'essere vna fisica Idea delle matematiche dimostrationi più fōdamētali quātoè l'Isopo di Salomone? poiche egli sopra vna pietra disteso superficiale gran quantità di linee tramandando per ogni verso da vn punto solo infinitamente moltiplicabile ne'legamenti di qual si voglia continuo in infinite parti

Aristot. l. 6. Phys. t. 1. & l. pr. Phys. t. 17 & cali t. 2. Euclides in Elem. Geom.

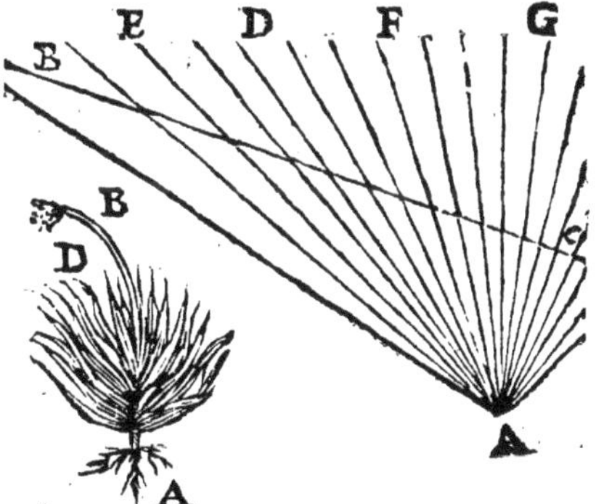

si stende, e passa ogni spacio imaginabile. Nō sono poi altrò che fiſici Pũti, ed Atomi Democritei quei piccõli grani che ſi truouano locati entro vn menomiſsimo ſuo ventriglio ſucceſſore di Vn altretanto piccoliſſimo fiore tutti di color verde dotati che furono la prima viſibile eredità laſciatali dà i primi Herbacei Parenti. Fatichino pure quanto ſanno, ed affannoſamente ſi ſtudijno in ricercare degl'Iſopi loro ſuppoſti le facoltà medicinali quei che ſouraſtano alle farmaceutiche officine ſotto la direttione del famoſo Meſue, eſsi non potranno già mai disbrigarſi da gli errori che gli circõdano, perche la più praticata, ed vſuale dell'Herbe tutte Iſopi chiamate, l'Iſopo dimeſtico, ed hortolano di Meſue, è vna ſpetie vera di Timo, o di Timbra, e da molti è controuerſo nel temperamento, che altri vuole ſia dentro il 2. grado di calore, e ſiccità, ed altri lo pone verſo l'eccesso del terzo; e come andrà nel reſto? Zoppicherà molto più l'Iſopide del Geſnero nel portare le Virtù dell'Iſopo vero, ancorche temerariamente creduta magica Herba, od Alchimica. Ma ella ſarà più toſto cõtraria di valore medicinale all' Iſopo; che à lui ſimile in qualche parte, mentre non mediocremente ſtrigne applicata in qualche modo à i corpi humani, come Cameciſto volgare, ò Panace chironio, e fiore del Sole chimico, ò Conſolida dorata de i Cirugici ſecondo il Matthioli, il Durante, il Cordo, & altri, che vuol dire ſaldatiua delle aperture: doue l'Iſopo vero hà dell'aperitiuo, e del mõdificatiuo, e del rilaſciante. Certo è, che l'Iſopo vero da molti ſecoli in quà ſi è reſo incognito à gl'Europei, onde per ſpiare le di lui virtù biſogna ſtare co' i vecchi de' Greci che lo ponno hauer veduto, ancorche nell'eſporre le di lui medicinali valentie nõ habbiano punto deſcritto la figura del medeſimo, e l'aſpetto. Hippocrate, ed Aetio mi dicono, che l'Iſopo analogo all'humano calore rinforza queſto principio vitale, e mondifica il corpo infermo liberan-

dolo

Hyſſopi Medicinales facultates.

Io Meſues de conſol & correctione medicinarum.

Vueck in Antidot ſp lib. 1. cap 8.

Manard. in Epiſt med & in adnot. in Meſ.

Plin. l. 24. cap. 17.

Tragus l. 1. cap. 73.

Matthiol in lib. 3. Dioſcor 50.

Caſt Dur in Herb. l. 5. p 176.

Eur. Cor. in Hiſt. Dioſc.

dolo da gli scrementi pituitosi. *Hyssopum calidum est; & pituitam ducit.* Emilio Macro Medico Poeta, che visse ne i tempi d'Augusto, se bene Italiano, seguitando le vestigie de i Greci, come fece anche il suo compatriota Plinio ambidue Veronesi, sono concordi, quegli, cioè Macro delle Virtù mediche dell'Isopo. verseggiando, così lasciossi intendere, che quest'Herba

Hipp. l. 2. de Diæta Aetius Tetrabib. 1 ser 1 Aem. Macer de Virtutibus Herb. cap prop Plin l 26. c. 4 6. 8. 14 & 15.

Prodest non modicum patientibus hausta catarrhum,
Subuenit, & voci raucæ versata palato.
Et prodest cunctis pulmonum sumpta querelis.
Lumbricos ventris eadem potata repellit.
Vultibus eximium fertur præstare colorem,
Cum vento nocuo viscosum phlegma repellens.
Cum vino bibitum præcordia tensa relaxat,
Et quicumque nocet tumor interiora, recedit.
Elixum appositum humores lympidat omnes,
Sic iuuat ictericos iniectum naribus idem.

Hyssopus, & Hyssopum tã fæminini, quã neutrius generis

Lympidat, vox. à Macro conficta.

E Plinio in più luoghi dispose i sensi da lui raccolti de gl'antichi, dicendo, che l'Isopo *Thoracem purgat; pellit ventris Animalia; ad vlcera manantia conducit; suffocationes laxat; scabiem Quadrupedum curat.* Quindi l'Arteria vocale non più rauca per opera dell'Isopo deue risonare per tutto le lodi gloriose che si deuono in ogni tempo alle di lui bellissime cure, quando per esse le humane sembianze scolorite, e tinte di schife infettioni le perdute sue doti riacquistano; e quando le viscere spiritali non sono più isforzate à produr l'horridezza de morbi Psorici, ed Elefantici, mercè degl'aiuti molto efficaci dell' Isopo inuerso la Regia Rocca del Petto; odasi in questo proposito vno Scrittore molto gratioso, dell'Antichità più vecchia osseruatòr verace nella sua Dea Flora.

Abb. Hengel. in lib Hortensius, & Dea Flora c. 21.

Est humilis, Petræquè suis radicibus hærens,
Et vitijs Hyssopum pectoris herba medens.
Ad Pulmonis opus confert medicamen Hyssopus.

Tan-

Hyssopi Vsus in Cibis. Tanto aggiustate dell'Isopo vero furono sempre le attioni, che questa Herba negl'vsi cibarij ancora ottenne non ignobile luogo per testimonio irrefragabile d'vn' Eminentissimo partiale del vero, e senza sorte alcuna d'adulatione, dicendo che l'Isopo vero hà facoltà d'insaporire le viuande, strignendo in due versi il Porporato Scrittore le sommarie virtù medicinali dell'Herba stessa. *Hugo Cardinalis.*

Parua, calens, pectus purgans, petrosa, screatrix,
IVS SAPIDAT, pleuræ congrua, spargit aquam.

Rhodig. l. 13. cap. 25. Il medesimo in sostanza come Pane mangiauano allegramente i Sacerdoti Egittiani, prouando l'efficacia di quello à rendergli più continenti col dissipare ch'ei faceua le ventosità, e le minere de i fiati precipitosi; & hauendo l'Isopo mirabile facoltà di rischiarare gli spiriti del cuore poteua felicitare i respiri togliendo le spiaceuolezze, e le ansietadi à i sospiri, si che il pane Isopato non sarà pane di dolore, mà d'allegrezza; e così il vino Isopite per i vecchi non haurà pari per mantenergli longo tempo in verde equilibrio delle animastiche facoltà dell'appetire, e digerire gli alimenti, e discacciare tutte le nociue superfluità. *Veck ant. spec. lib. 2. cap. 6.* Le corporali dispositioni del Microcosmo ottimamente composte dall'Isopo fanno la strada à gl'affetti più moderati dell'Animo, e facilitano le intelletuali attioni, acciò comandino dispoticamente à i sensi pur troppo spesso ribelli, per che questi ciechi di propria natura, nõ conoscẽdo l'oggetto del vero, perfetto, e perpetuo bene appetiscono gl'indegni, e perniciosi odij, ed amori, e nelle infelicità si sepeliscono. *Hyssopi Vires spiritales.* *Arist. l. 2. Moral. cap. 5.* Mentre dunque l'Isopo monda, e netta isquisitamente le sedi de'sensi, ei viene conseguentemente à consumare le nequitie, & ad impietosire le più spietate crudeltà; come anche empiere col verde intero d'vna imperturbata speranza il fondaco de i pensieri di pretiose cõsolationi; s'aggiugne, che l'Aspersione coll' Isopo, *Leuit cap. 14. Num 19. Exod 24.*

che

che già faceuasi à i leprosi curaua il corpo, e l'anima ancora; ne i quali penetrando spiritalmente sino al cuore indi si leuauano le ingiustitie; e si lauauano le macchie di quelle, premesso però il debito pentimento delle colpe commesse. Sin qui ponno arriuare le attiuità fisiche, e morali dell' Isopo auualorate da i gratuiti fauori del Cielo, non già più oltre passare, *Est quoddam prodire tenus si non datur vltra*. Il lume naturale della ragione ce lo insinua, e ce lo pruoua; e chi è quello, che col resistere alle gratie più desiderabili, nō le abbracciando, voglia veder la propria faccia più annerata, che non sono i carboni? non sarà mai ricco, ne nobile, o grande chi non vuole restar pouero di sozzure, e chi non vuole, che s'impicciolischano in se stesso l'enfiagioni della superbia. S'apprezzino adunque dell'Isopo le tanto gioueuoli operationi, e significati, mentre questo picciolissimo di acute foglie ci rappresēta per le Sacre lettere la Gratia spirituale insieme coll'humile pouertà, che fù sempre hauuta per cosa Diuina appresso tutte le Genti, per quello, che leggiamo nel Greco Menandro *ἀεὶ νομίζονται πένητοι τῶν θεῶν pauperes semper existimantur ad Deos pertinere*. Honorisi in oltre l'Isopo come vn simbolo de i Santi Patriarchi, e Profeti dell'antica Legge, e come vn viuo ritratto della Penitenza nella legge Euangelica, cioè della Gratia, di cui egli porta generoso l'impronto compuntiuo nelle foglie, soddisfattiuo nella durezza sua radicale di Pietra, diuinamente amoroso nel temperamento caldo, e premiante nella virtù mondificatiua: l'Isopo in somma è il ristretto della misericordia Diuina di cui piena è tutta la Terra in riguardo della innumerabilità delle di lui foglie congiunte, e loro mollezza; e per fine io dirò, che l'Isopo nostro è vn Geroglifico molto chiaro dell'vbbidiētia che è madre fecōda, e custode vigilantissima di tutte le Virtù, quādo egli niente contumace, o reni-

Ps. 50. & 32.
Horat. L. 1. Epist. ep. 1.
Thren. 4.
D. Aug. & D. Greg super ps. 50.
Hyssopi Symbola, & Hierogl.
Ant. Ricc. Comm Symb.
Geuschel l. 6. Eloc sacr scr.
P Val. Hier. l 65
Ap Stob.
Ps 4 5.
D Luca c. 13.
Ansel off sac. 2 par Alphi. p 76
D Paul. Heb. c 12.
B 32 144.
D. August l. 4 de ciu. Dei.

renitente à i comandi della Natura nel ſuo naſcere, e nel morire non ammette ſutterfugio alcuno dell'Arte, e però ad eſso molto bene s'adattano gl'Epiteti, ed Attributi, di Pronto, Spiritoſo, Allegro, Caſto, Gratioſo, Libero, Salutifero, Placido, Oſſequioſo, Amoreuole, Manſueto, Semplice, Efficace, Vero, Perfetto, Vittorioſo, Felice, e ſopra il tutto può chiamarſi la Saluezza de i Muri profeticamente promeſsa à i Popoli di lontano, indicata ancora dal di lui verde; che sà fecõdare, ed abbellire la ſterilità, e la rozzezza de i muri, da i quali con reciproca gratitudine viene alimentato, com' anche può dirſi Alito gratioſiſſimo dell'acque, dell'odore ſempliciſſimo delle quali è germe fecondo, come ce lo dimoſtra il moltiplico ſuo ginocchiellato pennelleggiante la pendenza del refluſſo del men graue Elemento.

Hyſſopi Epitheta. 1 Reg. 15. 1 Paralip. vlt Oſea 4. D. Paul Rom. 12. D Matth. 3. Seneca de vita Beati. Iſaias c. 49.

Iob. c. 14. Ad odorem aquæ germinabit, & faciet comam.

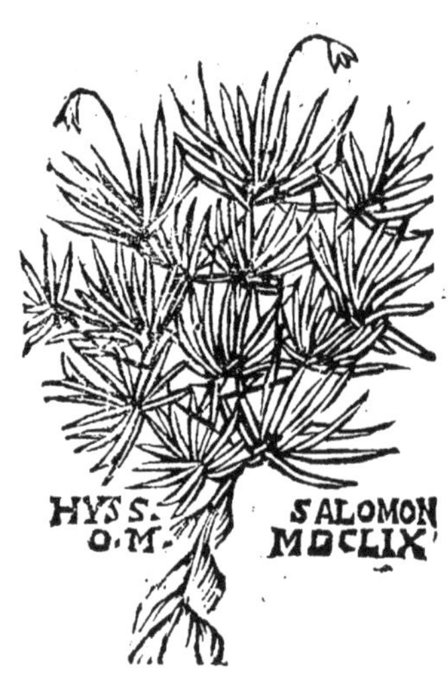

LA

LA POLITICA, E LA RAGION DI STATO

Vnitamente con Iſtorici tratti abbozzate.

DISCORSO

Del Sig. Dottor Aleſſandro Barbieri.

' Così antica l'origine della Politica, ſe nel rintracciarla io non trauiai, che, ſarà ben detto ſenza taccia d'anacroniſmo, come il ſuo principio confini col Chaos; qual marauiglia dunque ſe più d'vna fiata fra tenebre, e confuſioni ella rauuolta ſi troui? Si col Chaos allora quando il Diuino Artefice reſoſi Operiere di ſei giornate non col *Fiat* vulgato, mà con quel famoso, e decantato *Dominamini* parue, per così dire, che spargesse i semi della Politica nel seno della sua frà le terrene più nobil fatura. E tutto che dal volere di quel Grande fosse ristretto al commando de'bruti, esteso poi dal consenso commune delli vomini stessi à loro stessi in molte miriadi propagati, diè materia di riso à gli empij fautori d'vna mostruosa, e detestabile Anarchia, e di tener i popoli in conto di greggie brutali, perche quasi colla verga si lascino reggere dal Scettro d'vn solo, ò di pochi. L'Antichità d'esso lei fù pur anche riconosciuta da quel famoso Politico allor che disse: *Vetus, ac pridem mortalibus insita potentiæ cupido*. Intendami però con risserua il Lettore, ch'io non m'inalzo dalla Politica di quà giù, che per altro saprei ben rinuenire, anco vn origine superiore, se volessi por bocca in Cielo, diuisandoui di quella Politica peruersa, colla quale vno Spirito superbo, e fellone si mosse contro il suo Sourano, eccoui tutta la serie della machinata congiura riferita da vn Segretario di stato dell'Altissimo, che à notitia de posteri la distende in cotal guisa. *Qui dicebas in corde tuo in Cælum conscendam, super astra Dei exaltabo solium meum, sedebo in monte Testamenti in lateribus Aquilonis, ascendam super altitudinem nubium, similis ero Altissimo*. Ma d'vna Politica così temeraria, ed orgogliosa gli effetti non furono punto dissomiglianti, onde il salir di costui fù vn precipitio. *Quomodo cecidisti de Cælo Lucifer qui mane oriebaris?* ò pure *Verumtamen ad infernum detraheris in profundum laci*, il che fù espresso non isciapita mente da nostri Poeti.

Tacit. hist. l. 2.

Isaia c. 14.

Petr. Son. 267.

Tass. Gierus. can. 2.

> *E dissi a cader va chi troppo sale.* O'in altre forme,
> *Ed' a voli troppo alti, e repentini*
> *Sogliono i precipitij esser vicini.*

Tacit. hist. l. 2.

E già fù detto che *Imperium cupientibus nihil medium inter summa, & precipitia.*

Da

Da così famosa, ed antica origine per vn tratto ben lungo di secoli io mi conduceua poi finalmente alla Politica de nostri giorni, col lume riflesso di politiche riflessioni opportunamente distese, allumando il buio d'vna si antiana, e però nobile professione, rendendo conto in primo luogo dell'introduttione delle Primogeniture fin da primi anni del Mondo ancor fanciullo da vna Politica familiare, che passa sotto nome d'Economica, e ragion di casa può addimandarsi, e vi poneua fin sotto gli occhi vn picciol duello, vn infantile Monomachia in cui fù combattuto il diritto della Primogenitura, che costituesce frà priuati vna domestica Monarchia, e ciò col riscontro di tal penna, che non mentisce. *Sed collidebantur in vtero eius paruuli*, e gli fa lottare in fin nascendo, *protinus alter egrediens plantam fratris tenebat manu*. Tacit. hist. l. 2 / Genes. c. 24

Cresciuto Giacobbe l'vno di costoro duellanti, io l'osseruaua vsare delle finezze politiche, per vsurpare al fratello le douute ragioni di preminenza, col vestire la mano dell'abborrito pelo, per esser inuestito del bramato dominio. *Pelliculasque hædorum circumdedit manibus, & colli nuda protexit*, fatto politico mentitore, quegli che douea esser il ceppo della Verità medesima *Dixitque Iacob ego sum primogenitus tuus Esau*. Gen. c. 27

Nati d'vn Padre Politico io consideraua i figli dello stesso taglio sagrificare il fratello Gioseffo sù gli altari d'vn empia Politica idolatrata, nell'abissarlo in fondo d'vna secca cisterna in cui si seccassero le da lui sognate speranze, poscia per il suo meglio io l'inuiaua alla scuola del Padre Politico raffinato, ou'apprendesse, che de politici dogmi son men capaci i cuori più sinceri, ed era ben à mio parere Politico raffinato Giacobbe, se dal suocero Laban, n'hebbe lettione per il corso di poco men, che tre lustri da quel Laban, che seppe cose accortamente con tiro di soprafina Politica tener legato, frà ceppi adamantini di bellezza adorata vn giouinetto cuore, e maritare vna figlia difforme, non con la dote mà con le doti d'vna sirrocchia tutta bella, ecco il fatto, *&*

Genes. c. 29. *vespere facto Liam filiam suam introduxit ad eum*, e l'effetto seguito ne *Seruiens apud eum septem annis aliys*.

Quindi io daua vna vista alle Regie Corti d'Israelle, in cui rauisaua non pochi vestigj d'vna Politica di tutto paragone, si nelle gelosie statiste di Saule affascinato dal commando essercitate contro Dauidde il Genero valent' huomo, ed'innocente, si nelle politiche diffidenze de Filistei per lo stesso Dauidde riffuggiato frà di loro, e malcontento di Saule. *Et non descendet nobiscum ne fiat*

Reg. p. c. 29. *nobis aduersarius cum præliari cæperimus*. Mi si oggettauano pur anche dauanti i rigiri proditorij del gabinetto reale del già Coronato Dauidde per rouinare vn Vria, solo à cagione dell'esser egli possessore del tesoro d'vna bellezza suddita si, mà imperiosa, le vendette con politica sottigliezza condotte à fine da vn Absalone implacabile, ribello al Padre, humore ambitioso, assediato da gli Adulatori, e da cattiui consiglieri, le riffolutioni statiste d'vn Gioabbe ministro di suo capo, di gran cuore, e fortunato.

Delle sagre carte politicamente riuedute, io mi voltaua à i registri delle profane istorie, oue Astiage gran Rè de Medi mi si paraua dauanti tutto politico, perche tutto sospetto, che fondando sopra i sogni indubitati presagi, condannaua al morire chi non hauea toccato ancora la prima soglia del viuere, ordinandogli per culla

Iustin. lib. 1. vna Tomba. *Natus Infans datur occidendus Arpago Regis omnium consiliorum participi*.

Mà nel biglietto dello stesso Arpago malcontento, e benche priuato di Astiage da esso lui altamente offeso io vi leggeua vna giusta sentenza contro vn ingiusto de-

creto

cretò ed'vn politico risentimento d'vn Ingegno ben instrutto ne gli affari, e maneggi di stato. *Epistolaque quia palam ferri nequibat, Regis custodibus omnes aditus obsidentibus exenterato lepori inseritur lepusque in Persas Ciro ferendus fido seruo traditur additaque sunt retia vt sub specie venationis dolus lateret.* Idem 10.

Morto Ciro il Monarca dell'Asia, nell'insidie d'vna femina, come ognun sà, che di malitia troppo più preuale all'vomo, io ne raccoglieua della vita d'esso lui vn precetto di Politica profumata, quando che per effeminare i Lidij popoli feroci, e ribelli leuategli l'armi, e i caualli pose ad essercitij vili ed imbelli, come ne dà contezza Giustino. *Quibus iterum victis, & arma, & equi adempti iussique cauponias ludicras artes, & lenocinia exercere.* Lib. 1. Indi per la morte violenta di Cambise il successore anzi il Tiranno, io mi trasferiua ad vn Assemblea di stato da sette congiurati della prima riga frà Persiani ragunata, per assettare nell'interregno lo stato Politico della Persiana possanza, e vi haureste vdito forse di buon grado espressi in buona forma ad imitatione d'Erodoto il Padre dell'Istoria (in cui si leggono) i tre pareri, cioè il primo d'Otane à fauore d'vna moderata, ed egualmente distribuita Isonomia, il secondo di Megabise à prò dell'Ottimato, nobile, prudente, e ben regolato gouerno, l'vltimo di Dario approuatore della Monarchia, Potere giusto, assoluto, sourano, ed eccellente, applaudito, ed abbraciato dà gli altri quattro Maggiorenti, e nella Dieta istessa consultori. Decisione direbbe alcuno Ruotale fauoreuole alla Monarchia nella gran lite, che verte fra esso lei l'Aristocratia, e la Democratia; e tiene ancora diuisi i consiglieri della giunta Politica; Decisione stabilita frà que'popoli da noi più tosto lontani, che barbari, che ben mostrarono come alla luce del Sol mattino chiaro vedeuano nelle materie Politiche. Ma per conseruaſeruare vna lode Accademica Iſonomica hò con alcun mio rammarico affaſtellate tutte queſte politiche rifleſſioni Aſiatiche tanto ſacre quanto profane, raccòrciandole con rigoroſa falcidia, così Cane del Nilo va lambendo, e fuggendo, per ritirarmi tutto ſollecito nella noſtra Europa, degno, e nobil ſeggio della Politica del più fino carrato.

Nella noſtra Europa io dico, in cui ecco la Grecia nutrice di Popoli, che rendendoſi ſerui della ſapienza col filoſofare, formauano gli animi alla dignità del commando, così dando il ſuo peſo à quella ſentenza d'oro, ch'allhora i Popoli ſarebbero dirittamente gouernati, quando i Rè haueſsero filoſofato, ò i Filoſofanti regnato. In queſta picciola pezza di Mondo come in nobil Teatro, ò quanto riuſcirebbe in acconcio il porui d'auanti gli occhi tutte le maniere di gouerno, ed il Regio, e l'Ottimato, ed il Popolare, ed il miſto di Monarchico e d'Ariſtocratico, di Democratico, e Monarchico, ed il moſtruoſo, del Tirannico alzato ſoura l'Ottimato, ed il Popolare coll'addattatura d'vn capo di beſtia feroce ad vn corpo d'vomini anco ben ragionati, mà lo ſpettacolo nobilmente maeſtoſo, ed affatto politico, per la ſouerchia longhezza cagionando noia riuſcirebbe forſe ſpiaceuole.

O' quanti eſſempi diſordinati di gare, di competenze, di ſeditioni dell'Ottimato ambitioſo, ed inquieto della Plebe forſennata, e tumultuante v'inſinuarebbe l'Ateniese Republica l'Attica gemma, ò per la più pazza frà le ſaggie Ariſtocratie, ò per la più ſaggia frà le pazze Democratie. Vi ſarebbe romper i fianchi il ſouerchio riſo, e gonfiar le narici la bile acceſa al vedere vn Popolano tanto ignorante, quanto sfrontato porgere la ſua coccia ad Ariſtide il più ſaggio frà gli Arconti dell'Areopago, da eſso ne men conoſciuto, perche ci ſcriueſse ſopra il

nome

nome d'Ariſtide medeſimo, à cagion di valerſene contro di lui nell'Oſtraciſmo deſtinatogli, e da coſtui a preteſto ſolo, ch'egli godeua il titolo di giuſto. Così queſte ciuette minute d'Atene pur troppo numeroſe ſi moſtrauano fieramente offeſe dallo ſplendore della Virtù, e qui ſi farebbe pur anche luogo ad oſſeruare gl'immoderati fauori del volgo verſo gli Alicibiadi, ceruelli torbidi nati all'eccidio della Patria; gli eſſilij à i Temiſtocli dall'oſtraco inuidioſo procurati in premio della Patria diffeſa, riſtabilita, le cicute à i Socrati meſciute inſtitutori de più ſani coſtumi, le fattioſe competenze frà i Pericli, i Cimoni, ed i Tucididi per la ſouranita del commando, le tirannidi nate co i Piſiſtrati, e moltiplicate poſcia in trenta capi per diſtrugger vn Atene, quaſi che vn Tiranno ſolo non ſia valeuole à deſolare cento Cittadi, tutti difetti Politici d'vn'Ariſtocratica Democratia, miſto imperfetto, diſordinato, e di breue periodo, ma che porgerebbe longa materia di volumi.

S'io vi guidaſsi poi entro Sparta, egli vi ſembrarebbe di paſſeggiare anzi che vna Città vn Chioſtro di religioſi, e di ben rigida diſciplina, oue sbandito il luſſo, ſterminate le ricchezze, ridotto il tutto ad vna ſeuera Iſonomia, introdotta la parſimonia, e la virtuoſa emulatione rauuiſareſte in quegl'animi ben regolati vn ſeminario d'Eroi, nell'adunanza de gli Efori vn conſeſso di tanti Regi, ne due Rè loro, più toſto due capi autoreuoli degni di regnare, che regnanti. Felice te, ò Sparta, ſe per tuo malanno non ti foſsi alleuata in ſeno la Serpe del ceruello politico d'vn Liſandro, che abolita la ſeuerità de' coſtumi, fatte ripatriar le ricchezze, auezzati gli occhi Spartani al luſtro dell'oro ſneruò quella virile forma di viuere, che dal corſo di cinque ſecoli hauea preſo vigore. Furon ſuoi dettati politici poco degni d'vn rampollo della ſtirpe de gli Eraclidi, che doue non giungea

la

la pelle di Leone iui ſi potea ſenza ſcrupolo verunō aggiūngere quella di Volpe, ch'à i fanciulli ſi facean le traueggole co' buſsoli de' giocolieri, ed à gli vomini gl'inganni co' giuramenti, quaſi che Iddio ſchernito ci deua eſsere ſcudo contro il nemico temuto, così vn grano ſolo di Politica maluaggia, è atto à corrompere tutta la maſſa d'vn ottima Politia.

Parue così male à Platone di tanti errori politici frà quali ſi trouauano inuolte le publiche amminiſtrationi di que' tempi, che coll'intelletto ſuo teoretico produſſe l'Idea d' vn gouerno poliarchico, mà così depurato, che poco adattandoſi alle corrutele, di queſto Mondo guaſto, potrebbe forſe pratticarſi, ò nel concauo della Luna, ò nell'Vtopia del Cancelliere d'Inghilterra, doue gli abitatori foſſero d'altra miſtura, e d'altra tempra, che non ſiam noi, formati del men puro elemento. Ma s'altri col titolo diuino coronò l'altezza delle ſue contemplationi, v'è chi l'addita per men che vomo, nell'ammettere, in quell'ideata ſua Politia la communione delle Donne, e della Prole, nel confondere le prerogatiue de i ſeſsi, accommunando gli officij proprij del valor maſchile alla debolezza donneſca, nel permettere cert' vne gentilezze, che non à baſtanza vietate, rendono pur troppo infetto il Mōdo d'abbomineuoli compiacimenti. S'egli però in cotale ſua fantaſia politica parue alquāto aſſonnito, non fù già ſe nō ben deſto, nel gettare ſaldiſsime le fondamenta della ſua ben architettata Republica sù la baſe immutabile del culto Diuino della Religione ſincera, cioè di quella trāmandata à i poſteri dalle fonti limpide, e pure de Maggiori, e Migliori per longo tratto di ſecoli, non alle fetide pozzanghere d'ingegni torbidi, e pantanoſi pur l'altrieri beuuta; ſenſatamente pronunciando, che il mutar Religione non fù mai ſenza il total ſconuolgimento d'vn ben ordinato gouerno, che però l'Etelotrischia, cioè Religione, à capricio volgarmente detta Libertà di coscienza, fù da quell' Ingegno più che vmano, dall'vmano consortio, come la peste maggiore d'ogni Politica communanza, co' gl'vltimi gastighi sterminata. Che le più salde colonne al sostegno d'vna Republica, io dirò d'vna Città, che non camini al suo eccidio, sono le prammatiche contro il souerchio lusso, e le pompe smoderate. Nel prescriuere per legge inuiolabile à i Padri Conscritti il preferire maisempre la publica vtilità al priuato suo commodo particolare aureo Ricordo scritto sù le prime bussole d'vn Senato con queste parole: *Obliti priuatorum publica curate*, così fos's'egli non letto solo, ma praticato seriamente com'egli è vltimamente raccordato, nel rafrenare la souerchia prosontione degl' ingegni poco temperati vietandogli fin da que tempi l'esporre alla luce i parti loro per lo più mostruosi, senza la permissione del supremo Magistrato, il che fosse cautellato con legge commune à tutti, contrasegnando pur anche per buoni Cittadini coloro, che non ricusauano i pesi de publici impieghi, ma volontariamente se gli poneuano in collo, e mi parerebbe d'aggiungerui pur che l'opra loro non fosse peggio riconosciuta, che di bastaggio.

Ma il pagnostico, e sublime ingegno d'Aristotele egualmente contemplatiuo, e pratico, scrisse cosià cconciamente delle materie Politiche, e della Ragion di stato, che ben degnamente è da tutti osseruato per il maestro. con tutto ciò non paru' egli molto vniforme, ne in tutto simile à se stesso quando che alla Monarchia diè il titolo d'ottima prima, e diuinissima ragion di commando, sì nel quarto della Politica al secondo si nell'ottauo delle Morali à Nicomaco al decimo capo, e nel terzo poi della Politica all' vndecimo, è duodecimo capi nulla badando à così eccellenti prerogatiue, quasi per modo di dubitare, quiſtionando, e per bocca d'altri la dannò; come troppo diſſomigliante dalla ſomiglianza di Natura, che paſſa frà gli vomini coſtitutiui d'vna Città tacciandola di poco aggradeuole in paragone del gouerno de pochi, e ſcielti detto l'Ottimato, ne ſeppe approuarla, ſe non in caſo, che la Virtù d'vn ſolo foſſe in grado così eccellente, che faceſse non ſolo contrapeſo, ma traboccaſſe all'incontro della Virtù di tutti gli altri. Io direi, che quel grand'vomo nato frà le Greche Poliarchie, foſſe portato dall'affetto nationale à ben parlare dell'Ottimato, ne ſenza l'appoggio delle ragioni, ma preſa poi l'aria della Corte di Macedonia, tocco dal vitio cortigianeſco dell'adulatione, ſi moueſſe à luſingare la Monarchia, creſcente pur allhora, nell'Eroe da lui formato, quell'Eroe dico del grande Aleſſandro, che giuſtamente può dirſi vn Effimera dell'Impero, e ſe col fulmine della Spada lampeggiò più volte sù gli occhi d'vn Dario abbattuto, che altro fù mai ſe non vn lampo della Monarchia? Ma rifacendoci noi da capo alla Politica d'Ariſtotele da cui furono così pienamente conſiderate tutte le forme di Politie, che nulla più, e tutti i particolari à quella appartenenti, ſi nel materiale, come nel formale, e data vna riuiſta ad vna mano di Republiche, che in que tempi fioriuano, ponendole l'vna coll'altra in paragone, e riprouandone i difetti, e poſto in bilancia il gouerno d'vn ſolo, e de pochi, e de molti per giudicarne il peſo, e la perfettione, quindi fatto Archiatro del corpo Ciuile, e la Profilatica, e la Terapeutica all'Igia di quello proffitteuoli accuratamente deſcriſse, tutto dato alla cura di que morbi, che l'Eucraſia Politica interamente ſconuolgono, colla Patologia, Semeologia, ed Antipatologia di tutto punto maneggiate; Rimoſtrandoci la Tirannide Moſtro della Monarchia per vn ſouerchio, e diſordinato potere d'vn ſolo, a proprio vtile, e de' ſud-

diti

diti à danno, ingiustamente vsato. L'Oligarchia sconciatura dell'Ottimato per vn' Autorità sourana ridotta, ne pochi, non già i migliori, e più saggi, ma i più ricchi, e potenti, alla quale non và molto lontano quella, che ad vn numero limitato, e preciso di famiglie ristretta, e da Padri ne Figli, e Nipoti eternata se non viene con soauità, destrezza, e moderatione praticata, offende non leggiermente gli animi di tutti quegl'altri, che si sentono amareggiati dal vedersi senza veruna loro colpa de' publici maneggi al di fuori. L'Oclocratia Peste del Gouerno Popolare, quando confuso l'ordine Politico da vna Plebe caparbia, e seditiosa viene il tutto manomesso, e riuolto sossopra.

Cresceua intanto dà principij deboli, ed ingiusti, quella gigantesca mole della Romana Signoria, che caminaua à solleuarsi frà l'altre quanto s'inalza.

Frà più bassi virgulti alto Cipresso.

O' quanti, e quali precetti, e documenti politici si potrebbero, mietere à fascio non che raccogliere à spiche in vn campo così fertile, e vasto se la raccolta di più secoli potesse capire à bastanza sù l'aia di pochi periodi. Ed ecco farsi auanti l'arte politica d'vn Numa, che col manto d'vna ò fosse vera, ò simulata Relligione pone il freno, ed ordina leggi à quel Popolo feroce, e masnadiere, Ecco il Superbo che con muta finezza politica prescriue al figlio il modo di gabbare i Gabij in decollando colla muletta per i viali dell'Orto i papaueri sù gli altri fiori capoleuati: *Ibi inambulans tacitus summa papauerum capita dicitur baculo decussisse*. Ecco Lucio Bruto da non esser punto riposto fra bruti, ma il più saggio degli Vomini, che con mentita sciocchezza distrugge la vera Tirannia del Superbo; e la di lui auuedutezza politica rende inutile, e scimunita; dando noua forma di gouerno portato dal Monarchico all'Aristocratico

Liuius Dec. 1. lib. 1.

temperato colla Democratia alla Patria dal giogo di Tiranni liberata, di cui ne habbiamo vna piccola, mà imperfetta bozza in due tratti di penna del Padre della Politica. Roma nacque co'i Rè, la libertà ed il consolato furono parti dell'ingegno rissoluto di L. Bruto, la Dittatura remedio straordinario, e temperaneo, ne casi poco meno, che disperati la podestà de Dieci, e l'autorità Consolare conferita à condottieri de Soldati come poco grate furono ben tosto abolite, fin qui Tacito. Il Pontefice Massimo, i Proconsoli, i Censori, i Pretori gli Questori, gli Edili, i Tribuni della Plebe, tutti gradi, che formauano il soglio della tãto gradita libertà diffesa lungo tempo fin co'denti, fin all'vltimo fiato da quella gente nata, e nelle fascie nodrita à i fasci del commando: Oue i Menenij Agrippi facondamente politici colla piaceuol nouella della ribellion de membri dal ventre sedentario; e da loro condannato per otioso riconciliorno la plebe dal Senato disunita. Que i Fabij massimi, non men guerniti di ferro il petto, che prouisti il capo di politico accorgimento, col tardo loro moto rattennero il violento del Fulmine di guerra Africano, e collo starsi la Patria vicina al perdersi rimisero in istato.

Virgil. Æneid. lib. 6. *Vnus qui nobis cunctando restituis rem.*

Gli Attilij Regoli politicamente generosi, che per dare vn buon consiglio alla Patria salutare hebbero per bene l'hauere vna mala morte frà tormenti da vna barbarie industriosa, la magnanima Politica di coloro, che gettorono le polizze alla subasta di quel campo, ou'era attẽdato Annibale accrescẽdo così più dell'auere domestico il coraggio nel volgo da tãti, e tanti infortunij auuilito, il che osseruato da L. Floro, nõ se la passò già senza fargli vn'encomio. *Parua res dictu, sed ad magnanimitatem P. R. probandam satis efficax, quod illis ipsis quibus obsidebatur diebus ager quem Annibal castris insederat venalis Ro*

Lib. 2. cap. 6.

mæ fuit hastæque subiectus inuenit emptorem. Le diuersioni militari de Scipioni dettate da vna Politica ben intesa fatte col portare l'Aquile Romane alle mura di Cartagine per tirare i Leoni Africani alla diffesa de loro proprij couili sono tutti saggi auuedimenti da esser riposti frà le più care gioie del tesoro politico.

Mà già il lusso ambitioso introdotto colle Asiatiche ricchezze nella mura di Quirino hauea tolto il luogo alla Vita frugale, ed alla volontaria pouertà di quegli animi raffrenati in se stessi, per porre il freno à tutto il rimanente de gli Vomini, ed ecco dare l'vltimo crollo quella Romana Poliarchia, ch'hauea portate l'armi sue fin à gli vltimi confini del Mondo scoperto. Vn piccol diffetto scompone tutta questa gran machina Politica. La Dittatura magistrato di breue durata prolongato alla vita d'vn Vomo dà morte all'Aristocratico, e vita in vn punto al Monarchico gouerno. In questi tempi appunto parue, che la più fina Politica hauesse i suoi veri natali Augusto qual Madre la partorisce, Tiberio qual balia l'allatta, ed allieua, Tacito n'è l'Aio che di regole, e precetti appieno l'istruisce. Seiano la vera Idea d'vn Priuato dalla finezza Politica d'vn sourano inalzato, e dalla gelosia statista del medesimo abbattuto. Il Racconto de gli annui successi di questa Monarchia della penna Romana d'vn Tacito, è vn Mare Politico ou'altri arricchisce di gemme, e tesori statisti, altri si perde fra scogli, e marosi della Ragion di stato più ondeggiante.

E qui ò Dio mi raccapriccio tutto, nell'vdire quell' empia risolutione di questi giorni appunto vscita da vn infame Giunta pseudo Politica dal primo Presidente degno inuero d'vna tal raunanza così dettata. *Expedit vobis. vt vnus moriatur Homo pro Populo, & non tota gens pereat.* Il motiuo è tutto mondanamente Politico: *Venient Romani, & tollent locum nostrum, & gentem.* Qual

vomo

vomo, e questi se non quegli ch' hà tutte le note, ed i contrasegni più certi dell'aspettato Messia, e la Giunta medesima con le bocche sacrilegamente veritiere il confessa: *Quid facimus quia hic Homo multa signa facit*, E pure l'occhio bieco d'vn'Atea Politica nol raffigura, così l'Empieta, e la Politica maluaggia hanno pur sempre vn nido commune.

Ioann. c. 11.

Ed inuero la Politica mondana è così rea, che non la perdona à Dio medesimo per cagion di regnare anzi che pretendendo adorationi gli congiura alla Vita: *Et cum inueneritis renunciare mihi, vt & ego veniens adorem eum*, così parlaua con politica simulatione, à gli ospiti Reali sin da Battri venuti il Rè statista della Giudea, e qui appunto io non posso tacere vn irrefragabile autorità à fauore del maggiorato della Monarchia, nell'hauere Iddio stesso fatto vno di noi, constituito frà noi vn Capo Visibile all'Ecclesiastica Politia, ed in questa forma promessogli la propria assistenza sin all'vltimo Cataclismo, nè già racconto io fauole Milesie, mà sagrosante, ed infallibili verità del nuouo, e nostro Testamento.

Matth. c. 2.

Succeduta fra tanto la declinatione del Romano Imperò, colosso Monarchico dell'vrto furioso de' Barbari gettato sossopra, gente vscita dalla Scandinauia, ò sia Cimbrica Chersonesso, detta Guaina de popoli, io giurarei, che la Politica andasse à filo di Spada col resto del Mondo. Mà nò, che pur la raffiguro nascosta in vn picciol cantone d'Europa starsi ranicchiata, ò per dir meglio ristretta in se stessa, ne' luoghi palustri dell'Adria, per vscire ella stessa poi dal più instabile elemento la più stabile, e ben fondata Republica, che vantassero mai in alcun secolo i secoli, già non guizzarai muto pesce frà le sals'onde, ma Regio Leone atterrirai co' tuoi ruggiti, non meno i vicini, che i lontani; che han mai che fare le Perle dell'Eritreo colla tua pretiosa Libertà, ò Adriatico. Bella

Veneta libertà, modello Archetipo d'ogn'altra da te ideata, retta con tal prudenza, con tal fermezza conseruata, che non hai punto ad inuidiare la felicità della Romana Republica, ne da curarti molto di sua mostruosa grandezza. E quale frà tuoi generosi Figli v'hà mai garzonetto scolare in ogn'altra disciplina, che non sia ben fondato Maestro nella Politica Professione Coetanea quasi à così legitima Aristocratia s'alzò nell'Oriente vn' illegitima Tirannide, ma da leggi così risolute, ed inflessibili regolata, che vnendo, chi il crederia, colla violenza la dureuolezza fatto acquisto coll'armi d'vn mondo di paesi nel Mondo, s'è resa il terrore, ed il flagello de più giusti Monarchi, ed Ottimati, ed oggi può additarsi per vna scuola statista, e per vn seminario di politici più auueduti.

Contendeuano poco dopo à questi tempi raccordati, quando con armi ciuili dentro di loro stesse, quando con armi generose portate fuori di casa contro le vicine alcune Italiane Republiche mà così nella publica direttione imperfette, che ben mostrauano la Politica di que' tempi qual fanciulla non passar col sapere oltre i primi rudimenti. Frà le quali eran di non picciol grido la Fiorentina, la Pisana, la Senese, la mia Patria, ed alcun' altre ancora, di tutte le quali oggidi non rimane altro che il Nome, ma corrette l'imperfettioni restano pur anche in piedi la Lucchese, e la Genoese, quella che d'antianità precede, questa, che di ricchezze, e per gloria di maritime imprese preuale, solo da loro sterminij vna certissima osseruatione politica traendosi, che gl'Ingegni sottili, e cōtentiosi sono men atti à conseruare la libertà dou' all'incontro gli rintuzzati alquanto, e frà di loro amoreuoli, riescono acerrimi diffensori della natia libertà. Di ciò testimonio me ne sia vna frotta di Pescatori del Batauo Mare, che nel secolo andato gettate in abbandono le reti si posero dietro al bel lustro della desiata libertà, e di quella noui Argonauti quasi del Velo d'Oro fecero vn famoso acquisto, indrizzando dà Piloti del mar Politico ben esperti la bussola della noua loro Politica alla Tramontana di quell'aurea sentenza di Micipsa riferita da Sallustio. *Concordia paruæ res crescunt, discordia maxima dilabuntur*; ne deuono già esser posti in non cale gli Abitatori de' cantoni della nostra Italia, che à guisa di fiere vmane frà le roccie dell'Alpi, e frà le paesane boscaglie godono della naturale loro libertà, e la diffendono armati, e disarmati fin per così dire coll'vgne, e co' denti, per non tralasciare colà nell'Allemagna vna Selua io dirò di Cittadi, e Terre Franche iui cresciuta in luogo della gran Selua Ercinia oggidì spiantata, che non riconoscono per Padrone, quasi altro, che il Padrone della Natura.

Mà ritrouauami io dopo vna lunga velata del mio più diffuso discorso già vicino al porto, il che m'induceua per obligo di costume marinaresco, à salutare la Fortezza Politica, ed in quella le Persone, più rinomate, ò siano Capi coronati, ò di loro Ministri, ò della Ragion di Stato i Maestri, e Professori, io dico voi ò Lodouico XI. gran Politico nato appunto per conseruare co' tratti d'vna prudenza raffinata la Francia dall'armi poderose, e fatali dell'Inghilterra, e dagli odij inuiperiti della Casa di Borgogna. E voi ò Cosmo l'Auo, e Lorenzo il Nipote de Medici, fortissimi ante murali Politici dell'Italia contro la forza de Prepotenti, e de Stranieri, ò Giulio II. ò Paolo III. Massimi nella Dignità, ne punto minori nella Politica auuedutezza alle congiunture turbulenti di que tempi perfettamente adattata. Ferdinando il Catolico, e voi Carlo il Guerriero, e Filippo il Saggio, Austriaci di tanto valore, e d'vna finezza Politica, dote identificata, per dir così, colla natura accorta della Natione

Spa-

Spagnuola,ſi ben proueduti,che colla ſcorta di lei giunti al ſommo della Prepotēza già miſurauate la voſtra gran Monarchia col paſso del Sole, ſe da vna Cabala Politica orditaui contro, ſotto il mendicato preteſto della Religione vanamente detta Riformata non haueſte prouato gli effetti violenti d'vn empia, ed à voi nemica congiura. E voi, ò Granuellani, ò Ruigomeſij, ò Duchi di Lerma, ò Conti-Duca d'Oliuares, gran Miniſtri di Principi più che Grandi, ſaldiſſime colonne del Politico Edificio Reale; ma doue laſcio voi, ò Porpore fiammeggiant de Riccheliu, e de Mazzarini famoſi Alcidi degli Atlanti più glorioſi della Francia, opra di voſtre mani quaſi ſcultori Politici ſi può dire quel gran Coloſso della Franceſe Monarchia, il di cui Capo Coronato, nell'oggidì regnante LVIGI fà parere di capo ſceme tutte l'altre Politie, Miracolo de Monarchi maggiore d'ogni eccettione, e di quel taglio appunto, che ci vien circoſcritto dal maeſtro di Politica Ariſtotele per degno di regnare ſolo ſoura tutti gli altri, nel Terzo della Politica al duodecimo capo. *Quando igitur, aut totum genus, aut inter alios vnum aliquem ita virtute præcellere contingat, vt vnius ipſius virtus maior ſit aliorum omnium virtute, tunc iuſtum eſt hoc eſſe Regium genus, & omnium dominari, & hunc vnum eſſe Regem.* Conſerui dunque Iddio lungamente queſto sforzo della Prudenza, Politica, e del Valore. Saluto voi ancora ò Signor d'Argentone, nobil penna Franceſe, ò Giuſto Lipſio intelletto più eleuato de Paeſi baſsi, e voi ò dell'Italia noſtra Lumi politici Franceſco Guicciardini, e Gio: Botero, tutti maeſtri ben iſtrutti ſino alle minutie delle materie di ſtato fatto pur anche ammiratore, ne ſenza il perche, d'vna mano di ben ſaputi de noſtri giorni coltiuatori così religioſi della legge del Cielo, e così prattici ne maneggi della Politica del ſecolo, che ſi rendono egualmente necessarij, e tremendi à i Magnati. Nè già qui pretesi di formare vn intero catalogo de migliori statisti lasciando di ciò il luogo à coloro, che s'allacciano di Cronologia Politica, mà ben affermando per degni d'esser posti alla catena come forzati sopra alcun legno armatore di stato ò più tosto gettati per pasto à i mostri del Mare statista vn Nicolò Macchiauello della bella Città de fiori fior puzzolente, della di cui cacopolitica i primi professori Lodouico il Moro, e Cesare il Duca Valentino, nell'accudire ad opre degne d'vn tal Maestro riuscirono perfidi Tiranni all'Italia non meno, che à loro stessi perniciosi, e funesti, ed vn Giouanni Bodino, delle gran Lotetie Ingegno appunto lotoso Pseudomaestri della Ragion di stato, che porgono à bere in coppa Politica, inzuccherato il veleno dell'Ateismo. Ne m'inoltro più auãti ne rigiri de moderni Gabinetti Reali, Laberinti Politici, per non dar di petto nel fiero Minotauro di qualche statista risentimento, bastandomi quanto fin ora nell'argomento proposto hò solo per vbbidire imperfettamente addittato.

IL MARMO AVGVSTALE

Discorso del Sig. Dott. Giouambattista Capponi,

In cui dichiarandosi vn'antica Iscrizione, si ragiona copiosamente delle Terme, Bagni, Essercizij, e Giuochi de gli Antichi Romani.

IO non credo d'essermi giammai à bastanza merauigliato degli Storici della nostra Patria, c'hò auuto commodità di vedere. che nel ricercare lo stato di lei sotto i Romani, abbiano più tosto voluto fondarsi sulle brieui memorie d'*Appiano*, di *Silio*, di *Plinio*, di *Tacito*, di *Suetonio*, e di *Dione*, che girne à rintracciar la sodezza nelle antiche Pietre, soura le quali non v'hà vn dubbio al Mondo,

I. Occasione del Discorso.

non debba farsi più stabile fondamento. E'l mio stupore non è caduto sopra *Frate Leandro*, il quale, per altro oltre modo erudito, si lasciò nondimeno condurre dall'autorità di quegli antichi Scrittori, che supposti furono da *Frate Annio* da Viterbo, vno de' suoi consorti; nè soura *Frate Cherubino*, più intento à spoluerare gli antichi Archiuij dal Mille in quà, per impinguare i suoi volumi, che à ricercar' i vestigi del Dominio Romano; nè soura *Pompeo Vizani*, che l'antichissime cose molto leggiermente toccò, e le Romane alla sfuggita accennando, solo à gli huomini vulgari (come anche i duo precedenti) forse ebbe animo di scriuere in lingua Toscana: Ma soura *Acchille Bocchi*, di cui scritte in penna conseruansi più Deche delle Storie Bolognesi; soura *Carlo Sigonio*, che vn giusto volume sulle stampe ne publicò; e soura *Bartolomeo Dolcini*, che del Vario Stato della Città nostra due volte mise in luce le memorie, e tutti e trè latinamente scriuendo. Ragion pure volendo, che chi della Romana fauella storicamente seruir si voleua, e le geste scriuere d'vna Città, che de' Romani era suta Colonia, dalle Romane Pietre, che saldissimi testimonij sono di que' tempi gloriosi, le sodezze auesse à prendere della verità. Certo il *Sigonio*, tanto benemerito cultore delle Antichità Romane, che assaissime volte s'appella à gli antichi Marmi nelle opere sue, non doueua inuolgere nelle tenebre del silenzio vna face sì bella delle glorie Bolognesi; ed è segno di vna supinissima trascuraggine, che nel gir' alcuna volta à casa il Sig. Fabio Albergati dottissimo Caualiere, e suo intimo amico, ei non facesse alcuna riflessione sulla Pietra, di cui io intraprendo à discorrere, ment'ella in vista di tutti staua, e stà murata nella parte destra della loggia di quel Palazzo. Ma del *Dolcini*, poco men, che intero

copi-

copista, in que' primi libri del *Sigonio*, non farei gran caso, quando io non andassi consapeuole della continua conferenza, ch'egli aueua di que' suoi scritti con Monsig. Arciuescouo *Agucchi*, Prelato di somma, e squisita erudizione, il quale intento ad illustrare gli oscurissimi principij di Bologna (come molto felicemente gli venne fatto con la scorta di *Plinio*, di *Virgilio*, e di *Silio Italico* in certa sua Lettera già publicata per le stampe) i secoli Romani non attinse, e per auuentura non ebbe notizia di questa Lapida, di cui pure il *Grutero* nel suo gran Volume, l'eruditissimo *Montalbani* nella *Elioscopia*, e l'*Alidosio* nella Istruzione delle cose notabili di Bologna registrano il tenore. Il *Bocchi* non può scusarsi, se non sull'imperfezione dell'opera; ò per lo meno io non saprei come scagionarlo in altra maniera, posciache fù egli e in Greco, e in Latino assai buon Scrittore, e delle antichità scoperte a' suoi tempi sufficientissimo illustratore, come da' di lui Simboli può vedersi.

Facc. 36. *Facc. 70.* *Lib. 3. Symb. 63. e lib. 4. Symb. 121.*

II. Hà gran tempo, che questa Pietra mi diè di fieri colpi nel capo. Ne scrissi già latinamẽte alcun mio parere al Canonico *Negri* b. m. allora ch'egli, illustrando la Iscrizione di Q. Manilio, mi richiese quale io credeua che di questa nostra douesse essere il supplimẽto delle rasure. D'allora in quà vi son' ito souente fantasticando intorno, come quegli, che la stimo la più bella gioia d'antichità, che abbia la nostra Patria, sendo ella Iscrizione publica, e non priuata d'alcun particolare, come sono tutte l'altre, che in questa nostra Città m'è auuenuto di vedere.

III. Stà questo Marmo murato, come dicemmo, nella parete della Loggia inferiore del Palazzo de' Signori March. Acchille, e Fratelli Albergati, dalla parte destra alto da terra quattro piedi in circa. La pietra è bigia, e

Luogo, e descrizione della Pietra.

fatta

fatta scabrosa, e mal pulita dalle ingiurie del tempo. E perch'è più lunga, che larga, viene à misurarsi per l'altezza trè piedi, e due oncie di misura antica Romana (secondo il modello di *Luca Peto*) e quattro piedi, e vn'oncia simile per lunghezza, che tornano alla nostra misura vsuale due piedi, e noue oncie di largo, e trè piedi per l'appunto di lungo. Ed eccone il ritratto con ogni puntualità.

De mens. & pond. l. 5. cap. vlt.

DIVVS · AVG · PARENS ·
DEDIT ·
AVGVSTVS
GERMANICVS.
REFECIT
IN · HVIVS · BALINEI · LAVATION. HS · CCCC
NOMIN · C · AVIASI · T · F · SENECAE · F · SVI · T · AVIASIVS · SERVANDVS
PATER · TESTAMENT · LEGAVIT · VT · EX · REDITV · EIVS · SVMM ·
IN · PERPETVVM · VIRI ET · IMPVBERES · VTRIVSQ · SEXSVS
GRATIS · LAVENTVR

In

IV. In cui osseruo primieramente, che le Iscrizioni son due nella medesima Pietra, fatte in diuersi tempi, il che si riconosce, non solo dalla diuersità de' caratteri de' quali i primi sono, senza dubbio alcuno, di miglior disegno; ma ancora dallo scorgersi leuata via la cornice, che dalle trè altre parti rimane intiera, certamente per far luogo al poterui incidere la seconda memoria. Oltreche la prima significa vna Liberalità Cesarea, e l'altra vn legato di persona priuata. Secondariamente osseruo due cassature, e per così dire, abrasioni manifestissime, la prima nella terza riga, auanti l'AVGVSTVS, e la seconda nella quarta, dopo il GERMANICVS.

Diuisione.

V. E perche non v'hà nota, ò abbreuiatura, che non sia subito intelligibile à chiunque con le prime labbra hà gustato leggiermente il sapore delle antichità, io non mi prenderò cura di stenderne la lettura, ma passerò alle considerazioni sopra la prima parte. La quale non è stata osseruata puntualmente da quei, che la registrarono, perche ò non v'han rauuisato le cassature, ò le mettono doue non sono. Le prime parole altro non esprimono, che vna grata memoria de' Bolognesi verso duo' Imperadori per auer loro conceduto, e restituito quell' edificio, in faccia del quale era fitta questa Pietra. E perche l'eruditiss. Sig. *Francesco Camelli* Bibliotecario della Serenissima Reina di Suezia motiuò già meco per lettere d'auer qualche dubbio intorno alla voce di PARENS, mostrando, che l'vso di que' secoli par, che portasse più tosto PATER, con l'autorità delle Medaglie, che tutte concordemente hanno DIVVS AVGVSTVS PATER: a mè parue d'auer bastantemente leuato ogni scrupolo col dire, che tali Medaglie furon battute da Tiberio, ch'era suo figlio addottiuo, ò da Caligola suo Pronipote, ò in Roma, che gli auea dato titolo di Padre della Patria, e così rimanean tutti costoro obbliga-

Sposizione della prima parte.

Goltzio in Augusto Vico ne' XII. Cesari Tristano, e altri.

ti à

ti à dare ad Augusto il titolo di PATER, il che non obbligaua nello stesso modo i Bolognesi.

VI. Supplimento delle cassature. Quì segue la prima cancellatura, ch'è la metà della riga, e mostra, che vi manchino almeno tante lettere, quante n'entrano nella parola AVGVSTVS: e poi succede GERMANICVS, e dopo l'altra cassatura, non capace, à mio credere, di più, che cinque, ò sei lettere. Onde per conghietturare ragioneuolmente quale debba essere il supplimento di ciò, che manca, e come s'abbian da medicare le brutte cicatrici, che si scorgono in faccia di questa pouera Pietra, conuiene farci da vn capo, e ridurci in memoria chi nella famiglia d'Augusto abbia portato il cognome di Germanico. E se bene il primo fù quel figliuol di Druso figliastro d'Augusto, e padre di Caligola, che trionfò de' Germani, e ricuperò l'Aquile perdute da Quintilio Varo, di cui abbiamo la bellissima Medaglia, oue si vede Germanico trionfante nella Quadriga, iscrita GERMANICVS CAESAR; e dall' altra parte Germanico armato in piedi con vn'Aquila militare in mano, scrittoui SIGNIS RECEPTIS DEVICTIS GERMANIS: nondimeno di lui non può parlare la nostra Pietra, perche il nostro Germanico fù Augusto, oue quegli non fù, che solamente Cesare.

Vico nelle Donne, in Antonia Augusta. Tristan. tomo p. Com. 21.

VII. Digressione dell' vtilità delle Medaglie per la storia Ecclesiastica. Ma concedamisi per grazia in questa incidenza vna picciola, ma nobile digressione, per mostrare vna egregia vtilità dello studio delle Medaglie à prò della dignità della Santa Chiesa Romana. *Mattia Flaccio Illirico*, quel miscredente, che la feccia del suo *Lutero* attinse con tutto'l petto; dopo auer ben vomitati i suoi veleni nelle bugiardissime Centurie di Maddeburgo, delle quali ei fù il primo, e principale Architetto; in quel mendace, e pernicioso libro, ou' ei si sforzò di prouare, che l'Imperio Romano a' Germani non fusse passato per autorità della Santa Sede Apostolica, ebbe à scriuere, che allora quanra quando Arminio le due Aquile tolse à Varo, da lui insieme con le trè legioni oppresso con quel bruttissimo tradimento, che scriue Tacito, acquistò ragioni all'Imperio, e che in pruoua di ciò, l'insegna della Imperiale Monarchia trasportata in Germania è l'Aquila di due teste. Io sò bene quello, che con ragioni irrefragabili vien risposto a' farnetichi di quest'ebbro, dall'Eminentisimo non meno per dignità, che per lettere Cardinale Bellarmino: ma giouami aggiugnerui, che, conceduto anche per vero il delirio dell'Illirico, che il possesso, se ben violento, delle due Aquile concedesse a' Germani qualche ragione all'Imperio Romano, essi medesimi vinti, e domati dall'armi giuste, e fortunate di Germanico furono astretti à rinunciare, e spogliarsi di tale, ancorche imaginaria ragione, con restituire le due Aquile al Vincitore, che in perpetuo testimonio di ciò ottenne, dopo il Trionfo, che si coniasse il bronzo, e'l metal Corintio di sì gloriosa vittoria, SIGNIS RECEPTIS DEVICTIS GERMANIS. E così questa antica Medaglia chiude le fauci, e strangola i latrati di questo moderno Cerbero. Ma torniamo al nostro assunto.

Annal. l. 1 p.

De translat. Imp. Rom lib. 1 Cap. 7.

Annal. lib. 2

VIII. De gl'Imperadori, che vollon'esser'appellati Germanici nella discendenza d'Augusto truouansi Caligola, Claudio, e Nerone: il primo auuto tal prerogatiua dal padre, che fu quel buon Principe di cui veniam da discorrere: il secondo come figlio di Druso (già mentouato, che pure anch'egli de' Germani trionfò) e costui ne battè in onor paterno alcune Medaglie, oue si vede ora vn' Arco trionfale con duo trofei, e vna statua Equestre, ora vno sedente in vna seggia Curule, in abito trionfale, cō vn ramo d'alloro in mano, soura diuerse spoglie di superati nemici: il terzo come figliastro di quest'vltimo, e che coll'addozioni ne prese tutti i titoli della famiglia, e gli onori della persona. Così, dopo le Medaglie

Non può spettare nè a Caligola.

Tac. Annal. lib. 1 p
Vico in Claudio med. 5.
Tristan med. 6. com. 19.
Erizzo in Claud. med. 1
Occon anno Vrb. 743. in Thesauro.

battute in que' tempi, ci mostrano l'Occone, e'l Goltzio, con tutta la schiera de gli Storici, e de gli Antiquarij: Ora à qual di questi dourem noi riferire la nostra pietra per medicarne le ferite? Di Caligola non occorre à parlare; Quel mostro non fè beneficio alcuno all'Italia, e benche sessantasette millioni, e mezo d'oro, già assembrati in vintidue anni dall' auarissimo Tiberio, egli in poco men d' vn' anno prodigamente dissipasse, non v'hà però memoria appo il diligentissimo Suetonio, che dal Tempio di Augusto, e dal Teatro di Pompeo in fuori, altra fabrica conducesse à perfezione, posciache l'Acquidotto dal Zio successore compito fù, alcuni templi, e le mura di Siracusa si ripararono, ma gli altri più magnifici disegni in fumo si sciolsero. Io stetti lungo tempo di parere, che à Claudio lo stolido la nostra Pietra rendere si douesse, e in ripruoua di ciò era fabricata tutta la mia scrittura al fù Canonico Negri: ma l'abrasione manifesta, di cui io non hò mai saputo rintracciar la cagione in Principe tanto benemerito di Bologna (come più à basso dirassi) è stato sufficiente impulso al ricredermi, e al disdirmi. Non può essere il Marmo spettante à Claudio, le cui memorie ancora duranti intiere, e conseruate, mostrano, che'l di lui nome non abbia giammai patito l'ignominia del cancellamento.

Sueton in Calig. cap. 21 & 37.

Nè à Claudio,

Nè à Vitellio,

IX. Io non fò gran caso del parere d'vn'amico mio, per altro assai erudito, che auendo veduto nelle Medaglie di Vitellio A. VITELLIVS. GERMANICVS. IMP. e letto prima in Suetonio, *Cognomen Germanici delatum ab vniversis cupidè recepit*; e apresso in Tacito, *Nam Cacina Cremonæ, Fabius Valens Bononiæ spectaculum Gladiatorum edere parabant, numquam ita ad curas intento Vitellio, ut voluptates oblivisceretur*. E poco dopo *Exin Bononiæ à Fabio Valente gladiatorum spectaculum editur, advecto ex Vrbe cultu*: volea persuadermi, che in memoria di que-

In Vitell. c. 8.

p. histor.

sto

ſto fatto aueſſero potuto i Bologneſi dirizzar queſto Marmo, auendo per auuentura ottenuto da Vitellio qualche priuilegio, che già loro conceduto da Auguſto fuſſe poi còl tempo ſtato leuato. Imperocche io non sò, che i giuochi de'Gladiatori ſi celebraſſono nelle Terme, ma ne'Teatri; e ſon certo, che Vitellio *Cognomen Augu- ſti diſtulit*, e perciò non puote accettarlo prima d'arriuare in Roma; e finalmente non poſſo ridurmi à credere, ch'egli aueſſe giammai tollerato di chiamare Auguſto DIVVS PARENS, con cui egli nulla auea che fare, e che odiaua sì la famiglia de'Ceſari, che *Cognomen Cæ- ſaris in perpetuũ recuſavit*. Oltreche la fabrica delle Terme non fù coſa da ſpenderui ſi poco tempo, quanto durò l'Imperio ſolſtiziale di Vitellio; e ſaria prima venuto il tẽpo di radere il ſuo nome, che d'ereggerne la memoria. *Sueton. l. c.*

X. Talche à Nerone finalmente dourà reſtituirſi l'Iſcrizione, di cui ragioniamo: e le ragioni ſi porteranno poco apreſſo, quando andremo inueſtigando Doue, Quando, da Chi, e A che fine fuſſe ella finalmente dirizzata. Nella prima caſſatura per tanto io riporrei NERO. CL. CAES. e nella ſeconda P. M. TR. P. IMP. nè penſarei di dilungarmi dal vero, poiche le Medaglie del primo anno di Nerone, e i teſtimonij dell' *Occone*, e del *Golzio* mi confermano in queſto parere. *Ma à Nerone.* *Anno V. C. 806.* *In Theſauro.*

XI. Doue fuſſe poſta queſta Pietra ſi fà manifeſto dalla ſeconda parte dell'Iſcrizione, che dicendo IN. HVIVS. BALINEI. LAVATION. paleſa ſubito il luogo, ou'ella era eretta, cioè ne'Bagni pubblici ò nelle Terme, che altro non vuol dire, ſe non (trattone i Templi) nella più bella, nella più illuſtre, e nella più frequentata fabrica pubblica della Città, e di tali prerogatiue dotata, quali in proſeguendo il noſtro Diſcorſo ſiam per vedere. *Doue poſta.*

XII. Quando ella fuſſe eretta, hà molto del veriſimile, *Quando.*

che ciò seguisse nel primo anno di Nerone, per le ragioni, che poco apresso addurremo. Che però non mettiamo numero alla Podestà Tribunizia, nè vi ponghiamo Consolato, perch'ei no'l prese, se non duo' mesi, e diciotto giorni dopo il principio del suo Imperio; nè il P. P. giacche si legge in *Suetonio*, *Tantùm Patris Patriæ nomine recusato, propter ætatem*.

Sueton. in Neron. cap 8.

Da chi.

XIII. Non v'hà dubbio che, se pubblica è la Pietra, per ordine pubblico, e da pubblici Maestrati ella non fusse affissa. Per ciò è necessario riandar'alquanto con la memoria lo stato della Città nostra al tempo de'primi Cesari. Ella era già suta Colonia Latina fino dall'anno di Roma DLXIII. dedotta à persuasione di C. Lelio Consolo, e diuiso il terreno, prima de' Galli Boi, à tre mila abitatori da L. Valerio Flacco, M. Attilio Serrano, e L. Valerio Tappo, che a'Caualieri assegnarono settanta iugeri, e cinquanta per ciascuno à gli altri, come vuol *Liuio*. Era altresì stata assegnata a' veterani d'Antonio nella diuisione de'IIIViri, che si fece nel suo Contado, ed era stata in perpetua clientela de gli Antonij, come afferma *Suetonio*; onde non andò ella in preda de'Soldati, ma vi furon riceuuti, e assegnati loro i beni de'proscritti amicheuolmente. Come mi gioua anco di credere, che Augusto, allora che dopo la vittoria di Azio, conforme n'insegna *Dione* nel libro 50. luogo non osseruato (ch' io sappia) da veruno de'nostri Storici. *Quos Antonius in Colonias deduxerat, eos Cæsar partim metu, pauci enim erant; partim beneficio sibi adiecerat: cuius rei caussa inter alias BONONIAM quoque Coloniam denuò militibus constituerat*, con la medesima amoreuolezza procedesse, scacciandone solo i nemici irreconciliabili, i cui stabili à gli amici, e parziali suoi per auuentura assegnasse. E forse fù allora, che vi passò, quel Q. Manillo Cordo Centurione della Ventunesima legione det-

Sigon. de Ant. Iure Ital. lib. 2. cap. 5.

Dec. 4. lib. 7.

Appian. Ciuil. lib. 4.

In Augusto c. 17.

ta Rapace; poi Capitano di Caualli, e Esattore de' tributi delle Cittadi Galliche, à cui Certo suo liberto eresse quella pietra sepolcrale, affissa oggi fuori della porta di San Petronio verso le Scuole, che già fù illustrata con giusto Commentario dal *Canonico Negri*.

Niger. de Manliano lap. Bonon.

XIV. Ma quì conuiene, ch'io porti il mio parere intorno a vna difficoltà, che veramente è dura, poiche è originata da' sassi. Bologna era Colonia, e Municipio: i suoi figliuoli eran Cittadini Romani, capaci di voto attiuo, e passiuo: ma per esser tale, facea di mestieri l'essere ascritto ad vna delle XXXV. Tribu del Popolo Romano. Ora, si come fin'ora io hò creduto, che Bologna nella Tribu Lemonia s'annouerasse, su'l fondamento di alcuni Marmi portati dal *Grutero*, e dall'*Alidosio*, col testimonio moderno dell'Eruditissimo Signor Caualiere *Orsato*; così graue dubbio m'hà posto nell'animo vn'Iscrizione dal sudetto *Alidosio* trascritta da *Andrea Fuluio*, che dice trouarsi in Roma, dirizzata à Adriano da' Quadrum-Viri alle strade, nella quale Tiberio Giulio Verecundiano Bolognese nella Tribu Stellatina si mette. Alla quale difficoltà non parmi, ch'altro si possa dire, se non che, ò questo Verecundiano era Cittadin Romano *extra ordinem*, e per priuilegio personale, onde veniua rollato in quella Tribu: ò pure, ch'Augusto nella nuoua deduzio. della Colonia Bolognese, dalla Tribu Lemonia alla Stellatina la trasportasse

Dubbio intorno alla Tribu di Bologna.

Doue sopra facc 94 96.

Ne' Marmi eruditi lett. 7. facc. 136.

Doue sopra facc. 95.

Scioglimento.

XV. Ma non vorrei già, che qualche Erudito, leggendo il nome di Tiberio Giulio nel souracitato Marmo, si mouesse à credere, ch'ei fusse di quella nobilissima famiglia Romana de' Giulij, che giunse non solo all'Imperio, ma alla Deificazione: come nè meno *C. Giulio Agricola*, di cui scrisse la vita *Tacito* suo Genero, nè *C. Giulio Solino*, nè *L. Giulio Floro*, nè *Sesto Giulio Frontino* Scrittori celebri. Non furon della famiglia

Famiglie moderne se deriuate da' Romani.

Rom a-

Romana de'Valerij *C. Valerio Catullo* Veronese, nè *M. Valerio Marziale* da Calatajud in Ispagna, tutto che Valerij si cognominassero. Non ebbero che fare *Cornelio Gallo* Poeta, *Cornelio Celso* Medico, nè *Cornelio Tacito* Storico, con la gloriosa famiglia de'Cornelij, ancorche il cognome ne portassero; nè *Claudio Galeno* dà Pergamo da'Claudij Romani, ò *Pomponio Mela* Spagniuolo da' Pomponij di Roma l'origine trassero. E similmente sò, che niuno, che abbia fior d'ingegno farà discēdere prima Gostantino il Magno, e poscia tutti, que'Greci Imperadori, che vsarono il prenome di Flauio (e tanto meno i Barbari Rè Longobardi, che pur del medesimo si seruirono) da quella famosa stirpe Flauia Romana, che diede all' Imperio, e al mondo Vespasiano, Tito, e Domiziano. Pur tutta volta l'auer veduto, che *Carlo Patin*, il quale con nuoue aggiunte hà illustrate le famiglie Romane di *Fuluio Orsino*, alle volte s'è lasciato trasportare ad aggiungerui Medaglie in diuerse Colonie coniate da qualche loro DuumViro, che alcun cognome Romano portaua, quasi ch'ei fusse stato di quella famiglia, da cui egli era per auuentura più lontano, che Roma istessa dalla patria sua; m'hà sospinto à darne in questo luogo tale auuertimento. Molte cagioni puotero dar principio à que' cognomi, e particolarmente le manumissioni, che numerosissime, e frequentissime in Roma si costumauano, oue il Liberto prēdeua il nome, e'l cognome del Padrone (io non nè porto essempli, perche la cosa è chiarissima) d'onde auuenne, che i Libertini discendenti tali cognomi riteneuano, e se ne moltiplicauano le famiglie, che nulla che fare aueuano col sangue Romano. In quella guisa appunto, che da Principi, ò Caualieri si dona il cognome della lor Casa à quegl'Infedeli, che al Sacro Fonte da loro si leuano, nè per ciò dalle nobilissime famiglie loro cotali battezzati discendono. Conchiudo, che

Errore di Carlo Patin.

che il cognome semplice di Cornelio, ò di Valerio non fà punto d'impressione nello'ntelletto di alcun versato Antiquario, per fargli credere le decantate descendenze; massime quando s'hà da passare lo spauenteuol golfo di quegli oscurissimi dugento anni, che si traposero tra'l Papàto di S. Gregorio, e l'Imperio di Carlo, Magni l'vno, e l'altro: E si come *Monsig. Agostini*, ancorche Spagniuolo desideroso di gloria, non si lasciò tanto da ciò trasportare, che asserisce la pietra di C. Val. Augustino, da sè conseruata nel giardino di Casa sua, essere in alcuna maniera spettante alla sua Famiglia, così io (benche diuotissimo seruidore della Illustrissima Casa Ercolani, vno de' più viui lumi di nobiltà, che abbia questa Patria) nõ permetterei, che l'affetto mio mi portasse à lusingare, per nõ dire adulare, con si palese maniera i Signori Conti di quella chiara Prosapia, che io volessi loro dare ad intendere, che la Lapida nella loggia inferiore del lor Palazzo in Strada-Santo-Stefano conseruata; sia di qualcheduno de' loro antichissimi progenitori, ancor ch'ella porti il nome d'Erculano, appunto così

Dialogo primo delle Medaglie.

D. M.
L. SEPTIMIO . BERENICIANO.
HELVIVS . VITALIANVS . ET .
AVRELIVS . HERCVLANVS .
AMICO . IMCOMPARABILI . BENE . MERENTI.

Come forse aurà fatto più d'vn moderno, che per auer letto ne' marmi ora GRATVS, ora LVSCVS, e ora altro tale souranome (ancorche suto commune à più Famiglie) subito, senza altro riguardo, si è dato à piaggiare alcuna Casa nobile d'oggidì, con darle lusinghieramente à credere tragger'ella sua origine da gli antichi Romani; senza considerare, che nella orribil ruina di Roma, e nella dispersione de gli abitatori di lei fatta da Totila l'anno DXLVIII. si finì di perder la memoria del

gene-

Procop. de Bello Got. lib. 3. Baron. ad ann. 548. Tarcagnota p. 2. lib. 7.

generoso Sangue Romano, che già pur troppo erasi imbastardito per tant'anni di soggezione, di mescolanza, e di depressione de' Goti; e senza auuertire, che non si truoua ora Scrittor'alcuno di que' tempi, che del ritorno d'alcuna particolar Famiglia Romana à riabitar la patria, allora che prima Totila medesimo, e poi Narsete ripopolare la vollono, faccia parola. Leggo bene, che i Goti, dopo che Narsete ebbe Roma ricouerata, tagliarono à pezzi quanti Patrizij, e dell'ordine Senatorio si trouaron dispersi per l'Italia, che già per sospetti erano stati da Narsete stesso ricacciati di Roma, e che feron lo stesso strazio di moltissime altre Famiglie principali, che come poco amiche erano da Totila nel riabitamento di Roma state lasciate per le Cittadi del Lazio, e di Terra di Lauoro. E che da Teia nel medesimo tempo CCC. giouani Romani nobilissimi, che per ostaggi, ma sotto pretesto di milizia, nel suo essercito riteneua, furono à fil di spada mandati. Tanto, che io imparerei più che volontieri in quale archiuio si sien conseruate memorie autentiche, e degne di fede, che della conseruatione più di questa, che di quella Famiglia Romana in così spauenteuole, e vniuersale eccidio ci assicurino. E quindi auuiene, che chi intraprende à scriuere così speciose menzogne, sia costretto d'andar tentone col bastoncello fragile delle conghietture tra'l buio oscurissimo di dugento cinquant'anni per lo meno. Ma torniamo alla nostra Pietra.

Gouerno Antico di Bologna. *De Ant. Iur. Italiæ lib. 2. Cap. 4.*

XVI. Essendo dunque Bologna Colonia, era necessario, che col Ius delle Colonie Romane gouernandosi (di che ragiona diffusa, & eruditamente il *Sigonio*) auesse anch'ella il suo Senato, i suoi Ordini, e i suoi Maestrati. Quello era composto di Senatori, che Decurioni, ancora per testimonio del Santo Vangelo, eran chiamati; quelli di Patrizij, di Caualieri, di Plebei, e gli vltimi

Marci 15. Lucæ 23.

di

di DuumViri à render ragione, ò Iuridicundo, come dicono i Latini, ch'era la ſuprema dignità (ſimile a' Conſoli) in que' Municipij, che non auean Dettatori; e poſcia di Cenſori, d'Edili, e di Queſtori. Se nella noſtra Patria fuſſono i III. IV. e VIViri, come in altre Colonie, e quale foſſe il loro vficio, non è queſto il luogo da diſcorrere. Baſti per ora, che per commun conſenſo di tutti gli ordini, e Maeſtrati fù eretta l'Iſcrizione, di cui fauelliamo, per decreto de' Decurioni, ch'era il Senatuſconſulto della Colonia. Perciò ſi come in tutte le Medaglie Bronzine battute in Roma ſempre leggiamo S. C. così nelle coniate nelle Colonie ſuol leggerſi D. D. cioè *Decreto Decurionum*, e ſpeſſo nelle Lapidi ſepolcrali L. D. D. D. cioè *Locus Datus Decreto Decurionum*. Nè veramente in luogo così pubblico, e così riguardeuole aurebbe ardito alcun priuato di porre vna ſimil Pietra; ò ſe poſta pur ve l'aueſse, v'aurebbe ſenza dubbio ſottoſcritto il ſuo nome, per non perderne ò'l merito appo l'Imperadore, ò la memoria preſso'l Mondo. Così pure veggiamo pratticato in tutte le Iſcrizioni de' priuati in onore de gl' Imperadori appreſso i raccoglitori de' Marmi antichi.

Idem ibidem c. 8.

Da chi fuſſe eretta là pietra.

Vico Diſc. delle Med. lib. p. cap. 5.

XVII. Per qual cagione ſi moueſse il Senato Bologneſe à tener viua ne' ſuoi Cittadini la memoria di Auguſto con ſi ſolenne maniera, altra, per mio credere, ſtata eſser non può, che la gratitudine d'auer riceuuto da quel buono Imperadore il beneficio delle Terme, ò Bagni publici; di che, ſe bene memoria appreſso gli Storici non ſi truoua, ſerba nondimeno queſta Pietra di ciò dureuole, e irrefragabile teſtimonio. Ma per bene intenderlo è d'vopo ritrarſi alquanto addietro, e ricordarſi, che Auguſto per gratificarſi Bologna, come diceua *Dione*, oltre i nuoui abitatori condottiui, vi fece ancora di molti benefici, e (come che i Romani già non ſapean

Perchè.

Lib. 50.

uiuere senza l'vsò de' Bagni, e l'auerne de' priuati non si comportaua dalle facoltà de' più) volle egli con Imperiale magnificēza fabricar Terme pubbliche in Bologna, come auea di suo ordine Agrippa già edificate le sue primieramente in Roma. E à lui, e non à Mario, come fanno con poco fondamento alcuni, dare' io la gloria d'auer fatto murar quel grand'Acquidotto, che sin di rimpetto al Sasso di Glossina traendo l'acque del Reno; le portaua sotto i monti per ben diece miglia coperte, e inuiolabili fino in Bologna; come può vedersi tuttauia, già che ne resta intiera così bella, e così gran parte. E' per tanto assai verisimile, che nel frontespicio dell'Augusta Fabrica del suo edificatore Augusto il nome intagliato fin da principio si leggesse; e che questa non sia la prima Lapida, che vi fù posta. Imperocche chiunque hà memoria di quello spauenteuole, e vniuersale incendio, per cui al tempo di Claudio restò abbrugiata la mia pouera Patria; *Bononiensi Coloniæ igni haustæ*, dice quel *Tacito*, che con poche parole, molte, e grandi cose comprende; trangugiata (dire' io) dal fuoco di maniera, che appena i vestigi vi rimanessono; conuien, che confessi non solo i priuati, ma i publici edifici essere incene-riti rimasti. Che fecero allora gli afflitti Bolognesi? Ebbero ricorso al giouinetto Nerone addottato di fresco dall'Imperadore, che per incontrare il di lui genio s'essercitaua nell'opera dell'Eloquenza, e'l supplicarono à prendersi cura d'impetrar loro souuenimento per riedificare la desolata lor Patria. Accettò l'impresa il giouine Principe, e così egregiamente la causa de' nostri miseri Padri in Senato auanti il Padre latinamente perorò, che ne ottenne *centies sestertij largitionem*, dice *Tacito*, che sono dugento cinquanta mila Scudi d'oro, secondo il *Budeo*, e gli altri Scrittori delle Romane Monete. Or questa somma non fù data da Cesare a' Bolo-

Acquidotto antico su'l Bolognese.

Incendio di Bologna.

Dono sotto.

Lib 12. Ann. Budeo de Asse lib p. Port de Sester-tio lib p Lips de Num. Rom c. 2. Alex. Sard de Nummis.

gnesi

gnesi al sicuro perche se ne rifacessero le case priuate, ma le Mura, i Templi, il Pretorio, la Curia, il Teatro, le Basiliche, le Terme, e l'altre fabriche pubbliche giusta la Romana consuetudine. E allora volendo i Bolognesi far apparire in ogni tempo la gratitudine loro, tanto verso l'antico lor benefatore Augusto, quanto verso il presente lor Padrone, ed intercessore Nerone, la nostra Pietra solennemente nella superba facciata delle rifatte Terme riposero; per cui à tutti fusse mai sempre manifesto, che

Sua ristorazione, e donatiuo impetratole per ciò da Nerone.

DIVVS . AVGVSTVS . PARENS
DEDIT
NERO . CL. CAES. AVGVSTVS
GERMANICVS. P. M. TR. P. IMP.
REFECIT.

Gloria veramente picciola, se si riguarda all'effetto, ma così grande, se si considera la dureuolezza, che bastàua à Frine vna simile Iscrizione per pagare la gran somma d'oro, che costei voleua impiegare nel ristoramento delle mura di Tebe.

XVIII. Ma potrebbe alcuno oppormi, che la gratitudine de' Bolognesi doueа mostrarsi verso di Claudio, co' di cui danari fù ella riedificata. Al che risponderei, che la ristorazione di vna Città non era, e non è sì ageuol cosa, che nel brieue tempo, che scorse da quel donatiuo fino alla morte di Claudio, ella potesse ridursi à perfezione non dirò, ma à posto considerabile. Sicchè essendo già stato Claudio mandato in Cielo da vn fungo, come dice *Seneca*, i Bolognesi, che ò da Nerone, ò per Nerone tant'oro auean riceuuto, à Neron viuente vollon professar quella gratitudine, che dal morto Claudio non poteua esser gradita. Venuto poscia à quell'infelicissimo fine, che tutti gli Storici scriuono, l'Imperio di Nerone, e dichiarato costui nemico

Perche à Nerone, e non à Claudio.

In Apocolocynthosi.

del Senato, seguendo gli ordini di di Roma fù il nome di questo mostro così ben raso dalla nostra Iscrizione; che se la disparità, e sproporzion delle righe non ne dasse vn segno manifesto, dura cosa sarebbe il riconoscere le rasure. E con queste ragioni parmi sufficientemente stabilito il mio supplimento.

Quale fusse l'importanza delle Terme.

XIX. Mà parmi d'vdir la voce, nõ solo del volgo imperito, mà di qualche eruditruzzo ancora, che mi soggiunga. E che Domine erano elleno mai queste Terme, ò Bagni pubblici, fuorche stufe per lauarsi comuni à tutto'l popolo? E di cosa di sì picciola importanza si douean prender cura quegl'Imperadori Romani, à cui fù detto

Virg. Aen. l. 6.

Tu regere imperio populos Romane memento?

E'l conseguimento di sì picciol dono à spese de gli Augusti si douea pagare con pubbliche Iscrizioni, quasi ch'ei fusse stato vn trionfo di qualche nazione indomita, e inuincibile? *Vitruuio* stesso, il Principe de gli Architetti, che fiorì sotto Augusto, non se la passa egli quasi à piedi asciutti la fabrica di cotesti Bagni? Ma piano, di grazia, che la bisogna stà pur così, che le Terme erano di somma importanza per la sanità, per la riputazione, e per l'vtile de' priuati; e per la tranquillità, conseruazione, e forza della Repubblica; dimaniera che senza le Terme moltissime malattie si generauono (e pur troppo il prouiam noi oggidì, per l'intermesso vso de' Bagni) e si rendeuano incurabili: appresso s'infiacchiuano i corpi, e gli animi; s'introduceuanò l'ozio, la pigrizia, e con questi vizi ancora l'ignoranza delle buone lettere, e l'auuersione alle virtù morali: Quanto poscia al comune, si mantenea l'amore, e la pace fra' Cittadini, si toglieua l'auuersione tra nobili, e plebei, e si teneua in continuo esercizio la giouentù, e la virile età, le quali di maniera à gl' impieghi bellicosi abili si rendeuano, che forse per

Lib. 5. c. 10.

questa principal cagione era inuitta la Romana milizia. Se n'aueuano insomma tutti quegli vtili, che apresso *Luciano* nostra con neruoso discorso Solone ad Anacarsi. Non era dunque di sì picciol rilieuo l'edificazion delle Terme, che non se ne douessero prender pensiero, e ben' accurato, gl'Imperadori. E per ver dire, grā cosa sarebbe che i Bagni di sì poca importanza stati fussono, e che tanti Imperadori, sì buoni come rei, cospirando allo stesso fine, tante Terme fabricato auessono, e con dispendi tanto profusi. Auuengache io truouo in *P. Vittore*, che Nerone, Tito, Traiano, Adriano, Commodo, Seuero, Caracalla, Alessandro, Gordiano, Filippo, Decio, Tacito, Diocleziano, e Gostantino Bagni publici edificarono; e non manca chi v'aggiunga Domiziano, e Elagabalo; beriche io porti opinione, che sicome Alessandro Seuero ristorò le Terme di Nerone, e diè loro il suo nome, così facesse ancora à quelle del Cugino antecessore, e per torne l'odioso nome, le chiamasse Siriache; e che quelle di Domiziano fussono bene da costui cominciate, ma dal buon Traiano poscia compite. Nominansi ancora le Settimiane, che forse togliean l'Equiuoco fra Settimio, e Alessandro; e *Pomponio* Lieto v'aggiunse quelle di Aureliano. Questo è ben certo, che *Traiano*, ottimo Principe, e che sempre visse in continuo operare, nemicissimo dell'infingardaggine, al suo Proconsolo in Bitinia *Plinio*, che i Bagni publici or per li Prusiesi, e or per li Claudiopolitani gli auea richiesti, rispose ben tre volte, lo prouide d'architetti, e concedette, che vn luogo Sacro già al Diuo Claudio si potesse conuertire in vso di Terme, accioch'elleno (secondo che hauea promesso *Plinio*, *Ego, si permiseris, cogito in area vacua Balineum collocare: eum autem locum, in quo ædificia fuerunt, exhedra, & porticibus amplecti, atque tibi consecrare, cujus beneficio elegans opus dignumque nomine tuo fiet.*) al suo nome con-

De Gymnasiis

Imperadori, che edificarono Terme.

De regionibus Vrbis.

De Rom. Pric. in Aurel.

Plin. Ep. l. x. Ep. 34. 35. 48. 49.

Ep. 75.

consecrar si potesse: onde rescrisse: *Possumus apud*
Ep. 76. *Prusenses area ista cum domo collapsa, quem vacare scribis ad extructionem Balinei uti.* Nè in cosa di picciol momento deuesi credere, che impiegasse le cure sue quello Imperadore, che ò combattendo, ò gouernando, ò edificando non trouò chi l'vguagliasse de' successori. Nè posso persuadermi, che lieue onore giudicasse Traiano la dedicazion delle Terme pubbliche al suo nome (che certamente senza Marmo fauellante non potea farsi) mentre sì fauoritamente l'accettò. E pure dalle sue Medaglie, che hanno più lunghe le iscrizioni di qualsiuoglia altra da' Romani Principi coniata, si rauuisa quanto ei fusse ambizioso di titoli, e desideroso di gloria. Che *Vitruuio* così digiunamente se la passi nella fabrica delle Terme, non fà gran caso. I primi Bagni pubblici, che fussero con Imperial splendore in Roma costrutti, furono quei di Agrippa, che nondimeno, e vili, e poueri, e scuri, in paragon di quelli, che poi vennero, riuscirono; e in quel Tempo sà il Cielo se più viuea *Vitruuio*. Certamente, mentre io considero con attenzione tutto quel capo, à me sembra più tosto, ch'ei descriua vn'edificio priuato (tanto il fà egli e angusto, e pouero, e ristretto, e senza alcuno ornamento) che la magnificenza delle Terme Cesaree. E par che confermi questo mio pensiero il capo seguente, in cui descriuendo egli la fabrica delle Palestre, e de' Xisti, afferma, che *non sint Italicæ consuetudinis*, e pure tutte le Terme Imperiali ebbero le Palestre congiunte.

Primi Bagni publici in Roma.

Cap. 10.

Cap. 11.

Che sarebbe le Terme oggidì.

XX. Ora, chi vuol far sufficiente concetto delle Terme, è di mestieri, che s'immagini, non solo vn luogo amplissimo da bagnarsi con acque tiepide, calde, e fredde, ciascuna nella propia stanza, e vna gran sala da spogliaruisi, e camerette da sudarui, da vgnersi, da impoluerarsi, e da spelarsi: non solo grandi peschiere da nuotarui; e fonti, e seggie, e vasi grandissimi, e tali altre officine deputate al seruigio de'Bagni. Ma è necessario figuraruisi e Sale vastissime per saltarui, giuocar di Scherma, e farui tutti gli esercizi del corpo; che ponno render l'huomo sano, agile, e robusto: e giuochi di Pallone, palloncino, pilotta, pallacorda, palla, e pallamaglio: e cortili per lo trucco da terra, rulli, bocchie, e cose simili: e spazij lunghissimi coperti, e scoperti per correrui à dilungo, e à ritorno: e chiostri porticati, e sparsi di rena per essercitarui ogni specie di lotta; e camere separate atte à chiudersi per le Donne, e loro particolari essercizij. Appresso scuole aperte, e chiuse per Oratori, Poeti, e Filosofi ancora; Portici, gallerie, loggie, e passeggi per la Nobiltà, che à negoziar passeggiando cose importantissime vi concorreua; Fabriche ritonde e semicircolari, oue musici tanto di voci, quanto di qualsiuoglia sorte di strumenti si raunauano; e finalmente vna piazza vastissima per la state, e vn'ampissima (dirò) Basilica coperta in volta per lo verno, oue si riduceuano i giuocolieri, bagattellieri, funambuli, saltambanchi, con tutti coloro, che di sè stessi fanno spettacolo per trattenimento del Popolo. E tutto ciò riceuea compimento da vn picciol Teatro, alzato con molti ordini di gradi, capace di parecchi migliaia di persone, nel cui seno ò lottatori, ò schermidori, ò giuocatori di armi famosi le loro sfide, e combatimenti essercitauano. Io non ragiono di spazij grandissimi piantati tutti di Platani, e di altri alberi di grande ombra col suolo di minuta erbetta per delizia de' passeggiatori, nè di mille altre cose atte a rendere merauiglia ad ogn'vno. Tante, e tali fabriche bisogna, che si figuri chiunque vuole in qualche parte attingere collo'ntelletto la magnificenza incomparabile delle Terme Romane. E auuertasi, ch'io hò ridotto a' nomi de' nostri giorni, quanto per me si è potuto,

tuto, tanto le ſtanze, quanto i giuochi, e gli eſsercizij, per appagare chi non hà della Greca, ò Latina lingua contezza ſufficiente, che per ſodisfare à gli eruditi, vn pò più à baſſo ne diſcorreremo copioſamente.

Scienze, e Diſcipline s'inſegnauano nelle Terme.

XXI. In tanto io non vorrei già, che qualche ſaccente torceſſe il griſo per hauermi vdito dire, che i Retori, i Poeti, e i Filoſofi inſegnauano nelle Terme, e v'aueuano ſtanze, e ſcuole per li loro eſſercizij. Imperocche io direi ſubito à queſto cotale, che i nomi Greci di Σχολή, e di Γυμνάσιον prima s'adoprarono à dinotare luoghi d'eſſercizij, e fatiche di corpo, che ſpeculationi, ò ammaeſtramenti dell'animo, e gliel farei teſtimoniare da *Ippocrate*, da *Polibo*, e da *Galeno*. E che eſsendo poſcia ceſsata la Paleſtra, e la Ginnaſtica, ſono que' vocaboli rimaſti in vſo per gli ſtudi delle ſcienze. E per ver dire, ſe *Gymnaſium* ſi deriua da γυμνὸς, che vuol dir nudo, io non hò fin'hora apparato, che gli vditori de' Filoſofi, per filoſofar più acconciamente, all'vſanza de' Ginoſofiſti, nudi ſi ſpogliaſſero. Ma che occorre altro? Non dice *Pauſania* nell'Attica, che l'Accademia fuori d'Atene di priuata Villa era diuenuta vn Ginnaſio? e che nel Liceo Licurgo figliuolo di Licofrone aueua fabricato vn Ginnaſio? Ma chi non sà, che i ridotti più celebri de' Filoſofi Ateniеſi erano l'Accademia, e'l Liceo, legga *Diogene Laertio:* e auuerta che la voce Ginnaſio nel primo ſignificato prendeuaſi. Ordina *Vitruuio* che nella fabrica delle Paleſtre, che ſon quel medeſimo, che i Ginnasij, vi ſi facciano *in tribus porticibus exhedræ ſpatioſæ, habentes ſedes, in quibus Philoſophi, Rhetores, reliquique qui ſtudijs delectantur ſedentes diſputare poſſint.* E altroue riferiſce, che Ariſtippo Socratico gettato da impetuoſa burraſca alle ſpiagge di Rodi, e trouato alcune figure matematiche nella rena, volto a' compagni lietamente gridò. Coraggio, amici, ch'i' hò trouato ve-

Pollux Onom. l. 3 C vl. Ip. de morb. 3 de Diæta 2 de San. tuen. cap. 7. &c.

In Atticis.

In Platone, & Ariſt. & alibi.

Lib. 5. cap. 11.

In Proœm lib. 6.

ſtigi

ſtigi d'huomini: *Statimque,* ſoggiunge, *in Oppidum Rhodum contendit, & rectà Gymnaſium devenit, ibique de Philoſophia diſputans muneribus eſt donatus, ut non tantum ſe ornaret; ſed etiam eis, qui unà fuerant veſtitum, & cætera, quæ opus eſſent ad victum præſtaret.* Anche oggidì ſuccederebbe vna coſa ſimile! Non ſaria poco, che vn pouero Filoſofo trouaſſe vn po' d'alloggio, per carità, allo Spedale, per vna ſola notte. Or baſta; chiaro ſtà dunque che ne' Ginnasij ſi filoſofaua, e che queſti erano con le Terme in vn ſolo edificio compreſi.

XXII. Ma per dare ancora, com'abbiam promeſſo, qualche contezza de' Bagni pubblici co' loro propri nomi a' gli eruditi, io non mi contentarò della breuità di Galeno, che non pare, che più di quattro ſtanze vi riconoſceſſe, quando ſcriſſe. *Quippè ingredientes in aëre verſantur calido; poſtea in aquam calidam deſcendunt; mox ab hac egreſſi in frigidam; poſtremò ſudorem detergent.* Se bene nel fine del medeſimo capitolo, ou'egli prolisſamente inſegna di bagnare i febbricitanti, moſtra di aſſegnaruene vn' altra, nella quale s'vgneſſero, e ſi veſtiſſero: ma notiſi, che per iſtanze del Bagno proprie ei non intende, ſe non il Sudatoio, il Bagno caldo, e'l freddo, ò tiepido, ch'ei ſi fuſſe, chiamandole prima, ſeconda, e terza ſtanza. Non m'appaga nè men Vitruuio, che più di Galeno altro non mette, che il Laconico, ò Sudatoio, di cui ragioneremo à ſuo luogo. E' ben vero, che nel capo ſeguente diſpone la fabrica delle Paleſtre, e de' Xiſti, come abbiam detto, che dopo il tempo ſuo vna parte, e principaliſſima delle Terme diuennero. Sarà dunque neceſſario di voltarſi alle ruine delle Terme Romane, e con la ſcorta d'*Andrea Baccio*, e de gli altri Antiquarij girne rintracciando le piante. Non intendo mica per ciò di ritrarre à puntino quelle vaſtiſſime fabriche, in cui erano moltiplicate le parti; perche vi ſi poteſſe eſer-

Copioſa deſcrizione delle Terme.

10. *Meth. c.* 10.

De Thermis l. 7. *cap.* 3. *Gamucci Ant. di Roma lib.* 3.

Hh cita-

Dempster Ant. Rom. l. p. cap. 7.

citare, lauare, e ricreare l'immenso Popolo Romano; ma andarui solamente rauuisando i membri più principali, perche più chiara ne resti la cognizione. E per più ordinatamente procedere, distingueremo tutta la fabrica in trè parti principali, la prima delle quali apparterrà al Bagno, la seconda à gli Esercizij, e la terza alla Ricreatione.

Prima loro parte spettante al Bagno.

XXIII. E quanto alla prima parte, s'entraua per diuerse porte in vna grã Sala fabricata di varia, e bizzarra forma secondo il gusto dell'Architetto, che Apoditerio da' Greci, e da'Latini, che la voce non mutarono, si chiamaua, che da noi potriasi dire Spogliatoio. Quiui deponean le vesti que', che lauar si voleuano: e, se aueuano serui propi, in custodia di quelli le lasciauono, e talora anche delle serue, onde Marziale beffeggiaua Apro, che d'vna Vecchia losca in tal'impiego seruiuasi.

Apoditerio, ò Spogliatoio. Cic. 3 Epist. ad Q. fr. Plin. lib. 5. Epist. ad Apollon. Lib. 12. Epigr. 71.

Et supra togulam lusca sederet anus.

Capsarij. Cel Rodig lib. 25 cap. 28. Catullus Epigr ad Vibennium. l Nam salutem ff de off praef vig l. p § si conuenit ff depositi. Arist Sec 29. probl. 14.

Se non ne aueuano, v'erano certi custodi detti Capsarij, à cui si consegnauano, e loro toccaua il renderne conto, non mancando mai in quelle confusioni que'Ladri, che *fures balnearij* nelle leggi si chiamano, i quali, perche astringeuano i padroni delle furate vesti à tornarsene à casa ignudi, erano di grauissime pene dalle sudette leggi puniti. D'indi si passaua nel Tepidario, ò stanza dell'acqua tiepida, da vna parte della quale s'esercitaua la Tonstrina (diremmo noi Barberia) e iui si radeuano, ò si pelauano co'loro Dropaci, e Psilotri, cioè Pelatoi. Onde *Marziale*

Tepidario. Tonstrina. Psilotro. Dropace. lib. 3. epigr. 32. lib 6 epigr. 92.

Psilothro faciemque lauas, & Dropace caluam.

E altroue.

Psilothro nitet, aut acida latet abdita creta,

posciache dopo pelati v'applicauan certe sorti di terre, come fanno oggi i Turchi, per quanto ne scriue *Pier dalla Valle*; e indi con l'acqua tiepida si dauon la prima

Vol p lett. 18. num. 4.

lauata. Poscia entrauano nel Frigidario, e quiui con l'acqua fredda si lauauono. Ma qui confesso, che mi sarei ageuolmente lasciato ingannare dal *Mercuriale*, ch' io stimaua assai più di mè perito Piloto in questa quasi disusata nauigazione, se la carta nautica della pianta delle Terme Diocleziane non m'insegnaua à fuggir lo scoglio. Scriue egli (e non sò perche) che alla stanza tepidaria succedeua la frigidarià, fatta solamente per chi volea prender'aria fredda, vscito dalla tiepida, ò dalla calda delle altre due stanze congiunte; *neque .n.* (soggiunge) *ulla ibi aquæ vasa reperiebantur, ut possent æstate plures convenire*: quasi che mancassero luoghi freschi, e opachi in altri luoghi delle Terme, più acconci à questo bisogno. Segue poi. *Non defuerunt qui in hac parte piscinam positam fuisse crediderint*; e io sono vno di quelli: *at mihi verisimilius eam in frigida lavatione, ubi alia frigida aqua servabatur, extitisse, cum in frigidario aquæ nullius apud auctores mentio habeatur*. Ma io non posso ammettere queste due parti fredde ne'luoghi propi da lauarsi; sì perche la pianta già detta non ne mostra orma alcuna, congiungendo ella il Tepidario al Frigidario, e per questo al Calidario passando; come ancora perche io non posso intendere in alcun modo qual differenza sia dal Frigidario, ou'ei non vuole, che fusson'acque, nè vasi per lauarsi, à quella sua *frigida lavatio*, oue con *Plinio* egli asserisce, che staua il Battistero, ò Piscina per nuotarui. E finalmente perche io non saprei immaginarmi à che seruisse il Frigidario secco in questo luogo.

Si lauauon dunque nell'acqua fredda nel Battistero, vaso tanto grande, che vi si nuotaua, e perciò detto ancora κολυμβήθρα, che la Volgata interpreta Natatoria, nel Sacro-Santo Vangelo; e nella Piscina ancora (perche ò l'vno, ò l'altro, ò ambiduo capiuano nella medesima

Frigidario. *De arte Gymnast. l. 1. c. 10.* Battistero. Colimbetra Piscina. Natatoria. *Ioann. cap 9.*

camera frigidaria) tanto quelli, che si contentauano del primo bagno tiepido, quanto quelli, che dal Calidario tornauano, ò dal Laconico: e questo faceuano per la ragione apportata da *Galeno*, acciocche la troppo grande apertura de' pori fatta dal calore delle dette stanze, non cagionasse loro risoluzion di forze, e deliquio d'animo. E mi conferma in questo parere lo scorgere, che questa Frigidaria aueua vn'altra vscita libera, senza tornare per la prima, ò esser costretto à passare per la terza: che viene à dire, che non sempre s'osseruaua l'ordine della fabrica, ma che poteua ogn'vno à piacer suo gire al Laconico à sudare, e poi per di fuori, senza passare per lo bagno caldo, venirsene al Battistero freddo, ò tornare anco al Tepidario à vgnersi, e all'Apoditerio à vestirsi. Perche non tutti aueuano ò necessità, ò gusto di passare ordinatamente per tutti e trè i gradi de' Bagni; ma era ben di mestieri, che la Cella frigidaria fusse commoda à chi dal tiepido, dal caldo, e dal sudore veniua; per la ragion detta di *Galeno*: e perciò il Bagno freddo in questo sito era fabricato. Ma l'inuentione del lauarsi nell'acqua fredda per maggior sanità vuol *Plinio*, che fusse introdotta in Roma da *Antonio*, ò come piace al *Vossio*, *Artorio Musa* Medico di Augusto, e da *Euforbo* suo fratello Medico di Giuba Rè di Mauritania; seguiti poscia da vn certo *Carmide* da Marsilia, che per ciò *Psicrolutre* chiamar si faceua, come ψυχρολοῦτραι da *Paolo Egineta* s'apellano le Piscine fredde, che *Galeno* col già detto vocabolo, Colimbetre chiamate aueua. Il lauarsi però nell'acque fredde si vietaua da' Medici à chi non auea compiuto il XXV. anno, come dice *Giouanni Langio* eruditissimo Medico, e vno de' primi, che dell'antiche Terme le memorie illustrasse. E scusimi quì la erudizione del *Mercuriale*, hà egli confuso, nõ sò come, il Frigidario con l'Apoditerio; come parmi ancora, che proseguendo

Doue sopra.

Bagno freddo da chi introdotto in Roma.

Lib 29 c 1

Lib. 25. cap 7.

De Philosoph cap 12 § 1.

Lib 1. cap 52

3. de Sanit Tuen.

Psicrolutre.

Ep Med. P.P. ep. 50.

Oue sopra.

nõ distingua il Calidario, dal Laconico; se però per quella *Cella calida, labris aquæ continendæ positis referta*, che da *Vitruuio*, e da *Galeno* λȣτρον (se bene con tal nome egli intende il Bagno freddo) da lui posta dopo il Laconico, non dobbiamo intendere questa Camera Calidaria. *loco cit.* Calidario.

Era ella più grande di tutte l'altre, fuorche l'Apoditerio, e aueua nel mezzo vna Piscina assai capace, e intorno à questa spessi sedili di marmo con l'appoggio, e le braccia, quasi à guisa delle Catedre de' Vescoui, che si diceuan *Solia*, e nella Piscina stessa la base aueuano. Si alzaua poi vna balaustrata aperta in vari luoghi secondo il bisogno, e tra questa, e certi grandissimi Vasi di mattoni, di trauertino, di marmo, e talor'anche di bronzo, che *Lavacra, Alvei, Labra*, & *Oceana* si nomauano, restauon quegli spazij, che *Scholæ labrorum*, da *Vitruuio* s'appellano, le quali ei commanda; che tanto ampie si facciano, che quelli, i quali aspettano, che i luoghi per la lauarsi loro si sgombrino, possano ageuolmente capirui. E seruiuano questi trè lauatoi per diuersi, ò gusti, ò abilità, ò forze di chi si lauaua: posciache gli agili, e sani nella piscina, i più graui, è attempati nel Labro; e gl'infermi, cagioneuoli, vecchi, e impotenti nel solio, ò seggia (come commanda *Galeno*) lauare, e con gli strigili, di cui più à basso, strigliare, e con le spugne, e le sindoni ben fregare si faceuano. Solij. Lauacri. Aluei. Labri. Oceani. Scole de Labri. *10 Matth. cap. 10.*

Quindi al Laconico, ò Sudatoio finalmente passauasi, il quale, secondo gl'insegnamenti di *Vitruuio*, era di forma ritonda, fatto à cupola, col lume della parte superiore, d'onde pendeua vno Scudo di Bronzo, attaccato à vna catena, coll'agitazione, e dimenamento di cui, ò col farui sù l'altalena, ò in altra maniera si tratteneua chi volea sudare. E'l calore passaua sotto questa Camera, e per tutte le mura, anzi fino per le curuature della volta, per varij condotti, e canali, che terminauano Laconico, ò Sudatoio.

Ipocausti di Stazio. con spesse bocche vicino al spauimento, e intorno alla cornice, da cui esalaua quel calore, che facea sudare. E questi crederei io, che fussono quegli Ipocausti, che diceua *Stazio* ne' Bagni d'Etrusco

p. Siluarum.

ubi languidus ignis inerrat
Aedibus, & tenuem volvunt hypocausta vaporem.

Non già però, ch'io confonda questi spiragli, e condotti del calore coll'Ipocausto della fornace, di cui ragionerò fra poco, poiche io penso, che 'l Poeta guardasse più all'vso loro, che al nome, e che poeticamente parlando, nel numero del più quelli, che molti erano, e non questo, che pur'era solo, significar ci volesse. Del qual parere, chi bene osserua, trouerà essere stato anche il *Baccio*, benche oscuramente fauellasse, forse per riuerenza del *Mercuriale*. Ma chi volesse tenerla salda contro di costui potria fondarsi sulla gran distanza, che nella citata pianta s'osserua tra la fornace generale, e 'l sito di questo Sudatoio, come appunto il chiama *Seneca*, (Epist. 86.) che non concedeua al sicuro cammino sì lungo con vigor sufficiente al calore per arriuarui à far l'effetto destinato; Onde pare più probabile l'asserzione di *Guglielmo Filandro* (ad cap. 10 l. 5.) dotto spositor di *Vitruuio*, che coli ragioneuole fondamento delle proprie osseruazioni, scriue, che vi si accendeua sotto vn fuoco particolare per vso suo; anzi ne disegna la forma, co' laberinti, e le varie andate de' canali, cauate, dic' egli, dalle Terme di Caracalla. Si che io conchiudo, che questi siano senza dubbio alcuno gl' Ipocausti di Stazio. E questa è quella parte, cioè il Laconico, in cui gl'Imperadori, e i loro Giudici costumauano di far morire soffocati dal calore i personaggi di qualità, (Supplicio de Grandi.) e particolarmente le Dame grandi ne' priuati Bagni delle loro case per torne l'ignominia del publico supplicio. Così Costantino vi fè scoppiare l'impudica sua Moglie Fausta; e prima di lui Almachio Prefetto di Roma à tal maniera di morte auea condennata S. Cecilia, a cui però la dimora di tanti giorni, e la gran copia delle legna, che per riscaldare il Laconico, s'abbrugiarono, non puotero giammai cauare pur vna stilla di sudore dal volto. E quindi può raccorsi la pia semplicità de' Pittori, che nel rappresentare il Martirio di questa Santa, in vna gran caldaia à bollire ce la dipingono. Ma non solo questo Sudatoio era aperto verso il Calidario, ma aueua ancora vna porta per cui si vsciua liberamente, per andarsi à lauare nella gran Peschiera, ò Piscina, di cui diuiseremo più à basso, ò ritornarsene alla camera frigidaria; e dopo all'Apoditerio à riuestirsi. Il costume poi, deriuato da' Lacedemoni, di sudar prima assai bene, e poscia tuffarsi à nuotare nell'acqua fredda, era pur anco frequentato da qualcheduno in Roma, dicendo *Marziale*, dalla cui copiosissima guardarobba si traggono moltissime vsanze de' Romani de' suoi tempi,

Zosim. lib 2. Baron. anno 324. Idem in notis Martirol 22. Nouembris. Idem an 232. Errore de' Pittori. *Lib. 6. epig 42*

Ritus si placeant tibi Laconum,
Contentus potes arido vapore
Cruda Virgine, Martiave mergi.

Ma chi, entrando per detta porta, volea seruirsi de' Bagni caldi, ò tiepidi, vscendo per l'altra parte ne auena l'agio.

Ora torniamo al centro proprio delle Terme. In questo bel mezzo appunto, sotterra era la Fornace, i cui ministri, che serui erano, *Fornacatores* da' Leggisti si nomano, i quali con certe palle di pece, di stoppa, e di ragia ruzzolate per lo pauimento, à questo effetto fabricato in pendio per ricordo di *Vitruuio*, si facean cadere nello Ipocausto del Mercuriale, e quindi nel *Præfurnium Propnigeum*, ò sia bocca del forno per mantenerui acceso quel continuo fuoco, che era necessario per riscaldar l'acqua, che douea seruire à tanta gente.

Papinian. Fornace. Fornacatori. Ipocausto del Mercuriale. Prefurnio, Propnigeo.

Il che si faceua con modo veramente merauiglioso, e

Come si scaldasse l'acqua nelle Terme. Tre Vasi Miliarij. *Lib p tit. 40. Choul de bagni degli ant Rom fac 113. Bacc. lib. 7. cap. 9.*

degno de' Romani intelletti. Posaua soura la fornace vn grandissimo vaso di piombo, dice *Palladio*, ma di bronzo secondo i più, e questo con le sue cannelle, e galletti da' Latini detti *Dracones*, e *Epistomia*, da ambedue le parti, per cauarne l'acqua, che si voleua, già bollente. Nè questa mancar poteua, acciòcche vn' altro vaso della medesima grandezza, e materia con la sua parte inferiore ridotta in strettezza proporzionata alla bocca dell' vltimo si congiungeua, da cui quant'acqua si cauaua, tanta dal superiore ne veniua continuamente somministrata; e questa per la comunicazione della sottoposta feruente, tiepida ne diueniua, e tale si conseruaua sempre: e auea questa ancora le sue doppie cannelle, atte à chiudersi, e ad aprirsi cō chiauette come le prime. E finalmente vn terzo vaso innestato, à guisa de gli altri due, con la sua parte di sotto nella sourana del mezzano, con apertura assai angusta, riempiua il suo sottoposto qualunque volta dell'acqua tiepida si cauaua, con altrettanta fredda, ch'in lui per vn condotto dalla volta sourapostа assiduamente calaua, e nella naturale sua freddezza conseruandosi, per le solite cannelle, e galletti di tal qualità à tutti i Bagni sufficientemente somministrauasi.

Balneatori. Trulle Balneariе. Vrceoli. Cacabi. Aritene. *Lib. 7 cap. 33.*

E così attigneuano i Balneatori, ò Ministri de' Bagni ora con le Trulle Balnearie, ora con gli Vrceoli, e ora con certi Cacabi, caldaie, ò secchi, che dir gli vogliamo, che ἀρυταιναι da *Polluce* si dicono, l'acque calde, tiepide, e fredde per chiunque lauarsi voleua; auendone però riempite, auanti di aprir le Terme, i Labri, e la Piscina del Calidario, giacche non vi mancauan condotti per faruela ire, come attesta il Baccio d'auer osseruato nelle Terme Diocleziane. E nomauansi questi vasi Miliarij (il dicon *Catone*, *Seneca*, e *Palladio*) tanto da' Greci, quanto da' Latini: sicche io non capisco come il Baccio gli etimologizi dal capir più di mille libbre d'acqua, che

Loc. cit.

non

non consuona nè coll'vna lingua, nè coll'altra.

Ora, chi non volea nuotare nella piscina fredda tornaua al Frigidario, e iui si facea gittare acqua fredda addosso, per la ragione di *Galeno*: e d'indi tornato al Tepidario si strigliaua gagliardamente con la Strigile, ch'era vno strumento di legno, d'Ebano, d'osso, d'auorio, di bronzo, di ferro, d'ariento, ò d'oro, disegnato diligentemente prima dal già lodato *Choul*, e poscia del *Mercuriale*, tratto (dic'egli) da que'di bronzo, che nelle ruine delle Terme Traiane si ritrouarono: col quale si toglìean d'addosso la poluere (facilissima ad appiccarsi a'Romani, che camicie di lino non costumauano di portare, e l'vso delle brache non aueuano ancora riceuuto da' Galli) ò l'arena, l'vnto, il sudore, e l'altre immondizie contratte ne gli essercizij della Palestra, come diremo. Si puliuano anche con sindoni, ò pannilini, e con ispugne mollissime, che per grandezza, e lusso ò tigner di porpora, ò bianche diuenire faceuano. Quinci, se aueuan fatto portar dal seruo il Gutto Latino, cioè il Lecito Greco, di cui si fà menzione nelle Sacre lettere (era questò vn vasetto con la bocca stretta di corno di Bùfolo; ò di Rinoceronte, ò di vetro, di forma compressa, che spargea l'olio à goccia à goccia, d'onde prendeua il nome) si faceuano vgnere con alcuno di que'famosi Olij, ò Vnguenti odorati descritti copiosamente da *Dioscoride*, e memorati da *Ateneo*, de' quali troppo lungo sarebbe ora il ragionare; e poscia riuestiti nell'Apoditerio à casa à cena se n'andauano. Ma se olio non auean seco, dall' Eleotesio, ch'era vna stanza delle Terme destinata à gli Olij, e Vnguenti (diremo noi Profumèria) situata vicino al Tepidario, come mostra il *Baccio*, se ne facean portare, e pagauano. E quest'vgnere era cosa tanto vniuersale, che chiunque si lauaua s'vgneua ancora, almeno col puro olio d'vliua. E si legge appo gli Storici,

Ordine di lauarsi.

Strigili. *Plin. lib. 28. cap 4 Martial lib. 14 Epigr 51. Iuuen. sat 3. Apuleius Florid. lib 2. Sueton. in Aug cap 80. Strabo lib. 15.*

Spugne tinte di porpora, ò fatte bianche.

Gutto. Lecito. *3 Reg. c. 17. Iuuenal. l. 6.*

Olij, e Vnguenti. *Lib 1 da lc. 28 al 65. Lib. 15. c. 14.*

Eleotesio.

Olio donato al Popolo da gl' Imperadori.

che molti Imperadori insieme col Congiario l'olio donarono al popolo, non già per condire i cibi, nè per vso delle lucerne, ma per vgnersi solamente nelle Terme; il che in numero di popolo così grande bisogna, che somma incredibile importasse; e allora nessuno portaua più seco l'olio, ma da' Balneatori à ciascuno gratis si dispensaua. E perciò forse *Giulio Polluce* tra le stanze del Bagno annouerò l'Ἀλυπτήριον, detto prima da *Plinio Vnctorium*, a' quali io crederò assai più, che al *Mercuriale*, il quale vuole, che questa officina spetti più al Ginnasio, che al Bagno: ma io arbitrerei, che e nell'vno, e nell'altro luogo si trouasse tale Vntuario, poiche in ambiduoi, come che à diuerso fine, era in vso l'vnzione. Molti però, ò per bisogno, ò per pulitezza, ò per dilicatura, auanti che s'vgnessero, di quelle astersiue composizioni in forma soda si seruiuano, che *Smegmata* ancora nelle Sacre Carte si chiamano, e corrispondeuano à nostri Saponi, ma non eran gl'istessi, perchè *Plinio* in diuersi luoghi fà menzione di tutti due. Adoperauano similmente Lomenti fatti di Farina di Faue, e di Lupini; di Nitro, e d'Afronitro, come attesta *Galeno*; e questi s'vsauano particolarmente da quelle femmine, che, vergognandosi delle rughe, e crepature del ventre cagionate delle grauidanze, cancellare con essi le voleuano. Onde *Marziale*

Lib. 7. c. 33. Lib. 5 ep. 6. Alipterio. Vntorio. Smegmi. Daniel. c. 13. Lib 27. c 12. Lib 28. c. 12. Lomenti. Lib 22. c. vlt. p. de alim. fac.

Lib. 3. epig 30.

Aut sulcos uteri prodere nuda times.

E altroue.

Lib 5. epig 89.

Lomento rugas ventris quod condere tentas.

Diapasmi.

E per fermare il sudor souerchio si faceano spargere di certe polueri odoratissime, che per ciò *Diapasmata* diceuansi, somiglianti forse alle moderne polueri di Cipri. Veggio finalmente nella pianta citata vna stanza compresa tra'l Tepidario, il Frigidario, l'Ipocausto, e'l Portico massimo, che vien notata col titolo, d'*Aquarium, &*

Acquario.

lumen, che per auuentura è dichiarata del *Mercuriale*. *Aquarium cella erat calidæ lavationi, atque calidario adnexa, in qua alveus magnus ædificatus erat ad continendam aquam ex aquæductibus, aliunde invectam, atque in frigidam lavationem, & calidam per fistulas derivandam.*

Eranui poi tutti i seruigi necessarij per riporre i vasi, e le legna (che di Vliuo non potean'essere per ordine degli Edili, come riferisce *Plutarco*) e l'altre bazzicature, che s'adoprauano: appresso, le latrine pubbliche, e'l quartiere de'Balneatori, che iui senza dubbio abitauano, e le altre stanze, e officine, che per gli vsi priuati si richiedeuano. E tale era la fabrica di quella parte delle Terme, che al bagnarsi era destinata.

In Quæst. Rom. num.

XXIV. Ma conuien'auuertire, che da *P. Vittore* altre si chiaman Terme, come tutte quelle de gl'Imperadori, le Palatine, quelle di Agrippa quelle di Olimpiade, le Siriache, e le Variane. Altri s'apellan Bagni, come quel di Vettio Bolano, quel di Mamertino, quel di Abascantiano, quel di Antiochiano, quel di Dafne, quel di Nouato, quel di Paolo, quel di Ampelide, e quel di Prisciliana. Altri Ninfei si dicono, come quel di Gioue, e quel di Alessandro, con quelli di Marco, e di Gordiano nominati da *Ammiano*, e da *Giulio Capitolino*, e vndici altri senza nome. Altri finalmente si noman Lauacri come quel di Agrippina di Claudio. La distinzione de' quali vocaboli non è così ageuole à rintracciarsi: chi non dicesse tal differenza essere fra le Terme, e i Bagni, che questi fussono senza Ginnasij, e quelle gli auessono; che i Ninfei fussono riseruati, e le Terme, e i Bagni fusson pubblici; e che i Lauacri per le Donne nobili solamente fussono fabricati. E quì mi bisogna ridere d'vna strana interpretazione del *Zonara*, che porta opinione i Ninfei essere stati certi Palagi pubblici, in cui i mal'agiati di casa celebrare vsassono le lor nozze, e

De Regiom. Vrbis.

Differenza tra Bagni, Terme, Ninfei, e Lauacri.

Lib. 4.

In Gordiano.

Nella Vita di Lion I.

che tal nome tratto auessono dalle statue delle Ninfe
Siluar. l. p 2. *Lib. 6 epig. 42.* iui collocate. Del resto *Stazio*, e *Marziale* celebrano
alle stelle i Bagni di Etrusco; e quest'vltimo mentoua
spesso le Terme di Stefano, di Claudio, di Tucca, di
Grillo, di Fortunato, di Pontico, di Seuero, di Fausto,
di Tigillino, e di altri, i cui siti non si sà oue fussono; come che io creda di questi nomi essere alcuni finti, come
sò, ch'è quello di Ceciliano, da lui beffato per la freddezza delle sue Terme

Lib 2 epig. 78. *Aestivo serves ubi piscem tempore quaeris?*
In Thermis serva, Caeciliane, tuis.

e forse ancora quel di Tucca, da lui prouerbiato per auer
fatti i vasi da lauarsi di legno, e le Terme de' marmi più
pregiati, dicendo prima, che

Lib. 9. epig. 77 *navigare Tucca Balneo possit,*

e poscia

Sed ligna desunt: subjice balneum Thermis.

De reg. Vrb. E questi Bagni erano sicuramente priuati, de' quali il sudetto *P. Vittore* annouera in Roma DCCC. LVI. E non
è mio pensiero di narrar le pompe eccessiue delle Fabriche, e le delizie incomparabili di queste priuate lauazioni; ma chi n'auesse talento, legga *Plinio* il giouine
nelle Pistole ad Apollinare, e à Gallo, che nella vaghis-
sima, e compita loro descrizione restarà pienamente ap-
pagato. E chi di più rigido autore si dilettasse, veggia
Seneca, che in vna lettera à posta deplora vn lusso cotanto diffuso.

(Bagni priuati in Roma quanti. — *Lib 2. epist. 17. lib. 5. epist. 7.* — *epist. 86.*)

XXV. Aueuano ancora le Terme le loro leggi, e
consuetudini. Per commandamento di Adriano non s'a-
priuano i Bagni prima dell'hora ottaua à chi non era infermo: ed era ristretto dalle due hore dopo il mezzo
giorno alla sera solamente quel tempo, che da gli antichi era suto steso dal leuare al tramontare del Sole.
Benche Alessandro Seuero per non angustiar tanto il

(Leggi, e consuetudini delle Terme. — *Capitolin. & Spartian. in Hadr* — *Alex. ab Alex. l. 4. c 20.* — *Baccius lib. 7 cap. 12.*)

Popo-

Popolo, concedesse, che stassero le Terme aperte tutta la notte; anzi egli medesimo donasse l'olio per le Lucerne, che in gran quantità è di mestieri, che fusse. E perciò vi si vedean pendenti quelle grandi Lucerne di bronzo, che da vno, duo, trè, e più lucignuoli, *monomyxi, dimixi, trimyxi, e polymixi* diceuansi. Auanti che si chiudessero, se ne daua il segno con vna Campana, com'abbiamo da *Marziale*:

Tempo d'aprirle, e di stare aperte.

Licet de Luc. antiq.

Lucerne.

Campana delle Terme.

Redde pilam. Sonat æs Thermarum. Ludere pergis?
Virgine vis sola lotus abire domum.

Lib. 14. epigr. 163.

perche rimanendo solo aperta la piscina grande, chi voleua lauarsi dopo serrati i Bagni, iui ne trouaua la commodità. Credono il *Mercuriale*, e'l *Baccio*, che chiudendosi assai presto le Terme al tempo di *Marziale*, ei si quereli della poca discrezione di *Fabiano*, che facendolsi correr dietro fin dopo le dieci hore à i Bagni d'Agrippa, ou'ei si lauaua in quei di Tito,

Ful. Vrsin. in Append. ad Ciacon Trichin.

Gymn. l. 1. c. x. de Ther. lib. 7. c. 12.

Lassus ut in Thermas decimæ, vel serius hora
Te sequar Agrippæ, cum laver ipse Titi,

lib. 5. epig. 83.

lo astringesse à pagar cento volte tanto, quanto ordinariamente spendeuasi, mentre i Balneatori à posta sua doueuan tener aperto, ò aprire à sua instanza:

Balnea post decimam lasso, centumque petuntur
Quadrantes: fiet quando, Polite liber?

lib. 10 epi. 69.

Ma à me pare tanto esorbitante la somma, che non posso ammettere tale intelletto. Crederò bene, che i cento Quadranti sieno quelli della Sportula, ch'in vece della cena dauano i Padroni a' loro Clienti (senza i quali il pouero *Marziale* non potea cenare) e questa si dispensaua nelle Terme, e bisognaua ire colà à riceuerla.

Sportula di Marziale, che si dispensaua nelle Terme, che fusse.

Dat Bajana mihi quadrantes Sportula centum.
Inter delicias, quid facit ista fames?

lib. 1. epig. 60.

la quale vsanza posta da Nerone, cioè, che in luogo della cena, che dauano i maggiorenti a' loro corteggiatori

Sueton. in Neron. c. 6.

pa-

pagassero cento quattrini, che sariano, come si dirà à suo luogo, circa duo Giulij, fù poscia al tempo di *Marziale* leuata da Domiziano, onde il Póeta ne fè allegrezza con questo Epigramma.

Idem in Domit. c. 7.

Lib. 3. epig. 7.

Centum miselli jam valere quadrantes,
Anteambulonis Congiarium lassi,
Quos dividebat Balneator elixus,
Quid cogitatis, o fames amicorum?
Regis superbi Sportulæ recesserunt.
Nihil strophrarum est. jam salarium dandum est.

Oue chi legge con la debita ponderazione i trè primi versi, scorgerà intieramente vera questa sposizione, che hò poi trouata ancora appresso il *Calderino*, e'l *Farnabio*.

Ad dicta epig

Pagamento delle Terme.

Ma tornando al pagamento de'Balneatori, questo era vn Quadrante, ò quattrino, come tutti concordemente attestano dopo *Orazio*

Sat. 3.

cum tu quadrante lavatum
Rex ibis . . . .

Sat. 6.

e *Giouenale*.

Cædere Siluano porcum, quadrante lavari.

il quale però non si pagaua da tutti, ma da quelli solamente, che giunti erano alla pubertà, che perciò dicea il medesimo Satirico

Sat 2 & ibi Britan.

Nec pueri credunt, nisi qui nondum ære lavantur.

Leuato talora da qualche Imp.

Capitolin. in Pio. c.

Chi fusse souraſtante alle Terme.

Ful Vrsin l. c.

Cel Rodigin. lib. 30. c 19.

Alex. ab Al. lib. 4 c 4.

l. qui Insulam § Aedilis ff. locati.

E nondimeno la liberalità di Antonin Pio sgrauò anche il popolo Romano spesse volte da questo misero pagamento: e crede il *Baccio*, ch'in occasione di pubbliche allegrezze ei fusse imitato da'Principi, che seguirono. Egli Edili, a'quali spettaua la cura della conseruazione, pulitezza, e abbondanza delle Terme, tal volta per magnificenza prendeano da'Balneatori per certo tempo à pigione la lor mercede, e ne facean presente al popolo, che in quel mentre vi si lauaua gratis. Come

per

per lo contrario, può essere ancora, che rimanesser chiusi i Bagni in qualche comune calamità, come dice il *Baccio* di auer osseruato alcune volte in *Liuio* (ma io no'l credo) e come serrò le pubbliche Terme Caligola, e vietò il lauarsi à pena il cuore, nel lutto di sua Sorella Drusilla. — Terme se mai chiuse, e quando. — *Suet. in Calig. cap. 24.*

XXVI. Se ne gli antichi tempi si lauassero confusamente huomini, e donne, è credibile di nò; ma che vi fussero appartamenti (dirò così) separati da ambedue le parti, a' quali però seruisse vna sola fornace co'trè Vasi miliarij descritti di sopra. E par che lo confermi *A. Gellio* là, doue porta vno squarcio d'Orazione di *C. Gracco*. *Nuper Teanum Sidicinum Consul venit. uxorem dixit in Balneis virilibus lavari velle. Quæstori Sidicino à M. Mario datum est negotium, uti balneis exigerentur qui lavabantur.* Ma al tempo di Nerone, e de' successori son ben certo, che ambo i sessi vnitamente si bagnauano, perche *Plinio* lasciò scritto, *Stratas argento mulierum Balineas ita, vt vestigio locus non sit cum viris lavantium.* E *Marziale* à certa Matrona dicea scherzando — Se huomini, e Donne insieme si lauassero. — *Lib. 10. c. 3.* — Vsauansi mescolati. — *Lib. 33. c. 12.*

Inguina succinctus nigra sibi servus aluta
Stat quoties calidis tota foveris aquis. — *Lib. 7. epig. 34*

e poi

Sed nudi tecum juvenesque, senesque lavamur. — *Lib. 11. epigr 74.*

e à Celia.

Theca tectus ahenea lavatur
Tecum, Cælia, servus, ut quid, oro,
Non sit cum cytharedus, aut choraules?
Non vis, vt puto. &c.
Quare cum populo lavaris ergo?
Omnes an tibi nos sumus spadones?

Luoghi più chiari assai di que' duo, che porta in pruoua di ciò il *Mercuriale*. E *Giouenale* ancor egli — *Lib 3. epig. 51 & lib. 11. epig. 48.*

Balnea nocte subit, &c. — *Sat. 6.*

Ma il fatto stà, che nè meno si puote prouuedere à si spor-

Vietati dagl' Imperadori.

In Hadrian. Capitolin. in M. Aurel.

Lib. 3. c. 10.

E ripresi da Clemente Alessandrino.

Lamprid. in Alex.

Da S. Cipriano.

De Virg. habit.

E da S. Girolamo.

Epist. ad Letam de fil. inst.

Proibiti vltimamente dalle Leggi Ciuili.

l. fin. Cod. de Repud. Auth. de Nupt.

sporco disordine con gli editti Imperiali, perche se bene Adriano, come attestano *Dione*, e *Sparziano* lo proibì, e M. Aurelio rinouò il bando; non durarono però gran fatto in vso, ò in vigore simili ordini, auuengache *Clemente Alessandrino*, che scriueua sotto Seuero, ne fà grandissimo risentimento nel Pedagogo. *Eò venere* (dice egli) *intemperantiæ mulieres nostri temporis, ut canent, & sint ebriæ dum lavantur. Viris autem, & fœminis communia aperta sunt Balnea; ac eò exsuuntur ad intemperantiam. Ita, quæ ipsæ suis maritis non se exsuerint simulatum pudorem probabiliter præseferentes, licet tamen alijs volentibus eas, quę domi sunt inclusæ, nudas videre in balneis. Hic enim se exsuere spectatoribus, tanquā corporum cauponibus, non erubescunt. Quæ autem non usque adeò pudorem exsuerint, externos quidem excludunt, unà autem cum suis ministris collavantur; servis nudæ se exsuuntur, & ab eis item nudis fricantur. &c.* Parole grauissime, che nondimeno nel suo propio linguaggio hanno anche maggiore energia. Seguì poco dopo Alessandro Seuero, che vietò questi Bagni mescolati, sotto pene grauissime (e ben ve n' era bisogno dopo le suergognate libidini di Elagabalo) ma poco profitto bisogna che facesse, mentre *S. Cipriano*, che pati sotto Valeriano, così acremente lasciò scritto. *Quid verò quæ promiscuas Balneas adeunt: quę oculis ad libidinem curiosis pudori, ac pudicitiæ dicata corpora prostituunt; quæ cum viros, ac à viris nudæ vident turpiter, ac videntur, nonne ipsæ illecebram vitijs præstant?* E, quel, ch'è peggio, duraua ancora così detestabile vsanza CXL. anni dopo, sotto Teodosio, al tempo di *S. Girolamo*, che quasi nella stessa maniera del Cartaginese ne ragionò. Finalmente bisognò, che le leggi Ciuili armate di seuerità, ma giustissima, vi trouassono elle il rimedio. Non voglio però io darmi à credere, che tutte le Donne a' Bagni pubblici andassono,

ma

ma giudico, che alle Terme d'Agrippina, d'Olimpiade, d'Ampelide, e di Prisciliana già dette (che per le femmine solo probabilmente mostra, che fussono destinate) à fare lor lauazioni si raunassono; ma hò bene vn gran dubbio, che ancor' iui (come dice *Clemente*) non si facessono stropicciare, e lauar da' Serui, cinti però con le perizomata di *Marziale*.

XXVII. Non si rigettaua sorte alcuna di persone, fuorche gl'infetti di mali contagiosi; nè vi si faceua differenza veruna frà nobili, e plebei; ricchi, e poueri; grandi, e piccioli; maestrati, e priuati. Il beneficio de' Bagni era comune à ciascuno (e tale doueua essere, perche quasi ogn'vno si lauaua vna volta il giorno) e i Balneatori non seruiuan meglio, ò faceuan più diligenza all' vno, che all'altro. I ricchi però recauan seco da casa gli vtensili sontuosi, Sindoni, Spugne, Strigili, Gutti, e vnzioni, che da vn gregge lungo di serui loro eran portati auanti. Nè v'era luogo di precedenza, nè occorreua pretenderlaui, sotto pena d'vna publica fischiata come scrisse *Tertulliano. Quasi locus in Balneis*, che passaua in prouerbio. Anzi, che molti Imperadori, e de' migliori, per cattar la benuoglienza della plebe, pubblicamente in compagnia del Popolo si lauarono, come Tito, Adriano, e Alessandro Seuero.

Indifferenza delle Terme. *Ful. Vrsin. l. c.*

Alex. ab Al. lib. 4. c. 20. *Sueton. in Tit. cap 8.* *Spartian. in Hadr.* *Lamprid. in Alex.*

XXVIII. L'hora del lauarsi era comunemente l'ottaua, che corrispondeua alle 20. nostre. Così *Marziale*.

Hora di lauarsi, ò d'ire alle Terme. *Lib. 4. epig 8.*

Sufficit in nonam nitidis octava palestris.

E altroue.

Lib. 11. epigr. 53.

Octavam poteris servare lavabimur vna;
Scis quam sint Stephani Balnea juncta mihi.

Plin. l. 3 ep. 5. *Ful Vrsin. l. c.*

Stauan però le Terme aperte fino à notte, anzi molte hore ancora della notte, come diceuamo, per concessione di Alessandro Seuero. E i più si lauauono auanti

Quanto stauano aperte.

 cena,

Si lauauano auanti cena. cena, come che molti v'andassono dopò mangiare, e molti per delizia, e golosità si facesson portare dilicate viuande in alcuna delle stanze, ò delle logge delle Terme, e iui così in piedi in piedi se le mangiassono, il che biasimaua *Marziale*

Lib. 12. epigr.

In Thermis sumit lactucas, ova, lacertum,
Et cœnare foris se negat Aemilius. E altroue

Lib. 5. epigr. 112.

O quanta est gula centies comesse!
Quantò major adhuc nec accubare?

l. de trem. rig. & conuul. ma contro l'ordine de' Medici, se crediamo à *Galeno*. Passò poi facilmente quello, che era ordinato alla sanità, e alla pulitezza al lusso, e alle delizie; nè vi mancò chi si lauasse più volte il giorno, come stà scritto di Commodo, di Gordiano, e di Gallieno, che ben'otto volte il giorno costumarono di lauarsi, e con tali olij, vnguenti, e profumi, che valean tesori. E in que' Monarchi finalmente sarebbe stato tollerabile, potendosi giudicare, che per grandezza di loro stato imperiale, e per magnificenza il facessono, ma ne' priuati, e particolarmente in *Palemone* Grammatico, questo era pur troppo.

Spartian in Commod. Capitolin. in Gordian. Trebell. Poll. in Gallien. Sueton. in Calig. cap. 37.

Vtile medicinale de' Bagni perche tralasciato.

XXIX. Or qui conuerrebbe, che per esser' io publico Professore della Sopraordinaria Prattica Medicinale, mi stendessi assai à mostrare gli vsi de' Bagni nel conseruare, ò rendere la sanità, che certamente erano grandissimi, e vtilissimi: e che appresso facessi al secolo vna veemente essortazione à ritornar viuo sì profitteuol costume; ma perche io fauello ad vn'Accademia, e non ad vna Scuola, non mi vo' abusar tanto della cortesia di chi mi legge; rimettendo i curiosi di questa materia à *Ippocrate*, à *Galeno*, à *Celio Aureliano*, à *Cornelio Celso*, à *Plinio*, à *Paolo*, e à *Oribasio* fra gli antichi; e fra' moderni al *Cardano*, à *Giulio Alessandrino*, al *Mercuriale*, al *Langio*, e al *Baccio*. Le sentenze de' quali se altri stimasse ma-

De Diæta l. 2. de ratione victus in morb. acut. x. Meth. 3 De san tuen. De acutis passion. l. 2. cap. 11. Loc. cit L 1 c 3 Lib p cap. p Lib p c. 52 6. Collect c 23 & seqq Lib de Aqua. p. de san tuen. c. 23. & seqq. Salubr. l. 7. c. p. In Art. Gymn. l. 1. c. 10. Ep Med. T. p. ep. 50.

malageuole il raccorre, se alle mie pubbliche Lezioni dell'anno, che viene d'intrauenire si compiacerà, tutte senza fatica di ascoltare le verrà fatto, posciache io (con l'aiuto Diuino) se viuerò, allora questa materia di copiosamente trattare hò deliberato.

XXX. Ma ora che sembrerebbe tempo di riposare, eccoci costretti à faticar più che mai, poiche ci trouiam giunti à quella parte delle Terme, la quale, perciocche à gli esercizij del corpo, e alla Ginnastica era assegnata, Palestra si nominaua. Vsciti dall'Acquario, e entrati in quella gran Basilica, che i trè altissimi portici stadiati, ò sia Xisti (di tanta lunghezza, che vi si correua lo stadio nelle cattiue stagioni) conteneua, nel bel mezzo di ambe le parti si apriua vn Peristilio, o sia Atrio Colonnato grandissimo, somigliante a' Chiostri moderni de' nostri Religiosi, sparso di rena copiosa: e rimpetto all'entrata principale eraui vna Sala aperta d'auanti, e retta sopra quattro colonne, più lunga vn terzo, che larga, tutta circondata di spessi sedili, con vna tribuna in faccia, che Efebeo si chiamaua: e questa seruiua ò per concertarui co' Ginnasti, e co' Pedotribi soura stanti à quegli essercizij, in qual maniera essi voleuano essercitarsi; ò per farui le disfide tra quelli, che volean combattere nel Teatridio, e nel Ginnasio, come piace al *Mercuriale*, ò, come credono il *Baccio* e'l *Filandro*, e do con loro, per gli essercizij de' giouinetti, come suona per appunto il nome, i quali à hore diuerse da gli huomini conuenire vi doueuano. A' sinistra di questa vna stanza quadra, che l'vscita tuttta aperta aueua nel Chiostro, e le porte nelle due congiunte, detta Coriceo, si trouaua, di cui si disputa, se dal Corico (sorte di giuoco, che dichiarerassi à suo luogo) ò dalle Corèe, e balli, che le fanciulle vi essercitassono, auesse il nome; ò pur Couriceo, che Barberia importerebbe, si chiamasse. E à quest'vltimo

Seconda Parte delle Terme spettante alla Ginnastica.

Basilica massima.

Portici stadiati.

Peristilio, ò Atrio colonnato.

Efebeo.

Ginnasti, e Pedotribi sourastanti à gli essercizij.

Ginnast. l. 1. cap. 8.

Loco citato.

Lib. 7. cap. 6.

Coriceo.

timo pare, che inclini il *Mercuriale*, che lo stima quel medesimo, che l'Apoditerio, ò Spogliatoio: ma à me piace più la prima sentenza (e la confermerò più à basso) posciache la pianta, soura cui mi gouerno, mi conduce da questa in vn'altra simil camera, à cui dà il nome di Frigidario che à spogliarsi assai facilmente potea seruire, imperocche quindi ad vn lūghissimo Sferisterio, ò Giuoco di Palla si passaua, d'onde s'vsciua in vna fabrica, che Dieta chiamauasi, e in vna Basilica nobilissima; che ambedue vsciuano nel bello, e maestoso portico, che la grā Peschiera, ò Piscina, ò Natazione massima da trè parti circondaua; Tornandosi poscia all'Efebeo, si passaua all'Alipterio, ò Eleotesio, nomi greci, che Vntuario significano, nel quale iuano à vgnersi per mano de' Iatralipti que', che lottare, ò altro essercizio di quella sorte fare intendeuano: ò pur si fregauano con quell'olio misto di cera, che per ciò Ceroma diceuasi, tante volte nominato da *Marziale*.

Frigidario secondo. Sferisterio lungo. Dieta. Basilica. Alipterio, ò Eleotesio. Vntuario. Iatralipti. *Pind. Olimp. Ode 8.* Ceroma.

Lib. 7. epig. 31

Vara nec injecto ceromate brachia tendis.

E altroue.

Lib. 4. epig. 19.

Seu lentum ceroma teris; tepidumque trigona.

Ginn. l. 1. c. 8.

Del fine, e dell'vso della quale vnzione veggasi il *Mercuriale*, che ne porta il giudicio di vari autori. Era questo Eleotesio vna stanza in tutto simile al Coriceo, se non ch'era aperta verso il Peristilio sù due colonne, dalla quale s'andaua al Conisterio, camera chiusa, e con vn solo vscio nel chiostro, in cui si conseruaua quella poluere, ò rena sottilissima detta κόνις, e ἀφὴ anco da *Marziale*

Conisterio. Conis Aphe

Lib. 7. epig. 66

Et flauescit aphe;

Poluere pe' lottatori.

che per ispargerne i lottatori s'adoperaua, e da vari paesi per ciò à Roma portauasi; ma la migliore era giudicata quella di Pozzuolo, e quella sottilissima rena del Nilo, di cui pesò tanto al Popolo di Roma, che Nerone

aues-

auesse fatto venir piene le naui di Alessandria quando ragion voleua, che conducesse del grano per la graue carestia, che spatiauasi. Sopra l'vnzione adunque spargeuansi di tali arene, ò polueri quelli, che per lottare nella palestra scendeuano, e 'l *Mercuriale*, dopo varie sentenze di diuersi Medici, si dichiara con *Luciano* di giudicare tale impoluerámento essersi da gli Atleti vsato per fare più ferma presa nelle membra, le quali vnte facilmente sfuggiuano dalle mani de gli Antagonisti. Ma io in questo ancora son costretto à discordare da quell' huomo per altro eruditissimo, acciocch'io non penso, che chiunque vuol contrastare abbia sì poco cielabro, che vadia proccurando i vantaggi al suo nemico; e tale sproposito commesso aurebbon quelli, che per far più facili le prese al lor contrario, impoluerati si fussono. Io sarei dunque di parere, che la rena impedisse il sudor souuerchio, e con questo mediocre disseccamento aiutasse le membra, che per ciò *Lucano* di Anteo con Ercole lottante parlando diceua

Suet. in Nerone cap. 45.

De Gymnasijs.

A che fine.

Pharsal. l. 4. v. 615.

Auxilium membris calidas infundit harenas.

che in sudore sì facilmente con notabile detrimento delle forze non si sciogliessero. Or questo Conisterio si congiungeua al Laconico ritondo, da noi descritto, ma senza vscita. E questa era la parte delle Terme dedicata à gli esercizij del corpo, se vi si aggiungeranno la Piscina massima, ornata di Fonti perpetui, cinta di portici, come diceuamo, delle più rare pietre, che in edificij s'adoperassono, e tanto ampia, che più di CCCC. palmi in lunghezza, e poco minore spazio per larghezza occupaua; di più le vastissime piazze intorno, e l'arena, ò campo del Teatridio co' suoi stadij, e le spesse piantate de' Platani, lunghe ben M. D. palmi, con que' lunghissimi corsi ò passeggi, che περίδρομιδες, e ὕπαιθραι si diceuan da' Greci, luoghi tutti, in cui, secondo le varie dispo-

Piscina massima.

Suoi portici

Sua grandezza.

Platanoni.

Peridromidi. Ipetre.

sizio-

sizione dell'hore, dell'aria, e delle stagioni, la Ginnastica si essercitaua.

XXXI. Ma quali fusson cotali essercizij ci conuiene ora inuestigare. Eran questi di diuerse ragioni per la giouentù, per l'età virile, e per la vecchiaia: certami, essercizij, e giuochi; e questi ò placidi, ò violenti. Ne' violenti i giouani, e la virile età s'impiegauano, i vecchi, e i fanciulli ne' placidi. Certami violenti erano la Lotta, in cui abbracciandosi con tutte le forze gli Atleti, quegli ch'il contrario atterraua si diceua vincitore. Il Pancrazio volutatorio; in cui aggauignandosi in groppi strauagantissimi con tutte le membra si riuolgean per lo spazzo; e quegli era coronato, che 'l nemico à non poter più muouersi riduceua. Di certa altra lotta ancora, ch'in ginocchioni si faceua, par che parlasse *Luciano*: *Sisque in eo luctandi genere exercitatus, quod geniculariu̅m appellant*. Il Cesto descritto da *Virgilio*, in cui con le pugna armate di Sogatti foderati di piombo, e tempestati di grossi chiodi, ò borchie di bronzo percuotendosi bene, e spesso s'vccideuano. Il Pugillato, ò guerra di pugni, con cui cercauano d'atterrarsi, ò col pugno semplice, ò col tenere in mano vn sasso, ò vna palla di ferro, e allora σφαιρομαχία si diceua. La σφυρομαχία, ò guerra di calci; di cui ragiona *Seneca*. Violento più di tutti questi era il Pancrazio composto di lotta, e di pugni, come scriue *Aristotele*, anzi *Pausania* v'aggiunse i calci, i ginocchi, le gombita, e qualsiuoglia altra percossa atta ad atterrare, e ferire (eziandio i denti) che da que' corpi atletici era senza dubbio ben graue; onde *Pancratice, & pugilice valere* si diceua di chi era sommamente robusto.

Violenti, ma non nociui erano il certame del Corso nello Stadio, ò semplice, ò doppio, ò riflesso, ò dupplicato, che Stadio, Dolico, e Diaulo si nomauano, non

Essercizij nelle Terme. Loro diuisione.

Certami violenti. Lotta. Pancrazio volutatorio.

In Asino. Lotta in ginocchioni Cesto. *Aeneid. 5.* Pugillato. *Pind. Olymp. Ode 7. & 10. & ibi Benedictus Com.* Sferomachia. Sfiromachia. Pancrazio. *Epist. 81. Reth. p. In Eliac. post. Pindar. Isth. Od. 5. 6. 7. 8. Et Nem. Ode 2. 3. 5 Pindar. Pyth. Ode 10. & Olymp. Ode 11.* Violenti, non nociui.

solo da gl'Interpreti di *Pindaro*, ma anco dal nostro *Galeno*, onde σταδιοδρόμοι, δολιχοδρόμοι, e διαυλοδρόμοι si diceuano i loro corridori. E *Antillo* Medico antico distingueua il corso in trè sorti, l'vna correndosi all'innanzi, l'altra allo'ndietro, e la terza in giro. E di vn'altra più bizarra specie di corso discorre *Galeno* nel luogo citato, che da lui si chiama ἐκπλεθρίζειν, quando, cioè alcuno, dopo corsa la sesta parte dello Stadio, che πλέθρον diceuasi, ritornaua dall'altra parte, e poi dall'altra, sminuendo sempre la lunghezza in ciascheduna volta, senza mai fermarsi, tanto che finalmẽte si venisse à rimanere giusto nel mezzo. Tra questi auea luogo il Salto, con cui si gareggiaua à chi più alto gisse, ò con meno salti vn determinato spazio attingesse, i cui termini βαπτῆρα il principio, ed ἐσκαμμένα il fine si chiamauano, e lo spazio trà questi compreso κανὼν era nominato. E saltauasi ò senza alcuna cosa in mano, ò con pesi diuersi, come scarpe di piombo, e lastre, e tauole dello stesso sotto il braccio, ò sulle spalle, e ancora in capo, ò con gli Altèri nelle mani. Saltauasi altresì con vn sol piede, che da *Polluce* ἀσκωλιάζειν, quasi zoppicare, si dice: ma ἀσκωλιασμὸς era vn'altra sorte di salto, qual non credo fusse in vso nelle Terme, quando cioè soura otri gonfi, ò pieni di vino, e vnti ben bene andauon saltando, e chi non daua delle natiche in terra, con riso vniuersale, riportaua in premio il vino dell'otro. Di che *Virgilio*

atque inter pocula læti
Mollibus in pratis unctos saliere per utres.

Il gittar del Disco, con cui si contrastaua chi più alto, ò più lontano gittasse, chi dice vna certa pietra ritonda, liscia, e pesante; chi vn globo di metallo pulitissimo, e graue insieme, che con le mani, senza manico, ò legame doueua e prendersi, e gittarsi; e chi finalmente co'l

Mer-

Corso dello Stadio. Dolico. Diaulo.

Eras. Schmid. Prol. in Pind. Aless. Adim. auanti il suo Pindaro

2 de san. tuen. c. 10. Oribas. Coll. 6 c. 22.

Ecplethrizare.

Cel. Rodig. l. 13. cap. 10.

Salto.

Cel. Rodig. c. 30.

Baptera, Escammena, e Canon

Lib. 9 c. 7.

Ascoliasmo.

Georg. l. 2.

Disco.

Pind. Istm. ode 1. Adim. auanti Pindaro Toscano.

Mercuriale, vn corpo fatto come vna lenticchia, tondo, e compresso; di ferro, di bronzo, ò di pietra; grosso quattro, ò cinque dita; di diametro poco più d'vn piede, che si scagliaua in aria, non col braccio aperto, ma sotto mano alla guisa appunto di coloro, che da noi giuocano alla ruzzola. Anzi la figura de' Discoboli, ò gittatori del Disco posta del *Mercuriale*, che dice di auerla tratta da vna Medaglia di M. Aurelio, battuta da gli Apolloniesi dell'Illirio (quanto volentieri n'aurei veduto il ritratto) figura giustamente vna rotella bucata nel mezzo di cui tengono vna per mano, e le gettano per l'appunto à quel modo verso il Cielo. Aueua questo contrasto bisogno d'vna certa destrezza particolare, per non far danno à sè, a' concorrenti, ò à gli spettatori, come fè Apollo à Giacinto, onde ne auuertiuà *Marziale*

Discoboli. Lib. 2. c. 12.

Splendida cum volitent Spartani pondera Disci,
Este procul, pueri. Sit semel ille nocens.

Lib. 14. epig. 164.

Il Lanciare d'vn groso, e graue dardo, ò del palo di ferro pesantissimo, contrastando à chi più di lontano il gittaua, descritto, oltre à gli antichi, leggiadrissimamente nell' Arcadia dal *Sannazaro*. E questi cinque contrasti, ò gare, ò combattimenti (che dir li vogliamo) erano quelli, che ne' celeberrimi Giuochi Olimpici s'essercitauano fin dal loro principio principalmente, e si chiamauano tutti insieme da' Greci πεντάθλον, e in Latino *Quinquertium*, e sopra tutti onoratissimo chi tutti cotai certami vinceua *Lucta, disco, saltu, cursu, & pugillatu*, oue molti in luogo del Disco mettono il Lanciare.

Lanciare il dardo. Prosa 11. Pind. Olimp. Ode 13. & Cel. Rodig. l. 29. c. 30. Nem. Ode 7. Pentatlo. Quinquertio.

Ma certame violento era ancora la Oplomachia, che corrispondeua alla nostra Scherma; e sebene il nome è Greco, l'inuenzione fù però de' Romani. E si essercitaua ò armato, ò disarmato, mà sempre à piedi, perche d'alcun' essercizio à cauallo non hò potuto trouar memoria

Pollux. Onomast. l. 4. c. vl. Oplomachia, ò Scherma. Oribas. 6. Coll. cap. 36 Cel. Aurel. tardorum passion. lib. 5. c. vlt.

morla appresso gli antichi Scrittori, che nelle Terme si facesse; ancorche vi fussono piazze, e spazij atti à qualsiuoglia maneggio, e corso. Ma forse si seruiuano i Romani per gli essercizij equestri, e per le Decursioni, che si veggiono nelle Medaglie di Nerone, de'Circi, e de gl' Ippodromi: posciache non è credibile, che essi, i quali ebbero Caualleria si valorosa, e disciplinata ne'loro esserciti, non auessero maestri, e luoghi da caualcare, e ammaestrarui la giouentù; tanto più caualcando ellino senza Staffe (di cui non era trouato l'vso) come appunto fanno i principianti alla Cauallerizza. Basta; fioriua la Scherma, e gagliardamente da'giouani, e da quei di virile età cotidiana, e frequentissimamente si pratticaua. Ma non era però la Sciamachia, ò combattimento con l'ombra quel medesimo, che la Oplomachia, ò Scherma, posciache quella con l'ombra propia soleua essercitarsi; per render' il corpo agile, e atto à schiuare i colpi del nemico con moti, e salti aggiustati, come dicono *Platone*, *Plutarco*, e *Oribasio*. Io non ragiono de gli inhumani spettacoli de' Gladiatori, in cui si tagliauano spietatamente à pezzi que'miseri, perche sò che nel Teatro, nell' Anfiteatro, e ne' Circi, e non nelle Terme si celebrauano quegli abbomineuoli giuochi.

Vico in Neron. Med. 2. e 23.

Sciamachia.

Dial. 7. legum 6. Quæst. symp. prob. 2. 6. Collect. cap. 14.

Tertull. de spectac.

Bulenger. de Amphit.

Panuin. de Lud. Circ.

XXXII. De gli essercizij violenti era ancora il vibrar de gli Altèri, di cui fanno menzione *Platone*, *Aristotele*, e *Galeno* ancora nel luogo spesso citato: ed erano, ò, come volle *Pausania*, certi pesi ouati di figura, ne' quali era luogo da cacciar le dita, come nella impugnatura de gli scudi; ò come piace al *Mercuriale*, di mente di *Celio Aureliano*, alcune moli più, e meno pesanti; molli, ò dure, con vna caua à guisa del cauo della lancia nel mezzo, ad effetto di poterle tener ben salde. *Marziale* però si burla di simile essercizio, dicendo che è molto migliore il zappar la vigna.

Essercizij violenti.

Altèri.

In Eliacis post.

lib.14.epig.49.

Quid pereunt stulto fortes Haltere lacerti?
Exercet meliùs vinea fossa viros.

Ascender la fune.

Era violento effercizio l'ascender sù per vna fune à forza di braccia, ricordato pur da *Galeno*. Il fermarfi fulle piãte tanto fortemẽte,che nõ fi poteffe effer moffo. Il tener così violentemente il fiato, che fi faceffon talora crepar le fafcie, ond'erano cinti. E molti de' già nominati certami, qualora fi faceuan fenza concorrenza, effercizij violenti fi rimaneuano.

Fermarfi fu' piedi.

Tener il fiato.

Schermire al Palo.

Per ciò fra quefti ancora s'annoueraua lo Schermire contro vn Palo, ò vna Colonna, di cui fanno menzione *Oribafio*, e *Vegezio*, che accuratamente defcriue queft' vfo, e ne ragionano altresì *Platone*, *Ariftotele*, e *Giouenale*.

6 Coll.c.36. p.de Re milit. cap. 11. in 6.de leg. In Polit. Sat 6. lib.7, epig.51

aut quis non videt vulnera pali.
Quem cavat assiduis sudibus, scutoque lacessit.

e *Marziale*

aut nudi ſtipitis ictus habes.

Seruiua quefto effercizio marauigliofamente à render' agili, e giufti di mano coloro, che impiegar fi voleuano nella milizia; in pruoua di che io mi ricordo d'auer conofciuto vn Gentilhuomo, che aueua così aggiuftata la deftra nel tirare vna ftoccata, che infallibilmente gettaua via con quella quel bottone del giubbone dell'auuerfario, che più gli piaceua. E aueua egli fatto tale abito col fegnar nel muro vn fegno non più grande d'vn cece, e effercitarfi ogni giorno a' coglierui colla punta della Spada. Di che non dobbiamo maggiormente ftupirei, di quel che facciafi della gioftra nel Saracino, inuentata, à mio credere, per aggiuftare il colpo della lancia, come la fcherma del pilaftro aggiuftauà quei della fpada.

Giuochi violenti. Sferiftica

XXXIII. Ma de' giuochi violenti occupaua gran parte la Sferiftica, ò fia giuoco di Palla, di cui veramente, come anco appreffo di noi, erano appo i Romani ni diuerse sorti, che de' Greci non è mio scopo di discorrere in questo luogo. *Marziale* ne chiuse in vn' Epigramma ben quattro maniere. *Doue sopra.*

Non pila, non follis, non te paganica Termis
Præparat . . . .
Non harpasta manu pulverulenta rapis.

Se bene, à chi le mira per minuto, come fà il *Mercuriale*, bisogna credere, che vi fusse ancora l'vso d' vna Palla grande vuota, à guisa del nostro Pallone, il cui giuoco fusse assai violento, conuenendo a' giuocatori tener sempre le mani più alte della testa; e perciò condannato da *Oribasio*. Del resto, l'Arpasto, ch'era violento anch'egli, era vna Palla di cui *Ateneo*. *Lusus autem pilæ quam vocant Harpastum*, descritta da *Galeno*, più tosto picciola, che grande; ma, per quello, ch'io stimo, maggiore della Trigonale, poscia che se la rapiuano di mano l'vn l'altro, come per l'appunto si fà nel famoso giuoco del Calcio à Firenze; onde *Marziale*, oltre al detto di sopra,

Palla grande vuota.

Arpasto.

lib. 6. Coll. cap. 32.

lib. 4. epig. 19.

Sive harpasta manu pulverulenta rapis.

E facendosi beffe di quella femmina, che volea oprar da maschio in tutte le cose, diceua

lib. 7. epig 66.

Harpasto quoque subligata ludit.

L'altra sorte, che *Follis* si chiamaua, par che sia à prima vista il nostro Pallone à vento; ma perche il medesimo *Marziale* lo dà per esercizio da vecchi, e da fanciulli, scriuendo

Folle.

lib. 14. epigr. 47.

Ite procul juvenes, mitis mihi convenit ætas;
Folle decet pueros ludere, Folle senes.

i quali non son buoni da giuocare al Pallone, mi si fà credibile, che fusse vn Palloncino leggiero, à guisa di quel, che fanno talora i fanciulli, e che hò veduto ancora pratticarsi dalle fanciulle nobili ne' Ginecei, quando entro vna fodera di cuoio sottile vna Vescica gonfia racchiudono, e quella percuotendo col pugno nudo, giuocando si trastullano. Dico vna cosa simile, non la medesima. Pare, che sotto nome di Follicolo, ò Palloncino accenni *Suetonio*, che Augusto di tal giuoco si compiacesse. E'l *Mercuriale* se ne sbriga senza concludere.

Cap. 83. Gymn. l. 2. c. 5.

Paganica. La terza sorte di Palla era la Paganica ripiena di piuma, ma dura, e perciò forse tanto difficile, e faticosa da trattarsi, quanto la nostra Pallacorda; però *Marziale*

Lib. 14. epig. 45

Hæc quæ difficilis turget Paganica pluma,
Folle minus laxa est, & magis arcta pila.

D'onde si scorge, ch'ella era minore, ma più dura del Folle (il che conferma il mio pensiero, che questo non fusse mai nè tanto gonfio, nè così sodo come il nostro Pallone) e più stretta ancora della palla picciola, ò Trigonale. Si giuocaua, cred'io, in luoghi di spazio grande: e forse fù detta Paganica, perche da prima nelle strade si giuocò di quelle parti di Roma, che *Dionigi* *Pagos* apellò, e che noi Borghi chiameremmo a' nostri giorni, oue vili le abitazioni solamente, e diritte le vie, e spaziose trouauansi. Fù poscia, come sopra dicea *Marziale*, insieme con gli altri giuochi trasportata alle Terme, e in grazia sua si muraron quegli Sferisteri lunghi, che al Frigidario, ò sia Apoditerio della Palestra, che dicẽmo, e alla Dieta, e alla Basilica eran cõgiunti. L'vltima specie finalmẽte era la Palla picciola, detta Trigonale, perche si giuocaua da trè persone poste in triangolo, di cui vna per mano si prendeua, e gittauansele l'vn l'altro, ora ribattendole, ed ora ritenendole, ora con la destra, e ora con la sinistra; posciache chi lasciaua cader la palla in terra, perdeua, e forse ad ogni tal numero, come facciam noi à i tocchi del toccadiglio, ò a' falli della Racchetta. Onde parmi, che possa illustrarsi vn luogo di *Petronio Arbitro*, il quale fà al mio proposito. *Ipse pater,*

Lib. 4.

Palla trigonale.

In Satyrico.

dice

dice egli; *qui soleatus Pila sparsiva exercebatur; nec eam amplius repetebat, quæ terram contigeret.* E poco appresso. *Nam duo spadones in diversa parte circuli stabant, quorum alter matellam tenebat argenteam, alter numerabat pilas; non quidem eas, quæ inter manus lusu expellentes vibrabantur, sed quæ in terram decidebant.* cioè, teneua i conti, come fanno i ministri della Pallacorda, numerando le palle, ch'aueuan fatto fallo, cioè cadute in terra. Era questo vn'essercizio piaceuole, e soaue, consistendo più nella destrezza, e maestria del giuocarlo, che nella forza. Perciò *Marziale* *lib. 14 epig. 46*

Si me mobilibus scis expulsare sinistris,
Sum tua; si nescis, rustice, redde Pilam.

e altroue *lib. 7. epig. 71*

Sic palmam tibi de trigone nudo
Vnctæ det favor arbiter coronæ,
Nec laudet Polybi magis sinistras.

Sicche i mancini vi riusciuan meglio de gli altri. E auuertasi, che nel distico io leggo *mobilibus*, e non *nobilibus*, come leggono gli stampati, perche questo mi sembrarebbe aggiunto ozioso, non auendo, che far punto la nobiltà col giuocar bene alla mancina. Vado pensando, che quegli Sferisteri ritondi, che poco appresso dichiarerò, per questo giuoco trigonale fussono fabricati, posciacche non sembra che troppo lontano l'vn dall'altro star potessono i giuocatori, i quali nudi, e vnti par che vi giuocassono, che perciò *Marziale* hà chiamato Nudo il giuoco, e Vnta la corona nel sudetto epigramma, e lo chiama altresì tiepido in questi altri

Seu lautum ceroma teris, tepidumque Trigona. *lib. 4. epig. 19. & ibi Farnab.*

e altroue *lib. 12. epig. 84.*

Captabit tepidum dextra lævaque Trigonem,
Imputet exceptas ut tibi sæpè pilas.

E la figura del *Mercuriale* nudi gli rappresenta. Nè aurian *Gymn. l. 2. c. 5.*

po-

potuto que' lunghissimi, e ampli Sferisterij essere riscaldati, sicche tiepidi riuscissero a' giuocatori. Ed eccoci sbrigati dalla Sferistica, con che alcuno de' giuochi placidi ancora spiegato abbiamo, costretti dalla materia, che di seguir l'ordine proposto non ci hà permesso. Seguirem dunque de' medesimi giuochi, e poscia à gli essercizij, e a' certami piaceuoli farem passaggio.

Giuochi piaceuoli.

XXXIV. D'altri giuochi piaceuoli propi delle Terme de' Romani non hò trouato memoria appresso scrittore autoreuole, chi nō volesse annouerarui alcuno di que' giuochi puerili, che da *Giulio Polluce* prima, e poscia da *Suida* descritti, furonò raccolti vltimamente in vn libretto dal *Bulengero*; il che io non ammetterei sì facilmente, tanto perche que' trattenimenti leggierissimi s'essercitauano allibito, e doue altrui più piaceua, quanto perche, essendo que' nomi tutti Greci, io dubiterei ragioneuolmente se tali giuochi fussero stati riceuuti da' Latini.

Lib. 9. cap. 7. Suo quoq; vocabulo de ludis.

Troco.

Del Troco solamente si potria discorrere, come vsato certamente nelle Palestre de' Romani con gli altri giuochi, per testimonio di *Orazio*.

In arte poët.

Indoctus pilæ, discivè, trochivè quiescit,
Ne spissæ risum tollant impunè coronæ.

e di *Properzio*

lib. 3. Eleg. 13.

Increpat, & versi clavis adunca Trochi.

ancorche il vocabolo sia Greco, e vaglia Ruota, onde *Marziale*.

lib. 14. epigr. 168.

Inducenda Rota est: das nobis utile munus;
Iste Trochus pueris, at mihi canthus erit.

ad dictū dist Ginnast. l. 3. cap. 8.

Ma di ciò vegganſi il *Ramirez*, e 'l *Radero*; perche il *Mercuriale* non par, che ne sappia vscire; e se bene ei dipigne certo cerchio con quattro ordini di stili infissiui, e vna catena, non dichiara però come s'adoperasse. Sicche ci contenteremo, che l'vso ne resti inuolto nelle tenebre dell'antichità, come ancora quel della Cricilasia

Cricilasia.

di *Oribasio*, e di *Antillo*, che seruendosi dell'agitazione di vn Cerchio di metallo, ma di gran diametro, aueua per auuentura alcuna somiglianza col Troco. Il nostro Trucco però, sia da terra, ò sia da Tauola, al Troco de gli antichi in altro non corrisponde, che nell'adoperare il Cerchio di ferro atto à riuolgersi, ma nel resto, che che se ne dicano alcuni, è totalmente differente.

Coll lib. 6 c. 26.

XXXV. Gli essercizij piaceuoli erano il Passeggio, le Fregagioni, il Recitare à voce alta, e'l Petauro, che oggi chiamiamo Altalena, ò Dondolo, pratticato anche di presente ne'loro Bairami da'Turchi leggiadrissimamẽte, come descriue *Pier* dalla *Valle*. *Galeno* ragionando del Pitilismo, forse noto à *Giouenale*, che era pure vn'esercizio piaceuole, dice ch'ei si faceua camminando ritto sulle punte de' piedi, e agitando velocissimamente le braccia in giro; mandandole à vicenda or'in alto, or' abbasso; ora innanzi, e ora indietro; ma con auuertenza di star vicino à qualche muro per poteruisi appoggiare in caso che (vscendosi dal centro della grauità, in che consisteua il farlo bene) non si potesse star saldo in piedi. De gli altri non ragiono, perche non eran si propi delle Terme, che in ogni altro luogo non potesson farsi. Truouo bene apresso *Ippocrate* farsi menzione di duo altri essercizij piaceuoli, i quali non son certo se di Grecia in Roma passassono; vno de' quali è la Chironomia, ouuero mouimento artificioso delle mani, quando cioè à tempo di qualche strumento Musicale con le braccia maestreuolmente atteggiando, veniuano ad eser parte della Mimica Orchestica, ò Saltatoria. In quella guisa appunto, che son le nostre Ciaccone, Sarabande, e Scaccauigliate, esercitate da coloro, che in abito nero strettissimo (di Spacca diciamo noi) vanno ne' balli imitando co' gesti, vari artefici, e varie azioni, come feano i Mimi de gli antichi tempi. L'altro nomauasi

Essercizij piaceuoli. Passeggio, Fregagioni. Recitare. Petauro. Pitilismo.

Vol. 1. lett. 3. num. 2. *2. de san. tuen. cap. 12.* *Sat. 12.* *Cel. Rodig. lib. 13. c. 10.*

2 de Diata tex 29 *3 de Diata tex 19.* Chironomia.

Alindesi.

Alindesi (Asinità, ò Asineria più tosto) nella quale di riuoltarsi più, e più volte nella poluere ignudi si prendean piacere; traendone l'esempio, non sò ben dire se da'Giumenti, ò da quegli Vccelli, che di riuolgersi costumano nella rena.

Nuoto.

lib 2. epist. 17. lib. 5 epist 6. Fest. Pomp. Ioann. cap 9.

4 de loc. aff. cap. 7.

p ad Glaucon. cap. 10. Tard. pass. l. 5 cap. 2.

E se bene il Nuoto poteua esercitarsi e ne'fiumi, e ne' laghi, e nel mare, e ne'viuai, e nelle piscine, tuttauolta perche si frequentaua più che altroue nella Piscina Massima, da noi descritta nel più bel sito delle Terme, di esso in questo luogo abbiam voluto far menzione. Ed era questo vno de' più comuni esercizij, posciache, non solo ne'Bagni pubblici, ma ne'priuati ancora si faceuan le Natazioni calde, e fredde per testimonio di *Plinio*. Anzi auanti la fabrica delle Terme era in Roma à questo effetto la Piscina pubblica, e nel Sacro-Santo Vangelo resta memoria della Natatoria di Siloe. Posciache sommo vituperio era negli antichi tempi il non saper nuotare, onde *Galeno* scriue, che i fanciulli de'giorni suoi faceuano nell'acqua il loro nouiziato: e, col supposto, che gli ammalati nuotar sapessono, il concede a'terzanarj. *Celio Aureliano* nelle podagre, e ne' dolori antichi di testa ordina, che si nuoti, ma nell'acqua assai calda, e in luogo chiuso.

Certami Piaceuoli. Corico.

Fuks. instit. Med. Cornar. in Hipp' l. c Valeriol Ennar Med lib 6 en 10

Coricomachia.

2. de Diata tex. 29. & 3 tex. 16. & 19.

XXXVI. Rimane à ragionare del Corico, à cui era vna stanza precisamente dedicata nelle Terme. Chi dice, ch'egli era vn giuoco, e trà quelli della Palla il registra; chi dice, ch'era vn esercizio de' piaceuoli; e chi finalmente lo ripone fra'certami più molli, come il nostro *Ippocrate*, ò sia *Polibo*, che κορυκομαχίν, cioè combattimento del Corico lo nomina. Ora per conoscere chi di costoro ingannato si sia, non v'hà il più sicuro partito, che il ricorrere à quegli de gli antichi scrittori, che più chiaramente hà spiegato, che cosa fusse il Corico; e questi sarà *Antillo* Medico, dà cui *Oribasio*, che visse al

tem-

tempo di Giuliano Apostata trascrisse nelle sue Raccolte le parole seguenti. *Corycus in corporibus imbecillioribus ficus seminibus, aut farina, in robustioribus verò harena completur*. Fin' ad ora si conosce, ch'ei non era vn Pallone, ò *Follis pugillatorius*, come mal traducono *Gian Cornario* i trè passi già citati di *Ippocrate*, e *Gio: Battista Rasari* questo luogo di *Oribasio*, posciache il Pallone, ò Folle si riempe di aria. *Ejus verò magnitudo ad vires corporis, & ad ætatem accommodatur*. E quindi si raccoglie, che non aueua grandezza determinata. *Suspenditur autem in gymnasijs supernè è culmine, tantumque à terra distat, ut fundum ad ejus, qui exercetur umbilicum pertingat*. Le palle, di qualsiuoglia sorte non si sospendono; tanto che non era nè anche palla. *Hunc vtrisque manibus apprehendentes qui exercentur, primùm quidem quietè, postea vehementiùs gestant*. Bisogna ch'egli auesse vn peso notabile, se il portarlo era laborioso. *ita vt ipsum recedentem consequantur*; e di più gli correuan dietro nella scappata; *& iterum redeunti cedant violentia compulsi*; di modo che era d'vopo lo schiuarne la percossa, che non douea fare troppo seruizio: *postremò verò eum è manibus reiicientes emittunt*. Ecco il giuoco, e l'essercizio: *vt cum revertitur, vehementiùs corpori adventu suo occurrat*; che non era altro, che l'affrettar le vibrazioni à sì gran pendolo. *ad extremum verò in sedem suam sæpissimè restituendo dimittunt*. O questo douea esser per certo vn bello artificio; fermar d'improuiso così gagliarda agitazione: *ut ex congressu, si non valdè advertat, retrocedat*; il che douea spesso succedere; *ex quo fit, ut quandoque manibus occurrat dum propinquat*, à chi sapea schermirsi; *quandoque verò pectore manibus passis*; dando loro vna gagliarda stomacata, *quandoque verò iis ad terga revolutis*; quando per brauura ne volean riceuere la percossa, il che doueua essere quando la vibrazione non era tanto violenta. Da tutto ciò parmi che si possa raccorre, che'l Corico fusse sferico, e fusse di cuoio, come dice ancora Esichio, *Vtri & folli simillimum ex pellibus consutum*, e tale conuien che fusse, se doueua contener la farina, e non rompersi al peso della rena, per la qual cosa doueua ancora auere molto sodo l'appicagnolo, soura cui mole di molto peso aueua da reggersi, e dondolarsi. E certamente v'era d'vopo di stanza particolare, ou'egli stasse perpetuamente sospeso, ragion non volendo, che chi voleua in tal sorte di giuoco essercitarsi, il Corico, e la fune portar dietro si facesse, come nè meno l'altre Palle di tutte le sorti da'giuocatori si portauono, ma nelle Terme da' ministri erano apparecchiate. Conchiudo per tanto, che il Coriceo, di cui abbiam parlato di sopra, era il luogo destinato à quest' essercizio, e da lui prendeua il nome, dica chi vuole in altra maniera. E v'aggiungo, che il Corico era giuoco, se per ricreazione; era essercizio placido, se per sanità; era violento, se per fortezza; ed era contrasto, se à gara con vno, ò con più s'essercitaua, il che s'vsaua al tempo di *Galeno*, *cum à distantibus, & currentibus administratur*.

Loco citato.

Acrochirismo.

Ma non camina già così la faccenda dello Acrochirismo pur nel medesimo luogo da *Ippocrate* mentouato. Di quest'essercizio, ò combattimento ch'ei si fusse, ferono ancor menzione, non solo *Galeno*, ma prima assai *Aristotile*, e poscia *Giulio Polluce*, *Ateneo*, e *Suida*. Gl'interpetri d'*Aristotele* in quel luogo non s'accordano. L'antico spone *pugillatus*; il *Turnebo qui luctatur*: l'*Aretino Magister ludi gladiatorij*, e tutti questi assai male, forse per auer letto in *Polluce Acrochirismus est exercitium quoddam in Pancratio*, il che non è vero. Meglio trasportò l'*Argiropilo*, *Qui summis, aut extremis manibus luctatur, aut dimicat*, in ciò seguito dallo *Zuingero*, il quale aggiunse poi di suo, *quod est χυροτομήσαι*, ch'è vno spropo-

2. de san tuen. cap. 8 & 10.
Tert. moral. ad Nicom. c. 2
l 2. c. 4. n 50.
Dipnosophist. lib 4. Verbo ἀκροχειρισμος.

sito; posciache assai diuersa era, come mostrato abbiamo, la Chironomia dallo Acrochirismo. Se il *Choul* stimò, che l'Acrochirismo fusse vna sorte di corso, prese vn grosso granchio; ma se il *Simeoni* suo interprete lo fè parlare à quel modo, la colpa sarà di costui. Il *Baccio* pariche leggessi ἀκροχορίσμοι, poiche traduſſe *festiuæ saltationes*, se bene poi nel margine si correſſe leggendo come doueua. Quel testo d'*Ippocrate*, che và co' Commentari del Marinello in tutti e trè i luoghi citati spone. *Micatio per summas manus*, che verria à dire il giuoco della Mora, il quale anche à que' tempi s'vsaua, se crediamo à *Nonno* Poeta Greco, e al *Bulengero*; ma tal giuoco non è nè certame, nè essercizio: *Celio Rodigino*, *Acrochirismum* (dice) *ferè pugillatum interpretantur*, ma si dichiara meglio; *ita enim nuncupari creditur quod summis exerceretur manibus, concertarentque: ut Galenus exponit, citra complexum, nam & summum manus dicitur ἀκροχειρὶς.* Lo *Scapula*, ò altri nel Lessico, che và sotto il di costui nome, interpretarono, *summis manibus exerceri*, e *summis tantum digitis colluctari, reliquo corpore intacto*. Il *Foesio* nell'interpretazion d'*Ippocrate*, *Concertatio*, ò *lucta*, *quæ fit summis tantùm manibus inter se consertis*. E'l *Linacro* interpetre di *Galeno*, *quum duo summis manibus concertant*, e così dice ancora il *Langio*, e con essi s'accorda il *Mercuriale*, il quale, oltre acciò porta la forza di quel Sostrato Pancraziaste, che così ferocemente stringeua la sommità delle mani à chi con esso lui tal sorte di contrasto adopraua, che non prima lo lasciaua, che di dolore venisse meno; e soggiugne, che per ciò s'aquistò il titolo di ἀκροχειρίστης. Ma il mio testo di *Pausania* dice: ἀκροχερσίτης, e aggiunge d'vn certo Leontisco, che nello stesso modo, *neque colluctatores sternebat, sed victoriam summis digitis collidendis extorquebat*. Ora di sì crudel contrasto non credo io, che

De Thermis lib. 7. c. 7.

Dionis. l. 35.

De ludis cap.

Lib. 11. c. 6.

Verbo ἀκροχειρίζομαι.

Loco citato.

Doue sopra.

Epist. Med. P P epist. 52.

Gymnast lib. 3. cap. 5.

In Eliacis post.

fauellasse *Ippocrate*, ò *Polibo* che si sia, perche da vn medico nelle regole del viuere tali cose non si prescriuono. *Posidonio* apresso *Ateneo* riferisce, che i Celti dopo cena di adoperarsi in simile esercizio costumassero, il che argomento ci porge da giudicare, che egli non fusse nè crudele, nè laborioso; poiche dopo il cibo frequentar si poteua. Il *Langio* vi fà vna stesa tropo grande, allora che, facendosi scudo d' *Ippocrate*, e di *Galeno*, vuole che quanto si comprende dal gomito alla punta della dita ἀκροχεῖρα da' Greci si chiamasse: onde secondo lui l'Acrochirismo sarebbe il fare alle braccia. Ma più di tutti mi piace *Giulio Alessandrino*, il quale nel 6. de' suoi Salubri sponendo questo esercizio, dice *hujusmodi sunt & ἀκροχειρισμοὶ quòd digitis tantùm, aut metacarpio etiam, carpoque, ac vola (quoniam ἄκραν τὴν χεῖρα Græci totam hanc partem vocant)* assai più ristretto del *Langio*; *multis modis fieri queat: prehensionibus varijs; implicatu digitorum, explicatu; impulsu, expulsu; contrario vtrinque nisu; aperta, clausavè in pugnum manu, potestate alteri facta exporrectam compressu digitorum, manusque ut urgeant in pugnum quantùm possunt vehementi; vel facto pugno explicent, & hujusmodi quædam.* Oue si vede, ch'egli hà voluto rinchiudere in poche righe quanti esercizij di forza con le sole mani far si possano, e ridurle tutte sotto il nome di Acrochirismo. Ma si come io arbitro, che questa interpetrazione, per esser cotanto ampia, forse ãcora in alcuna maniera l'Ippocratico Acrochirismo comprenda, così non mi rimarrò di portare (quale egli si sia) il mio sentimento, che sarà singolare, áuuenga che frà la folta turba di tanti Autori non m'è venuto fatto di rinuenirlo. I'hò più volte veduto, ed anche in mia giouinezza esercitato, due sorti di giuocosi esercizij: il primo, che Lotta alla Francese chiamauono, quando appoggiando i concorrenti l'vno all'altro il destro piede

ben-

Loco citato.

Cap. 7.

Lotta alla Francese.

ben fermo in terra, e allontanatone l'altro; sicche in passo ben sodo si rimanesse, e afferrandosi l'vn l'altro con la man destra, faceuano vicendeuolmente ogni opera, acciocche il contrario l'vno de' piedi dal posto preso mouesse; ma altro non poteua adoperarsi, che la medesima destra, la quale non doueua dall'auuersaria spiccarsi: e chi l'Antagonista à mouer piede astringeua, rimanea vincitore. L'altro, non sò con qual nome s'appellasse: ma sò, che postisi à fronte i concorrenti in tal distanza, che con le palme delle mani scambieuolmente vrtare si potessono; congiungeuano i piedi pari à toccarsi fra se medesimi, e così diritti stando amenduni le palme vniuano delle propie mani, e poscia aprendole, e incontrandosi nelle aprirle con le palme dell'auuersario, vn leggiero, e sfuggeuole vrto si dauono, per la forza del quale chi mouea dal loro posto i piedi in qualsiuoglia maniera, dichiarauasi perditore. Il primo viene ancora oggidì con bizarria, spirito, e destrezza mirabile da' Francesi pratticato; e se io fussi nel numero di coloro, cui basta ogni poco di appicco per fabricarui sopra la conseruazione de gli vsi antichi, potrei dire, che i Celti, che l'Acrochirismo vsarono, come dicea *Posidonio*, essendo stati Galli, e a' Galli succeduti i Francesi facilmente per tradizione tale Acrochirismo nella maniera da mè descritta à questi vltimi passato fusse. Comunque sia, io non istimo di andare errato se l'Acrochirismo d' *Ippocrate* pensarò, che vno fusse di questi essercizij, mentre dalle cose precedenti, e dalle susseguenti scorgo, ch'ei n'esclude, come ancor *Galeno*, la Lotta, e che vuole vn certame placido, non laborioso prescriuere, il che non sò come potesse quadrare alle operazioni faticose delle mani descritte dallo *Alessandrino*.

Altro giuoco.

Finalmente piaceuole gareggiamento era il tirar coll' arco al bersaglio, vtile non meno alla milizia, che alla

Tirar d'Arco.

Sani-

Sueton. c. 19. Spartian. in Commod. Sanità; e in questa professione miracolosi furono Domiziano, e Commodo. Così stimo ancora, che con le

Frombola. frombole à tirar nello scopo si prouassono, posciache

C.Boul. della mil. de' Rom. facc. 9. Veget. de re mil l 1 c. 16. & ibi Steuvech. Aen. lib. 9. Iud. cap. 20. sò, che tra la milizia Romana luogo aueuano i frombolieri; e *Virgilio* descriue Mezenzio brauo in questo esercizio. Anzi le Sacre Carte celebrano alcuni Beniamiti cotanto esperti nel tirar colle frombole, che in vn capello senza fallare colpiuano.

XXXVII. A tutti questi combattimenti, esercizij, e giuochi sì placidi, come violenti auean le Terme i luoghi destinati, e già ne' duo membri passati ne abbiamo descritti alcuni; onde fà di mestieri passare ora alla ter-

Terza parte delle Term. spettante alle Lettere, e alla Ricreazione. za parte, e darne, per quanto possiamo, vna cōpita contezza (senza però partirci giammai dall'accennata pianta) però che questa era dedicata à gli esercizij delle Lettere, e alla Ricreazione. Dalla parte Boreale pertanto, ou'era l'entrata Principale delle Terme era

Platanone. quella gran Piantata di Platani di lunghezza di M. D. palmi, e di larghezza di CC. detta Platanone, e d'ambe le parti eran le stanze in questa maniera quadratamente disposte. (imperocche è da auuertirsi, che tutte le stanze già descritte, e quelle ancora, ch'io vò à descri-

Scuola. uere eran doppie) Trouauasi prima vna Scuola quadra, picciola tutta aperta dauanti; indi vn camerino senza

Exedra. nome; poscia vna Sala in semicircolo, con colonne intorno alla curuatura, assai ampia, e lucida, in cui per due sole porte poste nelle estremità del mezzo cerchio s'entraua, chiusa nel resto, che Exedra nomauasi. Di tale camera fà mēzione *Vitruuio*, e'l *Filandro*, soura quel luo-

Lib. 6. cap. 6. De Orat. l. 3. go, di mente di *Cicerone*, dice, ch'ella era *Cella ad colloquendum, aut meridiandum; id est meridie dormiendum.* Ma da discorrere nelle Terme potea ben ella seruire, nō

Genial lib. 5. cap. 11. già, ch'io sappia, da dormirui. *Alessandro di Alessandro* tiene, ch'ella fusse *Cubiculum columnis fultum, & epistylys, liis, quibus prospectus in viam erat;* e non s'inganna, come vedremo; ma la nostra Exedra non era delle aperte. Certo è, ch'ella haueua il nome delle Seggie, che ἕδραι da' Greci si chiamano, e chi lo legge con la prima aspirata verrebbe à dire Stanza da sei sedie. Era luogo da insegnarui, discorrerui, e disputarui, che però *Cicerone* afferma di auer discorso, e disputato *sedens in hexedra*. *p de Nat. Deorum.* Quindi s' entraua in vn camerino simile all'altro, che conduceua in vn' altra fabrica in mezzocerchio tutta aperta dinanzi sopra sei colonne verso i Platani; cinta anch'essa di sedie; che Emiciclo con greca voce chiamauasi. S' vsciua di lì in vn Vestibolo quadrato, che risaltaua in fuori dall'angolo di tutta la fabrica nello spazio della gran piazza, retto sopra due Colonne per banda, e nel canto da vn grosso pilastro. L' altre due faccie aueano vn' vscio per cadauna, l'vno de' quali conduceua in vna Scuola quadra, simile alla già descritta, ma però serrata, e l'altro daua commodità di vscire dalle Terme. Voltandosi alla parte di Ponente v'era vn'altra Exedra quadrata, chiusa, e con due porte vna nella piazza già detta, e l'altra fuori della fabrica. Succedeua vn'altra Exedra magnificentissima, di figura semicircolare, aperta verso la piazza con quatro grandi colonne, che la facciata ne reggeuano, cinto nel resto da gran quantità di nobilissimi sedili di marmo. A questa contiuauasi vn' altra stanza fatta per l'appunto come la prima Scuola, e poscia vn adito erto sù due colonne per irsene dalle Terme; quindi vn' altra Exedra quadra, chiusa come la seconda; vn'adito simile al precedente per accompagnarlo; vna Scuola aperta; vn'altra Exedra in mezzo cerchio magnifica, colonnata, e aperta come la Terza, e su'l canto di tutta la fabrica esteriore vna Camera ritonda con quatro porte opposte, che Sferisterio, non sò se dalla sua forma, ò pur dal giuoco della palla, ò Sfe-

Emiciclo. Vestibolo angolare. Scuola Seconda. Exedra Seconda. Exedra Terza maggiore. Scuola Terza. Exedra Quarta. Scuola Quarta. Sferisterio ritondo.

ò Sfera Trigonale, che in essa si frequentaua, era detta.
E questa, à mio giudicio, è quella stanza delle Terme,
Cap. 20. in cui scriue *Suetonio*; che Vespasiano già vecchio, e
non atto più ad altro essercizio, non curandosi di lauarsi,
si faceua soauemente fregare, e stropicciare le membra
per conseruarsi sano; ma *ad numerum*, che altro (secondo
mè) non importa, se non che si faceua intanto suonare
qualche strumento da alcuno di que' Musici, che alle
Terme concorreuano, e secondo quel suono misurare le
fregagioni, cauandone in vn medesimo tempo vtilità, e
diletto. Girato quest'altro canto occupato per l'appun-
dallo Sferisterio già detto, e voltandosi al Meriggio, passate prima due Camere incognite, vna cioè, che rimaneua fatta dalla ritondatura d'vn quadro, e l'altra vn picciolo stanzino, che senza auer vscita se non tra loro con-
tinuauansi, s'arriuaua in vn Chiostro, ò Peristilio, ò Atrio
colonnato, che vogliam dirlo, più lungo, che largo, di
forma quadrangolare, che da vna banda daua passaggio
alla piazza posteriore, e dall' altra l' vscita dalle Terme dalla parte diretana del Teatridio. Succedeuon
duo' camerini separati, e poscia il medesimo Teatridio
che se bene con nome diminutiuo apellauasi, ciò si vuole intendere comparatiuamente a' Teatri grandi della
Città; che per altro era egli capace (come accennam-
mo di parecchi migliaia di persone. Era distinto ne' suoi
gradi per di dentro à guisa de gli altri Teatri, e per di
fuori era circondato di perpetuo portico soura spesse, e
grosse colonne fabricato: e aueua il suo seno, ò piazza,
ò Arena capacissima, oue si frequentauano i certami,
gli essercizi, e gli spettacoli, quando l'aria concedeua,
che allo scoperto celebrare si potessono, onde il correr
dello Stadio, e'l Diaulo, e'l Dolico, e l'Ecpletrismo quiui s'essercitauano, benche altroue ancora, e tra' Platani
all'ombra vicino à quelle Ipetre, ò Peridromidi di *Vi-*

truuio

Camere incognite.

Atrio colonnato.

Teatridio.

In quai luoghi s'essercitassero le sudette cose.

truuio si costumassero; oue anche pare, che si giuocasse alla Palla Paganica, in alcuna guisa simile alla nostra Pilotta; e forse ancora alla Palla grossa à vento, che è il nostro Pallone, se bene giuocato in molto differente maniera. La Lotta, il Pancrazio, il Cesto, il Pugillato, la Sferomachia, e i somiglianti, non solo quiui, ma ne' Peristilij, ò Chiostri maggiori vicini all'Eleotesio, e al Conisterio faceuansi, per la commodità dell'vgnersi, e dello impoluerarsi. Il Corico haueua, come si è prouato, la sua stanza à parte, ou'ei staua sospeso, come al tempo mio staua vn grosso Fiocco per saltarui nelle stanze de' maestri di danzare. Gli altri giuochi di Palla ne gli Sferisteri lunghi si pratticauano, il Folle dico, e la picciola Palla Trigonale, che anche ne gli Sferisteri tondi, per lo poco spazio, che occupaua, poteua, come abbiam detto, giuocarsi. Ne' sudetti Peristilij si faceua ancora (all'vsanza delle Greche Palestre di *Vitruuio*) la Sciamachia, il combattere al Palo, e la Oplomachia, ò sia Scherma: vi si saltaua con li Altèri, e vi si gettaua il Disco, e'l Palo, se bene questi vltimi, e l'Arco, e la Frombola tra' Platani; e nella piazza del Teatridio frequentemente s'vsauano, come in ambedue i luoghi il Pitilismo, e la Chironomia, e l'Acrochirismo, e l'Alindesi, con ogni sorte di Salto poteuan farsi. E quiui forse anco pratticauasi l'Arpasto, che nella poluere ben' alta bisognaua, che si adoprasse; poiche tanto spesso gli dà *Marziale* l'aggiunto di *Polueroso*. Ma in tempo di Verno, ò di Pioggia, ò d'altra inclemenza d'aere si trasportauano tutti questi certami, giuochi, ed essercizij sotto il grandissimo, e altissimo Portico triplicato, che conteneua i trè Xisti, ò Stadij coperti, la cui ampiezza era tale, e tanta, che era bastante à capire, non solo il campo, che v'era necessario, ma il luogo ancora sufficiente per molti, e molti, che fusson coloro, che s'essercitassero.

Lib. 4. Epigr. 19.
Lib. 7. Epigr. 31.
Lib. 14. Epigr. 48.

Luoghi per le varie sorti di Lettere

Gymnast. l. p. cap. 7.

Le Scuole sembra che per Grammatici, e Sofisti fussono fabricate. Il *Mercuriale* vi vorrebbe vna Scuola comune à noi Medici, ed io glie le voglio far buona: Ma la parola SCHOLA delle Lapidi non prendo già io per istanza, anzi per congregazione, come sarebbe vno de' nostri Collegi. L' Exedre chiuse seruiuano a'Filosofi, e a'Matematici da leggerui, e disputarui senza esser distratti dalle varie vedute degli oggetti. L'Exedre aperte per Retori, e Oratori da recitarui le lor dicerie, e gareggiarui con le Declamazioni. E per Poeti da cantarui pubblicamente i loro Poemi di qualsiuoglia sorte, essendoui il costume di recitar le Poesie al Popolo, come testimonia *Ouidio*.

4. Trist. eleg. vlt.

Carmina quum primùm populo juvenilia legi,
Barba resecta mihi bisvè, semelvè fuit.

Gli Emicicli potean seruire a'Musici di voce, come quegli di stormenti credo, che in quegli Sferisteri tondi suonassero, oue diceuamo, che Vespasiano si faceua fregare.

Certami di lettere.

In questa parte dedicata alle Lettere non istimo, che mancassero i suoi certami, anzi son quasi certo, che vi si celebrassero gareggiamenti quasi continui tra' Poeti, Oratori, Sofisti, e Filosofi, perche la brama dell'onore era sprone troppo pungente in vna Città come Roma, e

Martial. l. 8. epig. 18.

Qui velit ingenio cedere rarus erit.

tanto più, che fin dal tempo di Caligola n'era stata da prima introdotta l'vsanza. *Sed & certamen quoque Græcæ, Latinæque facundiæ, quo certamine ferunt victoribus præmia victos contulisse, eorundem & laudes componere coactos*, dice *Suetonio*. Che il Certame di cui serbo memoria in vna picciola Medaglia di Bronzo di Nerone, scolpitaui vna Mensa, e sopraui vn Vaso, e vna Corona, iscritta CERT. QVINQ. ROM. CON. non fù di lettere, ma *more Græco Musicum, Gymnicum, & Equestre*, di-

In Calig. Cap. 20.

In Neron. c. 12.

ce

ce il medesimo Autore, e nel Circo, e nel Teatro faceuasi, e non nelle Terme. Non penso mica, che costì s'essercitassero coloro, che ò per sanità, ò per diuenire braui Comici, Cantori, ò Fonaschi le voci loro alta, e lungamente cantando, ò recitando prouauano; auuengache simil rumore aurebbe turbato, e fastidito chiunque vicino vi si fusse trouato, massime facendosi tale essercizio col modo, é osseruazione; che insegnano *Celio Aureliano, Antillo, e Plutarco.* *Tacit. Annal. l. 14.* *Cap. de suo re.* *Orib. 6. Coll. cap 9. 10.* *De tuen. val.*

XXXVIII. Eranui finalmente le due vaste Basiliche d'ambe le parti della Natazione, e le due congiunte Diete magnifiche di forma Ouale, dalle quali al portico di essa Piscina massima, al Chiostro grande del Ginnasio, allo Sferistero lungo, e à se stesse vicendeuolmente per grandi, e superbe porte passauasi. Quiui riduceuasi tutta la Nobiltà Romana à trattenersi, ò sedendo, ò stando, ò passeggiando come si costuma nel Broglio di Venezia, ne' Seggi di Napoli, e ne gli altri ridotti de' Nobili, secondo l'vsanza di ciascuna Città. Posciache tanto esse quattro Sale, quanto il congiunto portico erano non solo di peregrini, e preziosissimi porfidi, e marmi costrutte; ma arricchite di colonne di gioie, ornate di Statue di Marmo, di Bronzo, d'Argento, e taluna d'oro: distinte da Pitture de' più famosi Maestri di tutto il Mondo, che iui da' Romani vincitori dell'Vniuerso erano state trasportate, e non meno à fresco sù le mura con inimitabile maestria dipinte, ricoperte con que' maestosi soffitti di Cedro intagliati, e dorati, intarsiati d'auorio, di tartaruga, e d'ebano, e sparsi di gemme; e lastricate di quelle sontuose pietre di commesso con Oro, Argento, Cristallo, Madriperle, Agate, Diaspri, Sardonichi, e Calcidonij, che *Seneca* con istomaco degno dell' aspro suo Stoichesimo, e *Plinio* il Vecchio con la solita sua sprezzatura raccontano. E questa era la parte del- *Ricreazione* *Ornamenti marauigliosi d'ogni sorte nelle Terme.* *Ep. 86.* *Lib. 23. cap. 12. e l. 36. c. 15. & 25.*

le Terme sommamente acconcia al trattenimento, imperocchè era vgualmente commoda al bagnarsi, al nuotare, al giuoco, allo studio, è all'esercizio, e perciò dedicata alla ricreazione (che dà principio di descriuere promettemmo) insieme co' sedili del Teatridio; e con le Peridromidi, Ipetre, ò Passeggi, che dir vogliamo, tanto sotto l'ombre giocondissime, e fresche, e sull'erbetta de' Platanoni, quanto ne' Portici de' Chiostri, e della Piscina, e ne' trè Xisti reali. Oue e passeggiando, e discorrendo, e riposando, e negoziando non v'hà vn dubbio al mondo, che tutti i negozij pubblici, e le facende priuate non si trattassono, e digerissono.

Persone che concorreuano alle Terme.

Mercurial. Gymnast. lib. 1. c. 7.

XXXIX. Posciache alle Terme concorreuano primieramente i Letterati; Filosofi; Matematici, Medici, Retori, Poeti, Sofisti, Grammatici, e tutti coloro per consequenza, che erano loro vditori, e Scolari, come si fà oggidì alle Vniuersitadi, e Studi pubblici. Vigiua in oltre tutta la giouentù Patrizia, Equestre, e Plebea à gli essercizij, a' giuochi, e a' certami, ciascuno secondo il proprio diletto, (come si faceua vna volta, quando la virtù era in qualche pregio nella Città nostra appresso la nobiltà, dalla giouentù ben nata alle scuole di scherma, di danzare, e di saltare al Cauallo.) Andauanui terzamente tutti i Maestri de' certami, e de' Giuochi, e que' de' loro discepoli, che ambiuano di diuenir Maestri, ò che per la forza, e destrezza loro di sfidar altri, e vincere si dilettauano. Il quarto luogo era di tutti quelli, indifferentemente, che ò per darsi alla milizia, ò per diuenir agili, e forti, ò per conseruar la sanità voleuano essercitaruisi. E così diceua *Tertulliano*. *Ostendant juvenes nostri in bellis, quod in Teatrò didicere virtutis*. E'l nostro buon *Galeno*, ancorche di trentacinque anni, si slogò vna spalla nella Palestra lottando per sanità. Veniuanui per la quinta specie que' dilicati, cagioneuoli, e tristanzuoli,

De spectaculis p. de Articulis

che altro essercizio soffrir non poteuano, che le Fregagioni; posciache i ministri Termali le faceuano per eccellenza. E questi può essere, che vi si facesson portare in quelle Seggiole portatili, che *Lectica, & Sella vectoria* somiglianti alle nostre Seggette coperte, diceuansi; ò in quelli, che *Scimpodia* chiamauansi, che eran simili à Cocchietti de' nostri spedali: Le frequentauano per sesti quelli, che nuotar voleuano, e che della gran Peschiera à questo effetto valersi desiderauano. I settimi eran gli oziosi, e scioperati, che à vedere i giuochi, e contrasti, e quegli spettacoli, che diceuamo faruisi da' Funamboli, Giuocolieri, Cantimbanchi, e Bagattellieri vi correuano; ò ad vdir le nuoue, e gli auuisi di tutto il Mondo, che molto è verisimile, che in sì pubblica, e solenne Assemblea fusson portati. L'ottaua sorte spettaua à tutti coloro, che negozio graue con alcuno da trattare auendo, non sapeuano oue in altro luogo ritrouarlo; poiche essendo sicuri, che dalle xx. hore in sù tutta la Città nelle Terme si congregaua, iui anch'ellino per loro faccende trouauansi à rinuenire chi cercauano. Gli vltimi finalmente coloro, che di lauarsi ogni dì costumauano ò per bisogno, ò per sanità, ò per pulitezza, ò per delizia (che sono i quattro fini del Bagno, secondo *Clemente Alessandrino*) doueuano essere, il cui numero era innumerabile, e certamente i sette ottaui del Popolo. E tanto più in quel corrotto secolo, che i Bagni pubblici d'ambo i sessi mescolati confusamente ammetteua, come abbiamo dimostrato; quanti doueuano hauer bagni priuati, e nondimeno; per qualche loro sporco fine ire anch' essi à lauarsi in pubblico?

Lettighe.

Scimpodij.

Padagog. l. 3 cap. 9.

XLI. Onde sarà ageuolissimo da raccorre quanto seruisse questo vniuersal concorso a' priuati, che dotti, studiosi, sani agili, forti, cortesi, e pacifici diueniuano; e al commune, per cui si nudriua la pace, e si sottraeua l'e-

Profitto di questo concorso.

mulazione fra' ricchi, e poueri, e l'auuersione fra' nobili, e plebei; si conseruaua la sanità; si apparaua la fortezza, e destrezza militare; e l'oziosa giouentù inclinata pur troppo al male, virtuosamente occupata si manteneua. Anzi se qualche rugginuzza di maleuoglienza, come occorre souente, tra qualch'vno accadeua, era molto facile il sodisfarsi in alcuno di que' giuochi, ò combattimenti con lode pugna, ò con altro più graue modo, senza il bisogno del Calcio, ò delle Pugnate introdotto à tal fine dalle Republiche Fiorentina, e Sanese.

Mali moltiplicati dopo disusato il Bagno pubblico, e frequente.

XLI. Insomma vtilissima, onoreuolissima, e necessarissima era l'inuenzione delle Terme; e piacesse à Dio, che l'vso (corretto però nelle cose, che bene non istauano) ancora oggidì ne durasse; che ben son'io certo, che queste sì frequenti, e sì numerose passioni Ipocondriache, queste Podagre, e mali articolari, questi affetti di pietra, e di reni, queste flussioni, e distillazioni di capo, queste rogne, queste scabbie pertinaci, questi flussi muliebri, e tanti altri mali, che rarissimi erano al tempo di *Galeno*, non si vedriano così spessi a' nostri giorni, in cui molto rari son quelli, che d'alcuno de' sopradetti morbi non si querelino, e ciò solamente per l'intermesso vso de' Bagni cotidiani, e per la negligenza nel rendere il corpo traspirabile, e conseruarloui. E se non v'hà cosa, che meglio aiuti la distribuzione del sugo alimentale, che per li nerui si diffonde, e del sangue vitale, che per le arterie è cacciato dal moto del cuore, e della respirazione, onde hà d'vopo d'esser aiutato à ritornarsene d'onde vscì per le vene; che il moto vniuersale de' muscoli, per cui comprimendosi i vasi si ageuola il circolar degli vmori; colle Terme essendo iti in disuso tutti que' tanti essercizi sì vtili, e sì acconci à questo fine, chiaro stà, che tutti que' praui affetti, che da tali ritardati moti dipendono, hanno preso possesso nella nostra natura. Anzi, fallo

Charleton. Oecon. Anim. Ex 8 & x. Gliss. n. Anat. Hepat. Cap vlt. Harueius de motu Cord & sang. passim. VValaus ibi BacK de corde Sect. 3. cap. 5. Malpigh. de Pulmon.

Iddio

Iddio, se il Morbo Gallico tanta strage auesse fatto, e col suo pestilente contagio cotanto dilatato si fusse; auuenga che veggendo io, e che l'immondezza hà grandemente seruito à propagarlo, e che la di lui cura meglio co' sudori, che con qualsiuoglia altro rimedio à buon fine si conduce; chi oserà di negarmi, che le Terme, ou'era il regno della pulitezza per vna parte; e le Palestre, ò Ginnasij, in cui così egregiamente per que' laboriosi essercizij sudauasi; ò almeno il Laconico, che centomila volte meglio delle nostre stufe secche, e senza pericolo da qual si sia più cõpatto, e più chiuso, corpo traeua il sudore per l'altra; non fussono egregi presidij tanto preseruatiui, quanto curatiui di questa peste maluagia?

Machell. Matthiol. Fallop. Huten. Almenar Fracastor. Victor. Leonicen Massa & alij de Morb. Gallico.

XLII. Ma prima di conchiudere questa parte, mi sento obbligato à rispondere à vn dubbio, che potria muouermi qualcheduno, che m'abbia vdito dire, che tutto il Popolo Romano concorreua alle Terme. Imperocche, se al tempo di Claudio facendosi il Lustro solito, per testimonio di *Tacito*, furono annouerate sei millioni, sei nouecento sessantaquatro mila persone in Roma, quali Fabbriche essere potean capaci di tanta gente? Io potrei far rispondere per mè ad *Amiano Marcellino*: *Lavacra in modum Provinciarum extructa* (e non dice *Civitatum*) poiche *Cassiodoro* dice poco, *Mirabilem magnitudinem Thermarum*. E ad *Olimpiodoro*. *Erant lavacra publica ingentia. Sicut Antoninianæ Thermę dictæ, in usum lavantium sellas habebant mille sexcentas è polito marmore factas. Diocletiani autem circiter bis tantum*; cioè trè mila, e dugento Solij; ch'eran fatti per li deboli, vecchi, e infermi. Or quali, e quanti esser doueuano i Labri, e le Piscine? Ma vo' rispondere in vn'altra maniera. Poste per vere queste grandezze; chi non si ricorda, che oltre a' due Bagni pubblici già detti, ve n'erano da trenta altri? i quali concedo, che à tanta vastità non giungessero

Grandezza incredibile delle Terme.

Lips. de Magnitud Rom lib p cap 7. & l 3 cap 8.

Annal l. 11.

Popolo di Roma al tempo di Claudio. 6964000.

Lib 16.

Apud Lips. loco cit.

3200. Solij da lauarsi nelle Terme Diocler.

sero

sero, ma erano nondimeno capaci di molte migliaia di persone. E poi, chi si lauaua, dopo il bagno se n'andaua, e così vn Solio potea seruire in otto hore, che stauan le Terme aperte, almeno à sedici persone, à mezz'hora per cadauno, che è spazio troppo largo; e pure dato ciò, nelle Terme Docleziane poteansi lauare in quel tempo 51200. persone, e nelle Antoniniane la metà, cioè 25600. che fanno 76800. Or facciasi ragione degli altri, che ne'Labri si lauauono, e nelle Piscine, che sei volte tanti almeno bisogna, che fussono; e vi si aggiungano quelli, che negli altri trenta Bagni pubblici si bagnauono, e vedrassi, che il mio asserto non è Iperbole, e che le Terme Romane eran Prouincie, e non Città, come dice Ammiano. E souuengasi ancora chi mouesse il dubbio, di quegli 856. Bagni priuati, che à numerosissime famiglie seruiuano, quali erano quelli di que'Consolari, Pretorij, ed Edilizij.

E con ciò parmi d'auer data puntual notizia, per quanto per mè si è potuto, di quel, che fusson le Terme in Roma, e à che seruissero. Facia mò adesso il suo ragguaglio chi hà fior di giudicio della Romana grandezza, e del picciolo, se bene florido stato della Bolognese Colonia col Titiro di *Virgilio*:

Sic canibus catulos similes, sic matribus hædos
Noram, sic parvis componere magna solebam. — Eclog. p.

e trouerà il proporzionato beneficio, che da *Nerone* auea riceuuto la nostra patria, per cui memoria la solenne nostra Lapida gli auea eretta.

Terme non contate nelle Medaglie. *Mons. Agosti ni Dial. 9. delle Medaglie.*

XLIII. Restami da considerare vna sol cosa. Gl'Imperadori, che tutte le fabriche da loro costrutte, Templi, Ponti, Teatri, Circi, Basiliche, Archi, Porti, Anfiteatri, e simili nelle loro Medaglie stamparono, le Terme (per quanto fin'ora hò potuto, tanto su'libri de'morti, quanto per lettere de'più periti Antiquarij, che viuano rintracciare)' non v'hanno coniato. La quistione è peregrina, nè hò fin quì trouato chi me la sciolga. Se già non fusse, che l'ampiezza loro in sì poco giro, come è quello d'vna medaglia scolpirsi, che bene stea, non potesse; ò, quello, che sembra à mè più verisimile, che dedicandosi da que' Principi le Terme al Popolo Romano, e donandosi loro, come cosa propia, non volessero nè meno arrogarsene la memoria. Eccone in testimonio la Dedicazion delle Terme Diocleziane, che non essendosi finite, se non dopo la rinunzia, che fè costui dell'Imperio, hà per ciò il nome de' successori. Perchè.

CONSTANTINVS *Leggo CONSTANTIVS cioè Costanzo Cloro.* Baic. lib. 7. cap. 3.
ET
MAXIMIANVS *cioè Galerio Armentario.*
OMNI. CVLTV. PERFECTAS
ROMANIS. SVIS. DEDICAR.

Ma vaglia quanto può, fin ch'io m'auuenga in chi più aggiustatamente questo nodo mi sciolga.

XLIV. D'onde cauasse il *Choul*, che nel frontespicio delle Terme fusson poste le statue di Esculapio, e della Sanità, io l'imparerò sempre più che volentieri, poichè non ne trouo orma alcuna presso de gli Antichi scrittori. E se ad imitazion sua io non hò fatto parola delle Zete, de gli Stibadij, e de gli Eliocamini, ciò è adiuenuto perche tali cose nè co' Bagni pubblici, nè co' priuati, che fare aueuano: essendo le Zete piccioli stanzini di legno capaci d'vn picciol letto, e due seggiole, atti à potersi riscaldare, simílissime alle Alcoue moderne; posciache *velis adductis, & reductis, modò adijcebantur cubiculo, modò auferebantur*. Delle quali nel medesimo modo ragiona *Plinio* in due Pistole, le quali nel mio Volume non sò se sieno state corrette, ò corrotte da duo Eretici, Arrigo Stefano, e Isacco Casaubono, vno de' quali hà cangiato *Zeta* in *Diata*; e *Zetecula* in *Diatula*, pro

Choul corretto. *De' Bagni de gli antichi Romani pag. 115. 116. e 118.* Zete. *Sidon. lib. 8. epist. 16. Alex ab Al. l. 5. cap. 5. Baton in Not. 26. Martij. Lauremb. Antiq. nom. Zeta. Plin. l. 2 ep. 17 & lib. 5. epist. 6.*

innata Calviniano gregi modestia; non auendo forse veduto la difesa di Ermolao Barbaro fatta da *Celio Rodigino.*

Lib. 15 c. 12.

Stibadio.

Gli Stibadij poi riceueuano ben sì il nome dalle frondi, e dall'erbe, ma non eran già que'Gabinetti, e camerette di verzura, che faccian noi ne'nostri giardini, anzi letti fatti à mezza luna in vece di Triclinij (e può anco essere, che i primi di mirto, e di bossolo fusson tessuti) per istenderuisi sopra à mangiare. *Marziale* ne'gli Apoforeti.

Sigma.

Stibadium. Accipe lunata scriptum testudine Sigma:
Octo capit. veniat quisquis amicus erit.

lib. 14. ep. 87.

E sopra auea detto

Septem Sigma capit; sex sumus. adde Lupum.

l. 10 epigr. 48. Filandr. ad Vitr. l 7. c. 3. Cal. Rod. l. 25. cap 20. Plin. l 5 ep 6. Ciaccon. de Triclin. Rom. Ful. Vrs in Append f 129 10 Metamorphos. l. 9. epigr. 60.

E Sigma diceuansi dalla similitudine di quella lettera greca, che si scriueua così. C. e nella loro curuatura si collocaua vna mensa da trè piedi. Si fecero poi di marmi, di legni preziosi, di Tartaruga Indiana, e d'auorio intarsiati. E che la Tartaruga fusse in vso a que'tempi, oltre che *Marziale* hà detto *scriptum testudine*, il dimostrà anche Apuleio, quando d'vn letto ragionando, dice, *Lectus Indica Testudine pellucidus.* E *Marziale* ancora

Et testudineum mensus quater hexaclinon.

Gli Eliocamini soli vengono dal *Choul* ragioneuolmente descritti, ma di loro, come non perteneuti alle Terme, non è luogo da discorrere. E così sia fine alla dichiarazione della prima Iscrizione dalla nostra Pietra.

Sposizione della seconda.

XLV. La seconda è questa.

IN. HVIVS. BALINEI. LAVATION. HS. CCCC.
NOMINE. C. AVIASI. T. F. SENECAE. F. SVI.
T. AVIASIVS. SERVANDVS
PATER. TESTAMENT. LEGAVIT. VT. EX.
REDITV. EIVS. SVMM.
IN. PERPETVVM. VIRI. ET. IMPVBERES.
VTRIVSQ. SEXSVS
GRATIS. LAVENTVR.

Cioè

Cioè. *In huius Balnei lavationem sestertia quadringenta, nomine Caij Aviasi Titi Filij Senecæ filij sui, Titus Aviasius Servandus Pater testamento legavit, ut ex reditu eius summæ in perpetuum viri, & impuberes utriusque sexus gratis laventur.* Dalla quale si raccoglie, che Tito Auiasio Seruando, in nome ancora di Gaio suo Figliuolo, fece vn Legato di quattrocento sesterzi, acciocchè del frutto loro perpetuamente gli huomini, e i fanciulli di ambiduo i sessi in questo Bagno fussono lauati senza pagare cosa veruna. Sua lettura. Sua sentenza.

XLVI. Questa Iscrizione mostra, tanto al buon carattere, quanto alla corretta ortografia d'essere stata intagliata al tempo di Vespasiano, ò in quel torno, quando fiorirono *Suetonio, Tacito, Plinio,* e *Marziale:* perciocchè la parola SEXSVS, che hà la S. dopo la X. è scritta secondo l'vso di que' tempi; trouandosi nel rouescio d'vna Medaglia di Galba PAXS AVGVSTA. Quando posta.

XLVII. E' similmente verisimile, che fusse intagliata di ordine pubblico, sì per esser posta in vna pubblica Pietra, sì ancora, perche non è credibile, che alcun priuato auesse osato di metterui mano. E senza consenso pubblico non si rende credibile, che veruno auesse guasta la Lapida con gittarne via la quarta parte della Cornice, violando in tal maniera vna cosa sacra; poiche le statue, le Iscrizioni, e le altre pubbliche memorie dedicate à gl'Imperadori sacre veniuano riputate. Da chi. *l. Sacra ff. de rerum diuis. Alex ab Al. lib. 6 c. 14.*

XLVIII. E vi fù posta, senza dubbio alcuno, perche pubblica, e perpetua si conseruasse la memoria di Legato sì nobile in beneficio di tutta la Città; per mantener viuo il nome del Legante; e perche non andasse in dimenticanza in progresso di tempo l'esenzione dal pagamento de' Bagni, che molto facilmente per ingordigia de gli Vficiali delle Terme auria potuto abolirsi: in quella guisa, che in alcune Città si costuma ancor ora A che fine ora d'incidere in Marmo i Priuilegi conceduti loro da' Regi, e Principi, ancor che talora male osseruati da' ministri. Vnà simil cosa sembra che sia la Lapida affissa nella nostra Dogana, ò Gabella grossa, in cui si registrano l'essenzioni de'Dottori, de'gli Scolari, e de'Libri.

T. Auiasio chi potesse essere.

XLIX. Ma chi fusse questo Tito Auiasio Seruando è molto difficile il congghietturare. Certa cosa è, ch'ei fù Ingenuo, auendo il suo Prenome, Nome, e Cognome alla Romana, senza cosa alcuna, che odori punto di Libertino. Del resto, quì non s'esprime verun segno di milizia, come sarieno lo Stipendio, la Legione, il Cauallo pubblico, il Triariato, Primipilato, ò Principato: nè di onor militare, come di Tribunato, Centurionato, ò Decurionato, e altre cose simili, consuete à d inciderfi dopo il nome. Non v'hà nè meno alcun indicio, che costui togato s'intramettesse ne'pubblici affari, non vi si facendo menzione di Decurionato, Duumuirato, Treuirato, Quattrouirato, ò Seuirato, nè di Censura, Edilità, ò Questura. Insomma il nome è nudo, senza lustro, ò splendore d'alcuno aggiunto, che qualificare in qualche maniera lo possa. Sicchè io stimo ragioneuole la mia conghiettura, che costui fusse vn Mercatante, che auendo sempre atteso a' fatti suoi totalmente, e nulla à quelli del pubblico, e auendo accumulate grosse facoltà col negoziare, volesse alla sua morte (giacchè appresso coloro le restituzioni non si costumauano) fare vn perpetuo benificio alla Patria, e insemprare nel medesimo tempo il suo nome, che fuor de gli splendori dell'oro, altro lume auer non doueua. E fù certamente cotesta strada à ciò conseguire più sicura, di quella delle iscrizioni sepolcrali, di cui auuengachè le migliaia ancora si conseruino, non si sà però chi si fussono coloro, à chi elleno furon poste, quando alcun titolo d'onore non hanno impresso. E volle, che il Legato fusse fatto con

ogni

ogni solennità, per assicurarsi, che venisse adempito (anche à que' tempi doueua trouaruisi graue difficoltà) posciache volle, che v'intrauenisse il consenso di suo figliuolo Gaio Auiasio Seneca, che per conseguenza doueua esser l'Erede. Se non si volesse giudicare, che costui fusse morto prima del Padre, come pare, che dimostri la premura del Testatore, à cui non basta di auer chiamato esso Gaio figliuol di Tito, e poco apresso figliuol suo, che ancora torna à nomar se medesimo *T. Auiasius Servandus, Pater*, e che per immortalar la memoria del morto figlio, il legato anche in nome di lui auesse intitolato.

L. Se poscia auremo riguardo alla grossa somma, che importaua il Legato, ch'era di quattrocento Sesterzi mezzani da mille Sesterzi piccioli per ciascuno (secondo l'osseruazioni del Budeo) che faceuano la somma di Diecimila Scudi d'oro, bisogna confessare, che le facoltadi del Testatore fussono molto grandi. Imperocche, se i Legati non ponno eccedere la terza parte dell' Eredità, come sanno i Giureconsulti, conuiene che Tito Seruando auesse almeno tanti beni, che arriuassero alla somma di cinquantamila scudi d'oro, considerato che forse douette fare altri Legati minori, dotar figlie, manomettere Serui, e altre liberalità costumate allora da' ricchi ne' loro testamenti.

Somma del legato ridotta à nostra moneta.

De Asse l. p. Port. de Sest. lib. p.

LI. Ma quanto poteua rendere l'vsura di questa somma? affinche possiamo conoscere se metteua il conto al pubblico l'accettare il Legato con quel carico, ò se v'aurebbe rimesso del propio? Tre sorti di vsure trouo io pratticate più frequentemene à que' tempi: le vsure centesime, le semissi, e le trienti. *Ermolao Barbaro* fù il primo, che sponesse rettamente le vsure cêtesime, cioè di dodici per cento, scoprendo l'abbaglio di Accursio, che di cento per cento le auea giudicate; e'l souracitato

Quanto fruttasse.

Vsure di quante sorti.

Budeo,

Vsure centesime. *Budeo*, calculando certa somma di vn luogo di *Columella*, il rese più manifesto; e dopo lui il *Porzio*, e l'*Alciato* scrissono il medesimo, e *Monsignor Agostini* più chiaro di tutti. Sicchè se le centesime eron di dodici, le semissi di sei, e le trienti di quattro per cento conuien che fussono, e così proporzionabilmente di tutte le altre. Antonin Pio si contentò di quattro per cento, auendo forse veduto, che Traiano, con tutta la sua bontà (insomma l'interesse è il paragone dell'huomo) si era aquistato l'odio de' Popoli di Bitinia, come gli scriue *Plinio* iui suo Proconsolo, perche ne riscuoteua dodici intieri, cioè l'vsura centesima, e non trouaua chi volesse torre i denari ad interesse così rigoroso. Ora essendo il nostro Legato diuenuto danaio pubblico, è credibile, ch'ei fusse dato à vsura piena, cioè centesima, come facea Traiano, intorno al cui tempo abbiam detto verisimilmente esser caduto il Legato. Il che se è vero, la rendita veniua à essere di 48. mila Sesterzi piccioli, cioè 1200. scudi d'oro. Ma io non sarei però restio à chi alla metà ridur lo volesse, e così à 600. soli scudi; che à manco certamente non pare, che condur si possano; massime veggẽdo io pratticate le vsure semissi in vn Legato alla guisa del nostro, fatto da vn certo L. Cecilio Optato alla Città di Barcellona al tempo di M. Aurelio, e L. Vero, nel quale lascia, fra l'altre cose, che si dia l'olio ne' Bagni pubblici il dì 10. di Giugno della rendita di detta somma:

loco citato.

l. 4. Doue sop. D. al 9. delle Medaglie.

Semissi.

Trienti.

l. 10. epist. 62.

Monsig. Agostini Dial. 9.

ET . EADEM . DIE . EX . X. CC . OLEVM . IN . THERMIS . PVBLIC . POPVLO . PRAEBERI .

Questi 600. scudi faceuan 24. mila Sesterzi piccioli, de' quali quattro facendo vn Denario, sommauano sei mila denari d'ariento. Ma perche la paga de' Balneatori, che *Seneca* chiamaua *rem quadrantariam*, era vn quadrante, come abbiam mostrato di sopra con *Orazio*,

Epist. 86.

con

Giouenale, e con *Marziale*, fà di meſtieri ridurr'il tutto à quadranti, per vedere, ſe tale entrata era baſtante à pagare la giuſta ſomma, che ſenza queſta eſſenzione auria douuto pagare il popolo.

LII. Il Quadrante vſato al tempo di Veſpaſiano, Domiziano, e Traiano, per teſtimonianza di *Plinio* il Vecchio ſcrittor di que'giorni, peſaua vna Dramma Medicinale, che ſono diciotto Carati, ò ſettantadue grani; imperocchè ſe egli era la quarta parte dell'Aſſe, e queſto, per la legge Papiria, peſaua mezz'oncia, biſogna che così fuſſe. E in pruoua di ciò conſeruo io nel mio ſtudio varie monete di rame di vna dramma appunto, battute ſotto diuerſi Imperadori, che Quadranti indubitatamente ſtimo che fuſſono. Tali ſono le coniate ſotto Auguſto, ora con due mani ſole, ò con vn Caduceo tra di eſſe, iſcritte SILIVS. ANNIVS. LAMIA. e dall'altra parte S. C. e intorno IIIVIR. AAA. FF. ora con vn Lituo, e vn Simpulo, colla medeſima iſcrizione, e roueſcio. ora con vn Cornucopia iſcritto TAVRVS. REGVLVS. PVLCHER: e nel roueſcio vn'Incudine IIIVIR. A. A. A F. F. La quale Incudine è ancora in vn'altra, e intorno MESSALLA. SISENNA, e dall'altro lato S. C. e intorno GALVS. APRONIVS. IIIVIR. e in vn'altra con SISENNA. MESSALLA. IIIVIR; e nel roueſcio S. C. intornoui GALVS. APRONIVS. AAA. FF. delle quali hanno ſcritto alcuni Medagliſti. Quelle di *Caligola* con vn Pileo in mezzo al S. C. e C. CAESAR. DIVI. AVG. PRON. AVG. e nel roueſcio R. CC. (che *Remiſsio Ducenteſima* forſe deue interpretarſi) iſcritta PONT. MAX. TR. P. COS. TERT. Quelle di Claudio, l'vna con vn Vaſo frumentario TI. CLAVDIVS. CAESAR. AVG. e dall'altra parte S. C. circondato da PONT. MAX. TR. P. IMP. COS. DES. IT. e l'altra con

Quadrante al tempo de gl'Imperadori.

lib 33 cap 3.

Lipſ Sard. & alq. de ant. nummis Romanorum.

Quadranti nello ſtudio dell'Autore

Goltzio in Auguſto tab. 23. Vrſin. fam Silia, & Annia, & Aelia Idem in Statilia, & Claudia, & Liuineia. Idem in Valeria, & Apronia. Goltzius loco cit.

Vico in Calig. med 9. 10.

Idē in Claud 20. 21.

con vna mano tenente vna bilancia in equilibrio e tra le lanci P. N. R. e intorno come la superiore, come anche il rouescio, fuorche il COS. che dice COS. II. Vna di Nerone con vna Colonna, sopraui vn'elmo, e appoggiataui vn'Asta, e vno Scudo, NERO. CLAV. CAE. AVG. GER. e nel rouescio vn Ramo di Alloro S. C. P. M. TR. P. IMP. P. P. Altre di Domiziano con la testa di Pallade iscritta IMP. DOMIT. AVG. GERM. e nel rouescio ora vna Ciuetta, e S. C; ora vn ramo d' Alloro, ò d'altro Albero; ora vna Corona dello stesso, entroui S. C; tutti senz'altre lettere, che S. C. come ancora quella della Cornacchia sopra vna frasca. Quella del Rinocerote hà la testa dell'Imperadore giouine laureata, come quest'vltima, e l'iscrizione già detta, ma il rouescio hà il solo S. C. Io pensaua, che la medagliuzza di Traiano in forma d'Ercole col rouescio, ora di vna Claua, e ora di vn Cignale, e S. C. iscritta solo intorno alla testa IMP. CAES. TRAIAN. AVG. GER. fusse di questa fatta, ma misō poscia accorto, ch'ella scarseggia troppo nel peso.

Erizzo in Domit. med. 19.

Erizzo in Domit. med. 28.

Erizzo in Traian. med. 18.

Tristan. Traian. med. 4.

Rendita ridotta à denari.

oue sopra.

LIII. Ma il Denario, per detto di *Plinio*, valeua sedici assi; di maniera che seimila denari farieno 96. mila Assi, e questi essendo di quattro quadranti l'vno, farieno 384. mila quadranti. Oue parmi d'auuertire, che i Romani colle loro monete di rame, e d'ariento quello appunto facessono, che gli Spagniuoli d'oggidì fanno colla loro Plata, e Viglione; perciocchè il valor del rame rimase; e quello dell'ariento crebbe, valutandosi vn denario d'ariento per sedici assi di rame; e nondimeno dieci assi di rame pur faceuano vn denario, benche co' detti dieci assi di rame non si potesse auere vn denario d'ariento. La onde chi riducesse la rendita, di cui parliamo à denari di rame, e non d'ariento, ella non rimarrebbe, che 240. mila quadranti, che nondimeno sa-

Differenza tra'l denario di rame, e quello d'ariento.

reb-

rebbono vna gran somma. E se l'vsure fussono state centesime, in ariento aurebbono fruttato 768. mila quadranti, e in rame 480. mila,

LIV. Ma giudichiamole pure la minor somma; anzi riduciamole ancora alla metà per poterne trarre più ageuole, e più credibile il nostro Argomento. Ora se la rendita era di 240. mila quadranti (ancorche si fusse pagato il doppio) faccio io argomento, e conghiettura, che la nostra Patria ancorche assai ristretta di circuito, fusse nondimeno popolatissima; poiche, dato che ottanta, nouanta, ò centomila soli si bagnassero tra huomini, e impuberi, bisognarà pur credere, che le donne fussono pocomeno d'altrettante: e non si mettono in conto coloro, che non si lauauano, che pure anch'essi in considerabil numero conuien, che fussono. Ma non s'ammetta nè anche questo, e riducasi alla più sottile, che huom vorrà; per verità facendone ragioneuole scandaglio sopra queste somme, la Città di Bologna non poteua auer meno di centomila habitatori in quel tempo. E chi farà riflessione, che oue à gli altri Coloni della Gallia Togata poco più, ò poco meno di dieci iugeri di terreno per ciascuno era assegnato, a'Bolognesi cinquanta, e settanta dati ne furono; potrà raccorre vna forte cōfermazione del nostro Calcolo, mentre tanto; e sì vbertoso terreno puote, non solo alimentare la numerosa discendenza, che da' primi Coloni si propagò, ma insieme allettare i conuicini à portarsi ad abitare così felice stanza, e à popolare sempre maggiormente la nostra auuenturosa Patria.

Argomento e conghiettura de gli abitatori di Bologna.

Liu. Dec. 4. l. 7.

LV. Osseruo per vltimo, che le Donne rimangono escluse dal beneficio di questo Legato; il che mi muoue à credere, che la modestia Bolognese non ammettesse à bagnarsi mescolatamente i maschi, e le femmine, come abbiam fatto veduto, che s'vsaua in Roma. E chi sà, che questo T. Auiasio Seruando non auesse auuto occasione per la sua mercatura d'essere spesso in Roma, e iui auendo

Donne perche escluse dal beneficio del legato.

do vedute, e detestate quelle impudiche, e suergognate lauazioni, non si mouesse à fare questo Legato, per impedire (per quanto era in suo potere) che questo abbomineuol costume in Bologna non s'introducesse? Posciache douendo le sole Donne pagare il quadrante della lauazione, era ancora conueneuole, che separatamente si lauassono. E forse fù fatto, perche quella grauezza, che loro addosso rimaneua, le facesse abborrire il lauarsi nelle Terme pubbliche, potendosi giudicare, che in Colonia tanto illustre priuati Bagni per le femmine non mancassono. Ma forse cadendo il pagare addosso à quelle Plebee, e pouere, che luogo alcun'altro da lauarsi non aueuono, non volle T. Seruando, ch'elleno godessono delle sue franchigie per tor loro ogni occasione di prostituir se medesime, come facilmente doueua auuenire in tutti que' luoghi, oue simile mescolanza si costumaua. Aggiungasi, che essendo i Ginnasij congiunti alle Terme; ed essendo quelli di tanta importanza, tanto al comune, quanto à ciascun priuato, come abbiam detto, intese T. Auiasio d'animarui, e d'allettarui con tale essenzione gli huomini, e d'allontanarne le femmine, la cui verecondia quindi le doueua rimuouere, come diceua loro seriamente benche sempre licenzioso *Marziale*.

l. 3. epigr. 26.

Gymnasium, Therma, Stadium est hac parte: recede:
Exuimur: nudos parce videre viros.

Perorazione.

E con questo porremo giù il peso della nostra Pietra, che ci è riuscito, per ver dire, assai più graue, che dapprima non credemmo. Lo spazio è stato più lungo, e la via più intrigata, che non voleuamo, e talora con qualche trauuiamento di più. Ma se non vi pensaua io, che aueua addosso carica sì pesante, ragion vorrebbe, che nè anche verun Leggitore se ne offendesse, non auendo egli da porui pure vna mano, e bastar douendogli d'auer auuto solamente à passo lento, per suo profitto, d'accompagnarmi.

DEL-

DELLE SETTE DE' FILOSOFI,

E del Genio di Filoſofare.

Diſcorſo del Sig. Antonio Felice Marſili.

IL deſiderio di conoſcere, e di conoſcere la Natura, è quello che sì frequenti manda i Diſcepoli alle Scuole, e gli Auditori alle Catedre. Per queſto ſolo ſi popolarono i Portici a gli Stoici, l'Accademia à Platone, il Liceo ad Ariſtotele. L'Huomo, con diſprezzo vniuerſale, ſi appaga di ſe medeſimo, quando diuiene filoſofante; anzi lo vediamo dishumanato confinarſi in vna botte, acciecarſi in vn bacino, e gittare il ſuo cuore nel mare gittandone le ric-

I. Propoſizione del Diſcorſo.

Diogen. apud Laert. l. 6.
Democr apud Tul. l 1 Tuſc
Crater. apud Laert. lib. 6.

ricchezze. Non meno l'attiua, che la contemplatiua ci chiama: *Natura ad vtrumque nos genuit, & contemplationi rerum, & actioni:* Se con l'vna operiam ciò, ch'è bene; con l'altra conosciam ciò, ch'è vero. Resta solo, che nella traccia del vero così varij sono i pareri, i genij così discrepanti, che il numero delle Sette adegua il numero de' Filosofi. Stupì la Grecia mirandoli in tante parti diuisi fabricare della Natura vna Babelle. Le Scuole di Atene pareano adunanze di Sediziosi, non consessi di Sapienti: Confusione, non sò s'io dica, figlia di vn genio bizarro, ò d'vna forzata necessità, introdotta dalla difficultà della materia, ò dalla mancanza dell'applicazione, Confusione, che à più saggi fè credere impegno disperato il seguire *Ludum Philosophorum, qui animum demittunt, & conterunt*, in vece di addottrinarlo. Quel detto di Dionigi à i Filosofi di Siracusa è più tosto sentenza di Rè, che precipitosa condanna d'inerudito Tiranno. Chiamaua le loro dispute *Verba otiosorum senum ad imperitos iuuenes*. Li riprendeua d'oziosi, non per trascuraggine di fatica, ma per l'acquisto incerto del vero. Per ritrouare la verità là giù nel pozzo del Filosofo oh'quanto è faticosa l'impresa! pare vn'assunto proprio della Deità *Veritatem requirat Dominus*.

Seneca de otio Sapien. — *Senec. ep. 72.* — *Plutar. in vit. Dion.* — *Psal. 30.*

II. *Varij modi di Filosofare de' moderni.*

Malageuole è il cimento è vero, mà di quì nasce il motiuo di gloria, che ci stimola à rintracciarla. Varij modi intraprendono gli Scolastici. Molti giurano in vn Filosofo, e voglion quello per guida; altri sciolti di giuramento vogliono esser condotti dalla esperienza. Gli vni si muouono dal vero, gli altri studiano di accozzare al vero l'autorità; L'vno è il metodo più pratticato; l'altro è tenuto il più sicuro. Ventiliamoli tutti due.

E per discorrere del primo, che fatto fazionario di parte, serue à gli antichi Filosofi, fà di mestieri scorrere quali siano i loro precetti, indi risoluere.

Chi

Chi hà letto le Istorie, hà pianto la perdita di vn mezzo Mondo di Letterati; Sà, che quelli, che dalla proscrizione di Aristotile scamparono le fiamme, che non perirono nell'incendio della Bibilioteca di Alassandria, ed auanzarono alle perdite di quella di Eumene in Pergamo, di Augusto, di Paolo, d'Vlpio, e di Marcello in Roma trouarono la morte nelle mani de gl'Inuasori del diuiso Impero Latino; che tanti grand'Huomini passarono dalle librarie al Rogo comune di tutta l'Europa, voto proprio di que'Barbari. Di quì è, che viuono i nomi di molti, e l'opre di pochi. Aristotele scampò per miracolo in mano de'Mori, da'quali la liberalità di Federigo II. Imperadore lo riscattò, e mandollo à regnare nello Studio nostro di Bologna. Platone fù donato all'Italia dall'Imperadore de'Greci nel Concilio di Firenze, rifiuto merauiglioso di morte. De gl'altri ò Laerzio, ò Platone, ò Aristotele ne discorre, ò Seneca, ò Sesto Empirico, ò Plutarco ne fanno memoria. Di molti descriuerò le Dottrine.

III. *De' Filosofi, che sono rimasti.*

Ammian. lib 22.
Plin. l 35.
Sex Aurel. Vict. de Reg. Vrb.

Aristotele mandato à Bologna.

Epicuro fù il più superbo de' Greci, il più empio de' Filosofi. Ardì di proferire, che niuno, se non Greco era idoneo à filosofare; Arroganza troppo conuinta: Chi non sà il Paese di Anacarsi Scita, di Zoroastro Battriano, di Mercurio Egizio, di Zamolsi Trace. Che filosofauano i Magi tra' Persiani, i Ginnosofisti nell'India, i Druidi tra' Galli? La Sapienza non nacque in Grecia, ed vnica non fù alleuata nelle Palestre di Atene, nè meno in quelle di Rodi; *Olim viguit apud Barbaros sparsim resplendens, postremò deniquè ad Græcos etiam venit*, e dai Greci ai Latini; E se *Flauio Giuseppo* non erra, là ne' Campi di Damasco pargoleggiò con l'Infanzia del Mondo. *Sethum Adami filium dicitur duas columnas reliquisse, in quibus, quæ inuenta, & nota erant inscripsit.* Platone, ed Aristotele disappassionatamente condannano que-

IV. *Di Epicuro*

Apud Conim. bicens Log in princ
Laert. in præf.

Cyrill l. 6. con Julian.
Tatianus in Ora ad Græc.
Clemen Alex. 1. Strom.
Antiq Iudaic cap. 1.
In Timeo, & in Cœlo. 1, Metam.

Laerzio considerato. questa iattanza. Se bene Laerzio nella prefazione pare, che ad Epicuro si accosti, negando, se non l'vso, almeno l'inuenzione a' Barbari. Mà di debole fondamento si serue contro l'opinione, ch'egli medesimo confessa comune. Il nome di Filosofia (và dicendo) *barbaram omninò abhorret appellationem*; *Praef. in prin.* Non sapendo, che il nome di Barbaro fù inuenzione della Greca superbia, non titolo proprio di coloro, che nacquero fuori di Grecia.

V. *Costumi, e dogmi empij di Epicuro.* Per mostrare l'empietà d'Epicuro non voglio il testimonio della Fama, già che la penna di *Pietro Gassendi* lo rende sospetto. Altri motiui la persuadono. In prima la moltitudine de' contẽporanei mentouata da *Laerzio*, di quali sceleragini, e ne gli huomini, e ne gli Dei non lo riprende? *In Notis ad l 10. Laer. T 5. Lib. 10 in eius Vita.* Ben è vero, ch'ei si sforza di rigettarli, predicando Epicuro diuerso dalla credenza accettata; Però così graui riescono i testimonij, che il ribatterli senza proua è vn sospetto di poca fede; *Laert. loc. cit. in medio.* si che in quanto a i costumi fù empio, ò incertamente pio. Resta il vedere se in quanto a i precetti questo titolo se gli conuenga. Io quì tralascio il zelo de' Santi Padri, che vogliono in Epicuro il precettore dell'Ateismo: *Gregor Nazia Orat 33. & 34.* Da i dogmi suoi proprij pale serò l'euidenza.

E' da supporre, che il numero innumerabile de' suoi libri è consunto dal tempo. *Laert. loc. cit.* L'opuscolo delle Sentenze tanto celebre appresso gli antichi, pure si desidera. *Epitect. in Enchirid.* Quel famoso Pseudomante Alessandro prima lo diede al fuoco; *Cic 1 de fin. Lucian. in Pseudom.* indi consunto in cenere lo diede all'acque. Altro di Epicuro non resta, che le tre lettere ad Erodoto, à Pitocle, à Miniceo, e ciò, che Lucrezio compilò nel numero de' sei libri, ò ciò, che in diuersi Autori sparsamente si legge. *Laert. loc. cit.* Da i quali auanzi tre principij si osseruano, sopra di cui la Morale, e la Fisica d'Epicuro si fondano.

1 Iddio non è cagione del Mondo. Lo insegna *Velleio Epicureo. Quid autem erat quod concupisceret Deus mundum*

dum signis, & luminibus tamquam Aedilis ornare. Forme proprie di quello sprezzatore della Deità. L'Argomento poi lo proseguisce l'Interprete d'Epicuro *Lucrezio*. Il Caso ne fù l'Artefice.

Apud Cic. 4. Acad.

Lucr. loc. cit.

> *Nam certo neque consilio primordia rerum,*
> *Ordine quaque suo, atque sagaci mente locarunt.*

Lib. 1.

cantò *Lucrezio* adottrinato nell'Epistola ad Erodoto: *Non esse ab aliqua causa beata simul, ac immortali. quæ illa constituat, constitueritue*, parlando de' corpi sublimi. La cura del Mondo, e del genere humano è vn'impiego disdiceuole alla mente Diuina, la quale *nec habet negotij quicquam*. Dallo stabilimento de' quali supposti non fù difficile à questo distruggittore di Dio insegnare nella Morale, che la felicità beata consiste nella felicità de' sensi. Il *Gassendo* non potrà mai introdurre scintilla di pietà in Epicuro, se non lo mostra diuerso dà Epicuro.

Laert. loc. cit.

In epist. ad Herodot.

VI.

Sette Italica, e Stoica di Pitagora, e di Zenone.

Il discorrere di Pitagora, e di Zenone, l'vno della Italica, l'altro della Stoica Setta Maestro, sarebbe vn riuolgere le ceneri sepolte nell'obliuione di tanti secoli, anzi sarebbe cenere gittata al vento. Di Zenone solo raccordo la bōtà de' costumi da gli Ateniesi publicata in quel decreto sotto il Principato d'Arenida, in cui fù espresso, che *in omnibus vir bonus perstitit*. Di Pitagora, come meritò da' Romani vna statua con Alcibiade, l'vno per essere il più forte, l'altro il più dotto de' Greci. Zenone sotto il portico illustre per l'opera di Polignoto insegnò gli atomi, ed in Crotone i numeri Pitagora.

Laert lib. 8. & 7 in eorum vitis.

Laert lib. 7. loco cit.

Plin lib. 34. cap. 36.

VII.

Di Diogene

Diogene quel Can maggiore, che nel Cranio di Corinto insegnaua latrando, è più chiaro per vita scostumata, che per dottrina. Alessandro si augurò di essere Diogene, se non era Alessandro; fù bizzaria di quel grande, ò fù vno de' suoi deliri. Quel viuere famelico di carne humana; quel *palam facere, quæ ad Cererem, &*

Laer lib 6. in eius vita.

Loco cit.

qua

quæ ad Venerem pertinent; cangiare il Tempio in Tauerna, il Foro in Lupanare, come poteuano meritare l'inuidia d'vn Alessandro? Costui della Setta de' Cinici fù Maestro, non inuentore. Questa è gloria, che si deue ad Antistene.

Setta Cinica.
Laer lib 6 in Vita Antist.

VIII. *Di Socrate.* Quanto di Diogene fù Socrate più costumato? Passeggiaua sù le Piazze insegnando, e nō mordendo. Erano gl' insegnamenti ciuili, perche *Solum morum inquisitioni vacauit, vt quæ ad nos pertineat*; e con modesto rifiuto *abnegauit Naturæ contemplationē, vt quæ sit supra nos.* Fortunato Maestro, perche hebbe Discepoli vn'Antistene, vn'Aristippo, vn Senofonte, vn Platone; Glorioso Filosofo, sortendo l'Oracolo panegirista al suo merito; Cittadino infelice, forzato a bere la cicuta per sentenza d'vn Ateneo fatto ingiusto per condannarlo.

Empiric. daueg. Logic.
Discepoli di esso.
Laert. lib. 2. in eius vita.

IX. *Di Pirrone.* Quel bizarro Pirrone lasciò il pennello per trattare la penna, e di mecanico passando in Filosofo eternò il suo nome con disperati insegnamenti. Fù il Maestro di coloro, che dal sempre dubitare Scettici furon detti. Da i lunghi viaggi ne gl'Indi, e ne' Persi imparò di insegnare, che il sapere altro non fusse, che vn saper dubitare. Massima nemica al senso, contraria alla credenza commune; mà non pouera di seguaci.

Laert lib. 9 in eius vita.
Setta Scettica.
Loc. cit.

Che altro insegnò Senofane nel Monostico da Laerzio riferito

Nemo aliquid certi nouit, vel nouerit vmquam

Aristotele Tiranno, ò Monarca delle Scuole, che nella fatica di settecento libri meritò il credito del primo Filosofo di Grecia, pare, che sottoscriuasi à questo parere. *Quemadmodum Vespertilionum oculi ad lumen diei se habent, ità intellectus animæ nostræ ad ea, quæ manifestissima sunt.* Socrate, certificato in Delfo, potea con ragione arrogarsi il titolo di Sapiente, e pure quell'*hoc vnum scio, quòd nihil scio* dichiarò la diffidenza del Filosofo, e

Filosofi, che si accostano à Pirrone.
Loc cit.
Patri. discuss. perip. Tom. 1. lib. 2.
2. Metaph c. 1.

la

la menzogna dell'Oracolo. Il Catalogo di Laerzio registra in questa schiera Anassagora, Eraclito, Parmenide, e Democrito, con quasi tutti i Filosofanti più rinomati. Questi però vsarono termini più tosto di vmiltà, o di vmiliata ostentazione per confondere l'audacia degl'ignoranti, non per aderire à Pirrone. *Laert. lib. 9. in vit Pyrrho.*

Aristocle, che indi Platone fù detto, si ammiri come Teologo, si tralasci come Filosofo; Teologo, che discorse di Dio idolatramente filosofando. Disprezzò la Natura, quasi basso oggetto all'altezza de' suoi pensieri: Parue, che più frequentasse gli Areopaghi, che gli Atenei. Visse qual Salamandra nelle fiamme de' Barbari, ed accolto nel augusto paludamento di Giouanni Paleologo vide il bel Cielo d'Italia entro le mura di Firenze, all'hora fatta Teatro dell'Oriente, e dell'Occaso Cristiano concordemente genuflessi a i piedi santissimi di Eugenio Quarto. *Di Platone. Laert lib. 3. in eius vita. Mars Fic in eius vita. Quando venne in Italia Platone. Plat in vita Eugenij IV.*

In vn luogo villereccio di Atene, che da Accademo suo possessore hebbe il nome, stette Platone insegnante. Dalla Scuola Accademici furon detti i seguaci. *Setta Accademica. Laert. loc. cit.*

Le opinioni Platoniche ne i secoli Eroici della primitiua Chiesa furono insegnamenti. Cirillo, Eusebio, Dionigi Areopagita dopo la santimonia di vita sono celebri per la dottrina di Platone. Allora dall'Accademia si passaua nel Tempio. Agostino mentre de' Platonici parla, parla lodando. *Platonici, paucis mutatis, Christiani fierent*. Chi ben cosidera in molto conuengono i Sacri libri, e i Dialoghi di Platone. *Mars. Ficin. loc. cit. In lib. de vera relig.*

Pose Dio Creatore di questa compagine dell'Vniuerso, insegnando *per Deum hæc omnia gigni*, conforme al detto. *Quoniam ipse mandauit, & creata sunt*. Lo confessa assistente, e Rettore de gli Huomini *Deum commemorauimus pro Pastore Gregis humani*, accordandosi col Profeta *quoniam adiutor, & protector noster est*. La *Dogmi di Platone. in Sophista. Psal. 32. 9. De Regno. Psal. 32. 20.*

Antioc vel de Contemn. mor
immortalità dell'anima à gli Antichi così ignota, in quanti luoghi non l'accenna Platone? *De contemnenda morte*, dice egli, *scio constanter, quod omnis immortalis est Anima*, prima hauendolo con salde ragioni ne i Dialoghi *de legibus*, e de *Republica*, ed altroue prouato; conformandosi al detto di Matteo *Animam autem occidere non possunt*. Il premio de' Buoni, il castigo de' Rei dopo morte s'impara nel *Fedone*, & in Daniello s'insegna: Il libero arbitrio, il giudizio finale, lo stato inuariabile di Dio, e tanti insegnamenti di nostra fede si rauuisano in questo Filosofo. Agostino, conobbe gli errori de' Manichei, quando scorse la verità ne i Libri de' Platonici, mirando in quelli: *multis, & multiplicibus rationibus suaderi, &c. in principio erat Verbum, & Verbũ era apud Deũ, &c.*

Dial. 10 & 12 Cap. 10. & 28

In Phed. vel de Anima. cap. 12.

Lib. 7. Confess. cap. 9. 1.

XI.

Di Democrito.

Oh se Democrito fortunato al par di Platone sopraviuesse à gli eccidij, i nostri moderni non spenderebbero si prodigamente il pianto deplorator delle sue perdite. I Vandali, ed i Goti tanto nocquero alle lettere incenerendo Democrito, quanto all'Imperio Romano, lacerando l'Europa. Schiuò l'incendio dalle mani dell'emulo Platone con l'aiuto di Amicla, e di Clinia, per restare bersaglio di crudeltà alla licenza militare del ribellato Settentrione. Ei però viue col miracolo, comune à molti de gli antichi, in varij squarci diuiso nell'opere de gli Autori scampati. Il contemporaneo *Ippocrate* chiamollo *Optimus Naturæ, & Mundi interpres*; come quegli, che nel gran Diacosmo hebbe vn capo capace di tutto il mondo. Fù il primo, che meritasse il nome di Filosofo; perche fù il primo sensato Filosofo, che *ætatem inter experimenta consumpsit*. Pose vn gran Musaico d'atomi fabricatore dell'Vniuerso. Assegnò per principij cose non molto remote dal senso, sbandeggiando le chimere dalle dottrine. Fù il primo, che *in Natura inhabitasset*, ed aborrendo quei vocaboli mae-

Laert lib. 9. in eius vita.

Hippoc. Ep. ad Damaget.

Laert. loc. cit.

Petron. Arb. Satyr.

Bustat lib 1 Moral. cap. 1.

stosi,

stosi, e quei concetti non intesi, formò le conseguenze dell' Intelletto con le sole relazioni de' sensi. Quindi è, che la superbia de' Greci, e de' Latini si contentò di riconoscerlo per bocca di Epicuro per colui, che *primus rectam cognitionem attigerit, & primus in principia Naturæ inuaserit*, e per bocca di *Seneca, subtilissimus antiquorum omnium; Antistes bonarum artium*. Plutarc. adu. Coloten. Senec. q. nat. lib. 7. & de breuit. vit.

Non ricorse all'Idee, alle Qualitadi occulte, alla Simpatica, ò alla Magnetica, per fabricare vn Asilo (come dicono i Chimici) all'ignoranza. Non introdusse sù la machina Dio per scioglimento della comedia, come Anassagora, mà per testimonio di Aristotele, *proprijs, & naturalibus rationibus persuasus*, con le figure de gli atomi, e co'i moti à lor proprij, particolarmente insegnò la Natura. Apud Arist. 1. Metaph. tex. 4. 1. de Gener. tex. 8.

XII. Conuenienze tra Democrito, ed Aristotele.

Chi scorre Aristotele, legge vn continuo panegirico di Democrito, scorge vn amistà non palliata. Solea dire *Democritus autem, vltrà alios, propriè dixit solus*. Altroue, *Omninò autem præter ea, quæ superficie tenus de nullo aliquis instituit, præter Democritum; hic autem videtur quidem de omnibus curasse, & principia supposuisse, quæ ad omnia accomodari possunt, & ad alios motus*. Considerando poi l'azione, e passione delle qualità, risolue. *Viam autem maximè, & de omnibus vno sermone determinauerunt Leucippus, & Democritus principium cum fecerunt secundum naturam, quod est*. 1. de Gener. tex. 47. 1. de Gener. tex. 5. 1. de Gener. tex. 57.

La coerenza poi de' principij facilmente si osserua. Nel primo della Fisica nota Aristotele, che *Democritus solidum, & inane, quorum vnum, vt quod est, aliud autem vt quod non est*; e nella Metafisica *Democritus Elementa quidem plenum, & vacuum esse ait, hoc quidem ens, hoc verò non ens* replicando in altro luogo. *Ens, & non ens:* Ecco la forma, e la priuazione peripatetica. Quando parla della materia prima incorruttibile suggetto di tutte le 1. Phys. tex. 41. 1. Metaph. tex. 2. 4. Metaph. tex. 9. 1. Phis. tex. 34.

forme: *De hac enim conueniunt omnes, qui de natura:* Ecco per conſequenza Democrito inſegnante Materia, e come ſopra moſtrai, Forma, e Priuazione: mà atomi di forma, atomi di materia, ed atomi di priuazione, concordando con quel detto poco conſiderato del Peripato: *Ex indiuiſibilibus itaquè eſt omne.*

1. Phiſ. tex. 30.

Replichino quanto vogliono coloro, che credono Ariſtotele nemico implacabile di Democrito: O' Ariſtotele è contrario à ſe ſteſſo, ò non è contrario à Democrito: Queſto è Dilemma inſolubile. Il teſto è chiaro. Io adeſſo parlo alla sfuggita, mà guari non anderà, che vn grande Ingegno, à cui deuo gli obblighi di Diſcepolo, portarà conciliati queſti Filoſofi. Toglierà l'infelice Democrito dal catalogo de gli Ateiſti, moſtrandolo genufleſſo a gli Altari conoſcitore della Deità: Lo cōdurrà cōn induſtria Criſtiana à ſeruire al Tempio con gli altri Filoſofi. Le Accademie vedranno imitato S. Tomaſo, di cui fù detto, che *Ariſtotelem Chriſtianum fecit*, mentre, che il zelo di vn Monaco *Democritum Chriſtianum faciet*.

Vinc. Baron. Theol. Moral. Diſp. 2.

XIII. *Di Ariſtotele.*

Laert. lib. 4. in eius vita.

Venga l'vltimo in ordine, il primo per fama Ariſtotele lo Stagirita. Queſti è colui, che nacque per inſegnare al Domatore del Mondo, e viſse per eſſere il Maeſtro del Mondo. La morte de gli altri Filoſofanti fù la vita di Ariſtotele; Fuggì dall'Europa incenerita, e ricorſe miſero auanzo nelle mani de'Mori, trouando trà quei Barbari non barbaro accoglimento. Auicenna in Perſia, & Auerroe in Iſpagna ne'loro inchioſtri l'imbalſamarono contro l'offeſe del tempo.

Principij Ariſtotelici.

1. Phiſ. tex. 57 vſque ad tex. 83

2. de Gener. tex 7 vſque ad tex. 23.

Materia, Forma, e Priuazione da lui ſi aſsegnano per principij della Natura. Poſe quattro Elementi per materia proſſima del miſto, e quattro qualità principali, che a i quattro Elementi ſi appoggiano. Huomo degno per la ſodezza di tali precetti, che le Catedre dell'Vniuerſo gli fusſero deſtinate per Trono, degno che tutte le Scuole gli diuentaſſero Licei.

Per far contrapeſo à queſte lodi non mancano di coloro, che portano la lingua all'vſo de gli Antichi Epigrāmiſti da Marziale chiamata *malam linguam*, e la penna di Demoſtene, che da vn capo hà inchioſtro, e dall'altra il veleno; E dicono

Ariſtotele, ſe fù Precettore di Aleſſandro, fù ancor diſcepolo di Aleſſandro; mà con diuario: Ad Aleſſandro diè inſegnamenti per erudirlo all'Impero, da Aleſſandro imparò di ſpogliare i Filoſofi, com'egli i Regi. In queſto più ſcelerato, che quel Grande contento dello ſpoglio ſi aſtenne da gli eccidij, Ariſtotele rubò i Filoſofi, ed eſtinſe i Filoſofi: crudeltà da maſnadiero, farne ſacco, indi ſcempio. Quella Statua riferita da Pauſania, che à lui fù inalzata, potea ſeruire pe'l Simulacro della empietà. Empio ben mille volte e ne' fatti, e nelle parole. Al benefattore Aleſsandro ſeruì di carnefice, ſomminiſtrandogli il veleno Le accuſe di Eurimedonte Sacerdote lo paleſarono ſacrilego adoratore della ſua concubina, porgendo quei ſacrificij à vna Taide, ch'erano à Cerere douuti. A i poſteri inſegnò l'Ateiſmo, ſtabilendo quegli Aſſiomi dal Ciampoli oſseruati. Iddio non è agente libero e delle coſe humane nō cura. La immortalità dell'Anima, è più toſto vn deſiderio de gli Huomini, che vna certezza. Quindi ſi moſsero i primitiui SS. Padri à diſcacciare queſto diſtruggitore di Altari, queſto Nembrotte, queſto Gigante, infeſto al Cielo, che *Deum nec coluit, nec curauit*. Piangeuano ricordandoſi, che *Ariana Hæreſis argumentorum riuos de Ariſtotelis fonte mutuatur*, che *Aegyptias plagas in Eccleſiam irrepſiſſe Ca cotechnia Ariſtotelis*. L'abborriuano come *Artificem ſtruendi, & deſtruendi verſipellem*. Quel Giuſtino, che al Pallio di Filoſofo aggiunſe la porpora di Martire, il-

Præf lib. 2. Epigr.

Sceleragine di Ariſtotele.

Patritius Diſcuſſ. peripat. tom. 4. lib. 1.

Lib. 6.

Plin. lib. 34.

Laert. lib 4. in eius vita.

12 Metaph. cap. 6. Fragment. 1 cap. 5.

Lact. Firm. de ira Dei c 19.

Hier. Greg. Naz. Orat. 26. Tertul. lib. de præſcript.

Iuſtin. Mar. cotra Peripa.

lustre per dottrina, e glorioso per Santità, auuerte, che *Aristoteles nihil verè dixit de his rebus, quas explanandas suscepit*. In somma concludono, che la necessità, non il merito hà dichiarato Aristotele il Filosofo per antonomasia.

Io quì tralascio le Apologie, nè difendo quell'Aristotele, per cui s'armano le penne di tanti scrittori, per cui parlano le lingue di tante Genti. La Chiesa Santa non punto dalla primitiua discordante, con prudenza lodata, rese tributario l'vnico auanzo de' Filosofi, e non l'estinse, e purgato de' suoi errori l'introdusse ministro, non Precettore nel Santuario.

Trà le sette Ioniche, Eleatiche, ed Italiche, queste sono le più celebri ò per fama, ò per segauci. Le Scuole gloriose de' Barbari, che inuitarono i Maestri di Grecia à farsi discepoli trà i Persi, tra gl'Indi, e trà gli Egizij sono a' nostri tempi incognite sin di nome. Le moderne, come figlie, la maggior parte del Peripato, hora tralascio. Alcune si contano nate in questi vltimi tempi; Trouano però più curiosi, che le ammirano, che partegiani, che le seguano.

XIV. *Della Magnetica.* La filosofia magnetica, che sotto Gilberto prese accrescimento, si è auanzata in grado sommo di perfezione nel Cabeo, e nel Kircher suggetti di credito. Alcuni la tacciano per troppo vniuersale, ed in essa rauuisano le qualità occulte peripatetiche con nomi più particolari spiegate.

XV. *Di Potamone, e della filosofia elettiua.* Altri moderni hanno richiamati alla vita i dogmi di qualche estinto Filosofo, e perciò non degni del nome di Settatori. Sia in esempio il Gassendo in Epicuro, il Magneno in Democrito.

Laert. in praefat. Potamone Alessandrino vagando sù le Opinioni di tutti i Maestri instituì quella Setta, che Elettiua dir si potrebbe, mentre *de singulis Sectis, quae sibi placuere seligit*,

imi-

imitando l'Api, che *floriferis in saltibus omnia libant* Lucret. lib. 3.

Circa dunque il filosofare, con l'aderire totalmente à qualche opinione resta il determinare.

Per compiacimento del mio genio direi, che il farsi vassallo d'vn Filosofo dominante è pompa d'ingegno, non desiderio d'euidentemente conoscere. Quel giurare in *verba Magistri* appresso i Teologi è religione, appresso i Filosofi (lasciate, ch'io'l dica) è ostinazione. Questo è vn confondere la fede con la scienza. L'hà detto vn grand'Huomo, adunque è vero? Che altro si dedurrebbe, se nelle cose naturali Iddio fosse riuelatore?

XVI. *Libertà del filosofare lodata.*

Parmi inconsiderazione sottoporre alla volontà l'intelletto, che hà per natura di precedere nell'essere, e nell'operare, e farsi del numero di coloro, che *prius tenentur adstricti, quam quod sit optimum iudicare possint*. Voglio seguire (per esempio) Aristotele, così supposto discorrere; restringersi à leggere il picciol libro di vn solo Autore, e tralasciare il gran volume della Natura. Di quì nasce coltiuata vna spiritata letteratura, amica di contese, nõ di discorso. Per difendere il Maestro le scuole diuentano Palestre, l'applauso si compra con lo sfiatarsi. L'allegazione d'vn Testo pregiudica alla ragione, e quelle due parole, *ipse dixit*, sono lo scioglimento di mille problemi. E tanto s'ingolfa nella credenza, che si giunge à ripetere di Aristotile quello, che di Platone Tullio dicea, forse con troppa parzialità, *malo errare cum Platone*, ora *malo errare cum Aristotele, quam cum aliis benè sentire*. E Dio voglia, che non si porga qualche fondamento all'Eretico Melantone di dire, che *Aristotelem pro Christo amplexi sumus*, che non si tenga in equilibrio di credenza il libro del Vangelo, e'l Codice del Filosofo.

Cic. in Lucul.

Apud Mars. Ficin. in vita Platon.

In alcune proposizioni stampate in Vitemberga

Io non vo' criticare, e passo al secondo modo di filosofare, in cui l'ingegno lascia l'autorità, cattiuato dall'esperienperienza, distinguendosi dal Leggista, che forma le decisioni del vero, con l'allegazioni del Testo.

XVII. *Esperienza guida di filosofare.* Che gusto insipido; ripudiar l'esperienza per maestra, ed accettare vna fazione per padrona! Il Fisico si somiglia ad Eupompo Pittore, che interrogato, *quem sequeretur antecedentium, Naturam dixit imitandam esse non artificem.* (*Plin lib. 34. cap. 8.*) Il fuoco adottorato de gli Spargirici serue di chiaro lume per ispiare i nascondigli della Natura *Paracelso*, e *Quercetano* ne faccian fede. Più conosce la mano incallita d'vn Mecanico, che il capo sbalordito di vn Disputante, e saggiamente fu detto, che più filosofauano le botteghe, che le scuole. (*Ciampol fragm. cap. 4.*) Chi vuole diuenir Fisico, prima apra gli occhi, e chiuda le orecchie. Nè mi scosto da Aristotele per confermarlo. *Ipso sensu posthabito imbecillitas est mentis.* (*8 Phys. c. 3.*) Altroue. *Magis sensui, quam ipsi rationi credendum*; (*3. de gen animal cap 3.*) Detto simile à quello *intellectioni credere inconueniens est.* (*3. Phy. tex. 75.*) L'autorità si conferma con la ragione.

Insegna Aristotele, che dalla merauiglia nasce il filosofare. (*1. Met cap. 2.*) L'apprese dal suo Maestro Platone. (*in Teateto.*) *Valde Philosophi illa est affectio admirari, nec alia origo, & initium philosophiæ, quam ista.* La merauiglia cade primieramente in quelle cose, che al senso son note, e le loro cagioni sono oscure all'intelletto; sì che chi può esser Filosofo, se dal senso non incomincia, e sensatamente non proseguisce? Hauea ragione Aristotele di burlarsi de gli Antichi, che *Contemplationibus dediti experientias aspernarentur*; (*1. de generat. tex. 8.*) E pure se dal sepolcro gli fosse lecito dare vno sguardo à questi suoi Partegiani, come mai potrebbe riconoscerli per Alunni del Liceo tanto à gli sperimenti sensati congiunto?

XVIII. *Modo tedioso di filosofare.* O Dio; che pena? Spendere gli anni intieri in quegli enti di ragione, in quelle formalità; confondere la Fisica con la Metafisica, e, Dio voglia, che dalla Theo-

logia

logia non si furino i discorsi. Se la materia essista per propria essistenza, se habbia distinta forma di corporeità; *Quæ vt scias non doctior videaris, sed molestior* direbbe Seneca: *In hoc barbam demisimus, hoc est quod tristes docemus, & pallidi.* E chi ciò trascura, aspetti quel rinfacciamento superbo: *Nescitis quidquam.* Qui nõ si ferma la vanità, si lascia l'essistente per lo possibile, profetizando quali cose incognite siano in potere della Onnipotenza; E pure delle attuali s'ignorano insino i vocaboli. Rinouano la frenesia di Alessandro, che desideraua più Mondi, e tanto del fatto restaua da soggiogare: *Furor est profecto egredi è Mundo tamquam interna, eiusque cuncta planè iam nota sint.* Eh! di gratia poniamo il *non plus vltra* delle speculazioni in que' termini, che lo constituì al senso la mano operatrice di Dio. Prendiamo per suggetto il Mondo sensibile, e liberi di voto, fermiamo il discorso nelle materie reali, facendo duce, non l'affetto, mà il zelo di verità. Ogni Scuola scolpisca sù l'ingresso l'Impresa de gli Accademici di Londra, che portano per corpo vn Campo di argento, esprimente vna Tauola rasa, che viene animata dal motto. *Nullius in verba.* A i Filosofi però si dia quel credito, che non ripugna all'esperienza; si ventilino, ed in quello, ch'allo intendimento si accoppia, riuerentemente si seguano. Chi sempre loda è sospetto, anzi chi sempre loda mai non loda.

Senec. ep. 43.

Plin. proem. histor.

Viaggi d'Inghilterra. di M. di Sorbier.

Detti di grandi Filosofi falseggiati dalle esperienze.

Non leggiam noi in Aristotele, che *confert ad celeritatē congelationis prius calefactam fuisse aquam*? E in pruoua di ciò, asserisce, che coloro, i quali vogliono più presto agghiacciarla, prima la espongono al Sole. Porta l'vso de gli abitanti di Ponto, che aspergono di acqua calda le canne pescareccie; acciò più facilmente si gelino, vsando coloro il ghiaccio in vece di piombo per renderle ferme nell'acque. E pure (per testimonio del *Cabeo*, e di tanti Filosofi) è conuinto di falsità.

1 Meteor. sum 3 cap 2.

Loc cit Cabeus ad 1. meteor. Arist.

1. Mete sum. 2. cap. 5. Quello stesso. In Nuntio Sydereo. 3 de Cælo tex 26. Cabeus ad 1. Arist tex 60 quest. 3. Magia naturale lib 1 c 7. Di Plutarco, e Tolomeo.

Il circolo Latteo da Aristotile è posto sotto la sfera Lunare sospeso in Aria, e cōposto di esalazioni, introducendo miracoli, che vapori incostanti serbino costantemente lo stesso luogo, figura, e colore. Il Galileo con quattro palmi di Cānocchiale hà tolto questi miracoli dall'Aria. Nel Terzo de Cęlo insegnò, che duo graui di peso ineguale inegualmente si piombino al basso, e pure tanti moderni ocularmente lo fanno reo di falsità.

Plutarco, e Tolomeo riferiti dal Porta, scrissero, che la calamita fregata con l'aglio, perde qualsiuoglia virtù. Ogni ben vile mecanico senza ricorrere all' Accademie, gli scredita per inconsiderati. Il Cabeo della calamita infinite falsità registra tramandate da gli Autori di maggior grido.

histor. Animal. cap. 11. Di Solino. Di Aristotele. Lib 4 cap. xi. histor. natural. Di Teofrasto. Di Plutarco. Nuoua Istoria de gli Animali del Rè di Francia. Plin. lib 4. c. 16. histor. natural.

Del Camaleonte, che non dissero gli Antichi? Solino gli dà sempre aperta la bocca. Aristotele osseruò, che non haueua carne, che nelle mascelle, e nel principio della coda; che non haueua sangue, fuor che nel cuore, e dappresso gl'occhi. Nondimeno quei gradi Huomini del famoso Congresso della Biblioteca Reale di Parigi, trouaron queste relazioni tutte bugiarde. E' famosa osseruazione di Teofrasto, di Plutarco, e di Plinio, che il Camaleonte vesta tutti gli apposti colori, fuorche il bianco, e che d'aria si pasca; ed hanno osseruato, che nel bianco colore si cangia più, che in altro, e che si pasce di Mosche, e di altri minuti volatili. Il glorioso Luigi XIV. meglio profonde i suoi tesori per tessere vna Istoria de gli animali, che a tale effetto non spese gli ottocento talenti il benefico Alessandro. Queste non saranno relazioni raccolte da i Pescatori, e da i Cacciatori dell'Asia, ma da gli sperimenti de i primi maestri d'Europa. Non saranno questi i miracoli de' Pazzi, come delle storie di Aristotele disse Ateneo.

2. de histor. Anim. cap. 1.

Il Camelo nō hà la gran gobba riferita da Aristotele, essen-

essendo vna sola eleuazione di peli più grandi; e hà otto giunture come gli altri quadrupedi, contro pure il medesimo Aristotele. *Loc. cit.*

Non si è trouata nel Leone la bocca capace di trangugiare qualsiuoglia Animale, come diceua Eliano; Non hà il collo d'vn sol' osso composto, come ne fà memoria Aristotele. La proprietà di temere il canto del Gallo Plinio forse l'imparò dalla notturna lettura de i duo mila volumi, e non dall' euidenza del fatto. I Signori Accademici di Firenze l'hanno sperimentata vna mera sciocchezza. Se io volessi narrare tutti gli errori da gli antichi insegnati, e da' moderni scoperti, sarebbe vn narrare la maggior parte dell'opere di Plinio, di Teofrasto, di Plutarco, di Eliano, e di Aristotele in ciò compatibili, perche scrissero ne' primi tempi, ò perche, come auuerte sinceramente Plinio, nelle cose naturali ciascuno giudica conforme il caso porge. *Di Eliano* *Di Aristotele.* *2. histor. Anim cap. 1.* *Di Plinio.* *Lib. 8 cap 16. histor natur. in proœm. ad Vesp.* *histor. natur lib. 8. cap. 16*

Hò portato solo quelle cose, che il senso, ancor plebeo, può giudicare. Pensate poi quali sbagli saranno nelle opinioni, doue n'è giudice il solo intelletto? Tralascio quelle proposizioni, che il lume della Fede condanna per tenebrose.

XX. *Essortazione a' Filosofi d'oggidi.*

In oltre per esser degno Filosofo si batta nuoua strada, si cerchino ritrouamenti. Opinion comune altro non suona, che opinion volgare seguita dall'oziosa Plebe degli Scolastici. *Argumentum pessimi turba est*, dice Seneca, ed Aristotele. *Facilius est vnum, aut paucos inuenire, quàm multos, qui benè sentiant.* Più siamo obligati à Dedalo, che inuentò le vele, à Mercurio ritrouator della Cetra, che à quanti cicalamenti s'vdirono sù le Catedre di Grecia. Troppo sono gloriosi i sepolchri de gli Archimedi, sopra i quali si ponno incidere la Sfera, e l'Cilindro, come segni di scienza inuentata. In questo solo non è dannabile l'audacia. Audacia fortunata si nomina poi *Lib. 1. Reth.*

virtù. Parlo in quello, che non rende sospetti alla Religione. Del resto chi hà stimoli di gloria al fianco, aggiunga l'ale al tergo, voli, e non segua le altrui pedate, potendo dire

Ouid. Ep. 19. *Non aliena meo pressi pede.*

Che se bene tal volta il volo è compagno al precipizio, sono più honorate le salite, che obbrobriose le cadute. Si deuono compatire i precipizij di Fetonte, e non condannare l'ardire dell'animoso Fanciullo. Se il pensiero riusciua, ora splenderia trà gli Astri, ò qualch'altro Pianeta l'haueria per Conduttiere. Cadde, ma le cadute trouarono sino i tronchi, che le piansero con lagrime di gemme, non le lingue, che le beffassero; anzi sì nobili riuscirono, che se non hebbero seguaci, hebbero emulatori. *Si cadendum est mihi, Cęlo cecidisse velim.* E quel *Ausus æthereos agitare currus*, se bene con successo infelice, pare, che gli basti per glorioso Epitafio sù le riue dell'Eridano, che seruì per sepolcro.

Vagel. apud. Senec. q. n. l. 6. cap. 2. Senec. in Medea.

Quanto vi è del trouato, mà quanto resta da trouarsi! Con propria industria ciascuno procuri di agguagliare il grido de' passati grand'Huomini con inuentate fatiche. E' crudeltà da Barbaro il rubbare da' defonti Scrittori le spoglie; è imitazione di Coruo immondo il pascersi di Cadaueri, e sù i fracidumi de' Greci, e de' Latini cercare il vitto Filosofico all'affamato intelletto.

E' vero, che quei grandi ingegni furono Atenei di sapere, ma non epilogo delle scienze: *Multa scisse dicuntur, non omnia*. Se la virtù fù sì feconda ne gl'ingegni de gli Antichi, non per tanto nō diuenne sterile per li posteri: *Multum ex illa etiam relictum est futuris.* Nulla si trouerebbe, se del trouato fussimo paghi; Chi seguita gli altri nulla troua, anzi nulla cerca, essaggeraua Seneca. La Natura dopo hauer fatto Aristotele, e Platone nō perdè i modelli per gli Aristoteli, e per gli Platoni. I Collegi di

Columella de re rustic. in fine.

Senec. Ep. 33.

Epist. 33.

Lon-

Londra, che sotto l'ombra del dotto scettro di Carlo II. prouano i secoli di Augusto, e di Traiano, hanno partoriti i Vossij, gli Aruei, i Boile, che punto non inuidiano alla Francia i Cartesij, & i Gassendi, ed all'Italia il numero senza numero de' Filosofi, che tutti vniti non cedono, che di tempo à gli Antichi. Gli ozij della vita priuata congiurati alla fortuna fabricarono à questo Rè il titolo del più glorioso Principe, e del più dotto Filosofo dell'Europa, che rinoua le memorie di Giuba, e di Gerone, di Attalo, e di Archelao, Rè famosi, perche Filosofi. *Lodi del Rè d'Inghilterra.* *Gillius in Aeliano præm.*

Oh se Laerzio mirasse ciò, che scrisse il nostro Aldrouandi, il Cardano; ciò, che inuentò Alberto Magno, Raimondo Lullo, con tutta la schiera de' moderni neutrali, forse si asterrebbe di dire, che Aristotele *Modum ingenij humani excessit, & nullam Philosophiæ partem attigit, quam non perfectè tractauerit*. E Tullio limitarebbe quella lode *Naturam sic à Peripateticis inuestigatam, vt nulla pars Cœlo, Marts sit prætermissa*. *Moderni grand'huomini.* *Laert. lib. 5. in eius Vita.* *Cic. 2. de fin.*

Chi mai insegnò, che di là dall'Oceano si nauigasse à nuoue Terre, che iui si dilatassero i Mondi d'oro? Chi assicurò ne' viaggi i Vascelli con la Calamita? Chi mai scoperse curiosamente macchiato il Sole? Chi accennò le picciole quattro Stelle Medicee, gloriose per essere le Ancelle di Gioue, e fortunate di portare in fronte il nome de' Principi più riueriti d'Italia. Questi ritrouamenti si sono anche serbati a i Colombi, a i Flauij, a i Galilei, che di gran lunga superano l'ammirazione in Tifi, ed in Ipparco. Ricordiamoci in somma, che *Rerum Natura sacra sua non simul tradit; illa arcana, non promiscuè nec omnibus patent, ex quibus aliud hæc ætas, aliud, quæ post nos subibit, adspiciet*. *Galilæus in Nuntio Syder.* *Senec. q. n. 7. cap. 31.*

Se qualche Zenone mi appresentasse lo specchio, e mi ridicesse quel motto: Sono questi discorsi degni della vostra barba? Forse sceglierei per risposta, che in simi- *Epilogo, e scusa.* *Laert. lib. 7. in eius vita.*

li materie la decisione pende dal genio più che dal giudicio. Non pretendo correggere abusi, assunto improprio all'età mia, ed al sapere. Parlo con me medesimo per sodisfar me medesimo. Se il dire, ch'io riuerisco gli Antichi Filosofi, come Oracoli delle Catedre, non come Tromba dell'Euangelo; che io non prendo il Testo per Sagramẽto, ma in ciò, che adegua l'abbraccio, è pregiudicio della modestia, pazienza. Filosofando vorrei sapere, e non credere. In questo errore mi correggano, se ponno, in particolare i Peripatetici, che à lettere cubitali leggono nel lor Maestro. *Rectius esse, & oportere videretur, vt pro veritatis salute vnusquisque, & præsertim Philosophi, sua quaque propria refutarent; nam licet Amici ambo sint, sanctum est veritatem ipsis in honore anteponere.*

Arist. moral. Nicom. lib. 1. cap. 6.

TAVOLA

Delle Materie notabili del ſeguente Diſcorſo della Muſica.

Fi-

DEL-

DELLA MVSICA DISCORSO

Del Sig. Girolamo Desiderj.

I rendè la Musica ne' secoli andati con la propria magia cotanto sospetta, che molti la riputarono vn artificio non meno inutile, che atto ad ingannare i Mortali. Venne parimente dal numero delle arti migliori da *Cebete* esiliata, come inabile strumento per giungere al conquisto della vera Sapienza. Anzi il Filosofo medesimo fù di sentimento, che i Seguaci di essa si trattenessero in conuersa-

1 *Athen. Cæ. Sap l.14 e 11. Diog. Laer. in Diog. Sex. Emp. aduer Mat. Ceb. in Tab.*

zione dell' Incontinenza, e delle ſue Compagne, onde non s'imbeueſsero, che d'ignoranza, e di ſtoltezza. Ma ſe i Detrattori di così qualificata Diſciplina aueſſero ſolamente deteſtata l'intemperanza di chi ſouerchiamente ne abuſa, ſi ſarebbono auueduti, ch'ella sà piu toſto beneficare, che contaminar gli animi di coloro, che alle amenità di lei ſaggiamente s'appigliano. Pare a me, che ſarebbe diceuole l'auualerſi della Muſica in quella guiſa, che *Platone* a profittarci della Bellezza ne perſuade. Conſente egli, che affiſsiamo lo ſguardo, e la contemplazione in quel perfetto Cōpoſto, che dall'ordine proporzionato, e dallà retta miſura delle parti mirabilmente riſulta; vuol nondimeno, che queſti eſſer debbano i gradi, per ſolleuare il noſtro ſpirito a cognizioni più degne, e non lo ſcopo, oue abbiano a terminare i noſtri deſiderij. Lo ſtar ſempre inuolti fra le delizie all' vſo di molli Sibariti, non vi è chi dubiti non ſia vizio: pure il pretendere, che l'vomo, quaſi vn Siſifo penante, venga ſempre condannato a riuolgere il peſo di igrauſſime occupazioni, rieſce tirannia. In fatti l'vmana caducità troppo mēdica ſi rauuiſa di qualche riſtoro; ed in queſta Vita, che ad vn continuo eſercizio di guerra ſi pareggia, è d'vopo, che ancora gli Achilli più valoroſi ſi laſcino taluolta vedere con la cetèra in mano, in vece dell'aſta. Laonde quel prudente Legiſlatore volle, che i ſuoi Spartani attentamente s'impiegaſſero nello ſtudio del canto, affinche con maggior prontezza alle più ardue impreſe ſi diſponeſſero.

Plat. in Conu.

Iob. cap. 7.

Hom. Iliad 9.

Plut in vita Licurg.

Non mi s'aſconde, che ſotto quella finzione di Minerua, la quale da sè ſcagliò cō diſprezzo il flauto, ſi può raffigurare, che l'vſo del ſuono muſicale non ſia confaceuole all'intelligenza, ed alla mente. Con tutto ciò queſta interpretazione hà luogo, quādo l'vomo ſi abbandonaſſe tutto in preda a gli allettamenti della Muſica, e ſimiglie-

Ariſt. de Muſ. cap. 2.

glieuole ad vn Alcide affascinato da'vezzi femminili, più non gli calesse di proseguire il sentiero, che conduce al possesso della vera Virtù. Dobbiamo opportunamente ricorrere alla Musica, e, ad imitazione di Parrasio, temperare co' suoi vaghi conforti la sazieuole assiduità delle applicazioni: e se talora l' impeto di mille tumultuanti affetti minacciano di sommergerci, possiamo in quella confidati, quasi auuenturosi Arioni, varcare vn Egeo di turbolenze, ed esser tratti con sicurezza al lido. E, vaglia il vero, in niun altro più adeguato solleuamento sapremmo auuenirci, che nella Musica, così per la cognazione, che noi tegniamo con l'armonia, come per nõ esser mãcati frà molti Sauij altri, che abbiano giudicato l'anima nostra essere armonia, altri comprenderla in sè stessa, ed altri esser composta di regolati concenti, e simile dimostrarsi alla consonanza musicale. In effetto è impossibile il negare, che dalla Musica non ci venga nel cuore istillata vna dolcezza più che mortale, e che non sentiamo col suo fauore rapirci la mente a quella infaticabile, e pura melodia, che nella Reggia sourana appieno comprendesi da gl'intelletti beati.

Ælian. lib. 6. var. hist.

Aul. Gel. lib. 16. cap. 9.

Arist. lo. cit. c. 1.

Plat. in Tim.

Nè douremmo nella Musica andar tracciando il semplice diletto, ma riuscirebbe più conueneuole il procacciarne quelle vtilità, ch'ella può compartire a' suoi Amatori, auuengache da essa resta purificato l'animo nostro da quelle molestie, che c'inuolano la quiete, ch' è la più cara gemma de' viuenti. Quindi meriteuolmente riportò il titolo di Medicina, che, mediante l'anima, cura il corpo, celebrandosi fra' suoi vanti l'auer liberati Popoli interi da grauissimi mali, ed attestando l'esperienza come souente si reprima co' suoi conforti quel nociuo vmore, che può facilmente in noi cagionare le indisposizioni ippocondriache, ed atrabilari. Che per-

2

Arist. loco cit. cap. 3.

Mar. Ficin. in Tim. c. 30.

Pic. Miran. The. mat. 76. 8.

Plut & Bat. de Mus.

Hipp. 6. Aph. 23. & in fi.

ciò gli antichi Greci, altrettanto per li premostrati effetti, quanto perche in essa notauano vna singolre efficacia per indurre alla temperanza, estimauano lor carico il farne istruire i fanciulli, accioche dalle sue leggi apprendendo la moderazion de' costumi, si rendessero in progresso di tempo vtili a qualsiuoglia affare. E ciò non era senza il fondamento d'vna ben ponderata ragione, poiche, al sentir di P*latone*, l'armonia hà facultà di comporre le disonanze dell'anima, e di ridurla al suo proporzionato concerto, e, giusta l'auuiso d'altri, penetrando, e toccando l'animo, lo conforma a sè stesso, non mancando alla Musica ancora la virtù magnetica.

Boet. l. 1. c. 1. Abul 2. Reg. cap. 6. Plat. in Prot. Plut de Mus. Arist loco cit. Plat. in Tim. Mars. Fic. c. 27. Ath Kircher. Musur. Vniu. lib. 9 p. pr.

Egli è vero, che essa oggigiorno, qual se ne sia la cagione, non opera più que' decantati stupori, che in molte carte veggonsi registrati; e non è più quell' età, che i Musici siano assegnati per custodi alla pudicizia d'vna Clitennestra, ne più si trouano i Clinij Pitagorici, che sentendosi alterati dallo sdegno, diano di piglio alla Lira per mitigarsi. Non si può tuttauia dissimulare, che la Musica non possieda qualche dominio sopra le nostre passioni, e che non ci richiami a porgere il giusto tributo di lodi al Creatore dell'Vniuerso: capo per cui meritò da gli antichi Sauij stima particolare.

Hom. & Eust. in 3 Odys. Athen. l. 14. cap. 10.

Conferisce ella altresì a gli vffici dell'ingegno, attesoche, risuegliando gli spiriti addormentati, rende più pronta la di lui facultà; onde i Partigiani di Pitagora idolatri, per così dire, dell'Armonia, non intraprendeuano i loro studi senza premettere il suono. Vuolsi di vantaggio apprezzare questo diletteuole impiego per la certezza de' suoi principij, che sortirono l'essere dalle matematiche euidenze.

Quintil. lib. 9. c. 4.

Ed a chi non son note le glorie della Musica? Non è ella stata nomata circolo di tutte le scienze, come ageuoluolmente potrebbeſi prouare? A chi non è palеſe (gia che la Muſica, e l'Aſtronomia ſono germane) la celebrata armonia de' Cieli, e l'anima armonica del Mondo? Sanno ottimamente gl'intendenti, come nella diſtanza de' Pianeti furono calcolate le proporzioni muſicali, come ne' loro aſpetti fù rinuenuta la forma de gl'interualli ſonori, e come nelle ſette corde dell'antica Lira fù figurata la correlazione, che tengono co' medeſimi Pianeti. Gli Egizij conſiderauano nell'ordine de' giorni, cominciando da quello di Saturno, la diſtanza de' Pianeti per diateſſaron, ed in oltre per ciaſcuno di eſsi diſtribuiuano le ore. Nè ſi è deſiderato chi oſſerua ſſe le muſiche corriſpondenze ne gli elementi, nelle ſtagioni, e nell'vomo ſteſſo; anzi nelle tre potenze, e nelle virtù dell'anima cō le loro ſottordinate a guiſa d'interualli, furono inueſtigate le tre primiere cōſonāze diapaſon, diapēte, e diateſſaron: e finalmente il Mondo ſteſſo riportò da alcuni il titolo di libro muſicale, e da altri d'Organo dell'Altiſſimo.

Mar. nella Muſ. Pla de Rep. Dial 7. Cic & Macr. in Som Scip. Alul ex D. Aug. Plin l.2.c.22. Marſ Ficin. c. 30 in Tim. Ptol. lib 3. harm c 8 Dion. hiſtor. lib 37. Bœt lib. 3 de cin. & de Muſ c 2. Kirc lib. 10. Dec Nat Plat in Tim. Ptol l 3 c.8. Mar nella dic. della Muſ Kirc Muſur. vniu lib 10.

Diuideſi adunque la Muſica, per traſcurar varie diuiſioni, in iſpeculatiua; ed in pratica. La ſpeculatiua, ſecondo il dottiſſimo *Zarlino*, è quella, il cui fine 4
conſiſte nella cognizione della verità delle coſe inteſe dall'intelletto. La pratica, per quanto è diffinita da S. Agoſtino, *eſt ſcientia benè modulandi*. Intorno dell'inuenzione, per documento del Sacro Geneſi, noi ſappiamo con indubitata notizia, ch' ella traſſe l'origine da Iubal figliuolo di Lamech, il quale *fuit pater canentium citharâ, & organo*, ouero con l'eſpoſizion de' Settanta, *hic fuit qui monſtrauit primus pſalterium, & citharam*. Quindi, eſſendo egli viuuto auanti l'vniuerſale diluuio, io ſon di ſentimento, che così queſta, come le altre perizie ſi propagaſſero da poi al Mondo con l'aiuto de' figliuoli di Noè, così per l'eſperienza, ch' eglino veriſimilmente doueuano tenerne, come

Zarl Inſtit. armon. p. pr. cap 11. D Auguſt de Muſ l. 1 c.1. Gen. cap. 4.

per

per gli ammaestramenti del Genitore. Ma; comunque ciò sia, i Greci, a' quali erano ignote le accennate verità, molti Autori allegarono così del canto, come de gli stromenti, de gli ordini, e de' modi musicali, e pure fra di loro discordarono a tal segno, che non se ne ritrae altro, che vn euidente confusione. Furono da alcuni asseriti per Inuentori della Musica i Cretesi, e da certi altri gli Arcadi. Chi ne porge il vanto a Bacco; chi a Zeto, e ad Anfione, chi ad Anfione solo, e chi ad Apollo; e vi si aggiunge finalmente chi si persuadette auérla gli vomini appresa, colà nelle selue, dal canto de gli Vccelli, fantasia autenticata particolarmente da *Lucrezio*.

Solin. c. 17. Polib lib. 4 Euseb. de præp. Euan l. 2 c. 2. Plut. de Mus. Plin. l. 7. c. 56.

Lucr. lib. 5.

At liquidas auium voces imitarier ore
Antè fuit multò, quàm leuia carmina cantu
Concelebrare homines possent, aurésque iuuare.

Ed in realtà, se si ascolta vn vccelletto, che con arte senz' arte alletti dolcemente l'vdito, non si può far di meno di non ammirare la maestria della Natura, che in sì angusto corpicciuolo abbia voluto manifestare le sue marauiglie.

Il Cau. Mar.

5 *Mà sour' ogni Augellin vago, e gentile,*
Che più spieghi leggiadro il canto, e'l volo,
Versa il suo spirto tremulo, e sottile
La Sirena de' boschi, il Rossignuolo;
E tempra in guisa il peregrino stile,
Che par maestro de l'alato stuolo.
In mille fogge il suo cantar distingue;
E trasforma vna lingua in mille lingue.
Vdir musico mostro, ò merauiglia,
Che s'ode sì, mà si di lingue a pena,
Come hor tronca la voce, hor la ripiglia;
Hor la ferma, hor la torce, hor scema, hor piena;
Hor la mormora graue, hor l'assottiglia,

Hor sc

Hor fà di dolci groppi ampia catena,
E sempre, ò se la sparge, ò se l'accoglie,
Con egual melodia la lega, e scioglie.
O che vezzose, o che pietose rime,
Lasciuetto cantor, compone, e detta;
Pria flebilmente il suo lamento esprime,
Poi rompe in vn sospir la canzonetta.
In tante mute hor languido, hor sublime
Varia stil, pause affrena, e fughe affretta;
Che imita insieme, e 'nsieme in lui s'ammira
Cetra, flauto, liuto, organo, e lira.
Fà de la gola lusinghiera, e dolce
Talhor ben lunga articolata scala.
Quinci quell'armonia, che l'aura molce,
Ondeggiando per gradi, in alto esala,
E poiche alquanto si sostiene, e folce,
Precipitosa a piombo al fin si cala.
Alzando a piena gorga indi lo scoppio,
Forma di trilli vn contrapunto doppio.
Par c'habbia entro le fauci, e in ogni fibra
Rapida rota, ò turbine veloce.
Sembra la lingua, che si volge, e vibra,
Spada di schermidor destro, e feroce.
Se piega e 'ncrespa, ò se sospende, e libra
In riposati numeri la voce,
Spirto il dirai del Ciel, che 'n tanti modi
Figurato, e trapunto il canto snodi. &c.

Ma in qual necessità poteuasi creder l'vomo di mendicar lezioni di Musica da gli Vccelli, se la Natura fabricò in lui gli organi della voce, con sì stupendo artificio? sì che non riuscirà per auuentura improprio il farne qualche esamina. Tale è la sua diffinizione: *Vox propriè est sonus emissione spirtus in ore animalis aliquo affectu incitati creatus.* Di qui si comprende che non ogni suono è voce, e

Gasen. to. 6. l. 11. c. 3.

ce, e che questa parimente è la riuelatrice de'nostri affetti. E'pertanto necessario, sì a differenza del semplice respiro, sì perche l'aria nel formar la voce esca con velocità, che la mole del polmone si ristringa, e venga compressa dal diafragma, e dalle pareti del torace, essendo tale la sostanza del medesimo polmone, che per
Marcel. Malpigh in obser. Anat. auer molto dello spongoso, e per essere vn aggregato di sottilissime membrane, che distese, e ridotte in figura sinuosa, formano tante picciole cellette, viene facilmente ad ammettere l'ingresso, e l'egresso dell'aria. Sono poi specificamente notabili quelle parti (sian nerui, o fibre, ò muscoli) situate intorno alla laringe, la quale è il capo dall'arteria aspra, corpo composto di cartilagini, e di membrane, destinato singolarmente per la voce, dal cui diuerso temperamento, e diuerso moto delle otto paia di muscoli, dipendono ancora le varietà delle voci. Parte principale della laringe è la glottide, quasi linguetta, che distesa per la lungezza di quella sino al foro, per l'organo più proprio della voce si riconosce, e frà questa, e l'epiglottide, parte superiore di essa, pari di sostanza, e d'vfficio, si apre l'adito della voce alla radice della lin-
Gasp. Bauin. Anat. lib. 2. gua. Sono egualmẽte considerabili i due nerui deriuanti da quegli chiamati il sesto paio, che per tutto il collo trasferendosi a mezo il torace, danno l'essere a queste due propagini, che, ricorrendo al disopra, giungono ad inserirsi ne'capi de'muscoli della laringe, come quegli, che sono impiegati a compartir loro la facultà del moto.

7 Altrettanto c'inuita all'ammirazion di sè stesso il magistero dell'vdito, cõceduto all'vomo, cõforme al sẽtimẽto
Plat. in Tim & de Rapub. Apul. de dog. Pla. d'alcuni Sapienti, principalmẽte per l'armonia; imperoche il tortuoso meato dell'orecchio esteriore và a terminare a quella mẽbrana, detta timpano, sottilissima, e secchissima, e massimamẽte in quegli, che sono dotati di più
Hippor. l. de prin. purgato vdito, tesa soprà la circonferenza, benche imperfet-

perfetta, del circolo osseo. Annesso al timpano è collocato trasuersamente con la sua curua coda il martello, e col capo si congiunge mobilmente al corpo, ò sia base dell'incudine, alquanto escauata, e questa con la sua gamba più lunga, e più tenue si articola all'arco della staffa, a cui, mediante vn sottilissimo legame, vien connesso vn quarto officciuolo nuouamente osseruato. Tutti i nominati ossicciuoli sono situati nella prima cauità dell'osso pietroso detta conca, ò catino, oue si racchiude l'aria innata, benche ciò appresso i più sensati si ponga in dubbio, ed in questo medesimo sito, al rincôtro del timpano, vedesi vn forame, che dalla figura conseguisce il nome di ouale, ed in sè stesso riceue la base della staffa. Più oltre dell'accennato forame si apre vn angusta cauerna, che per lì suoi rauuolgimenti è nomata laberinto, e dopo questo si troua la terza cauità, che per esser l'vltima, é la più interna da *Galeno* è cognominata cieca, e da' moderni coclea, dalla simiglianza della chiocciola, e nel suo fondo si inserisce la propagine del neruo vditorio, per mezo del quale si comunica quella mozione, che finalmente eccita l'vdito, e di vantaggio si và dilatando per ciascuna delle dimostrate cauità.

Bartolin in Anat refor. Lud Bils in specim. Anat.

Gal. de diss. nerv.

Con la voce, e con l'vdito tiene principalissima conuenienza il Suono, sopra la cui natura, e costituzione si vanno agitando molte controuersie, e partitamente nelle materie musicali. E' pertanto diffinito *Sonus est motus resilientis aëris ex percussione solidorum corporum, & leuium*, volendosi inferire non che il suono realmente sia moto, ma che frà due corpi percossi, comprimendosi l'aria, e fuggendosene risulta il suono dalla medesima trasferito al nostro orecchio. Quindi si diede a credere qualche Sapiente, che questa compressione auesse virtù di spingere fino all'vdito quella particella d'aria, che patisce l'impulso; ma tale sentimento vien rigettato dalla comune

8. *Clau Berig. Circ Pis circ. 15.*

opinione, che il ſuono per ſua natura ſi diffonda in giro, onde Alberto fù di parere, che l'aria rotta dalla colliſione de'corpi ſi andaſſe mouendo per circoli, participando interrottamente all'aria proſſima quel ſuono, che da eſſa è traſmeſso all' vdito. Altri ſuppoſe, che il ſuono foſſe vna ſerie di particelle d'aria ſoſpinte dalla prima, che ſi ſpicca dalle materie percoſſe. Arbitrarono i Peripatetici, che la ſpecie del ſuono foſse valeuole a propagarſi sẽza l'aiuto del moto nell'aria, e che per sè ſteſſa foſſe dotata di ſufficiẽte virtù per vnirſi alla facultà del ſenſo, il quale dee ragioneuolmente reſtare imbeuuto di forme nude di materia; ma i Seguaci d'altre dottrine addusſero, che queſta ſpecie imaginaria nõ hà ſuſsiſtenza, non eſſendo realmente il ſuono, che vn moto di corpi moſsi, che ſi rende ſenſibile, mentre và a ferire il timpano vditorio. Vi è ſtato di vantaggio chi hà tacciata d'ignoranza la fede, che ſi preſta all'aſioma corrente, che il ſuono ſia cauſato dall'eliſione dell'aria, arguendoſi il contrario dal ſuono di que'corpi, che dopo la percuſſione mantengono quel mormorio, ò ſuſurro, che a poco, a poco và languendo, e che ſubito interamente ceſſa, ſe vieñ ſuppreſſo dal tatto, indizio euidente, che ſi produce anzi dal corpo iſteſſo, che dall'eliſione dell'aria; ma a queſto ſi potrebbe opporre, che dalla trepidazione ripercotente l'aria, ſi fà la rinouazione del ſuono. Prouaſi in oltre la predetta propoſizione dal ſuono rẽduto ſempre nel medeſimo tuono da vn corpo ſonoro, quãtunque riceua diuerſi colpi d'inegualiſsimo peſo; e per la più conchiudente ragione ſi dimoſtra, che trouandoſi nel fondo d'vn pozzo vn vaſo di rame, eſſendo percoſſo, ſi ode il ſuono, e pure in tanta profondità d'acque non può introdurſi l'aria. Ne meno è riputata per vana la propagazione del ſuono per mezo del moto dell'aria, auuegna che ben ſia vero, che il ſuono non poſſa formarſi, che

Bac. Syl. Sylu. cen. 2.

col moto locale dell'aria, e cō la resistēza di qualche corpo nel principiarsi, ma che poi da sè stesso si faccia vdire in virtù della sua propria impressione, che non hà d'vopo del moto locale dell'aria, non molto in ciò dissimile dal raggiamento, e dalle specie visibili, che passano il mezo dell'aria senza moto. Si conosce l'euidenza di tale impressione dal vento, che trasporta in lontananza le parole senza confonderle, e dal parlare ancorche alto, dirincontro ad vna candela accesa, che non cagionerà moto nella fiamma, se non quanto dalla pronunzia di alcune lettere possa prouenire qualche debole tremolare; ma per lo contrario vn leggierissimo fiato scuoterà gagliardamente la fiamma, e pur è priuo di suono. Argomentarono alcuni, che il suono, e'l moto fossero i medesimi, al che si oppone, che il suono sia sensibile proprio, e subordinato a diuerso predicamento. Altri Ingegni si sono proposti di sostentare, che il suono, come le altre qualità, che cadono sotto il senso, si troui nell' oggetto, e tanto più perche l'aria non può esser nel medesimo tempo il soggetto, ed il mezo di trasferirlo, e di più che i corpi sonori sian tali per racchiudere in sè stessi il suono. Queste ragioni si oppugnano col dimostrare, che il suono, a simiglianza del colore, dell'odore, e dell' altre qualità, non è radicato in alcun modo nell'oggetto, come quello, che non è congiunto stabilmente con la sostanza de' corpi, non potendo vantare altro essere, che per lo spazio, nel quale và durando; ch'è sostenuto, come da suo proprio soggetto, dall'aria, la quale per diuerso rispetto può ancora adēpire le parti di esser mezo; e che la sonorità de' corpi non vi si troua *subiectiuè*, ma che deriua da essi, come loro effetto. Nella materia del Suono può farsi ricorso al dottissimo *Mengoli*, il quale molte ingegnose speculazioni nuouamēte ne adduce, che io, per venire intanto a qualche particolare osseruazione *Mengol nella Mus. spec.*

 di

di Musica dico, che,

Il Suono possiede tanti gradi d'acutezza quanti sono i moti da esso cagionati nell'aria, e quanti sono i colpi, co'
9. quali ferisce il timpano vditorio. La voce ancor ella quanto è più acuta, produce in tanto maggior numero le vibrazioni in conformità delle corde.

Le vibrazioni nella corda sono ineguali in riguardo all'estensione, imperoche si vanno sempre diminuendo, e sono ineguali di velocità, ma eguali di tempo, perche la prima vibrazione, ancorche maggiore, compisce il suo periodo in tempo eguale alla minore.

L'acutezza della corda corrisponde alla breuità, non meno tesa verticalmente, che orizzontalmente; si che vna corda al doppio più breue in comparazione d'vn altra, ò la corda medesima diuisa per metà, porgerà il suono in diapason costituita della dupla 2. ad 1: vna corda compartita in proporzione sesquialtera, ouero la terza parte più breue d'vn altra, formerà la diapente di 3. a 2: e disposta in ragione sesquiterza 4. a 3. renderà la diatessaron, riuscendo il simile in qual si sia interuallo; e se fosse possibile il darsi vna corda di mille ottaue, questa necessariamente sarebbe di tale estensione, che circonderebbe il Firmamento.

Kirch. de diu. mon. lib. 4.

Le vibrazioni risultano sempre a porzione della lunghezza, ò della breuità della corda, e per conseguenza della qualità del suono, sì che se le vibrazioni di vna corda saranno v.g. nel graue 80. quelle della sua disdiapason nell'acuto saranno 320; per lo contrario vna corda graue conterrà la proporzione del suono risultante dalla grossezza, e dalla lunghezza doppiamente maggiore in ordine all'acuta, onde la principale d'vna disdiapason sarà di differenza di 720. a 180.

La Consonanza, la quale è vna proporzionata mistura di suono graue, e d'acuto, vien compresa dall'vdito, e dale dall'anima con quelle medesime ragioni, con le quali è composta, che perciò se l'organo acustico sarà percosso due volte da vn suono, ed vna sola da vn altro, l'anima distinguerà la più perfetta frà le consonanze, e se tre volte da vn suono sarà quell'o toccato, e due da vn altro, questa apprenderà la quinta, e così si può discorrere in ciascheduno de gl'interualli. Le consonanze sono tanto più soaui quanto più frequentemente si vniscono i moti dell'aria, e tanto più dilettano, quanto meno sono composte.

Il suono graue è di moto più tardo, ma muoue l'aria con più robusto impulso, e si diffonde maggiormente; all'opposto l'acuto passa con velocissima prestezza, ma per esser di vigore più debole, suanisce nello spazio di breue distanza,

Ogni suono incontra nell'aria vna proporzioneuole resistenza, ragione renduta indubitabile dell'euidenza stessa, e cõuincente, che la sensazione dell'vdito si faccia diuersamente da quella della vista. Quindi per calcolo fatto in vn interuallo breue con le douute multiplicazioni, si deduce, che il rimbombo d'vn artiglieria consumerà vn minuto astrologico nello scorrere il campo di circa 16. miglia, e mezo; e l'acutissimo *Mersenni* hà speculato, che se la Tromba nel giorno del finale Giudicio (purche fosse di suono 360. volte più gagliardo di quello d'vna bombarda maggiore) fosse collocata sopra il centro della Terra, si vdirebbe per tutta la circonferenza, nello spazio di dieci ore.

Mer. harm. lib. 2.

Potrei qui andar rintracciando come le corde di due stromenti accordati in vnisono, ouero in ottaua si muouano, e leggiermente susurrino al toccarsi delle loro corrispondenti; potrei similmente inuestigare se le corde siano maggiormente tese ne'loro termini, ò pure se la virtù tensiua si comunichi eguaimente in ciascuna

par-

parte; se le consonanze perfette vengano generate in minor tempo, che le imperfette; ma di souerchio inoltrandomi, i limiti trascenderei d'vna semplice di-
Pla. de leg. 3. ceria.

10. Passerò intanto à gli Stromenti, che son norma della Musica. Anfione fù giudicato da alcuni inuentore
Scalig. lib. 1. cap. 48. della Lira, e da molti altri Apollo, la quale, per varie relazioni, era costrutta di sette corde, ò di noue, in risguardo alle noue Muse, ò di dieci, ad oggetto del numero delle medesime sue Sorelle con lui. Dalla maggior parte nondimeno de gli Scrittori ne viene attribuito il ritrouato a
Hor. lib. 1. Od. 10. Pausan l. 10. Nat. co. myt. l. 5 c. 5 Luci. in Dial. Apol & Volc. Mercurio, e narrano esserſi esso a caso intoppato in vna testuggine già consumata, di cui vedeuansi per sorte rimasi alcuni sottili nerui, che, da lui toccati, rendettero vn nô sò che di sonoro nel concauo del voto guscio, ond' egli apprese l'idea di formar la Lira: e non era forse, a mio credere, improprio, che dal Dio delle rapine fosse architettato quell' ordigno, che rapir doueua gli affetti de' mortali. Ed io ageuolmente presto fede a' loro detti,
Hom in hym. Merc. così perche Omero apporta questa Lira formata del corpo medesimo della tartaruca auuolta in vna pelle di Bue, per cui trapassauano sette picciole canne egualmente distãti, che nell'estremità sosteneuano le corde, come per l'attestato de' Marmi antichi in Roma, oue si scorge scolpito il nominato stromento in questa figura. Il corpo è la testuggine stessa ne' lati della cui superiore circonferenza sorgono due corna di capra ritorte al di fuori, e vicino alle punte, doue la loro curuatura si accosta insieme, è appeso il giogo, onde sono tese le corde; *Igino* pone solamente la parte superiore del teschio d'vna Capra con le corde aggiustate nella forma esposta.

Io, in materia di Mercurio, son di quel parere, ch'
11. egli si acquistasse da' troppo creduli Gentili il titolo di Deità sognata, per esserſi fatto ammirare dal

Mon-

Mondo altrettanto di prontiſsimo ingegno nell'Aſtronomia, nell'Aritmetica, e ne gli eſercizij muſicali, ed atletici, quanto di rari talenti nell'eloquenza, cō la quale ſeppe ridurre i mortali alla ciuiltà, ed al culto vmano; ſi che ragioneuolmente la Lira, che pur è ſimbolo della cōcordia, terrebbe qualche corriſpondenza col cōmercio politico. La Lira, detta di Mercurio, riferita da *Boezio*, era di quattro corde diſpoſte dalla prima graue alla ſecōda in ſeſquiterza, da queſta alla terza in ſeſquiottaua, e dalla terza alla quarta ſimilmēte in ſequiterza. Frà la prima, e la terza, e frà la ſeconda, e la quarta conteneuaſi la ſeſquialtera, e tutte veniuano compreſe dalla dupla. Il numero della prima era 12. della ſeconda 9. della terza 8. e della quarta 6. che ſono i medeſimi con quegli, come vedremo, di Pitagora, il che mi dà ſoſpetto di falſità ò nell'vno, ò nell'altro. Alcune altre Lire ſi oſſeruano ne gli accennati Marmi, delle quali vna, in vece della teſtuggine, hà vn corpo quadrato, da cui s'inalzano due legni incuruati al di dentro, e frà il giogo di queſti, e la ſuperficie del medeſimo corpo ſono diſteſe le corde. Nelle Medaglie antiche è impreſſa la Lira in figura euidentemente eſtratta da quella prima formata della teſtuggine, ma molto più vaga. Così veggonſi in vna medaglia d'Auguſto due Lire, e vn ramo di lauro frà eſse con lettere M.A. In quella di Nerua la ſua imagine, e nel roueſcio due Lire al pari, ed vna Ciuetta cō l'inſcrizione ΥΠΑΤΟΥ ΤΡΙΤΟΥ, ed in vna d'Adriano, Muſico, e Poeta vna Lira COS. III. S.C. con molte altre.

Mar. nella Muſ. Diod. lib. 1. Hor. loco cit. Pier Val. l. 47. Boe. l. 1 c. 10.

Vic in Aug. Med. 79. Triſt. in Nerua Med 6 & in Adr med. 17.

Quindi la Lira viene a ſembrarmi la ſteſſa che la Cetera, e benche lo ſtromento poſto in mano delle Statue d'Apollo, che può riputarſi per la Cetera, a qualche diuerſità con le nominate Lire, ſia priuo di corpo dalla parte inferiore, e che tale ſia ancora quello di Nerone in abito di Citaredo nella ſua Medaglia, nondimeno 12.

Vic. in Ner. Med. 13.

io

io non sò, come potesse risonare senza il concauo, se pure le corna non erano incauate; ma con tutto ciò tengo alcuni indizij in contrario, e mi fà particolar forza, per tacere delle altre, l'autorità di *Platone*, di *Polluce*; e d'*Ateneo*, che ne fauellano distintamente. Di ciò che che sia, la Lira percuoteuasi col plettro, e Demopeto fù il primo, che trasferì l'vfficio del plettro alla mano. La Lira, per quanto si raccoglie da gli antichi Scrittori, vsauasi nel cantare i versi Lirici, ed i rapsodi, nelle saltazioni, nel celebrare il peane a Febo, ne'conuiti, nel cantar le leggi, e di vantaggio valeuansene i Popoli di Creti nel trasferirsi alla guerra.

Pl 3 de Rep. Poll l 4. c. 8. & 9. Ath lib. 4 c. vlt. Scalig poet l. 1. c 44 & 48. Pla. de Fur. poe. Plut. sym. l. 1. qu. 1. Mar. cap. l. 9.

13\. Il trouamẽto della Cetera ascriuesi cõ varij sentimenti ad Apollo, ad Orfeo, a Lino, e ad Anfione, vomo douizioso ancor egli di marauigliosa eloquenza, onde sotto que'sassi fauolosi erano rappresentati i petti rozi, e seluaggi ne'quali esso infuse, per dir così, l'vmanità cõ la dolcezza della Musica. La riduzione della Cetera a miglior forma viene assegnata a Cepione discepolo di Terpandro, e potrebbe essere, che la Cetera fosse maggiore della Lira, e che in conformità ancora del parere di *Vincenzo Galileo*, fosse diuersamente temperata, e di armonia più graue. Nè si desiderarono Legislatori in questa nobile disciplina, quantunque Aristotile dubiti, che solendosi anticamẽte cantare le leggi a fine di ritenerle nella memoria, ogni legge passasse sotto titolo di Musica, Imperoche Terpãdro, colui, che sei volte ne'Giuochi Pithij cinse le tempia di vittorioso Alloro, costituì le leggi in numero di sette.

Ath l 14 c. 11 Plut de mus. Plin l. 7 c. 56. Macr l 2 c 3 in Som Scip Horat de Ar. Poet. Dial. del Mus. Car. Val. ex Arist.

14\. Corebo Principe di Lidia aggiunse alla Cetera, ò come altri, alla Lira, la quinta corda, Iagni la Sesta, l'accennato Terpandro la settima, Simonide, ouero Licaone l'ottaua, Profrasto la nona, Estiaco la decima, e Timoteo giunse fino al numero di dodici, il perche di costui si dolse la Musica sù la publica Scena con tali espressioni.

Plut & Boet cap. 20

At

At fornicarios inuehens modos, meque,
Sicubi sit nactus gradientem solam,
Soluit, dispescit in duodenos neruos.

Pheretr. Com.

Anzi per ciò gli Efori lo sbandirono di Lacedemonia, e sospesero la sua cetera ad vn publico portico, parendo loro, che auesse corotta la grauità, e la modestia dell'antica Musica. Adoperauansi le cetere ne'conuiti, ne'certami, ne'sacrificij, e infino nelle battaglie. Il primo, che accoppiasse il canto con la Cetera si crede Anfione, ouero Enopa; e Lisandro fù il primo, che mutò l'accordatura, e i modi: e ciò è quanto si raccoglie di distinto frà la Lira, e la Cetera, siano, ò non siano gli stessi stromenti.

Boet. in p[...] de Mus. Gyral. de poe. hist. dial. 9. Virg. & Hom. Odyss. l. 8. Suet. & Xiph. in Ner. Macr. l. 2. c. 3. Alex. ab Al. lib. 3. c. 2. Ath. lib. 14. c. 15.

Intorno alla Tibia, da Alcuni ne viene attribuita l'inuenzione ad Apollo, deducendone l'attestato dal suo Simulacro in Delo, che con la destra reggeua l'arco, e con la sinistra le tre Grazie, vna con la Lira, la seconda con la Tibia, e la terza con la Fistula. Altri la riferiscono a Mercurio, altri a Minerua, altri ad Osiride, altri a Sirite Libico, altri ad Ardalo, altri a Marsia, ed altri ad Iagni Frigio suo Padre, il quale si suppone il primo ad auerla sonata con ambe le mani, accrescendole i fori, anzi ad auer porto il fiato a due Tibie nello stesso tempo, essendo da principio rozzamente formata, come accenna Orazio ancora nella Poetica.

Plut. de Mus. Scalig. poet. l. 1. c. 20. Plin. l. 7. c. 56. Gyral. dial. 23. Ath. l. 4. c. 24. & 25. Diod. l. 4. Cœl. l. 14. c. 47. Apul. Flor. lib. 1.

Tibia non vt nunc orichalco iuncta, tubaque
Aemula, sed tenuis simplexque foramine pauco.

Chi porge il vanto a Trezenio Dardano; e chi a Pronomo Tebano d'auer primieramente cantato con l'accõpagnamento della Tibia, trouãdosi ancora, che questi in vna sola Tibia riducesse le tre armonie principali. Nè fù lasciata senza leggi la Tibia, assegnate dalla diuersità de'pareri a Ierace, ad Ardalo, ad Olimpo, a Crate suo discepolo, a Polinnesto, e per lo più a Clona

Ath. l. 14. c. 13. Pausi. in Lac. Plin. lo. cit. Scalig. Plut. & Valg. de Mus.

Tebano. Erano queste ancora, come quelle della Cetera, in numero di sette, e non meno l'vne, che l'altre si possono vedere appresso Plutarco. Riportauano le Leggi la denominazione ò dalle Nazioni, ò dal ritmo, ò da' tropi, ò da gl'Inuentori, ò da'Seguaci, ò dall'argomento, il quale, contenendo diuersità d'accidenti, inferiua ancora la total variazione del ritmo, de' modi, e del costume, come quando in quel Cantico nomato Διλόνα sotto la legge Pithia, si rappresentaua il cōbattimento d'Apollo col Pitone, in cui si mostraua, che quel Nume spiasse il luogo, prouocasse il Serpente alla zuffa, restasse vittorioso, e celebrasse il trionfo.

Arist. 8. Polit. Furono le Tibie trasportate dalla Media alla Grecia, e sortiuano diuersi nomi, attesoche, in riguardo alle Nazioni, eran dette Libiche, Siriache, Laconiche, e Fenicie, ed in vniuersale vi erano le Liriche, le Dattiliche, le Spondiache, le coriste, le ritorte, le singolari de gli Egizij, participate loro da Osiride, inuentore del Monaulo, le doppie istituite da Marsia, le composte, le idrauliche, le maggiori, l'esagone, che forse erano le medesime, le Serrane pari, e d'eguale cauerna, le Frigie destre, e sinistre; le destre più tenui, e con vn forame, le sinistre più grosse, e con due fori, quelle funebri, e graui, queste acute, e giocose; di quelle si valeuano ne' Drami serij, e di queste negli scherzeuoli, e dell'vne, e dell'altre ne' misti. Aggiungonsi le magadi, le paleomagadi acute insieme, e graui, le funerali (νηνιδονὶ) le diope, le musocope, le ipotrete, l'emiopie, le atine, le paratrete, le idute, le mezane, le perforate, le semiperforate, le pennate, le ippoforbie trouate da'Libij, le ipertelie, le terie de'Tabani, le gingrine de'Fenici, di suono mesto, le ginglare de gli Egizij, le bombiche, le verginali, ouero partenie, le citaristiche, le puerili, le perfette, le nuziali, ò gamelie, le conuiuali pari, e picciole, le plagie, ò laterali, alle quali da

vn

Scal l 1. c 20. 16 Ath. l. 4 c 24. & l. 14. c. 14. Ser. ex Var. in 9 Æn Do de ar. poe. l 2. c. 47. Pli. l. 16. c. 36. Pet. Val. in Plan. Scal. lo. ci. & c. 50. Ath lo ci. Iu. Pol l 4. c. 9 Aristox harm elem. l. 1. Giral synt 1 1 Arist. de Aud.

vn lato, a guisa delle Suizzere, porgeuasi il fiato, introdotte da gli Africani; ò, al sentimento d'altri, da Mida. Si vede altresì effigiata la Tibia doppia, detta διαύλος, ne' prenominati Marmi, che si congiunge, poco meno che interamente, nella parte superiore con vn picciolo legame, allontanandosi sempre maggiormente l'vna tibia dall'altra verso l'inferiore, e restando insieme annodate circa il mezo. Era la materia delle Tibie di Sambuco, d'ossa d'Aquile, e d'Auoltoi, l'vne, e l'altre in vso appresso alcuni Popoli Settentrionali, d'ossa di giumenti, di gambe d'Elefanti, trouato de' Fenici, di stinchi di Caurioli, inuenzione de' Tebani (e quindi è dedotto il nome della Tibia) di busso, proprie de' Frigi, nominate Scitali, ò Berecinthie, di canna, di loto de gli Alessandrini, chiamate fotingi, di lauro de gli Africani, di ellera adoperate da Osiride, di bronzo, di ferro, d'auorio, e d'argento. I nomi delle cantilene son registrati in Ateneo. I Tirreni si auualeuano delle Tibie nelle lotte, nell'imbandir le viuande, ed insino nel flagellare i rei: e generalmente erano vsate ne' certami, nella guerra, ne' Sacrificij, ne' conuiti, nelle nozze, ne' giuochi, ne' baccanali, nelle canzoni pastorali, nelle serenate, ne' Campi militari, nelle pompe di Cibele, e di Serapide, nelle Comedie, nelle Tragedie, ne' funerali, ne' Cori, e nelle saltazioni.

Poiche la Saltazione si troua subordinata alla Musica, anzi che è stata chiamata Musica muta, riferirò con vna breue digressione, che da principio era roza, e semplice, non possedendo que' primi Pastori altro ammaestramento, che quello somministraua loro la semplicità dell'istinto natio.

Tum caput, atque humeros plexis redimire coronis
Floribus, & folys lasciua læta monebat,
Atque extra numerum procedere membra mouentes,

Vv 2 *Duri-*

Scalig. c. 20.
Plut in Conu
Ath l 14 c. 15
Pol. lo ci.
Pli. l 16 c. 36.
Gyral syn 17
Scalig & At. lo ci.
Plu in Vi Lic.
Mar Cap l 9.
Liu l 9. dec. 1.
Plut Q. Cõu lib. 1.
Plaut in Cas. & Pseu.
Scal c 50.
Gyral syn 17
Vir in Ecl.
Apul l. 11.
Franc. Per.
Pomp fun. l 1.
Do de ar poe. l. 2. c 47.
Luc de Sal.
17
Cass l 1 var. Epist.
Luc. de Pen.
l si qua in pu. bis. C. de spect.
Lucr. lib. 6.

Duriter, & duro terram pede pellere matrem.

Cominciossi da' poi a disporre in miglior forma, essendo allora in vso di cantare vnitamente col suono, e col ballo le lodi de gli Dei in versi, e quindi si scorge la connessione della Poesia con la Musica. Anzi il cantar le poesie fù poi praticato da' medesimi Poeti ancora, auanti che vi fossero Istrioni, godendo il vanto non men di componitori, che di attori de' propri versi, e gli antichi Musici, per lo più, erano parimente poeti. Furono le saltazioni, in progresso di qualche tēpo, trasferite alle Opere sceniche sù l'Orchestra, che da quelle riconobbe il nome. Le loro specie erano principalmente tre, Tragica, ἐμμέλεια; Comica, κόρδαξ: e Satirica, σίκιννις. La Tragica era portata con quella grauità, e dignità, che alla Tragedia richiedeuasi, la Comica era festosa, e ripiena di scherzi, e la Satirica lasciua, incostante, e veloce. Riduceuasi in oltre la saltazione a due principali generi, alla Stataria, ed alla Mobile, così detta, perche il moto era più gagliardo in questa, che in quella, e quindi molte specie di saltazioni diramauansi, molli, serie, ridicole, ed altre.

Scal. l. 1. c. 18

Hor. n Ar. po. & Lamb.

Arist. l. 3. Rh. cap 1.

Plut. in Vit. Sol & de Mus

Liu dec 1. l 7

Hom. Odyss l. 8. & 22.

Do. de ar poe. lib. 2 cap. 47.

I più cospicui fra' Saltatori erano i Mimi, nomati ancora *planipedes*, come quelli, che compariuano col piede spogliato di coturno, ò di socco, e riportauano parimente il titolo di etologi, di etopei, e di chirosofi. Rappresentauano i Mimi, non solamente sù l'Orchestra al suono de gli Stromenti diuerse azioni, mà eressero fazioni proprie, oue le Donne ancora adempiuano le loro parti, fra le quali quella Timele così famosa, e ricordata particolarmente da Giuuenale, e da Marziale, si guadagnò le prime acclamazioni. Gli Archimimi erano i loro Capi, ed i Pantomimi dall'imitare ogni fatto veniuano denominati; e con arte così squisita esprimeuano il soggetto, che quel Tale di nazion barbara, vedendo vn solo Saltatore sostenere cinque personaggi, esclamò *Fefellisti, ò*

18

Scal l 2 c. 10.

Do l 2 c 2.

Maz nel dif. di Dan. lib. 2. cap 6.

L' Acc. Ald. sop la poe gioc.

Lucia de Sal

Iuuen & Far. Sat 1.

Mart. lib. 1.

Luc. lo. ci.

Opti-

Optime, quod cum corpus vnum tibi sit, animas plures habeas;
e se non fossi istrutto che Proteo fù vn de' Principi d'Egit- *Diod. Sic. l. 1.*
to, resterei facilmente persuaso da Luciano a crederlo
vn Mimo, che sapesse in ogni figura trasformarsi.

La Fistula, per continuare la materia de gli Stromenti, come più sèplice, era più antica della Tibia. Se ne rap- 19
portano per Inuentori Pan, ò Cibele, ò Idi Pastore Sici- *Scalig l. 1. c. 4 & 48.*
liano, ouero, come è più credibile, i primi Pastori, che *D. Isid. etym.*
perciò fù detta ancora cicuta, ed auena, intendendosi *lib. 3. cap. 21.*
sotto tal nome ogni erba, ò legno, che sia per se stesso *Virg. in Ecl.*
voto, ouero che possa restar voto del midollo. Di set-
te Fistule fù composta la Siringa, e di due la Cornamusa.

Veggonsi numerati frà gli antichi Stromenti, benche
non tutti musicali, la Sambuca di più corde inuentata da 20
Sambice, ò da Ibico Poeta, di suono acuto, la ribecca di *Pers Sat. 5.*
Terpandro, da' Latini *Barbiton*, con tre corde, di tuono *Ath l. 4. c. 24.*
graue, la magade de' Libij di cinque corde, ouer di due, *& lib. 14. cap. 14 & 15.*
la pettide di Saffo, riputata la medesima, che la maga-
de, il Salterio, accresciuto di corde da Alessandro Cite- *Scal. l. 1. c. 48.*
rio; il iambo, il nouicordo, l'elimo, il nablio trouato da'
Fenici, i pugili mentouati da Sofocle, il pariambo, il
iambice, la forminge, lo spadice, la pandura di tre cor-
de, il pentacordo de gli Sciti, il psitra di figura quadrata, *Iul Pol. l. 4. cap. 9.*
inuentiua de' Trogloditi, giudicato lo stesso, che l'ascaro,
la pelice, il monocordo arrecato da gli Arabi, il triangolo, il tripode di Pitagora Zacinthio, a mio parere ar-
tificiosissimo, così per essere ageuolmente versatile, e
di tre facce, come per contenere le tre diuerse armonie
Doria, Frigia, e Lidia. Vien fatta menzione della liro-
fenice, cioè lira de' Fenici, dell'Elicone di noue corde,
del timpano, del cembalo inuentati da Cibele, del cro- *Diod Sic. l 4*
talo, del crepitacolo apportato da Archita Tarentino,
del crembalo, e del Sistro. E' figurato il Sistro in forma
elitti-

elittica, ò circolare col manico dalla parte inferiore, per poterlo ſtringere, e dibattere, con tre, come in alcuni, ò con quattro ferri mobili, che trapaſſauano da vn lato all'altro della circonferenza, ed era di metallo: in certi altri ne' ferri ſono infilate molte anella, parimente di metallo. Si celebra Simo per fabricator d'vno ſtromento di trentacinque corde, ed Epigono d'vn altro di quaranta, ſtimato da alcuni il primo, che, depoſto il Pletro, eſercitaſſe le dita, e quindi forſe può eſser deriuata l'imitazione ne gli Arpicordi, e ne' Grauicembali; e finalmente vi fù ancora, chi in vece di ſtromenti, dibatteua inſieme conchiglie nõ ſenza qualche grazia.

Ma perche la Sacra Bibbia nomina i timpani, e i Cori, e perche fra gli apparati dell'ammirabil Tempio di Salomone, trouauanſi le cetere, le lire, i cembali, i ſalterij, e gli organi, raccoglierò ſuccintamente ciò, che il Padre Kircher hà inueſtigato da' Libri de' Rabini nella materia degli Stromenti. Eſpone per tanto queſto eruditiſſimo Soggetto, che vn tale Schilte Haggiborim apporta in vn ſuo libro, che le loro ſpecie foſſero 22, e cõforme altre tradizioni 34, e 36. Sotto il genere adunque *Neghinoth* comprendeuanſi ſtromenti di legno con tre corde d'inteſtini, toccate con l'arco di code di Cauallo, e di più il Salterio, creduto da S. Ilario il medeſimo, che *nablium*, ouero *neuel*, e pure i diſegni eſtratti da vn Codice Vaticano dell'vno, e dell'altro rieſcon diſsimili. Le deſcrizioni del Salterio ſon varie, eſſendoche *Giuſeppe* gli attribuiſce 12. corde. *S. Girolamo* in vna ſua epiſtola, ſe pur è ſua, afferma eſſer di 10. corde in forma quadrata, e che in ebraico ſi addomandi *nablon*, adducendone per teſtimõianza il Salmo 143. *In pſalterio decachordo pſallam tibi*: ma ſe foſſe lo ſteſſo, che il *neuel*, per relazione del prenominato Schilte, ſarebbe ſtato di 22. corde diuiſo in tre ottaue. Comunque ciò ſia, l'accennato Codice il dimo-

Iudic. c. 11. — *Paralip. l. 2. c. 9.* — 21 — *Ioſ. antiq. l. 7. c. 10.* — *D. Hier. in ep. ad Dard.*

mostra parimente col corpo quadrato, e si tiene, che si carpisse con le dita. Vi erano in oltre *Assur* di 10. corde, *Kinnor* di 32, e pure essendo interpretato comunemente il *Kinnor* per la cetera, riesce assai diuersa da quella de' Greci, e tanto più osseruandosi il disegno in figura triangolare, ma *Giuseppe* l'asserisce di dieci corde, *Machul* di 6. simile ad vna Viuola, e *Minnim* di tre, ouero quattro a foggia d'vn Liuto. *Neuel* rappresentato in vn quadrato imperfetto, con vn lato più breue dell'altro, e con molte corde, *Haghnugab* con sei, non molto diuerso ancor esso da vna Viuola, che perciò si confonde col *Machul*. Molti sono gli stromenti da battere *Haschusanim*, *Hammechilath*, *Haschusangnadut*, &c. mà ne tralascerò gran parte, per non esser descritti. Il *Toph*, cioè timpano, si scorge in forma di nauicella coperta di pelle con due anella alle punte, e percoteuasi con vna verga di metallo, che teneua a'capi due piccioli globi. *Machul* stimato da altri Rabini, non per istrumento da corde, ma per lo Sistro Egizio, formato come l'altro auanti descritto, e con vn solo ferro per diametro con alcune anella. *Gnetse berusim* era vn picciolo mortaio d'abete, e batteuasi con vn plettro poco dissimile dal dimostrato nel *Toph*, ma più breue. *Minanghinim* di corpo quadrato, doppio, e concauo, con vn tal manico da impugnarsi, e sopra vi scorreuano alcuni globi di ferro, ò di bronzo. Numerauansi fra gli stromenti da fiato *Masrakita*, a simiglianza della Siringa di Pan, se non che in questo si poneuano le dita sopra alcuni fori delle canne. *Matraphe d'Arnchim* teneua qualche corrispondenza co' nostri Organi, altrettanto per molte canne, quanto per certi tasti, che, depressi, introduceuano il vẽto nelle medesime canne. Le fistule erano distinte in tre specie *Abub*, *Keren*, *Halil*. Questa era retta, e le altre due curue. L'*Orthaulum* si congettura per l'Organo idraulico, ma

non

non si persuadesse chi che sia tali Organi potersi agguagliare a' moderni, nè meno quello, che vien descritto
Vitr. lib. 10. c. 13. da *Vitruuio*. Si può ben dedurre in conseguenza, che
da questo secondo s'imitassero i nostri, molti secoli so-
no, e che col beneficio dell'vso, e del tempo siano stati
arricchiti di quella perfezione, ch'è manifesta a tutti, e
singolarmente da Bernardo Tedesco, che accrebbe loro alcune voci, e le calcole.

Per terminare adunque i capi de gli stromenti. S. Gi-
22 rolamo nella citata epistola, oltre al Salterio, ne descriue
alcuni altri de gli Ebrei, cioè la Cetera, che rauuiso per
la stessa, che il *Kinnor* poco auanti addotto, in figura della lettera Δ fornita di 14. corde; il Coro, che mi sembra la
cornamusa, ma con le canne di metallo; l'Organo, il cui
concauo era di due cuoi d'Elefante con 12. mantici, e
con 15. canne di bronzo di tal rimbombo, che si vdiua in
maggior lontananza di vn miglio, il Timpano, ma non es-
plicato, vna Tromba, che riceuendo il fiato per tre fistule, lo rendeua per quattro, con veementissimo suono, e
quel Bombolo di metallo di troppo difficile descrizone.

23 Veniamo intanto alla famosa inuenzione di Pitagora,
Boet. l. 1. c. 10 il quale osseruando nel diletteuol suono, che risultaua da'
Mar. Fic. in Tim. martelli d'alcuni Fabri sopra l'incudine, vna certa armo-
Macr. l. 2. in So. Scip. niosa proporzione, con l'appendere a più corde pesi equi-
ualenti a' medesimi martelli, giunse all'intrinseca cogni-
zione de gl'interualli musicali. Il martello più graue era
di libre 12, il secondo di 9, il terzo di 8, il quarto di 6.
Dal 12 al 9, e dall'8 al 6, per la ragion dell'epitrito, che
comprende il numero minore vna volta, ed vna sua terza
parte, viene originata la diatessaron: dalla proporzione
emiolia, che nel 12 interamente contiene l'8, e nel 9.
il 6, e di più la loro metà, nasce la diapente; dal numero
epogdoo, in cui entra l'8 vna volta, e di vantaggio l'ottaua sua parte, si forma il tuono, dal 12 al 6, che è il duplo,
si pro-

ſi produce la diapàſon; e quindi nel triplo ſi rinuiene la
diapaſon diapente, e nel quadruplo la diſdiapaſon, e
nella diuiſion del tuono, benche ineguale, il ſemituono.

Nè reſti offeſo chi che ſia dal vedere annouerata
con la diapaſon, e con la diapente la diateſſaron pratica- 24
ta per diſſonanza; peroche non ſolamente a' tempi del
mentouato Filoſofo, e da poi di *Euclide*, di *Tolomeo*, e
d'altri antichi Scrittori era riputata per conſonanza, ma
vi ſono ſtati ancora molti vomini dotti del noſtro ſecolo, che l'hanno autenticata, e ſoſtenuta per tale, come
ſi oſserua nelle Opere del *Zarlino*, del *Salines*, del *Pap-
pio*, e fra' più moderni del *Merſenni*. In fatti con-
correndo eſſa vnitamente con la quinta alla coſtituzion
dell' ottaua, che per la ſua perfezione può chiamarſi
vn prezioſo elettro, non sò per qual cagione, trouandoſi diſgiunta, diuenir debba di minor lega. Prouaſi
per conſonanza, eſsendo ella ſotto il genere ſuperparti-
colare nel numero ſenario di forma ſeſquiterza; per quel
concento, che ci fà vdire congiunta alle conſonanze,
apparendo manifeſtamente, che la ſeconda, e la ſettima
ſono diſsonanti, e congiunte, e diſgiunte; per vſarſi nel
le accordature della maggior parte de gli ſtromenti,
per conuertirſi per mezo dell' ottaua del ſuo graue, e
dell' acuto con la quinta; per la quarta, che fanno le
parti inſieme nelle cantilene, e per la buona armonia,
che porge frà la ſeſta maggiore. Altri poi per le ſue di-
uerſe ſituazioni, e particolarmente di ſopra, ò di ſotto
alla quinta, l'hanno conſiderata ora per conſonanza, ora
per diſsonanza.

Eucl intr c. 5. Ptol. harm. l. 1 c 5.

Zar l. p. 3 c. 5. Artu nell' Ar. del Contrap. Merſ harm. l 1 pro. 2.

Non conobbe Pitagora, ò non fece ſtima, aderendo
a lui tutti i Greci del ditono, del ſemiditono, dell' 25
eſacordo maggiore, e del minore, parendogli, che
queſti interualli foſſero priui di quella ſemplicità di numeri, e di ragioni, ch'egli rauuiſaua nel molteplice, e

nel superparticolare, ed ancorche il ditono, e semiditono siano tali, nondimeno di essi con la diapente si compongono i due esacordi nel genere superparziente, ouero perche solamente approuasse quelle consonanze, che riceuono la forma frà le parti del quadernario, numero appresso di lui misteriosissimo, come primo numero pari perfetto, onde si daua a credere esser costituita l'anima; che perciò i suoi Discepoli con esso concepiuano il giuramento ὀ μὰ ἀμετέρᾳ ψυχᾷ παραδόδα τετρακτὸν.

Da questi principij de' numeri viene a risultare l'inegualità de' tuoni, e de' semituoni, il che hà porto motiuo a molte emergenze di dispute, e di dimostrazioni, so-
26 stenendo costantemente la fazione di Pitagora con quella di Tolomeo, che la proporzione sesquiottaua sia indiuisibile in parti eguali. Confermasi questa proposizione, atteso che non trouandosi frà il 9, e l'8 alcun numero mezano, è necessario il duplicare l'vno, e l'altro, si che frà il 16, e il 18, s'incontra il 17, che non può esser diuisore della sesquiottaua, oltre a che potrebbesi aggiungere, che per esser questa proporzione superparticolare, non è capace di pari diuisione. Al contrario gli Aristosenici, seguendo in gran parte il senso dell'vdito, costituiscono il tuono per egualmente diuisibile in semituoni, e benche questa massima non resti comprouata, come è euidentissimo, dall'accordatura de gli organi, e de' grauicembali, riesce nondimeno adeguatamente ne gli altri stromenti, e principalmente nel Liuto, il quale nelle sue 6 corde, Basso, Γ vt; Bordone, C sol fà vt; Tenore, F faut; mezana, a là mi re, Sottana, d sol re; canto, g sol re vt, include vna disdiapason partita in 24 eguali semituoni. Pitagora adunque, per esperimentare le sue speculazioni, formò il Monocordo, ò Regola armonica, ch'era vn corpo di conueneuole

esten-

estensione a guisa di vn legno quadrato, ma concauo,
con vna corda sopra; la cui diuersa diuisione diede notizia de' termini radicali delle consonanze.

Or qui potrebbesi ragioneuolmente far riflessione in
qual maniera da Pitagora fossero primieramente medi- 27
tate le consonanze, e pure abbiamo veduto quali, e
quanti fossero gli stromenti al tempo di Salomone inuentati, e praticati per testimonianza di libri Ebrei in
gran parte da Dauid suo Genitore, il quale cominciò a
regnare ne gli anni del Mondo 2891, ed oltre a ciò è pro- *G. Merc. in Chron.*
babilissimo, che il medesimo Salomone, in virtù della *Gir Bar. nel*
Scienza infusa, possedesse vnitamente con le altre disci- *Et. del Mon.*
pline l'intrinseca perizia della Musica. Come fù dun-
que concesso alla Cetera del giouinetto Dauid il mitigare i furori di quello Spirto maluagio, ch'è l'Autore
delle discordie, se le mancaua la concordia delle consonanze? In qual guisa quel Demodoco seppe prouocare
le lagrime sù gli occhi d'Vlisse con gli affetti del canto, se *Hom. Odiss. 8.*
il suo mal disposto concento, in vece d'armonia, non po-
tea vantare, che dissonanze? Con qual ragione Femio
ardiua di esaltarsi appresso il medesimo Vlisse con quelle ambiziose parole

Mulcebamque sonis blandis hominesque, Deosque *Odyss. 22.*

se la sua Lira, e la sua voce erano pouere di quelle ben
temperate lusinghe, che s'arrogano il possesso d'ogni
cuore? e pure dall'Età di Dauid a quella di Pitagora, che *Diog. Laer.*
viuette, al riferir di *Laerzio* nell'Olimpiade *66*, correua *in Vit. Pyt.*
vn interuallo di molti secoli. D'Omero parimente, ò che *Plut. de Hom.*
fiorisse nel tempo della Guerra Troiana, ò cento cinquanta anni dopo, sappiamo, che fù molto auanti il so-
pranominato Filosofo. Io in questo particolare, con-
formandomi a Boezio, mi dò a credere, che Pitagora
non fosse realmente l'inuentore, come pare, che sia tenuto, delle Consonaze, ma che solamente inuestigasse

per quel mezo, c'hò dimoſtrato, i loro principij, e
che prima ſi conteneſsero nella muſica, ma non diſtinte
da' numeri, benche i Muſici di que' tempi poco poteſſero profittarſene ſenza l'artificio del contrapunto.

Pur ciò rimettendo all'altrui giudicio, m'inoltro al Te-
28 tracordo dedotto dalle predette operazioni di *Pitagora*:
E' il Tetracordo vn'ordine di quattro corde contenuto
Zarl. rag. 4. def. 8. ne gli eſtremi dalla proporzione ſeſquiterza, nel quale
ſi può modulare per trè interualli ſecondo vn certo, e
determinato modo compreſo frà eſſe corde. Dalla di-
uerſa diſpoſizione delle voci ſortirono il nome, e l'eſsere i trè generi Diatonico, Cromatico, ed Enarmonico; il
Plut. & Boet. de Muſ. Ant. Iul. lib. 6. c. 7. ſecondo inuentato da Timoteo, e il terzo da Olimpo,
non conoſcendo il primo altro autore, che la Natura,
ancorche la differenza di queſti, e d'altri generi dipen-
deſse ancora dalla diuerſità del metro. Il Diatonico
procede per vn ſemituono minore, e per due tuoni: Il
cromatico è compoſto di ſemituono, e ſemituono, e d'vn
ſemiditono. L'enarmonico s'incamina per dieſis, e dieſis
è per vn ditono, intendendoſi del dieſis enarmonico; ma
per maggior chiarezza eccone l'eſempio,

Diatonico Cromatico Enarmonico

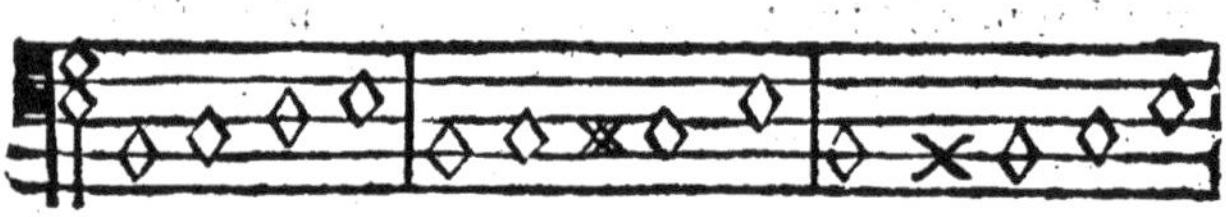

Circa il dieſis enarmonico il *Zarlino* l'aſſegna duplicato, il maggiore, ch'è il ſemituono minore, ed il mi-
Boe l. 1. c. 21. Ariſtox Arm. elem. l. 1. nore, ch'è quel picciolo interuallo, col quale il maggior ſemituono eccede il minore. *Boezio* lo determina
per la metà del ſemituono, ed Ariſtoſſeno ancor egli
per la quarta parte del tuono, ed il ſuo dieſis cromatico
è d'vn terzo. Molte ſono le ſpecie in ciaſcuno de' di-

mo-

moſtrati generi, ma chi che ſia può ſodisfare alla propria curioſità in più d'vn libro, onde mi eſenterò dal raccorre le altrui fatiche.

Dall' accreſcimento delle corde, che in progreſ-
ſo di tempo ſi auanzarono al numero di ſedici, ac- 29
quiſtarono il loro aumento i Tetracordi in ogni genere, ritenendo perpetuamente la ſteſſa denominazione, ed ordine per replicare le modulazioni in cia-
ſcheduno di eſsi. Il primo adunque era τῶν ὑπατῶν
cioè delle corde principali; Il ſecondo τῶν μεσῶν, cioè
delle mezane, il cui termine graue era comune con
l'acuto del primo; il terzo τῶν διεζευγμένων, cioè delle diſgiunte, così denominato per non auere alcuna corda indiuiſa col ſecondo, ma eſſerne partito per l'interuallo frà a la mire, e b mi; Il quarto τῶν ὑπερβολαίων, cioè
dell' eccellenti, pur ancor eſſo col termine comune
del ſuo graue con l' acuto del terzo. Ma per abbrac-
ciar l'interuallo laſciato frà le mentouate due corde, fù
aggiunto il quinto nomato τῶν συνημμένων, cioè
delle congiunte, il quale non teneua di proprio altra
corda che la trite ſinnemenon, che è il b fa. Apporterò
la dimoſtrazione del Siſtema Diatonico, per eſporre
principalmente la riduzione delle antiche corde alle noſtre le quali conſeruano lo ſteſso nome ancora ne gli altri generi, quantunque Boezio diſtingua la *lichano*, e la
paranete con la propria denominazione di ciaſchedun
genere. Principierò dalle due corde più graui, ancorche non compreſe in queſti Tetracordi, come aggiunte
da poi, e ſingolarmente affinche la προσλαμβανόμενος
corriſpondeſse in ottaua alla *meſe* del Tetracordo mezano.

10368

	10368	ὑπὸ προσλαμβανόμενος			
		Tuono			
	9216	προσλαμβανόμενος			
		Tuono			
Tetr. hipaton	8192	ὑπάτη ὑπατῶν			
		Semit.			
	7776	παρύπατυ ὑπατῶν			
		Tuono			
	6912	λίχανὸς ὑπατῶν			
		Tuono			
Corda comune	6144	ὑπάτη μεσῶν			
		Semit.			
Tetr. Meson	5832	παρύπατη μεσῶν			
		Tuono			
	5184	λίχανὸς μεσῶν			
		Tuono			
	4608	μέση	4608	Μέση	
		Sem. mi.			
Tetr. Diezeugm.			4374	Τρίτη συνημμένων	Tetr. Sinnemenon
		Semi. ma.			
	4096	παραμέση			
		Sem. min.			
	3888	τρίτη διεζευγμένων	3888	Παρανήτη συνημμένων	
		Tuono			
	3456	παρανήτη διεζευγμένων	3456	Νήτη συνημμένων	
		Tuono			
Corda comune	3072	Νήτη διεζευγμένων			
		Sem. mi.			
Tetr. hiperbo.	2916	τρίτη ὑπερβολαίων			
		Tuono			
	2592	Παρανήτη ὑπερβολαίων			
		Tuono			
	2304	Νήτη ὑπερβολαίων			

Ne

Nè gli altri generi i termini radicali debbono essere adeguati alle qualità de gl'interualli; e la totale dichiarazione del sistema è questa. 30

Ipo proslambanomenos, cioè sotto acquistata, Gama vt.

Proslambanomenos, acquistata, A re.

Ipate ipaton, principale delle principali, B mi.

Paripate ipaton, appresso la principale delle principali, C fa vt. Tetr. ipaton

Licanos ipaton, indice delle principali, D sol re.

Ipate meson, principale delle mezane, E la mi.

Paripate meson, prossima alla principale delle mezane, F fa vt. Tetr. meson

Licanos meson, indice delle mezane, G sol re vt.

Mese, mezana, a la mi re.

Trite sinnemenon, terza delle congiunte, b fa. Tetr. sinnemenon.

Paranete sinnemenon, penultima delle congiunte, c sol fa vt.

Nete sinnemenon, vltima delle congiunte, d la sol re.

Paramese, appresso alla mezana, B mi.

Trite diezeugmenon, terza delle disgiunte, c sol fa vt. Tetr. diezeugmenon.

Paranete diezeugmenon, penult. delle disgiũte, d la solre.

Nete diezeugmenon, vltima delle disgiunte, e la mi.

Trite iperboleon, terza delle eccellenti, f fa vt.

Paranete iperboleon, penultima delle eccellenti, g sol re vt. Tetr. iperboleon.

Nete iperboleon, vltima dell'eccellenti, a a la mi re.

Da' Tetracordi mi trasferirò a i Tuoni, i principali de' quali erano tre, Dorio inuentato da Tamira; Frigio, meditato da Marsia, e Lidio, introdotto da Cario. Il Dorio mediocre, e composto; il Frigio fiero, e concitato; il Lidio contratto, e flebile. A questi erano subordinati l'Ipodorio, trouato da Filosseno; l'Ipofrigio, l'Ipolidio, di cui fu autore Polinnesto, il Missolidio, inuenzione di Saffo, l'Ipermissolidio, l'Iperfrigio, l'Iperiastio, l'Iperdodorio 31 *Plin l. 7 c 56. Arist & Plut. de Mus.*

dorio, l'Eolio, il Iastio, l'Ipoeolio, l'Ipoiastio, l'Ipomiolidio, l'Ionio apportato da Pitermo, e l'Ipoionio, venendone ora inclusi, ed ora esclusi alcuni, anzi confondendosi taluolta l'vno con l'altro. Asserirono Quelli, che li determinarono in numero di quindici, che l'Ipodorio cominciasse in D sol re, l'Ipoiastio nel B molle dell'E la, l'Ipofrigio nell'E la mi naturale, l'Ipoeolio in F fa vt, l'Ipolidio nel medesimo solleuato, il Dorio in G sol re. vt, il Iastico nel suo diesis, il Frigio in a la mi re, l'Eolio in ♭ fa, il Lidio in ♮ mi, l'Iperdorio in c sol fa vt, l'Iperiastio nello stesso alterato, l'Iperfrigio in d sol re, l'Iperiolio nel suo accidente, e l'Iperlidio in e. la mi. Alcuni hanno addutto, che siano tredici, altri gli hanno ristretti in numero di sette, ed hanno collocato l'Ipodorio in Γ. vt, l'Ipofrigio in A re, l'Ipolidio in B mi, il Dorio in C sol fa vt, il Frigio in D sol re, il Lidio in E la mi, il Missolidio in F fa vt; ed altri vi hanno aggiunto per l'ottauo l'Ipermissolidio in G sol re vt; ma troppo lungo riuscirebbe l'andare annouerando ogni diuersità; ed auuertasi, che io non intendo, che gli Antichi si valessero in effetto di queste voci, ma vo' significare, che i loro modi erano in quel grado di graue, e d'acuto, che corrisponde alle corde dimostrate.

Nè meno varij sono i pareri così nella qualità, come nella quantità de' Tuoni moderni. Molti sostengono che non dourebbono esser più d'otto, altri li riducono a sette, vi è chi li multiplica fino a tredici, e chi fino a quindici, ed vna gran parte ne porta dodici. I Tuoni adunque altri sono autentici, altri plagali; i primi riescono tali per la diuisione armonica dell'ottaua con la quinta di sotto, e la quarta di sopra, e questi son collocati nel numero impari 1, 3, 5 &c. I secondi vengono prodotti dall'ottaua aritmeticamente partita con la quarta di sotto, e la quinta di sopra, e son costituiti nel numero pari

Art. ar. del contrap. Zacc. p. 1. l. 4. p. 2. l. 1. c. 40. e segu. Angl. c. 22. Zarl. 4. p. c. 10. Mers lib. 2. prop. 4. Kirch. Ar. ma lib. 5. c. 7. Pen. ragion. 3.

ri 2, 4, 6 &c. considerazione, che si attribuisce al *Gafurio*.
Nel determinar quali siano, tante, e così discordanti appariscono le opinioni, e massimamente per la differenza, che si maneggia frà quegli del cãto piano, e quegli del canto figurato, ancorche questi abbiano da' primi conseguito il loro essere, che per non ingaggiar battaglia in simil materia, lascerò ciascuno in quel sentimento, che gli suggerisce il proprio gusto, e mi trasferirò a toccare qualche particolarità del Contrapunto.

lib. 1. cap. 7. della prat.

Assegnasi questo artificioso ritrouamento a *Guido Aretino* Monaco di S. Benedetto, il quale si rédette illustre per la perizia della Musica circa gli anni 1028, ed acquistò il nome di contrapunto da que' punti, che a' tempi del medesimo Guido faceuano vfficio di note distribuiti in otto lineè; ma con gl'interualli oziosi, ed a ciascuna di esse era applicata vna lettera in vece delle chiaui. Ridusse pertanto il medesimo Aretino quelle linee al numero di cinque, col valersi ancora de gli spazij, ed estrasse gli elementi del canto, *vt, re, mi, fà, sol, la*, dall'Inno di S. Giouanni, aggiuntaui a nostri giorni dal *Mersenni*, benche senza effetto, la settima sillaba *bi* ouero *ba*, adducendo, che tanti esser dourebbono i nomi, quante sono le voci diuerse contenute nell'ottaua. Auanti a questa celebrata inuenzione erano in vso le lettere dell'Alfabeto, ad imitazion forse de' Sacerdoti Egizij, i quali, per quanto ne riferisce *Demetrio Falereo*, cantauano le lodi de' loro Dei con sette vocali. I Greci ancor essi segnauano i tuoni, le corde, e formauano le intauolature de gli Stromenti con le lettere disposte in diuersa guisa, ora diritte, ora trauolte, ed ora dimezate. *Giouanni Murs*, molto tempo dopo Guido, cauò le note musicali dalla lettera b, e *Ludouico Viadana*, introducendo l'intauolatura, ed il basso continuo, diede l'vltima mano alla facilità della nostra Musica. Ma prima di venire alle parti del

32 *Volat. lib. 21.*

Kirc Ar ma. l. 5. c. 2.

Mers Har. l. 2. pr. 1.

Dem. Phal. t. 71.

Kirc de Mus. Antiq. et mod. Erot. 4. Vinc. Gal. Dial. Mus. Zarl Sup. Mus. l. 8. c. 2.

Contrapunto, non auendo fin ora incontrato luogo più opportuno, apporterò la serie di varij interualli

	Vnisono	1. 1.	Quinta super.	25. 16.
	Ottaua	2. 1.	Limma Pitag.	256. 243.
	Quinta	3. 2.	Apotome.	2187. 2048.
33	Quarta	4. 3.	Comma	81. 80.
	Terza mag.	5. 4.	Ottaua accres.	25. 12.
	Terza min.	6. 5.	Semiottaua	48. 25.
	Sesta mag.	5. 3.	Vndecima	8. 3.
	Sesta min.	8. 5.	Duodecima	3. 1.
	Settima mag.	15. 8.	Decima mag.	5. 2.
	Settima min.	9. 5.	Decima min.	12. 5.
	Tuono mag.	9. 8.	Decima ter. mag.	10. 3.
	Tuono min.	10. 9.	Decima ter. min.	16. 5.
	Semituono mag.	16. 15.	Decima quar. mag.	15. 4.
	Semituono min.	25. 24.	Decima quar. min.	18. 5.
	Tritono	45. 32.	Decima quinta	4. 1.
	Semidiapente	64. 45.		

Il Contrapunto è vna mistura di consonanze, e dissonanze, quasi che nella Musica si contenga quell' amicizia, e discordia, che pose *Empedocle* frà gli Elementi, ouero ch'ella voglia vsurparsi i vanti di Gioue, il quale, al parer di quel Sauio, *miscet amara iucundis*. Le Consonanze perfette sono l'Ottaua, fenice, per così dire, degl'interualli sonori, e la Quinta; e frà le imperfette si numerano le terze, e le seste con le replicate. Per non saziar souerchiamente l'vdito con la perfezione delle due prime consonanze, si vieta il collocarne due successiuamente della medesima specie, quantunque tal regola riceua eccezione, quando non si partono dalla medesima corda, e ne' moti contrarij, ne' quali il graue dell' vna si cambia vicendeuolmente coll'acuto dell'altra.

Diog. Laer. in Vi. Emped.

34

Nell'

Nell'vso delle impefette si concede ad ognuno il disporle in conformità del proprio arbitrio, ma con le douute cautele, e si vada particolarmente circonspetto nelle terze, ascendendo, ò discendendo per grado, a fine di euitare il tritono, ò la semidiapente. Si ascriue vniuersalmente a buona regola l'alternare le consonanze maggiori con le minori; il procedere per mouimenti contrarij; il non trattenersi superfluamente nel graue, ò nell'acuto, ed il procurar l'imitazioni reali nelle fughe. Nelle cantilene a tre voci si studij al possibile il mantenerui la terza, e la quinta, ò almeno in suo luogo la sesta: in quelle a quattro, ed a maggior numero, si richiedono la terza, la quinta, ò in sua vece la sesta, e l'ottaua, ouero le replicate. La Cantilena dee terminare nella corda finale del Tuono, conforme loderei ancora, che tale fosse la prima cadenza in quelle a più voci, ad effetto che da questa si venisse in cognizione del Tuono. Le cadenze di mezo si permettono nella terza, nella quinta, e nella finale medesima. Le Dissonanze oggidì praticate sono la seconda, la settima, e la quarta, ancorche questa sia molto men disonante delle altre, con le loro multiplicate, e vi si può aggiungere il Tritono, ch'è la quarta accresciuta, e la Semidiapente, ch'è la quinta diminuita, da vsarsi con le adeguate risoluzioni, cioè con l'auer prima occupato il luogo convna consonanza più prossima, e risoluerle parimente in vn altra ad esse congiunta; ed osseruisi di sfuggire le loro relazioni. Ma perche i documenti di questo soggetto ricercherebbono vn proprio, e particolar trattato, e perche si possono apprendere da diuersi Scrittori di tal professione, cioè il *Gafurio*, il *Zarlino*, l'*Artusi*, il *Zacconi* il *Pontio*, il *Tigrino* il *Tonicelli*, il *Banchieri*, il *Galileo*, il *Mersenni* il *Kircher*, l'*Angleria*, il *Bernardi*, ed alcuni altri, non m'inolterò di vantaggio, e soggiungerò solamente che.

35 De' Contrapunti alcuni s'appellano semplici, e son di nota contra nota, alcuni diminuiti, e son di più note contro ad vna, in sostanza gli stessi co' floridi, e colorati, a'quali veggonsi pur anco sottopposti gli sciolti, e i legati, come quegli, che contengono fughe, contrafughe, ed imitazioni.

Quì potrei far menzione de' Canoni, che son que' sistemi, sopra di cui cantano con diuersi principij molte voci, è frà questi similmente vengon numerati i liberi, e gli obligati; e la libertà talora, e assoluta, talora condizionata; ma di questi ancora può chi che sia appagar la propria curiosità co' vaghissimi artificij di diuersi vomini dottissimi, che io intanto, cedendo il campo a qualche Teseo, che col filo d'vn felice ingegno sappia sicurmente rauuolgersi fra' laberinti della Musicale Disciplina, mi ritiro, confermandomi pienamente l'esperienza, che *Harmonia est musica litteratura obscura, & difficilis*. Vitru. l. 5. c. 4.

DEL METTERE IN CARTA OPINIONI CAVALLERESCHE

Del Sig. Senatore Angelo Michele Guastauillani.

NOn toglie la legge Cauallerescа d'honore all'huomo l'essere sottoposto al Ius delle Genti, a' dettami della Natura, alle costitutioni de' Principi giusti; Misura anzi con questi le proprie massime, e col rendere a chiunque deuesi il suo, vanta con essi la Giustitia congiunta, e seruita dal Valore, e se i Principi deuono essere non meno degni seguaci, che promulgatori di honesti decreti, i Caualieri sono obbli- *Mut. lib. 3. risp. 3.*

gati

gati a dar forza alle leggi, che honoreuolmente statuiscono, col practicarle, ed è loro pregio il costituire coll' opinione, e colla consuetudine le leggi medesime. Se al Ius delle Genti malamente si addattano da chi vuole abusarsene improprie interpretationi, è difetto di maliciosi Sofisti, non delle direttioni aggiustate da vn commune consentimento di ragioneuoli intelletti; se gli appetiti, e le ispirationi della Natura diriggono al difetto, fù & è colpa dell'humano arbitrio non bene regolato, non della libertà lasciata in freno alla humana volontà dalla liberalità del Cielo. Così, se non s'accordano talhora co' voleri de' Sourani più giusti le operationi de' soggetti più nobili, considerisi, che per trauuiare dal douere, chi hà illustri i Natali, non perciò si deue sbandire, come infetta, la Caualleresca disciplina. Per lo contrario il pretendersi, che all'altrui capriccio, con pregiudicio del proprio decoro, debba vn'animo nobilmente educato mollemente, e vergognosamente addattarsi, è insoffribile. Insomma se vn Destriere non si riduce al perfetto maneggio, è suo mancamento; il Cauallo è vitioso; ma se dal Cauallerizzo viene spronato à balzare in vn precipitio, non è difetto se s'inalbera, ò si ributta. Souenga a i Principi d'esser essi Caualieri, e a i Caualieri di riuerire ne' Principi l'Eminente grado di Caualleria, che in essi riluce; mà sempre la professione Caualleresca dicasi nobile, e allora quando da Nobili, con nobili maniere venga, ò nel commandare, ò nell'obbedire practicata, si dica religiosamente professata.

Bir. cons. 19. lib. 2.

Mut. risp. 0. lib. 2. Mut. Duell. lib. 3.

Con tali principij propongo da considerarsi, *se il mettere in carta a' Caualieri conuenga*, nè penso io di trattarne la quistione tanto in astratto, che cada sotto la mia dubitatione, se a Cesare si possa riuocare la gloria d'hauer descritte le proprie imprese; non discorro, se a' Rappresentanti de' Principi, a' Consiglieri, a' Senatori debba, ba, ò vietarsi, ò concedersi il trascriuere le istruttioni, il presentare i propri voti in iscritto, ò il registrare gli annali; non prendo a difendere l'vso de' libelli, a detestare il commercio delle lettere missiue, ò simili; non sarà poco assunto alla mia debolezza il porre in campo difficoltà circa cose, che a' Caualieri ne' priuati commercij, cõcernenti materie rileuanti, e particolarmẽte d'honore possano appartenere. Se, dunque, a Caualiere, cui viene ò da altri commesso, o dal proprio douere persuaso il maneggiarsi in affare di conseguenza, corra in debito il consegnare in iscritto ciò, che colla voce per altro potrebbe esplicare ben chiaro, è dubbio, al quale procurerò con qualche mia opinione diprecisamente occorrere.

Non v'hà difficoltà, che essendo predicata frà le specie di puntualità la cautela del porgere in iscritto gli affari, non paia, che a prima faccia si possa indurre per cosa necessitosa il douersi da' Caualieri pratticare tal regola; Tuttauia, si come in altre intraprese di Caualleresco debito, siansi, ò di solleuare oppressi, ò di opporsi all' altrui ingiustitia, che contro altri venga indebitamente essercitata, è la Prudenza la principal guida delle attioni del Nobile, ed è quella, che, ò lo trattiene, ò lo spinge ad vna virtuosa mediocrità, obbligandolo prima, ò d'intraprendere, ò di ritirarsi a ben chiaramente distinguere ciò, che ragioneuolmente gli conuenga; così parmi che sia parte del Caualiere il consultare con prudenti riflessioni, quali siano que' negotij, che deuono maturarsi col discorso, più tosto, che colla scrittura moralmente auanzarsi, e quali quelli, che da scritture, ò per propria natura, ò per accordo hanno inseparabile lo stabilimento, e il progresso dal sigillo della penna ricercano. Non deuesi a quelli volere, che serua d'incagliamento la penna, nè a questi conuiene negare il sostegno della scrittura. Sciolta parrebbe, ò almeno sempre ter-

Mut. l. 2. c. 10. Co. Pomp. l. 1. cap. 9.

mina-

minabile da ciò, che dettasse la Prudenza la quistione, se non risultasse nuouo dubbio, cioè; se Caualiero, che oda per sè, ò per altri ciò, che habbia per indifferente l'essere ò detto, ò scritto, possa obbligare, ò almeno richiedere senza caricare, chi parlò, a porre in carta ciò, che hà per detto; ed in conseguenza, se chi disse, debba risentirsi, ò possa almeno ragioneuolmente astenersi dal compiacerlo. Quì esamino, che il dubitare dell'altrui sincerità è offesa; che il farlo apparire è carico; che ingiustamente procede chi non presume colui sincero, che non fù prima conosciuto perfido, ed in conseguenza; ecco male operare chi dell'altrui fede porta segni di diffidēza, e giustamente poter risentirsi chi si sente porre in dubbio la lealtà del cuore, di cui fù interprete la lingua; Quì
Fausto lib. 2. cap. 23. considero, che l'esperienza maestra mi somministra infiniti esempi, ne' quali sull'altrui parola hanno Caualieri di sommo credito, e d'impareggiabile prudenza fidato la vita, e l'honore. Pare, che sia vn volersi far ricco con altrui danno, chiedendo, più che non è necessario da chi diede ciò, che conuenne; e sembra, che appresso l'huomo honorato si voglia, che la parola perda il titolo d'ir-
Horat. poet. reuocabile, perche habbia la qualità d'esser volante, ò che come lo strepito delle cose insensate perisca col suono.

Così si tende ad inferire, che solamente l'huomo d'honore può astenersi dal porgere in iscritto ciò, ch'egli rese inalterabile con sua parola; ma che deue più tosto guardarsene, e che richiesto deue offendersene, non che piegarsi all'altrui istanze. Nulladimeno, se cō più pesate riflessioni considereremo la difficoltà, lascieremo, cred'
Pigna lib. 3. cap. 8. Bald ment. cap. 43. io, di stabilire tal massima, posciache forse la ragione ci obligherebbe al disdirsi, attione non già sempre disonorata; mà che però suppone il difetto, che fù biasimeuole. Non neghiamo dunque, che la voce non sia vna scrittu-

ra parlante; non controuertesi, che la scrittura non sia vicaria della voce; scrittura viua è la parola, voce morta è la scrittura. La disfida à voce non è inuito minore alla proua dell'arme di quel che sia vn cartello più cautelato; le maggiori offese nell'honore vengono, e dalla lingua formate, e dalla medesima ributtate, e cancellate; basta la voce viua proueniente da cuore sincero a riunir gli animi più alterati; Tutto è vero. Le stipulationi de' Notari, archiuiate, e in molti luoghi trascritte, sono basi, e termini delle controuersie ciuili, e criminali, non necessarie, ma tolerate solamente nel foro Caualleresco. Deue la parola del Caualiero stimarsi al pari della vita, consistendo il viuere di lui, nel viuere honorato, che si distrugge dal mancamento di parola. Tutto concedo; ma non perciò sottoscriuo all'opinione, che si offenda chi è ricercato, dopo l'assertione verbale, a formare scrittura. Non si deturpano le bellezze della verità, perche dopo descritte da voce verdadiera si registrino su la candidezza d' vn foglio. Che Vlisse richieda pure di proua d'amore Penelope, non perciò l'accusa d'incontinente. Se è vitio abbomineuole l'operare ciò, che distrugge la parola ò detta, ò data, come sarà disdiceuole il fare ciò, che la ratifica, e la conferma? Chi, data la parola, è richiesto di scriuere, è chiamato a dare vna materiale sicurezza di sua sincerità, che da sè poteua, e non poteua honoratamente offerire; e che ciò offerire si potesse, non pare, dubbioso, mentre il dire *vi dico questo, e ve ne farò scrittura*, non è cosa disonorata, altrimenti sarebbe proibito a' Caualieri il fare tal' oblatione, come, verbigratia, sarebbe difettosa l'offerta, che altri facesse, dopo stabilita vna pace di ridursi di nuouo in presenza di Caualieri per rinouarne le dichiarationi, o per giurarne l'osseruanza. Se dunque, per sè, può vn Caualiere offerire lo scriuere oltre il parlare, che

Birag. lib. 2. cons. 41.

Birag. lib. 2. cons. 47.

Birag. lib. 2. cons. 41. fol. 87.

Valmar. fol. 92. 93.

Birag. lib. 2. cons. 19.

Zz fece,

fece; perche ricercato da altri deue dolersene? Forse, perche s'arguisca necessariamente in chi ne fà l'istanza diffidenza, e mal concetto? non per certo, posciache il difetto della memoria, il dubbio di mal'intendere, di prender equiuoco, e di cento altre confusioni di specie, che sopràuengono all'humana debolezza, sono motiui, che possono persuadere altri a munirsi con iscrittura, onde non viene necessitata la conseguenza della diffidenza; e se nelle altrui attioni, e detti dobbiamo sempre benignamente interpretare l'altrui mente, purche non sia con chiaro scapito di nostra riputatione, e in caso di graue ambiguità deue il Caualiere richiedere all'altro l'esplicatione della intentione, non sò conoscere perche in questo caso ci dobbiamo stimare aggrauati, quando non sappiamo l'altrui pensiero, in cui realmente consisterebbe l'aggrauio. E' imaginatione ingiusta non solamente, ma suantaggiosa quella, che in altri ci fà credere minorato il nostro credito, ed è querela ridicola il proporre, e porci in istato di mantenere ciò, che a noi pregiudica. Chi è quegli, che da sè stesso ponga in campo, che esso fù stimato traditore certamente nel tal caso? quando, ciò ò non potè essere; ò se fù possibile, non perciò fù in effetto? E' certo, che se altri (curioso di contestare querela) negasse, e in campo tale punto si decidesse, resterebbe l'attore, ò perdendo, ò non vincendo in istato di dichiararsi imprudentemente bugiardo, ò buono si mà vituperoso interprete dell'altrui mente. Così pare a mè che si esponga, chi nega di scriuere, perche suppone, ch'altri di lui diffidi, e lo stimi atto a mancare e di parola, e al proprio douere, posciache, se chi lo richiese dirà d'hauerlo fatto, ò per li motiui addotti, ò per altri, che non l'offendano, non potrà altercare per sostenere il mal fondato sospetto, senza incorrere, ò nel pregiudicio d'incauto interprete dell'al-

Corf. cap. 5. nu. 67.

trui

trui mente, ò di debole misuratore della vantata sua sincerità, la cui sussistenza, e buon credito, anche ne gli altri deue presumere. Non dico io però, che non si possa addimandare onde prouenga il motiuo della ricerca di porre in iscritto; ma ben si è mia opinione, che prima di fare tale interrogatione, e di vdire, che ciò risulti per diffidenza; l'huomo honorato non debba alterarsi, anzi loderei lo scriuere, per non entrare da mè stesso in dubbio, che altri di mè non hauesse ottimo concetto, non parendomi che bene, l'abbracciare di fare cosa tanto propria alla Pace, alla Quiete, & al Cauallaresco Commercio. E che pregiudichi talhora alla pace il lasciare appoggiati alle parole i negotij, lo dicano le querele, le mentite, e le brighe insorte per *lo dissi*, ò *non dissi*, *dicesti*, ò *non dicesti*, come per lo contrario chi non riconosce vna morale impossibilità di far nascere le risse, ò almeno di lungamente nudrirle sopra l'hauer scritto, ò nò, già che quando si scrisse, si diede modo di potere, col porre in campo vna verità tanto adminiculata, di leuar di campo i combattenti, e di far' apparire il torto a pregiudicio di chi contro il vero malitiosamente, e contro il proprio fatto ingiustamente, e brutalmente si armasse. Che serua alla Quiete lo scriuere, lo dica chi prouò *Mut. l. 2. c. 1.* d'hauer fidato alla memoria fatto di conseguenza, ò per seruitio di Principe, ò per confidenza d'amico, e conoscerà quali inquietudini risultino da vna notitia appoggiata da voce passaggiera ad vna potenza, quale è la memoria, ridotta da sensi ad essere labile, e fallace, e che da mille fantasmi, ò alterata, ò confusa, se da isquisita reminiscenza non si rischiara, frà l'ombre da sè stessa riconcentrata si smarrisce. Che poscia al Cauallaresco Commercio sia nociuo il solamente parlare, e pretestare puntigli per non iscriuere, eccone chiara la proua. Dica Titio a Sempronio, pagherò il tal giorno

sì tal debito a Pietro. Riferisca Sempronio ciò, che disse Titio, Titio non eseguisca ciò, a che s'obligò in voce. Suppongo anch'io non tenuto Sempronio al pagamento; mà non sò figurarmi, che non resti a di lui peso il
Mat.l.2.c 11 far confessare a Titio, che disse di pagare. Resta dunque lo suantaggio d'Attore a Sempronio, e a chi mancò al douere, all'amico, e alla verità; il vantaggio del Reo. Ora se queste discordie leua la penna, e in ogni caso non lascia, che gli suantaggi opprimano i più sinceri, la penna non si detesti, nè chi è ricercato d'adoprarla si turbi. Si scriuano gl'affari, se ne diano à chi scrisse: rincontri, e sia la penna il Caduceo del Mercurio Caualleresco. Il confidare alla penna i segreti sò anch'io, che apporta pregiudicio, mà mi è noto ancora, che molti sono i danni, che risultano dal confidarli in voce; in tali casi potrei addurre le cifre; e simili, mà non è mio assunto il discorrere di segreti, ò di cabale, mà di affari, che dall'ingenuità di Cauallereschi negotiati honoreuolmente si maneggiano, e che douendosi, ò à sè medesimo conseruare per honorati riguardi, o ad altrui riferire per lo stesso fine, o per douuta conuenienza, non riceuono dallo scriuersi detrimento; replicando sempre, che se la prudenza additasse, che la voce non la penna douesse adoperarsi, io sò che a' dettami della suprema direttrice loro, debbono religiosamente i Caualieri vbbidire. Queste per ora, sono le opinioni, che di manifestare proposi, le quali, si come per variatione de' tempi, ò de' costumi stimo mutabili così per miglioramento di giudicio, e per altrui istruttione sono sempre per alterare; già che al solo fine d'esporle alle correttioni de' Maestri delle Caualleresche discipline, e di chi, e colla Spada d'Honore, e co'gli Scettri Pacifici darà leggi all'ire nobili, e le Paci honoreuoli, per essere addottrinato, e per obbedir'al Signor Principe le esponeua.

All'-

All'Illustrissimo Signor
CO. VALERIO ZANI
Principe dell' Accademia de' Gelati.

Ill.mo Sig. mio Sig. Padron Col.mo

S' Egli è vero ciò, che viene asserito dal Corifeo de Politici, che il tributo, che danno i sudditi ad vn Principe giusto, è vil prezzo d' vn bene inestimabile, che è la Tranquilità loro; come poteua io a minor prezzo comprarmi non la Tranquillità, ma la Gloria, che con vn debole tributo d'obbedienza a V. S. Illustriss. Principe della nostra Accademia, e mio singolarissimo Signore. L' entrar io a far numero con le mie debolezze frà l' opere di tanti insigni Letterati di questo Virtuosissimo Congresso, da V. S. Illustriss. raccolte, e consecrate all' Eternità col mezzo delle Stampe, m' è di così glorioso vantaggio, che non mai più altamente restò premiata in qual si sia congiuntura quell' Osseruanza, ch' a lei pari professo. Ecco dunque à V. S. Illustriss. vn Discorso, che l' anno passato haueua abbozzato per recitare nell' Accademia Filosofica dell' Illustris-

lustrissimo Sig. Abbate Sampieri, e che per la di lui lunga assenza da questa Città, hauendo perduta la fortuna di farsi vdire in vn Litterario Congresso, incontra di presente il felice destino di farsi vedere al Mondo tutto, mercè i di lei cenni, e con tanto vantaggio di credito, quanto glie ne porta il comparire in così Nobile Drapello d'altre Dottissime Composizioni.

Eccolo a V.S. Illustriss. ma per vero dire, priuo d'ogni corredo d'erudizione, e di stile, che per far lodeuole comparsa fra così Illustri Compagne sarebbeli stato per auuentura neceßario: ma se non è pregio, è almen proprio della Filosofia l'eßere pouera, e nuda, *e la materia che quiui tratto è appunto di quella stessa, di cui trattando Manilio fece sue scuse con Augusto, dicendo*

Ornari res ipsa negat, contenta doceri.

La Filosofia Astronomica è per se stessa così alto soggetto, che per portarsi a vista di qual si sia intelletto più dilicato sdegna quegl'ornameti, che non sono gli stessi raggi delle stelle, ch'ella contempla. Qualunque Manto di finissima Rettorica, con cui volessi altri renderla pomposa, non ad altro seruirebbe, che ad oßeruar quella Luce, ch'è propria del Cielo più sereno.

Hò però ristretto in questo Discorso solo tante osseruazioni, quante mi hanno sembrato sufficienti per autentica e a proposizione mia della varia INSTABILITA' DEL FIRMAMENTO. Non hò descritto i giorni dell'Osseruazioni, non le circostanze, non i con-

i confronti con i Cataloghi, non le varie considerazioni, che intorno ciascuna ponnò hauersi, nòn le Testimonianze di personaggi cospicui, che hanno degnato d'assisterci, hò tralasciato quantità di Stelle nuoue in più luoghi comprese in vicinanza d'altre minori di loro, che pur sono descritte da gli Autori; Tutto perche la strettezza d'vn Discorso Accademico, e l'angustie del tempo prefissomi vltimamente da V. S. Illustriss. a dargli l'vltima mano, non lo permetteuano.

Nell' Opera intiera, che hò sotto la penna sopra questa materia, ne darò più distinte contezze. Frattanto questo solo deuo accennare à V. S. Illustriss. che non hò potuto quest' anno sin hora così bene informarmi del Cielo, ch' io possa asserire non esser differente in questi tempi alcuna cosa da quanto descriuo; mercè che si fanno così subite, e così frequenti le mutazioni là sù, che non potiamo fidarci di lunga durata d'vn apparenza: Hò nulladimeno in alcune notti più serene confrontata in presenza d'Amici intendenti tutta la constellazione della Naue, e riconosciuteui à suoi luoghi tutte le Stelle, che nella Poppa vi descriue il Baiero all' intorno del sito delle due Stelle sparite, e riconfermata in tal modo la totale sparizione di quelle; che è per mio credere la più importante, e la più marauigliosa nouità, che sia sin hora stata osseruata nel Cielo. La verità della quale condannerà tutti coloro, che d'altre meno conspicue mutazioni volessero dubitare.

V. S.

V. S. Illustriss. mi mantenga la riuerita sua grazia, e mi honori di frequenti suoi cenni, se vuole altresì frequenti testimonianze dell' esser io

Di V. S. Illustriss.

Deuotiss. & Obbligatiss. Seruitore

Geminiano Montanari l'Eleuato.

SOPRA LA SPARIZIONE
D' ALCVNE STELLE
Et altre nouità Celesti
DISCORSO ASTRONOMICO

Del Sig. Dott. Geminiano Montanari.

Eh per grazia meco animosamente hoggi venite, Nobilissimi Signori, e seguendo le gloriose vestigia di *Seneca*, portiamoci con la considerazione così lungi com'egli soleua, da questa Sfera Elementare; conciosia che vagando per li deliziosi campi del Cielo auuerrà a noi ancora di riconoscere in distanza questa machina terrestre così impicci-

ciolita a gli occhi nostri, che non più d'vn solo punto nel di lei picciolo disco potendo annouerare, ben'a ragione con esso lui esclamaremo: *Iuuat inter Sydera ipsa vagantem diuitum pauimenta ridere, & totam cum auro suo terram.* Rimarrete allhora, io ben lo sò, così inuaghiti delle sublimi speculazioni celesti, che quinci ammirando l'ordine, e l'armonica disposizione delle sfere, quindi la vaghezza del lume, la smisurata mole di quegli ardēti globi, e la regolata rapidezza del moto, più che mai sprezzando ciò, che quaggiù grande, e magnifico vi sembraua, francamente col medesimo nostro condottiere direte; *Nisi ad hæc admitteremur, non fuerat nasci.*

Senec. in Proœm. Nat. Quæst.

Ibidem.

Sì, per grazia, meco venite, ò Signori, ch'io vi prometto diletteuole questo viaggio, se non per altro, perche senza punto trattenerui con la mente per l'ordinarie, & hormai trite vie de' Pianeti non altro, che bizzarre nouità, & inudite strauagãze sono per farui scorgere nel Firmamento; le quali col solo vscire dalle comuni, e più vsitate consuetudini del Cielo, ben sò che meritaranno tutt'applicata la vostra attenzione.

Già v'è noto, ò Signori, quanto ardente fosse mai sempre la quistione fra gli Astronomi, e i Peripatetici, se nel Cielo si diano Generazioni, e Corruzioni, da che la famosa Stella nuoua, che del 1572. illustrò co' suoi splendori la Costellazione di Cassiopea, destò gl'ingegni ad osseruare con più attenzione di prima le cose Celesti. Di quì è nato, che da quei tempi fin all'hora presente tant'altre stelle nuoue siano state riconosciute apparire, e dopo determinate dimore sparire dal Cielo, che facilmente crederessimo rinouate in questo secolo le leggi della Natura, qualhora non sapessimo, che il non esserci memoria indubitata, che per l'auanti fin da' tempi d'Ipparco Rodio per 17. secoli intieri ne fosse osseruata veruna, non da altro è proceduto, che da vn'ostinata

Tycho Gramineus Nolthius Leonitius Claramontius Keplerus Licet, & alij

cecità

cecità de gli huomini, i quali per aderire alla preconcetta opinione loro dell'immutabilità delle cose celesti, o non rifletteuano a minuto a queste incostanze del Firmamento, o, se le vedeuano, credeuansi da' proprij sensi ingannati. Il solo timore, che non forse pericolasse di rompersi l'adamantina durezza de' loro Cieli, se a tali nouità colassù dauano ricetto, gli animaua a far tutti gli sforzi per riporre ne gli spazi sublunari le Comete non solo, ma queste nuoue Stelle ancora, sotto titolo d' Ignite Meteore, che per la superna regione dell'aria vagassero.

Mà s'opposero finalmente i più oculati Matematici a così ingiusta tirannide, ed atterrati con la Lancia inuincibile della Parallasse gli ostinati nemici, riposero nel douuto possesso de' Cieli le Comete, e le nuoue Stelle: E non più temendo, che dalla Generazione d'esse in que' vasti campi possa mai tutto il Cielo corrompersi, di quello, che dal generarsi d'vn frutto in terra debba temersi la trasmutatione di tutto questo globo in altra sostanza, hanno atteso ad osseruare con incessante accuratezza ciò, che lassù d'accidentale (siami lecito così dire) giornalmente succeda, e n'hanno di frequenti nouità arricchita fin'hora l'humana cognizione. *Tycho, Keplerus, Galilæus, & alij.*

Non è però del tutto estinta, se ben abbattuta, la pervicacia d'alcuni, che stretto nelle mani il loro Aristotele, non persuasi da tante nuoue apparenze fin hora colassù scoperte, in tal guisa l'opinione loro tutt'hora sostenere si sforzano. *Quæcumque* (dice il *Chiaramonti*) *cœlestis naturæ indubitanter sunt, vt astra in certas figuras à multis hinc sæculis redacta, & spatia Cœli intericcta, nullam ab omnium ætatum memoria vel minimam mutationem suscepe runt: Eandem effigiem, colorem magnitudinem, inter se distantiam, quam ab initio habuerunt, etiam nunc retinent. Egregiè Aristoteles rationem expressit. Accidit autem, inquit, & hoc per sensum sufficienter quo ad humanam dixisse fidem* *Claramontius in Antitychone & in Defensione contra Galil. pag. 8.*

dem; in omnibus enim præterito tempore, secundùm traditam inuicem memoriam, nihil videtur trasmutatum, neque secundum totum vltimum Cœlum, neque secundum partem ipsius propriam vllam. Seguita il *Chiaramonti: At obycient aliqui, nouas illuxisse Stellas, vt tempora Hipparchi, & nostro æuo non semel; verùm non sunt eiusmodi lumina Cęlestium corporum certæ partes. Oportebat Aduersarios in Stellis tanto iam antea tempore descriptis, de quibus nemo dubitat, quin cęlestes sint, aliquam mutationem demonstrare, quod præstare non possunt.*

Ed eccoui a quale stato sia ridotta la quistione, dal maggiore Achille, che gia mai s'armasse a difesa della contraria parte. Pattuisce di ceder l'armi, qualhora nelle stelle anticamente descritte alcuna mutazione si faccia vedere; fidandosi che vna tal condizione non possano in alcun tempo gli Astronomi adempire.

Ma eccola hormai non in vna, ma in moltissime stelle adempita. Mirate colà, Signori, quella famosa Naue, che per hauer tragittato alla gloriosa impresa di Colco vn numero di Semidei il maggiore, che gia mai insieme vnito ammirasse l'Antichità, fù ingioiellata di stelle, e riposta nel Celeste Arsenale, oue di que' primi Eroi le memorie si conseruano; ed osseruate, che perduti già pochi anni i due più risplendēti Piropi, che la sua Poppa adornassero, oscurata rassembra. Due stelle non già d'infimo honore, ma di seconda grandezza, non inferiori cioè a quelle, che nell'Orsa Gelata i sette Trioni rappresentandoci, vengono volgarmente cognominate il Carro. Stauano queste, a guisa di Luminosi Fanali fra la Poppa, ed i primi Remi, ed erano i più risplendenti, che di tutta quella costellazione sopra l'Orizonte nostro apparissero; ed hora estinte affatto, non hanno di loro stesse pur'vn vestigio lasciato: Ed osseruate, che all'intorno del sito, oue prima ardeuano, più felici di loro altre stelle

Per Osseruatione l'anno 166. e seguenti.

di

di quinta, anzi di ſeſta grandezza, non cangiate in verun conto dal primo ſito, ed eſser loro, chiara, e lampeggiante tutt'hoggi l'antica luce conſeruano.

D'altra parte rauuiſate colà nell'Albero della medeſima Naue, come rinuigorita di lume vna delle quattro picciole ſtelle che l'adornano dal 1668. al 1670. ha vibrato raggi di terza maeſtà, quaſi nuoua luce di Caſtore ſia comparſa per farſi adorare conſolatrice de' Nauiganti.

Quest'anno è di nuouo impicciolita

Ne dourete di quì molto ſcoſtarui per riconoſcere impicciolita, e poco meno, che eſtinta quella ſtella, che da *Ticcone*, e dal *Baiero* fù veduta ſcintillare di terza grandezza appeſa al deſtro orecchio del Celeſte Moloſſo; il quale non perciò deue di cotal pregiudizio dolerſi, mentre gli ſi vedono accreſciute, vn altra ſtella nella fronte, e due intorno à i fianchi, le quali ſe ben picciole, non però ſono minori di quelle, che il diligentiſsimo *Baiero* non lungi da loro eſattamente deſcriſſe.

Ma ſenza quì molto fermarci, riuolgiamo per grazia lo ſguardo, ò Signori, a quel Coruo infelice, le di cui infauſte nouelle meritarono già, che gli foſſero in foſco manto le candide piume cangiate, e lo vedrete caſtigato già da pochi anni di nuoua oſcurità, mentre quella ſtella, che nel di lui Roſtro più di tutte l'altre riſplender ſoleua maggiore della terza grandezza, in hoggi oſcuratasi s'è reſa appena eguale a quella, che nel capo di quarto lume riſiede. E chi sà, che ciò non g'i ſia forſe auuenuto per hauer egli ſei anni ſono, quaſi che dal Roſtro medeſimo, laſciata vſcir' al mondo quella funeſta Cometa, che ſcorrendo veloce poco meno che la metà del Cielo, fu creduta da' Mortali nunzia infelice di miſerabili calamità?

Stà agonizando per così dire la ſeſta del Granchio, che già di terzo grado di luce à tẽpi di *Ticcone* arricchita

van-

vantaua il primo honore fra tutte quelle della costellazione, ed hora fatta minore di quelle del petto, non ardisce appena comparire fra quelle di quinta grandezza.

Quell'Vrna dell'Acquario, da cui è fama vscissero l'acque del Greco Cataclismo, stà quasi per sparire, ridotta anch'essa dalla terza alla quinta grandezza.

Era affatto spenta gli anni addietro l'vndecima del Leone, che gia scintillaua di quinta grandezza, ed hora dopo due anni par che rincominci a riaccendersi.

E non saprei dirui se l'effeminato Ganimede forse inauuedutamente habbiasi versata sul destro Ginocchio la Regia coppa, imperciocche veggo quasi spenta affatto di luce quella stella, che quiui di terzo honore folgoreggiaua.

Quella Nebulosa, che poco lunghi dall'Aculeo dello Scorpione, si poco lasciauasi vedere, che da molti non era considerata, se bene dall'oculatissimo *Baiero* fù nel suo luogo descritta, s'accese del 1668. di così improuiso fuoco, che superaua quelle dell'Aculeo medesimo di terza maestà; e veduta col Cannocchiale vna sola stella non dissimile dall'altre appariua: ed hora a poco a poco hà perduto tanti de' suoi raggi, che poco ne manca non sia ricaduta nella primiera ignobiltà.

Non trouarete gia in Offiuco la vigesima quarta, che di quarto lume scintillaua poc'anzi, se di nuouo non si riaccende; anzi l'vltima della coda del di lui serpente, che già soleua vibrar splendori di terza Maestà, hora di quinta a gran pena li riserba.

E se punto applicarete l'occhio allo spauentoso capo di Medusa, scorgerete (& hormai senza pericolo d'impietrirui, se non vi rendesse immobili la merauiglia) che la più luminosa stella, che in esso risplenda, da frequenti mutazioni sorpresa, non possiede, che a vicende i più chiari splendori. Io l'osseruaua già molt'anni di terza

gran-

grandezza. Impicciolì del 1667. fino al quarto Lume; del 1669. racquistò i primieri raggi fino al secondo honore; e l'anno 1670. di poco oltre passaua i confini del quarto.

Ma non è pure constellazione nel Cielo, che d'ammirabili nouità, e di frequenti mutazioni insieme non faccia pompa; o sia con l'aggiunta di nuoue stelle, o con l'estinzione d'alcuna delle più antiche, o col rinforzo di luce in alcune, o con la diminuzione de gli splendori in altre. Andromeda, Perseo, l'Orse, il Drago, e quasi tutto il Settentrione ne sono feracissimi. Direste, che suscitato fin negl'Astri il bizarro genio Francese, non altro tutto dì studiassero, che a riformare in nuoue Mode i loro manti Stellati. Il solo racconto di tutto ciò, che da quatro anni in qua hò in loro scoperto, è materia sufficiente per vn libro di giusta mole, che sotto titolo delle INSTABILITA' DEL FIRMAMENTO stò preparando per dar'in luce, onde basterammi nell'angustie del presente Discorso hauerne sol tanto accennato, quanto basta per dar'a diuedere a gli asertori dell'Incorruttibilità de' Cieli, che anche nelle stelle anticamente descritte si oseruano mutazioni tali, che basterebbono a far cangiar di parere lo stesso Aristotele, se viuo fosse.

E quì m'auueggo, ò Signori, che soprafatti più dalla merauiglia di tante nouità, che tutte a vn tratto v'hò suelate, che dalla stanchezza del viaggio, arrestate il paso, e soffermandoui con la considerazione, andate meditando, se sia posibile che solamente il secol nostro sia di tanti stupori ferace, & insieme quale la vera cagione dir si debba di così strani auuenimenti in natura.

Houui di già accennato poc'anzi, che l'ostinata cecità de gli huomini gli hà priuati di questo lume di verità ne' secoli andati: Credeuano con tanta fermezza impenetrabili, ed immutabili i Cieli, che, ò non auuertiuano a

quel-

quelle mutazioni, ò, se le vedeuano, ascriueuano a errore de' loro Antecessori tutto ciò, che diuerso dalle memorie lasciate da' medesimi con gli occhi propri scorgeuano nel Cielo.

Blancan Chronol. Mathem. Hipparch. Bithyn. Ennarat. ad Phanomen. Arati, ex Petauio. Vranolog. lib. 2.

Ipparco Bitinio, il quale per 125. anni auanti Christo fioriua, scrisse in tre libri, non sò s'io mi dica le Ennarazioni, ò le censure sopra i Fenomeni d'*Eudosso* spiegati in versi cent' anni prima da *Arato Solense*, e commentati da *Attalo*; e fra l'altre accuse rimprouera loro l'auer detto, che le stelle della mano d'Offiuco fossero minori di quelle, che nelle spalle lampeggiano.

. . . . . . Vt pleno cum Luna nitescit in orbe,
Menstruaque ingenti iam tempora diuidit ortu;
Nequaquam lentis obscurior ex humeris Lux
Marceat, & manibus non compar flamma rubescit.

Festus Auien. in Arateis Phanom.

Tradusse da *Arato Festo Auieno*, al contrario di che le osseruaua ne' suoi temp. *Ipparco*, e pure in hoggi nuouamente minori, se ben di poco, le vediamo: segno euidente, che ò l'vne, ò l'altre in varj tempi varia grandezza ostentarono.

Hipparch vbi supra. Cicero in Arateis Phanom.

Arato medesimo disse, che le stelle tutte di Cassiopea erano picciole, ed oscure.

Obscura specie stellarum Cassiopeia.

Tradusse *Cicerone*; & il *Petauio* dal Testo Greco dello stesso *Arato* in *Ipparco*.

Petau Vranol. l. b 2 Ennar. Hipparchi a l Phan.

. . . . . . Non valde multa
Noctû apparens pleniluny Cassiopeia
Non enim ipsam multa, crebræque illustrant stellæ

Ma ne fù corretto da *Ipparco* come di graue errore, perche a tempo di questi erano le Stelle di Casiopea, come son' anche a giorni nostri, risplendentissime, e maggiori delle prenotate nel Serpentario, le quali pure nel plenilunio appariscono.

Hipparch. vbi supra.

All'incontro concedette per vero lo stesso *Ipparco*, ciò

che

che *Arato*, *Eudosso*, ed *Attalo* asseriuano, che le stelle, che nel capo del Celeste Montone risplendono minori fossero di quelle del Triangolo, anzi talmente oscure, che nel Plenilunio non apparissero punto; e pure in hoggi vediamo quelle dell' Ariete maggiori di terza grandezza, e quelle del Triangolo appena di quarta.

Non è già credibile, che in cosa di fatto, e che dalla sola vista pendeua, cotanto s' ingannassero que' saggi, che dassero l'vno all'altro materia di tacciarsi di poco aueduti; e pure veneranano con tanto rispetto la da loro creduta inuariabilità del Firmamento, che più tosto, che sospettare in lui minima mutazione, ascriueuano all' humana debolezza ciò, che pur'era Instabilità degli Astri medesimi.

Quindi mi dò io a credere non essere vno stesso *Ipparco Bitinio*, che contro i Fenomeni d'*Arato* que' libri compose, ed *Ipparco Rodio* da *Tolomeo*, *Plinio*, & altri commemorato, come hanno creduto molti, e spezialmente il *Biancano*; ma due diuersi fra loro, se ben fioriuano ne' tempi medesimi; mentre il *Rodio*, al dir di *Plinio*, non per altro *ausus est rem etiam Dijs improbam, annumerare posteris Stellas, ac sydera ad normam expangere*, se non perche, *facilè discerni posset ex eo, non modò an abirent, nascerenturuè, sed an omninò aliquâ transirent, mouerenturuè, item an crescerent, minuerenturuè, Cœlo in hæreditatem cunctis relicto &c.* La doue il *Bitinio*, tanto è lontano, che sospettasse mutazioni nelle grandezze delle Stelle, che più tosto n' ascrisse a colpa d'*Eudosso*, e d'*Arato* ciò, che di varietà à suoi tempi trouò da quanto quelli n'haueuano scritto.

Blancan. Chronol. mathem.

Plin lib. 2. cap. 26.

Ma e quanta diuersità trouiamo nel parere de gli Autori circa il numero delle Pleiadi? *Eudosso*, *Arato*, *Attalo* e, *Gemino* n'osseruanno sei sole: *Homero* stesso non più che sei cantò ne fossero scolpite nella Tazza di Nestore; ma

Arat in Phænomen.

Petau Vranolog lib. ad Arat

Homer. Iliad. lib. 2.

Plin. lib. 2. cap. 41. Licet Fromõd Ricciol. Almag. nou. l. 8. sect. 2.

sette n'osseruarono *Ipparco*, *Simonide*, *Varrone*, *Plinio*, e lo stesso *Tolomeo*, per detto di *Keplero*: Di qui hanno presa alcuni occasione di dire, esser quella settima vna Stella, non del genere dell'altre, mà di quelle nuoue, che à certi tempi apparire, e sparire s'osseruano; e che appunto apparisse ella auanti l'Eccidio Troiano, e di poi nuouamente s'occultasse, onde menseriamente accomodandoui i Poeti la fauola delle sette figlie d'Atlante trasportate in queste Stelle, di loro disse il Sulmonese.

Ouid. 3. Fastorum.

Quæ septem dici, sex tamen esse solent.
Seu quod in amplexum sex hinc venêre Deorum
Nam Steropen Marti concubuisse ferunt,
Neptuno Alcinoem, & te formosa Celano,
Maian, & Electran, Taygetamque Ioui.
Septima mortali Merope, tibi Sisyphe nupsit
Pænitet, & facti; sola pudore latet.
Siue quod Electra Troiæ spectare ruinas
Non tulit, ante oculos apposuitque manum

Fest. Auien in Phæn. Arat.

Anzi molto prima d'*Ouidio* *Arato* medesimo, non ne vedendo che sei, fù di parere (al dir' di *Festo Auieno*, che la settima fosse affatto scompagnata dall' altre, e fosse quella, che vestitasi vn lungo crine, talhora in altra parte del Cielo compariua sotto funesta sembianza di Cometa.

. . . . sed sede carere sororum,
Atque os discretum procul edere, destitutam
Germanoque Choro, sobolis laterata ruinis,
Diffusamque comas; crinisque soluti
Monstrari effigem: Diros hos fama cometas
Commemorat . . . .

Cicero in Aratea Phænom.

Traduce *Festo*. Ma all'incontro vn mero errore del volgo si credette che ciò fosse *Cicerone*, allhor che nella Parafrasi del medesimo *Arato* disse.

At non interijsse putari conuenit vnam
Sed frustra temere a vulgo, ratione sine vlla

Septe-

Septem dicier, vt veteres statuêre Poetæ
Æterno cunctas æuo, qui nomine dignant.

Dall'altro canto non è mancato di pochi habbia creduto esser'elleno sempre le medesime sette in niun conto mutate, e che solo a' tempi più sereni, e da pupille più dell'altre Lincee si scorgesse la settima, conciosia cosa che questa non solo, ma due altre ancora quasi di pari grandezza, e sopra trenta d'inferior'ordine col Telescopio s'osseruano, con le quali haurebbono bel campo gli sfaccendati Poeti di formar numerosa famiglia di setuēti alle prime sette da lor sognate Deesse. Ma io, per vero dire, ammaestrato da tant'altre mutationi d'altre stelle, mi dò facilmēte a credere essere questa settima ancor essa a guisa di tant'altre soggetta a quegl'improuisi ingrandimenti, e diminuzioni, che a determinati tempi la rendano hor più, hor meno visibile.

D. Th in Iob. cap. 38
Galil. Nunt. Sydereus.
Kepler. &c.

Io feci già fino del 1668. il confronto delle numerose Stelle, che intorno di esse Pleiadi si scorgono, con quelle, che già ne descrisse in figura il Celebratissmo *Galileo* nel suo Nunzio Sidereo, e trouataui qualche considerabile varietà, mi presi la fatica di descriuerle nuouamente con vn Cannocchiale di 20. Palmi fabricato di mia mano che ingrandiua in superficie sopra 4000. volte; ed eccoueue la figura vnita a quella del *Galileo*, che dal di lui Nunzio stampato del 1610. in Venezia, hò puntualmente estratta. Che la varietà, ch'è fra l'vna, e l'altra sia stata inauuertenza di chi primo ne copiò dal Cielo stesso il ritratto, io non lo credo; conciosia cosa che hormai io diffido più della costanza delle Stelle in mantenere lungo tempo vno stesso splendore, e numero; Nulladimeno vedranno altri in altri tempi, se scorgerano differenze da quanto hò io nuouamente con ogni possibile accuratezza descritto, hauend'io co' più precisi confronti accertate le distanze, e configurazioni di ciascuna fra di

Figura in fine.

loro: N'hauerei fatto volontieri nuouo riscontro quest' anno, se le mie flussioni degli occhi m'hauessero permesso l'vso hormai resomi pernicioso del Cannocchiale, in cose massimamente di tanta minutezza.

Anche quella spada temuta del Tempestoso Orione ne' tempi nostri più d'vna volta mostrandosi hor ricca hor pouera di splendori, non senza mutazioni notabili nella configurazione, che col Telescopio s'osserua, hà richiamata a sè l'attenzione di più d'vn Astronomo, che ne stanno osseruando le vicende; e forse a qualche strana sua metamorfosi, che ne' tempi delle Guerre Farsaliche adiuenisse, hebbe la mira *Lucano*, allhor che in persona di *Nigido Figulo* Pitagorico ed Astrologo enumerando i portenti accaduti all'hora nel Cielo, cantò.

Lucan. lib. 1. . . . . *Cur signa meatus*
Deseruere suos, mundoque obscura feruntur?
Ensiferi nimium fulget latus Orionis:
Imminet Armorum rabies . . . . .

Non è dunque luogo di dubitare, che frequenti non siano state in altri tempi le mutazioni nelle stelle fisse, non per altro trascurate, se non perche troppo grande assurdo sembraua a gli huomini, che douessero opre sì belle della natura, quali sono i Cieli, e le Stelle, soggiacere anch'esse a fatali vicende, non auisandosi, che nulla meno di Gloria al Supremo Facitore, ò di perfezione a questa Machina Creata perciò ne risultaua, di quella che dall'esserne esenti glie ne poteua prouenire, come che l'vna, e l'altra sian'opre della medesima onnipotenza.

Griemberger. in dupl Catalog. Fixar. Clauij, & Tyconis.

Verità, che viè più euidente si rende dal confronto degli antichi, e moderni Cataloghi delle Stelle medesime, posciache dal Catalogo del *Clauio*, seguace per lo più del *Copernico*, e degli altri antichi, à quello di *Ticone* che dalle proprie osseruazioni lo dedusse, sono così nu-

mero-

merose le differenze nella grandezza, che n'hò io notate più di dugento sessanta, le quali di maggiore, o minor lume sono descritte dall'vno, che dall'altro, e frà le quali sono molto notabili le seguenti, per esserui fra loro differenza di due gradi di lume, la quale è così osseruabile in Cielo, che non è tanto di gran lunga credibile che siansi questi grandhuomini con gli occhi proprii ingannati, quanto, che le Stelle medesime habbiano in sè questo hormai palese genio d'INSTABILITA'.

Catalogo d'alcune Stelle fisse, nella grandezza delle quali discordano gli Autori sin di due gradi di luce.

Numero delle Stelle secondo l'ordine Ticonico.	*Grandezza delle Stelle secondo*				
	Tolomeo.	*Alfonso.*	*Copernico*	*Clauio*	*Ticone.*
Nell'Orsa maggiore la 21.	3	3	3	2	4
Nel Drago la 20.	6	6	6	6	4
La 21.	6	6	6	6	3
Nella Corona la 8.	4	4	4 mag.	4	6
Nella Lira la 8.	4 min.	4	4 min.	4	6
La 10.	4 min.	4	4 min.	4	6
In Perseo la 24.	3 mag.	3	3 mag.	3	5
Nell'Aquila la prima.	4	2	4	4	6
La 4.	3 min.	3	3 min.	3	6
La 9.	3	3	3	3	5
In Antinoo la 3.	5	5	5	5	3
Nel Delfino la 2.	4	4	4 min.	4	6
La 3.	4	4	4	4	6
Nel Pegaso la 51.	4	4	4	4	6
La 16.	4	4	4	4	6
In Andromeda la 12.	4	3	3	3	5
Nell'Ariete la 11.	4	4	4	4	6
Nel Toro la 2.	4	4	4	4	6

La

La 16.	4	4	4	4	6
La 17.	4	4	4	4	6
La lucida delle Pleiadi.	5	[illegible]	5	6	3
Nel Leone la 12.	6		6		4
La 21.	5		5	5	3
La 22.	3		3	3	6
Nella Vergine la 17.	5		4	4	6
Nella Libra la 6.	4		4	4	6
La 13.	6		6	6	4
Nel Sagittario la 8.	4		4	4	6
Nel Capricorno la 8.	5			5	Nebul.
La 11.	6			4	6
La 12.	4			4	6
La 13.	4			4	6
In Aquario la 5.	5			3	5
La 6.	3		3	3	5
La 10.	3		3	3	5
La 24.	4		4	4	6
Ne'Pesci la 3.	4		4	4	6
La 30.	4		4	4	6
La 31.	4	4	4	4	6
In Orione la 3.	Nebul.	Ne.	Neb.	Ne.	5

Ned è forse men verisimile, che quanto al luogo delle stelle qualche mutazione non men frequente si faccia di quella, che nelle grandezze succeda; Descriuansi da vn lato in figura le costellazioni secondo i numeri lasciati da *Tolomeo*, e dall'altra si dissegnino giusta il sito assegnato loro da *Ticcone*, e trouerassi tanta varietà fra di loro nel a maggior parte, che impossibile sembrarà à più d'vno, che siano state le configurazioni di esse in Cielo sempre le stesse, che hora sono, ed habbiano potuto di tanto ingannarsi gli Astronomi, nel dipingere a'posteri il sito loro.

Anzi

Anzi non mancano pure da *Ticcone* à nostri tempi le variazioni nel Cielo. La parte anteriore dell'Orsa maggiore; s'osserua in hoggi sì fattamente diuersa dalla descrizione del *Baiero*, che non se ne può quasi rinuenire l'identità delle stelle; e molto bene hà auuertita questa mutazione modernamente il diligentissimo *Blauu*, che ne' suoi Globi maggiori stampati in Amsterdam s'è conformato alla faccia del Cielo, che di presente prossimamente s' osserua.

Il Cingolo d'Andromeda è così diuersamente situato da quanto ne scrisse *Ticcone*, che molto ragioneuol motiuo diede gli anni scorsi al Dottissimo *Cassini* d'asserire, esser notabilmente cangiata di luogo, vna, ò forse due di quelle stelle; e pure sono queste le constellazioni Settentrionali, più commode, più vicine a Cassiopea, e più esattamente osseruate, e descritte di tutte l'altre da quel Danese Atlante; essendo che dalla stella nuoua, che del 1572. nobilitò Cassiopea, pres'egli l'occasione di più esattamente descriuere le vicine costellazioni, e quindi alle più lontane portandosi, volle, qual nuouo Ipparco *Cælum in hereditatem cunctis relinquere*.

Ma, sento che mi dite; e quale finalmente dobbiamo credere la cagione di tante mutazioni? Io per mè non hebbi mai quella felicità d'alcuni, che dannosi ad intendere nelle cose Fisiche poter in vn subito ad ogni quesito rispondere, e che di tali risposte, anzi d'ogni lor sogno, così fattamente s'innamorano, che temono la ruina di tutta la Filosofia, se contro d'essi potesse insorgere difficoltà sussistente. Hò per probabili molte opinioni, molte per improbabili, niuna per assolutamente vera. E lasciando da parte il dirui come si credesse alcuno, che le congiunzioni, & altri assai, secondo loro, validi aspetti de' Pianeti fossero potenti, a generare con gl'Influssi loro questi Prodigij nel Cielo; o come altri stimando tutta la

ma-

Kepl de Stella noua anni 1604. *Seb Basson lsbel de Cœlo.* materia dentro gli Orbi de'Pianeti contenuta vn sottilissimo fuoco, che per alcuni vasti meati intorno a'Poli del Mondo ascendendo sin sopra il Cielo stellato, quindi per vari canali si portasse depurato, e fatto luminoso a scaturire per tanti forami di quel solidissimo Cielo, quante sono le Stelle fisse; da doue nel sistema Planetario a guisa di tanti fiumi nel mare nuouaméte diffondendosi ripigliasse la consueta strada de'Poli con perpetuo giro, non meno che l'acque dell'Oceano alle scaturigini de' monti ritornano: Ciò, dico, lasciando, come che sembrino opinioni da porre in mezzo de'Cinocefali di *Luciano*; *Lucianus lib. Vera Historia.*

Dirouui solo, che il cõcetto di coloro che stimano cotali Stelle apparire, e sparire mediante l'allontanamento, & approssimazione a gli occhi nostri, ancorche in molti mal prattici dell'Astronomia (abenche per altro grand'huomini) troui luogo, nulladimeno a due grandi difficoltà soggiace.

La prima si è, che di tutti i moti Celesti niuno s'osserua, che non sia circolare, ò almen prossimo a questo; e se tale douessimo creder quello delle Stelle fisse, che nuouamente appariscono, sarebbe necessario, che stando il piano di esso circolo su'l piano della vista nostra medesima, la parte superiore di esso circolo fosse a noi più lontana dell'inferiore per le Stelle di seconda grandezza più di sei volte almeno; che vuol dire, che la Stella nello sparire da gli occhi nostri s'allontanasse almeno sei volte tanto quanto ell'era à tẽpo, che più scintillante appariua; nel qual caso bisognerebbe, che noi vedessimo muouere quella stella per vn'apparente linea retta, ò sia arco di cerchio massimo di più di 90. gradi, poiche vn circolo di tale ampiezza vie meno d'vna quarta di Cielo occuparebbe alla vista nostra, come ben dimostrano *Ticcone*, *Keplero*, *Focilide*, *Riccioli*, & vltimamen- *Tycho de Stel la noua anni 1572. Keplerus de St. Nou. anni 1604 Io. Phocillid. Holbunarda de nou. Phanom.*

te

te il Dottissimo *Bullialdo*, il che troppo assurdamente diconuiene dall'Osseruazioni, per le quali consta, che nulla si scostano dall'apparente loro luogo primiero.

Ismael Bulliald. Admon. ad Astronomos.

La seconda si è, che non solo nell'Ippotesi antecedente del Cerchio, ma anche in caso che si concedesse il moto di tali Stelle per vna linea retta distesa in dirittura dell'occhio nostro, non bastano le sudette distanze di essa Stella da noi moltiplicate sei volte per saluare l'apparenza di vedersi per vn determinato tempo, e poi sparire da gli occhi nostri, mà è necessario supporre vn' infinita, per così dire, profondità della Sfera Stellata; esorbitanza da non ammettersi mai, quando altra ragione non ce lo persuada, che la necessità di saluare cotali apparenze.

Per intelligenza di che io suppongo, che se si mouessero cotali Stelle sù quelle linee rette dourebbono mouersi con moto, se non del tutto equabile, almeno di poco differente; poiche il supporre altrimenti sarebbe vn' allontanarci troppo dall'Analogia degli altri mouimenti Celesti, che tutti, se non equabili affatto sulla circonferenza de'loro Epicicli, poco varj per lo meno si osseruano: Il che quando sia, osseruate per grazia, o Signori, che se dal primo apparire, all'vltimo sparire d'vna nuoua Stella di seconda grandezza, s'è ella approssimata, e nuouamente dilungata da noi sei volte quanto è la minima distanza di lei dalla terra, fà di mestieri dire, che qual hora ella sia giunta alla distanza, che inuisibile ce la rende, ò ella seguiti a caminare per quella retta linea, che prima descriueua, ò si fermi, ò ritorni verso noi: Se quest'vltimo fosse, la vedressimo tantosto comparire di nuouo il che non segue. Il dire ch' ella si fermi, suona negl'orecchi degli Astronomi più mostruosa nouità, che lo stesso apparire, e sparire di queste Stelle nel Cielo. Dourà dunque dirsi, ch'ella seguita d'allontanarsi dall'occhio nostro, di modo che, se vn anno solo durò la sua apparenza nel Cielo, e mill'anni stess' ella a comparirci nuouamente, mille volte moltiplicata conuerrebbe supporre quella distanza, che dall' intiero lume, al rendersi inuisibile dicessimo esser necessaria, che vuol dire sei mila volte quanto dalla terra si discosta l'ottauo Cielo; suppoSizioni tutte troppo discordi da quell'ordine, che in tutto il rimanente di questa Machina Creata s'osserua.

Bullialdi. in Monitis ad Astronomos.

Molto più verisimile sembrarebbe l'opinione del Dottissimo *Bullialdo*, il quale hauend'vltimamente osseruato i periodi di quell'ammirabile Stella, che nel collo della Balena ogn'anno per lo spazio di circa 120. giorni apparisce, e per altri 212. incirca s'occulta a gli occhi nostri auuisò gli Astronomi poter ciò succedere, allhora quando supposta la Stella vn corpo opaco in ogni sua parte, fuor che da vn lato, onde copioso scaturisce il lume, intendessimo questa con moto equabile intorno al proprio centro riuolgersi, in guisa che hora la oscura, hor la luminosa parte di se stessa a vicenda ci andasse mostrando; posciache con questa Ippotesi a sufficienza fin'hora ne restano palesi le cause possibili degli effetti di essa: con tutto che forse non corrisponda con intiera esattezza à i di lui numeri il periodo di questa apparizione, i quali con più lunghe osseruazioni facilmente da lui potiamo sperare, che saranno ridotti a più squisito confronto.

Ma se bene a mè sembra molto verisimile, che le Stelle fisse tutte intorno al proprio centro s'aggirino, non meno di che faccia il più luminoso de'nostri Pianeti, del moto di cui ci hanno con tanta euidenza accertato quelle macchie, che a guisa di tanti nei la di lui faccia talhora ingombrano, nulladimeno nè pure questa Ipotesi all' apparenze di tant'altre Stelle può sodisfare; qualhora consideriamo che farebbe di mestieri stessero tutte non

mol-

molto più del doppio tempo a noi nascoste, di quello, in cui ci si palesano scintillanti.

Il Dottissimo Padre *Riccioli* haueua di già nel suo Almagesto proposta per verisimile questa stessa opinione, che fossero cotali Stelle da vna parte luminose, & il rimanente oscuro, e voleua che la parte luminosa sempre immobile verso l'esterno del mondo risguardando si stesse; *Cum verò* (dice egli) *tempus illud aduenerit, quo Deus vult signis istis extraordinarys Mortalium oculos in Cœlum erigere, & excitare; partem illam globi, quæ antea lucebat sursum versus empyreum, vel Intelligentia aliqua, vel facultas Stellæ insita, vel Deus ipse vertigine subita circumuoluet, vt mortalium oculis splendeat quam diû ipse voluerit.* Ed in tal modo per altro ingegnosissimo, saluarebbesi (non hà dubbio) l'apparenza di tutte queste Stelle, se potessero, (e sia detto con pace di si grand'huomo, da mè sempre sommamente riuerito) sodisfarsi i Filosofi di quel *sic Deus vult* nel ricercare le cagioni naturali; o pure se tutti gli huomini fossero d'accordo in credere, che cotali apparenze prenunciassero gli accidenti del Mondo.

Ricciol. Almag Nou lib. 8 sect. 2. c. 17.

Poiche dunque niuna di queste opinioni adegua interamente l'intelletto nostro, e non vogliamo valerci del Priuilegio, che cortesemente sottoscriuono i Conimbricensi al Filosofo, di potere, qual hora altra cagion naturale d'vn effetto non trouiamo, ricorrere alla Sacra Ancora del miracolo; sarà pur di mestieri, ò indagar'alcuna più salda opinione, o proferire humilmente quella verità da molti abborrita di, NON LO SO'. Io per mè non mi vergogno gia mai di quest'vltimo ripiego; tuttauia per chi volesse da me alcuna cosa di piu, direi, che s'osseruassero le Macchie del Sole, già tante volte, e da tanti riconosciute, e con tante ragioni comprouate esser contigue alla superficie del globo Solare.

Galil. nelle Lettere a Marco VVelsero. Scheinerus in Apelle post tab. & in Rosa Vrsina. Ricciol. & alij.

Queste hormai così di frequente sono state osseruate generarsi, e dissoluersi prima taluolta di compire il giro del disco solare, anzi talhora in mezzo del disco medesimo, e sonosi vedute in tante varietà, hora molte, hora poche, & hora affatto niuna, che non è più chi dubiti esser'elleno corpi, effettiuamente intorno la di lui superficie, a guisa di nuuole nostre, se bene di gran lunga maggiori, e più dense hora s'aggregano insieme, & hora rarefacendosi si dissoluono in nulla.

Plin. lib. 2. cap. 30. Id. lib. 2. cap.

Maicl. Dier Canic. lib. 1. p. 3. Gemma Frisius Pater & Filius Buntingus Scaliger de emend. Temp. Kepler de Stella noua c. 22. Ricciol. lib. 8. Sect. 2. Almag. Nou.

Osseruisi dall'altro canto, che si come non di rado per molt'anni si vede infettato il Sole di frequenti simili macchie, così talhora per molto tempo esente se ne troua, & io posso attestare, che dal 1658. in qua non hò hauuta la fortuna in qual si sia congiuntura, di riconoscerne pur' vna; & all'incontro habbiamo dalle storie, che più d'vna volta siasi per lunghissimi tempi conseruato così scolorato dalle macchie, che ne pareua ecclissato; come seguì ne'tempi della Morte di Giulio Cesare, *totius penè anni pallore continuo*, dice *Plinio*; e nuouamente ne' tempi di Vespasiano, viuente lo stesso *Plinio*, che riferice esser accaduto, *vt duodecim diebus vtrumque sydus quæreretur. Impp. Vespas. Patre III. Filio iterum Coss.* e sotto Leone IIII. Imperatore per 17. giorni continui fù così grande oscurità, che per testimonio di *Teofane Isaurico*, che di que' tempi viueua, i Nauiganti smarriuano la strada; e per altrettanti giorni ne'tempi d'Irene e Constantino, riferisce *Zonara* nella vita loro, fù così priuo di splendore il Sole, che furono perpetue tenebre; anzi nel secolo antecedente l'anno 1547. riferiscono i Matematici più celebri di quel tempo che stette tre giorni continui il Sole come se insanguinato fosse, con tanta oscurità, che di bel mezzo giorno si vedeuano Stelle nel Cielo.

Qual sia la cagione da cui sono prodotte tali macchie, io per me dispero di mai saperla, non mi sodisfacendo sin'hora interamente di quella, che n'apporta *Renato Des Cartes*, come che non altrimenti probabile, se non quanto tutto il di lui sistema Fisico s'habbia per vero, delle difficoltà del quale non è qui luogo di ragionare. Ben si vede, ch'egli è vero, ch'elle si fanno, e disfanno irregolarmente, e però da cause, che forse accidentali dourebbono dirsi, in quanto non mai nello stesso modo, nè à tempi determinati si veggono.

E giacche le stelle fisse a guisa di tanti Soli di propria luce sono dotate, come hoggi mai consentono tutti gli Astronomi da irefragabili argomenti persuasi, io non veggio alcun'incôueniente per dire, debbano esse ancora soggiacere all'incursione di queste macchie che talhora in molta quãtità crescendo loro attorno le oscurino, le impicciolischano, o le rinchiudano affatto, hora per lunghissimi tempi, hora per breui interualli, & hora a vicende, giusta che la materia di cui si compongono in molta, o poca copia si raguna. Se dunque d'improuiso s'adunano tali corpi intorno a vna Stella, che per molti secoli esente da tali oscurità scintillò a gli occhi nostri, eccola impicciolire; eccola eziandio sparire dal Cielo: Se alcuna, che per auanti n'hebbe sempre attorno di sè vna quantità così costante, che per lungo tempo fù stimata, per esempio, di quarta grandezza, d'improuiso se ne sgombra la faccia, eccola tutta rilucente pretender luogo fra quelle di seconda, ò di prima Maestà: Se tal'vna condannata per molti secoli ad vn'oscura carcere fra queste macchie, rompe talhora i ceppi sboccando il rinchiuso fuoco; eccola nuoua, e non più veduta stella a gli occhi nostri palesarsi, illustrando d'inusitati raggi quella parte del Cielo: E se di nuouo aggregandosi tali macchie alle primiere tenebre viene ristretta; eccone perdute le vestigia, eccone annichilato il fulgore: Che se vna sola parte del di lei corpo s'apre luogo all'interno

ful-

fulgore, ed habbia ella intorno al proprio centro vn moto periodico, la vedrete non men di quella del *Bullialdo* nella Balena a determinati tempi apparire, sin'a tanto che nuoua aggregazione di macchie, ò nuoua apertura delle medesime alcuna inaspettata varietà v'introduca.

Propongo per possibili, non per veri affatto questi Pensieri. Se ne volete d'indubitati,

Quærite quos agitat mundi labor: at mihi semper
Tu, quacumque moues tam crebros causa meatus,
Vt superi voluere, late . . . .

Lucan. Phars. lib. 1.

Pleiades Montanarij. 1668.

Pleiades Galilæi. 1610.

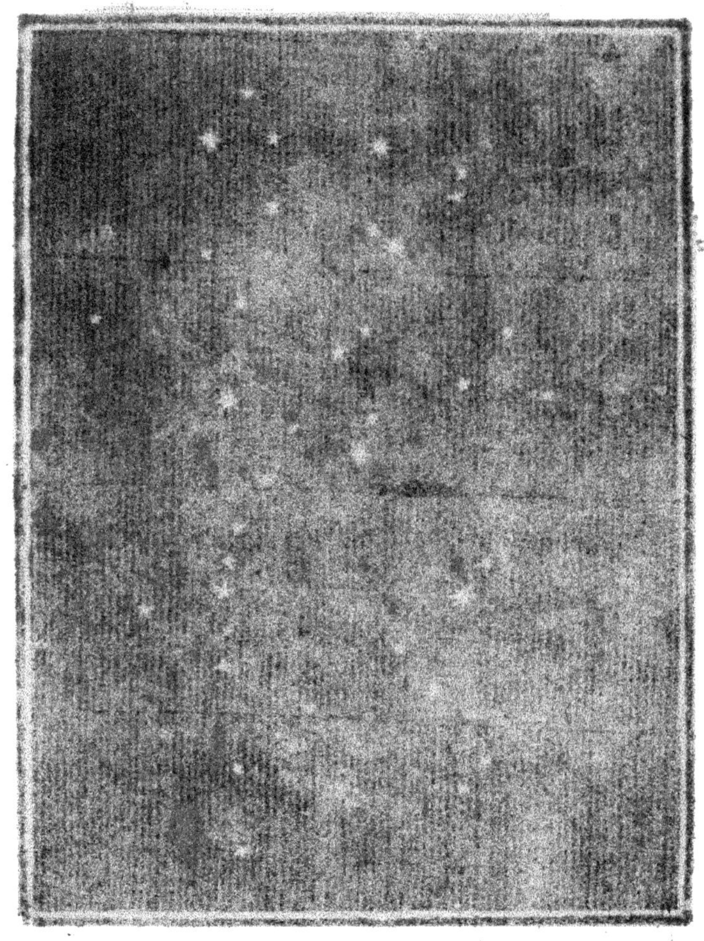

Pleiades Galilei. 1610.

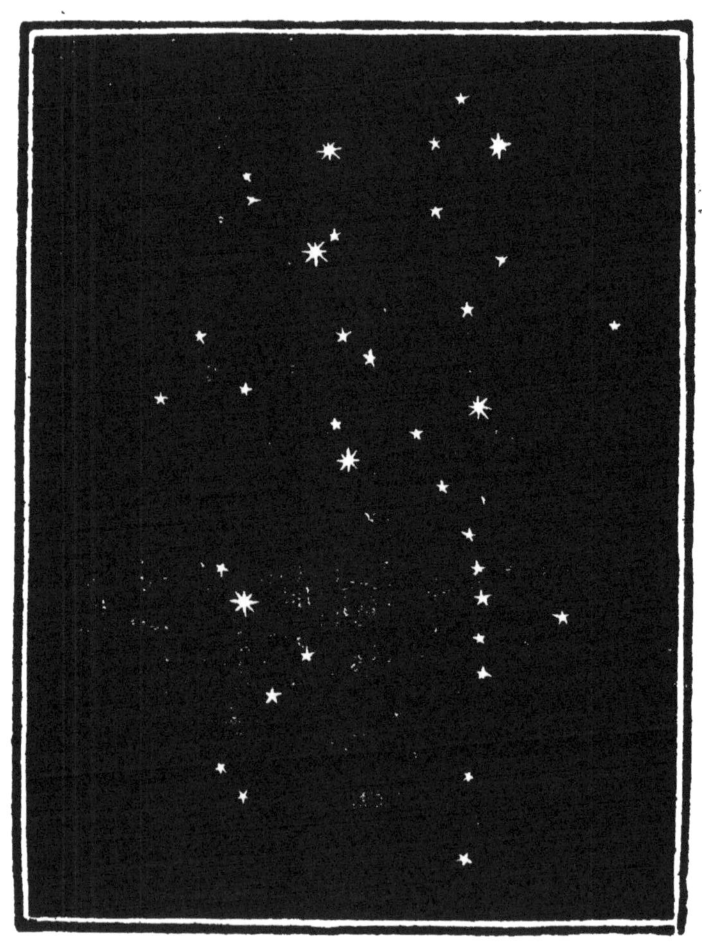

TAVOLA

Delle materie più notabili portate secondo l'ordine de' Discorsi, e de' Cognomi delle Famiglie mentouate nel presente Volume.

A

dona-

Acro.

Buoi

Cac-

Città

Fa-

F

Greci

Incor-

L

Leone

Maestri

M

Mon-

Olim-

O

P

Pir-

Ripo-

Rosa

Stelle

Stelle

Tur-

Tea-

V

Vene-

IL FINE.

Lightning Source UK Ltd.
Milton Keynes UK
UKHW012240110219
337137UK00006B/1028/P

9 780666 012975